更新知识地图　拓展认知边界

RICHARD DAWKINS
THE EXTENDED
SELFISH GENE

自私的基因

（40周年增订版）

［英］理查德·道金斯 著

卢允中 张岱云 陈复加 罗小舟 叶盛 译

中信出版集团｜北京

图书在版编目（CIP）数据

自私的基因：40周年增订版 / (英) 理查德·道金斯著；卢允中等译. -- 2版. -- 北京：中信出版社，2019.6 (2025.4 重印)

书名原文：The Extended Selfish Gene

ISBN 978-7-5086-9327-9

Ⅰ.①自… Ⅱ.①理… ②卢… Ⅲ.①认知心理学—通俗读物 ②认知心理学—普及读物 Ⅳ.①B842.1-49 ②Q343.1-49

中国版本图书馆CIP数据核字(2018)第180809号

The Extended Selfish Gene by Richard Dawkins

Copyright © Richard Dawkins 1989.

"The Extended Selfish Gene was originally published in English in 2016. This translation is published by arrangement with Oxford University Press. CITIC Press Corporation is solely responsible for this translation from the original work and Oxford University Press shall have no liability for any errors, omissions or inaccuracies or ambiguities in such translation or for any losses caused by reliance thereon."

Simplified Chinese translation copyright ©2019 by CITIC Press Corporation

ALL RIGHTS RESERVED

本书仅限中国大陆地区发行销售

自私的基因（40周年增订版）

著　者：[英]理查德·道金斯
译　者：卢允中　张岱云　陈复加　罗小舟　叶盛
出版发行：中信出版集团股份有限公司
　　　　　（北京市朝阳区东三环北路27号嘉铭中心　邮编　100020）
承　印　者：北京通州皇家印刷厂

开　本：787mm×1092mm　1/16　　印　张：31　　字　数：450千字
版　次：2019年6月第2版　　　　　印　次：2025年4月第18次印刷
京权图字：01-2012-5589
书　号：ISBN 978-7-5086-9327-9
定　价：98.00元

版权所有·侵权必究

如有印刷、装订问题，本公司负责调换。

服务热线：400-600-8099

投稿邮箱：author@citicpub.com

40 周年增订版说明

《延伸的表型》(*The Extended Phenotype*)是我的著作当中唯一一本主要以专业生物学家为写作对象的书，出版于《自私的基因》面世 6 年之后。对于《延伸的表型》中更富于创新性的章节，我会这样评价："如果你从没读过我写的任何东西，那就请至少读一读这本书吧。"后来我把这些内容浓缩为《基因的延伸》，作为《自私的基因》第二版的第 13 章。而《延伸的表型》前面的章节主要是为了从各个不同的角度给后面的内容做好准备和铺垫。其中，第 2 章和第 3 章（即本书第 14、15 两章）特别针对两种对于《自私的基因》的主要误解展开。第 2 章解决了"伟大的基因决定论谬误"——这是一种错误的解读，认为我们的行为完全是由我们的基因来决定的，而与环境或其他因素无关。第 3 章解决了"伟大的适应论误解"——所谓"适应论者"所持有的观点，认为生物的所有性状和行为都应被理解为适应性。因为《延伸的表型》这两章完全是由对《自私的基因》的回应而直接产生的，而且它们所强调的一些困惑和误读至今仍存在于某些角落里，于是牛津大学出版社的拉塔·梅农（Latha Menon，我已经与她合作完成了一些卓有成效的工作，出版了好几本书）建议我应该把这两章加入《自私的基因》40 周年增订版的最后，形成这本特别的"延伸的"40 周年纪念版。我们本来有个好玩的主意，就是想象自己好像面对着一群非生物学专业的听众一样，重新来写作这两章。但是最终，我们觉得还是基本保留这两章最初出版

时的原样为好，附带精心挑选过的术语表以助非专业读者理解。这两章
展现了人们对于第一版《自私的基因》的一些颇为糟糕的误解，而在接
下来的 40 年间，这两章的讨论应该能够防止类似误解的再次出现。

理查德·道金斯
2016 年 2 月

40 周年增订版序言

科学家与政客不同，能够以错为乐。政客如果改变了主张，会被人说成是"反复无常"。托尼·布莱尔（Tony Blair）就夸口说自己"从未开过倒车"。科学家一般来说也愿意看到自己的观点被证明是正确的，但是偶尔一两次的错判同样能够为自己赢得尊重，尤其是当他们能够优雅地承认自己的错误时。我从未听说过有哪位科学家被指责为反复无常。

在某种意义上，我很愿意找到一种方式来收回《自私的基因》一书的核心思想。在基因组学的世界中已经发生了如此之多激动人心的事情，那么一本出版于 40 年前的以基因为题的书如果还不至于被彻底摒弃的话，必然需要接受大幅度的修改——这似乎是不可避免的事情，甚至很是诱人。然而在这本书中，"基因"的定义比较特殊，它是为进化量身定做的，而不以描述发育问题为目的——若非如此，这本书就真要大改特改了。本书中基因的定义来自种群进化生物学家乔治·C. 威廉斯[1]，他已然仙逝，但无疑是本书的英雄。同样离我们而去的还有约翰·梅纳德·史密斯[2]和比尔·汉密尔顿。威廉斯认为："基因是染色体材料上任何一个可能存在得足够长久的代际，并且是可以当作自然选择的单位的部分。"我从这个定义中得出了一个多少有些好笑的结论："严格来讲，

---

[1] 指乔治·克里斯托弗·威廉斯（George Christopher Williams），美国进化生物学家。——译者注（下文如无特殊说明，均为译者注）

[2] 约翰·梅纳德·史密斯（John Maynard Smith），英国著名进化生物学家、遗传学家。

这本书的书名应该是……《染色体有点自私的一大部分以及更为自私的一小部分》。"胚胎学家关心的是基因会如何影响表型,我们新达尔文主义者的关注点则是实体在种群中的频度发生的改变。这些实体在威廉斯看来就是基因(威廉斯后来称之为"抄本")。基因是可以计数的,而其出现频度是其成功与否的一种测度。本书的一个核心思想是:生物个体不具备上述讨论的基础。单个生物体的基因频度都是100%,因而无法"当作自然选择的单位"。同样,复制单元也无法扮演这样的角色。如果非要说生物个体是自然选择的单位,这其中的意味也很不一样,实际上是把生物个体视为基因的"载具"。生物个体成功与否的测度是其所携带的基因在未来代际中出现的频度,而其奋力去争取最大化的那个量值是汉密尔顿所说的"广义适合度"(inclusive fitness)。

一个基因要获得这些数值层面的成功,就需要在生物个体身上表现出表型效应的价值来。一个成功的基因会在很长一段时期内表现在许多个体身上,它能够帮助这些个体在环境中存活得足够长久,令繁育下一代成为可能。不过,这里的环境指的并不仅仅是身体之外的外部环境,诸如树木、水体、天敌等等,其实还包括了内部环境,特别是其他基因——自私的基因与其他基因共享了一系列生物个体的身体,不仅遍布种群,而且跨越代际。由此,必然的结果是,自然选择会青睐那些在有性繁殖种群中其他基因的陪伴下共同繁荣的基因。从本书的主张来讲,基因的确是"自私的"。但基因同时也能够与其他基因合作,它们所共享的不仅仅只是某一个特定的生物体的身体,还是这个物种的基因库所产生出来的一般意义上的所有身体。一个有性繁殖种群是由相互兼容、彼此合作的基因所组成的联合体——它们今天会合作是由于许多世代以来在先祖类似身体中的合作已经让它们得以繁荣。需要了解的重点在于(这一点常常被人误解),合作性之所以得到青睐,并非是因为一组基因天然地作为一个整体接受选择,而是因为单个基因是单独接受选择的,但这个选择过程的背景是该基因在身体内有可能接触到的其他基因，也就是说物种的基因库内的其他基因。一个有性繁殖物种的每一个个体都是从基因库中抽取自己的基因的。在一系列个体的身体里，这一物种（而非其他物种）的这些基因会不断地彼此相遇，彼此合作。

我们仍不完全清楚究竟是什么原因推动了有性繁殖的起源。但是有性繁殖的一个结果就是，物种可以被创新性地定义为：相互兼容的基因所组成的合作联合体的栖息地。正如在《基因的延伸》这一章所指出的：合作的关键在于，对于每一代而言，一个身体里所有基因共享的那个去往未来的出路如同"瓶颈"一般——那是它们渴望搭乘着前往下一代的精子或卵子。"合作的基因"也是一个同样恰当的书名，而且如此一来，这本书就根本不用做任何修改了，我估计人们因误解提出的许多质疑也可以因此而避免了。

另一个不错的书名是"不朽的基因"。"不朽"比"自私"更有诗意，同时也抓住了本书的一个关键性问题。DNA（脱氧核糖核酸）复制的高保真度对于自然选择而言是一个基本要素，也就是说突变是罕见的。高保真度意味着，基因作为准确的信息拷贝能够存续数百万年之久，成功的基因如此，不成功的基因则不行——而这正是成功性的定义。不过，如果一段遗传信息可能的生命周期很短的话，两者的差异就不会很显著。换个角度来看，每一个活着的生物个体从其胚胎发育期开始就是由一些基因建造出来的，而这些基因能够追溯到许多许多代际以前的许多许多祖先个体身上。活着的生物继承了这些曾经帮助过许多许多祖先存活下来的基因，这就是为什么活着的生物具备存活下去所需的一切，并且能够繁衍下去。它们所需的东西具体是什么，是因物种不同而各异的——捕猎者或是猎物，寄生虫或是宿主，水生或是陆生，栖息在地下或是森林的树冠层——但是普遍性的原则仍是相同的。

本书的一个核心论点是由我的朋友，伟大的比尔·汉密尔顿提出并完善的。我至今仍在为他的离世感到哀痛。我们认为动物应该不仅仅要照料自己的孩子，而且还要照料其他有血缘关系的亲属。对此，有一个我很喜欢的简洁的表述方式，就是"汉密尔顿法则"：如果一个利他性的基因能够在种群中扩散开来，那么必然满足以下条件，即利他者的成本 C 要小于受益者获得的价值 B 与两者之间的亲缘度系数 r 之积。这里的 r 是一个介于 0 与 1 之间的比例。对于同卵双胞胎来说，r 的取值是 1，子女或同胞兄弟姐妹则是 0.5，孙子孙女、异父或异母的兄弟姐妹，以及同胞兄弟姐妹的孩子是 0.25，同胞兄弟姐妹生出来的堂或表兄弟姐妹之间则是 0.125。但什么情况下 r 是 0 呢？在这种定义之下，0 的含义是什么？要解释清楚这个问题会更困难一些，但的确是很重要的，而且在《自私的基因》第一版中没有完全给予阐明。0 并不意味着两个个体没有共同的基因。所有人类之间共享着超过 99% 的基因，人与老鼠也有超过 90% 相同的基因，与鱼有四分之三相同的基因。这些相当高的比例令许多人对于亲属选择产生了误解，其中甚至还包括一些杰出的科学家。但是上面这些数字并非是 r 的含义。比如说我与我兄弟之间的 r 值是 0.5，那么我与种群背景之中一个可能会与我竞争的任意成员之间的 r 值就是 0。为了对利他主义的进化进行理论化的分析，堂兄弟姐妹之间的 r 值为 0.125 只是在与种群参照背景（r = 0）相比较的情况下选取的。这里的参照背景是指种群中其余的个体，利他主义可能也曾在他们身上体现过：虽然面对食物和空间时是竞争对手，但面对物种的生存环境时是历经久远历史的伙伴。这些数值，0.5 或是 0.125 等，指代的是在亲缘关系趋近于零的种群参照背景之上的额外的亲缘关系。

威廉斯所定义的基因是一种可以计数的东西，你可以随着一个物种的代际更替去计算它的数量变化，这无关其分子层面上的本质是什么。比如说，基因的本质是被基本呈惰性的"内含子"（会被翻译机器忽略[1]）分隔的一系列"外显子"（被表达的部分），然而这一事实并不影

---

[1] 原文如此。但实际上，内含子与外显子一起被转录成为信使RNA之后，还要经过细胞质内的剪切体的加工，去除不表达的内含子对应区段，才能获得成熟的信使RNA，进入核糖体进行表达。核糖体这个"翻译机器"在此过程中并不会"忽略"内含子。

响威廉斯所定义的基因。分子基因组学是一个迷人的领域，但是它并未对进化的"基因视角"产生巨大的冲击，而这种视角正是这本书的中心主题。为了说明这一点，我们可以换个说法：《自私的基因》的观点很可能对于其他星球上的生命也是能够成立的，即便那些星球上的基因与DNA毫无关系。不过，现代分子遗传学的具体内容，以及关于 DNA 的具体研究成果，是可以有办法纳入基因视角之中的。结果你会发现，它们实际上证明了我关于生命的观点的正确性，而非对其产生怀疑。对于这一点，我会稍后再继续探讨。而现在，我要换个跨度有点大的话题，它始于一个非常具体的问题，而这个问题显然能够代表一大票类似的疑问。

你与伊丽莎白二世女王（Queen Elizabeth II）之间的亲缘关系有多近？对我来说，我知道自己是她的十五重堂兄弟姐妹的孙辈。我们共同的祖先是第三代约克公爵理查·金雀花（Richard Plantagenet，1412—1460）。理查的儿子之一是英王爱德华四世（King Edward IV），伊丽莎白女王是他的后代。理查还有一个儿子是克拉伦斯公爵乔治（George，传说是在一桶烈性白葡萄甜酒中淹死的），我是他的后代。很多西方人可能不知道自己与女王的亲缘关系其实比十五重还近，我亦如此，门口的邮递员也是如此。有很多种方法可以让我们成为某个人的远房表亲，或者让我们都成为彼此的亲戚。我知道自己是妻子的十二重堂兄弟姐妹的孙辈（共同祖先是乔治·黑斯廷，第一代亨廷顿伯爵，1488—1544），但是很有可能我们还能通过某种未知的不同方式成为血缘关系更近的亲戚（从各自祖先查下来的不同路径），而且绝对还有许多其他的方式让我们成为血缘关系更远的亲戚。我们所有人都是如此。你和女王可能既是九重堂兄弟姐妹的六世孙辈，又是二十重堂兄弟姐妹的玄孙辈，还是三十重堂兄弟姐妹的八世孙辈。我们所有人，无论生活在世界上的哪个地方，不仅仅是彼此的远房亲戚，而且还有几百种连接亲缘关系的路径。这只不过是用另一种方式表达：我们所有人都是种群的背景，我们之间的亲缘关系指数 r 趋近于零。我可以依照有据可查的一条路径去计算自己与女王之间的 r 值，但是根据 r 值的定义，最终算出来的数值会非常接近于零，因而完全起不了什么作用。

导致所有这些令人头昏脑涨的多重亲缘关系的原因在于性。我们有两位父母，四位祖父母，八位曾祖父母，越往上越多，近乎天文数字。如果你不断乘以 2，一直计算到征服者威廉的年代，你的（以及我的、女王的、邮递员的）祖先数量将至少是个十亿数量级的数字，比当时全世界的人口数量还多。这个计算本身就证明，无论你是从哪里来的，我们都共同拥有许多祖先（如果回溯到足够久远的过去，我们的祖先都是完全相同的），所以我们彼此也是很多不同形式的亲戚。

如果你不是从生物个体的视角（生物学家的传统视角），而是从基因的视角（这一整本书都在以不同的方式来提倡这种视角）来看待亲缘关系这件事情的话，所有这些复杂性就都不存在了。不要再问我与我的妻子（或邮递员，或女王）有什么样的亲缘关系，相反，要从单独一个基因的视角来提问，比如我的蓝眼基因：我的蓝眼基因与邮递员的蓝眼基因有什么关系？像 ABO 血型系统这样的多态性可以回溯到久远的过去，甚至连猿类和猴子也有同样的系统。站在人类 A 型血的基因的立场上看，黑猩猩身上与之对应的基因是其近亲，而人类的 B 型血基因反而亲缘关系更远。在 Y 染色体上的 SRY 基因决定着动物个体是否是雄性。我的 SRY 基因会把一只袋鼠的 SRY 基因"看作"近亲。

或者，我们还可以从线粒体的视角来看待亲缘关系的问题。线粒体是充斥在我们细胞之中的小东西，攸关生死。它们是无性繁殖的，保留了自己残存的基因组（它们与自由生活的细菌有极远的亲缘关系）。根据威廉斯的定义，一个线粒体的基因组可以被看作一个单一的"基因"。我们只能从母亲那里获得线粒体。所以，如果我们想知道自己的线粒体与女王的线粒体有怎样的亲缘关系，那么只会有一个答案。我们可能不知道那个答案是什么，但是我们的确知道她的线粒体与你的线粒体之间成为亲戚的方式只有一种，而非从整个身体的视角来看时的几百种不同方式。你可以一代一代回溯你的祖先，但是只能沿着母亲这条线回溯，你会得到一条单一的（线粒体的）细线，而非不断分支的"整体生物家谱"。你还可以用同样的方法回溯女王的祖先，追踪她的那条母系细线。迟早，这两条线会彼此相遇，此时只要数数每条线上过了多少代，你就能轻易计算出你与女王的线粒体亲缘关系了。

你能在线粒体上做的操作，理论上也可以在任何一个特定的基因上重复，这就显示出了基因视角与生物体视角的不同。从整个生物个体的视角来看，你有两位父母，四位祖父母，八位曾祖父母，等等。但是，每个基因就像线粒体一样，只有一位父母辈，一位祖父母辈，一位曾祖父母辈，等等。我有一个蓝眼基因，女王则有两个。理论上，我们能够回溯基因的代际，找到我的蓝眼基因与女王的每一个蓝眼基因之间的亲缘关系。我们两个基因的共同祖先被称为"聚结点"。聚结分析已经成为遗传学的一个繁盛分支，而且非常吸引人。你看出来了吗？这与整本书都在宣扬的"基因视角"是多么相得益彰啊！我们已经不是在谈论利他主义了。基因视角在其他领域也能显示出自己的力量，比如在寻找祖先这件事情上。

你甚至可以去分析一个生物个体的身体里两个等位基因之间的聚结点。查尔斯王子也有蓝色的眼睛，我们可以假定他的15号染色体上有一对不同的蓝眼等位基因。查尔斯王子的两个蓝眼基因分别来自他的父母，这两个基因之间有多近的亲缘关系呢？对此，我们知道一个可能的答案，而这仅仅是因为王室的家谱比我们大多数人的家谱记录得更为详尽。维多利亚女王也有蓝眼，而查尔斯王子可以有两种方式算作维多利亚女王的后代：从他母亲那边通过国王爱德华七世来算，或从他父亲那边通过黑森的爱丽丝公主来算。有50%的可能性，维多利亚的一个蓝眼基因剥离出了两个拷贝，一个给了她的儿子爱德华七世，另一个给了她的女儿爱丽丝公主。这两个子代基因更进一步的拷贝很容易一代代传到伊丽莎白二世女王和菲利普亲王身上，从而在查尔斯王子身上重新组合在一起。这就意味着，查尔斯两个基因的"聚结点"是维多利亚女王。我们不知道，也不可能知道，查尔斯的两个蓝眼基因是否真是这样的情况。但是从统计学上来说，他的很多对等位基因肯定都会回溯到维多利亚女王身上聚结。同样的推理也适用于你的一对对基因和我的一对对基因。即便我们可能没有查尔斯王子那样清晰记录下来的族谱可供查询，但是你的任何一对等位基因理论上也能找到它们的共同祖先，那就是它们从一个单一先祖基因上"剥离"开的聚结点。

下面要说的是一件有意思的事情。虽然我无法找到自己任何一对特定等位基因的确切聚结点，但是理论上来说，遗传学家们能够对任何一个个体身上的所有对等位基因做聚结点的分析，考虑历史上所有可能的亲缘路径（实际上不是所有的可能路径，因为实在太多了，所以只能是抽取一个统计上的样本），从而得出这个个体整个基因组的聚结模式。位于剑桥的桑格研究所的李恒（Heng Li）和理查德·德宾（Richard Durbin）发现了一件非常棒的事情：一个单一个体的基因组中所有成对等位基因的聚结模式就可以给我们足够多的信息，让我们得以重建其整个物种在之前历史中的种群统计学细节，确定那些重要事件的发生时间。

在我们关于成对基因聚结的讨论中，两个等位基因中的一个来自父亲，一个来自母亲。这里"基因"的含义比分子生物学家所说的基因更为灵活一些。实际上，你可以说聚结遗传学家回归到了一个概念上，有点类似于我之前所说的"染色体有点自私的一大部分以及更为自私的一小部分"。聚结分析研究的对象是一块块的 DNA 序列，它可能比分子生物学家所理解的单个基因更大，也可能甚至更小，但是它们仍旧能被视为彼此的亲戚，是从一个有限数量的世代之前的共同祖先那里"剥离"出来的。

当一个（上述意义上的）基因"剥离"成为自己的两个拷贝，并分别传给两个子女时，这两个拷贝的后代可能会随着时间的流逝而积累不同的突变。这些突变可能是"不会被注意到的"，因为它们不会表现为表型上的区别。两者之间突变的差异与分离之后经历的时间是成正比的。这一事实，也就是所谓的"分子时钟"，已经被生物学家们很好地利用起来了，可以测量巨大的时间跨度。此外，我们去计算亲缘关系的这些成对基因不一定要有着相同的表型效应。我有一个来自父亲的蓝眼基因，与之成对的等位基因则是来自母亲的棕眼基因。虽然这些基因不同，但它们必定在过去的某个时候有一个聚结点：在那个时刻，我父母的共同祖先的一个特定基因剥离成了两个拷贝，分别传给了这位祖先的两个孩子。这次聚结（不同于维多利亚女王蓝眼基因的两个拷贝）是很久很久以前的事情，从而让这对基因有足够长久的时间来积累差异，尤其是导致不同眼睛颜色的差异。

我刚才提到过，一个生物个体的基因组聚结模式就能够用以重建之前历史中的种群统计学细节。实际上，任何一个个体都可以用来做这件事。碰巧我的整个基因组已经为了录制《性、死亡与生命的意义》这个电视节目进行了测序，这期节目曾于 2012 年在四频道上播放过。黄可仁（Yan Wong）是我写作《祖先的故事》（*The Ancestor's Tale*）的共同作者，我对于聚结理论的所知以及许多其他方面的知识都是从他那里学到的。黄可仁利用这个机会对我的基因组做了李 / 德宾式计算，而且只用了我自己的基因组而已，就推导出了人类的历史。他发现大量的聚结点出现在大概 6 万年以前。这表明我的祖先所在的那个交配种群在 6 万年前是一小群人。当时的人口少，那么一对现代基因聚结到当时某位祖先身上的概率就高。较少一些聚结点出现在 30 万年前，说明当时的有效种群要更大一些。这些数字可以绘成一条曲线，纵轴是有效种群的大小，横轴是时间。下图就是他发现的模式，它与该技术的创始人在任何一个欧洲人的基因组上可以得到的模式都是相同的。

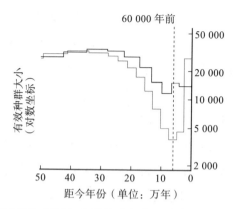

60 000 年前

来自理查德·道金斯与黄可仁合著的《祖先的故事》(2006，第二版)。感谢黄可仁提供图片。

　　图中黑线显示了估算出来的不同历史时期的有效种群的大小，依据的是我的基因组数据（我父亲与我母亲之间基因的聚结）。它表明，我的祖先的有效种群大小曾经在大约 6 万年前显著减小。灰线显示了分析一个尼日利亚人的基因组得到的模式。它显示出差不多同一时期的种群也有所缩小，但程度没有那么剧烈。或许无论是什么灾祸导致了这一下降，它在非洲的下降程度都要弱于在欧亚大陆的下降程度。

　　顺带一提，黄可仁曾是我在牛津大学新学院指导的本科生，但后来我从他身上学到的东西多过了他从我身上学到的。本科毕业后，他成为艾伦·格拉芬[1]的研究生，而格拉芬也曾是我教过的本科生，后来成为我的研究生，而现在我称他为我知识上的导师。所以，黄可仁既是我的徒子，又是我的徒孙——这恰恰从文化传承的角度类比了我先前描述的情况，即大家能够以不同的方式成为亲戚。当然了，文化传承的方向要比上述这个简单的构想所代表的情况复杂得多。

　　总结一下，以基因的视角来看待生命是这本书的一个中心主题，

----

[1]　艾伦·格拉芬（Alan Grafen），英国动物行为学家和进化生物学家。

它所阐明的不仅仅是此前版本中详细予以论述的利他和自私的进化，它还阐明了更为久远而深刻的过去，那是我在最初写作《自私的基因》时没能觉察到的。《祖先的故事》第二版中的相关段落（主要是由我的共同作者黄可仁撰写）为这个问题提供了更为全面的详尽论述。基因视角是如此的强大，以至于一个单一个体的基因组就足以进行详细的定量推算，得出种群的历史性统计数据。它还有什么其他的强大功能吗？正如与尼日利亚人的比较所预示的，未来对于世界不同地域的人所做的此类分析，能够为这种来自过去的种群统计学信号赋予一个地理维度。

　　基因视角还可能以其他方式穿透历史的迷雾吗？我在几本书中曾经提出了一个想法，我称之为"死亡的基因之书"。一个物种的基因库就是相互支持的基因的联合体，它们曾经一起在过去的特定环境中存活了下来，有久远的过去，也有近世的牵绊，这就使得它们成为那些环境的一种相反印记。如果一个遗传学家具备足够的知识，就应该能够从一种动物的基因组中读出该物种曾经生活的这些环境的特征。理论上来讲，欧洲鼹鼠（*Talpa europaea*）的 DNA 应该能够生动地展示出地下世界的面貌，那是一个位于地表之下的潮湿、黑暗的环境，空气中满是蠕虫、腐叶、甲虫幼虫的气味。如果我们知道如何去阅读的话，单峰骆驼（*Camelus dromedarius*）的 DNA 将会展现出用编码描绘的古老沙漠，那里有着沙尘暴、沙丘，以及生命对水的渴望。常见的宽吻海豚（*Tursiops truncatus*）的 DNA 表达着"深海水域""快速追逐鱼类""躲避虎鲸"等信息，不过是以一种我们在未来的某一天可能予以解读的语言写就的。但是同样的海豚 DNA 中也包含了一些描述其更早时期所处世界的段落，相应的基因也存续了下来：那是它的祖先们在陆地上生活的时期，要小心躲避暴龙和异特龙，活得足够久，久到能够生育才行。在那之前，肯定还有一部分 DNA 描述了更为古老的生存技能，又一次带我们回到了海洋中，那是它的先祖们还是鱼的时期，被鲨鱼甚至是广翅鲎（巨大的海蝎子）追逐的时代。对于"死亡的基因之书"的研究工作应该会在未来某个时间成为活跃的热点。它会不会成为《自私的基因》50周年纪念版的后记中的精彩内容呢？

30周年版简介

　　意识到我已经与《自私的基因》一同走过生命中几乎一半的旅程，这把我彻底吓清醒过来，真不知这是件好事还是坏事。这么多年了，我又出版了七本书。每一本书问世时，出版社总派我四处做宣传。读者们以令人受宠若惊的热情回应我的每一本书。他们礼貌地鼓掌，提出一些有智慧的问题，然后排队购书。但他们让我签名的书却是《自私的基因》。这也许有点儿夸张了，有一些读者还是买新书的。而我妻子安慰我说，那些人只是刚刚发现一个新作者，他们会很自然地去寻找作者的第一本书，阅读《自私的基因》，当然，之后他们肯定会一直读到最新一本书，那才是作者最喜欢的"孩子"。

　　如果让我宣布《自私的基因》已经严重过时，早已被时代远远抛下，也许我对这种现象会更为耿耿于怀。不幸的是（在某些人的眼里），我没法这么说。虽然有一些细节已经改变，新的例子正层出不穷，但除了一个问题（我马上会来讨论）外，这本书里几乎没有任何内容存在问题，需要我现在急着将它收回，或者需要向读者致歉。利物浦大学的动物学教授阿瑟·凯恩[1]是我20世纪60年代在牛津上学时的导师，曾给予我许多启发。他将1976年的《自私的基因》形容为"年轻人的书"。这句话是他故意引用书评家对艾尔（Ayer，英国哲学家）的书《语言、真理

---

[1] 指阿瑟·詹姆斯·凯恩（Arthur James Cain），英国进化生物学家、生态学家。

与逻辑》的评价。当时的我因此而沾沾自喜，尽管我知道艾尔曾经为其第一本书中大部分内容而公开认错，也不能无视导师的暗示：一段时间后，我也将做同样的事情。

让我从重新思考这个标题开始吧。1975年时，经过我的朋友戴斯蒙德·莫利斯（Desmond Morris）的帮助，我将完稿的部分章节交给伦敦出版界的老前辈汤姆·马希勒（Tom Maschler）。我们在乔纳森·凯普（Jonathan Cape）出版社中他的房间里讨论。他表示喜欢这本书，但不喜欢标题。"自私，"他说，"是一个消极的单词。为什么不叫它'不朽的基因'呢？不朽是一个积极的词，基因信息的不朽是这本书的主题思想，而'不朽的基因'与'自私的基因'听起来几乎一样耐人寻味。"（我现在觉得，我们俩都没意识到《自私的基因》刚好呼应了王尔德的《自私的巨人》。）但我现在觉得马希勒也许是对的。许多批评家——特别是那些哗众取宠的批评家（我发现他们一般都有哲学背景）——喜欢不读书而只读标题。也许这个方法足以适用于《兔子本杰明的故事》或者《罗马帝国兴衰史》，但我可以不假思索地说，"自私的基因"标题本身，如果不包含书上大字的脚注，会使人对内容产生一种不恰当的印象。如今，有一个美国出版社无论如何都坚持要求加一个副标题。

解释这个标题最好的方法是标记重点。如果重点在"自私"，你便会以为这本书在讨论人的私心，但是本书却将更多的重心放在讨论利他主义上。这个标题里需要着重强调的词应该是"基因"。让我来解释一下原因。达尔文主义中一直有一个中心辩论议题：自然选择的单位究竟是什么？自然选择的结果究竟是哪一种实体的生存或者灭亡？这个选择的单位多少会变得"自私"。利他主义则在另一个层次才被看重。自然选择是否在种群中选择？如果是这样的话，我们应该能看到个体生物因为"种群的利益"而表现出利他行为。它们将降低生育率以控制种群数量，或者限制其捕猎行为以保持未来种群的猎物储备。正是这个广泛流传的对达尔文主义的误解，给了我写作本书的最初动机。

那么，自然选择是否像我在这里强调的那样，在基因间进行选择呢？在这种情况下，我们便不会惊讶于个体生物"为了基因的利益"，表现出诸如喂养与保护亲属等利他行为，因为亲属更有可能与其共享相同的基因。这种亲属利他行为只是基因自私性在个体利他主义上的一种表现形式。这本书解释了亲属利他与回报——达尔文主义理论中另一个利他行为的主要来源——是如何进行的。如果我要重写这本书，作为一个不久前刚投奔扎哈维／格拉芬（Zahavi／Grafen）"不利条件原理"的人，我会给扎哈维的理论多留点儿位置。扎哈维的想法是：利他主义的捐赠也许是一个"炫富"式的显性信号——看我比你优越好多，我都能负担起给你的捐赠！

让我来重复并扩展一下对书名中"自私"一词的解释。这里的关键问题是：生命中哪一层次是自然选择的单位，有着不可避免的"自私"属性？自私的种属？自私的群体？自私的生物体？自私的生态系统？我们可以争论这些层次中大多数单位的自私性，它们还都曾被一些作者全盘肯定为自然选择的单位。但这都是错误的。如果一定要把达尔文主义简单概括为"自私的某物"，这本书以令人信服的理由层层推理得出，这个"某物"只能是基因。这是我对标题的解释，无论你是否愿意相信推理本身。

我希望这可以澄清那些更严重的误解。尽管如此，我自己也在同样的地方发现了自己犯过的错误。这从第1章中的一句话可以看出来："我们可以尝试传授慷慨和利他，因为我们生而自私。"传授慷慨与利他并没有错误，但"生而自私"则可能产生误解。我直到1978年才开始想清楚"载体"（一般是生物体）和其中的复制因子（实际上便是基因，第二版中新加入的第13章解释了这个问题）之间的区别。请你在脑海里删除类似这句话的错误句子，并在字里行间补充正确的含义。

这种错误的危险性不难使我认清这个标题的迷惑性，我当时便应该选择"不朽的基因"作为标题。也许这个标题有点儿过于神秘，但所有关于基因与生物体作为自然选择的竞争单位的争议［这个争议一直困扰着晚年的厄恩斯特·迈尔（Ernst Mayr），直至他去世］可以迎刃而解。自然选择有两种单位，它们之间没有任何争议。基因是复制因子的单位，而生物体是载体的单位。它们同等重要，不可低估任何一方。它们代表了两种不同的单位，只有我们认清其区别，才不至于陷入混乱的绝望中。

"合作的基因"是《自私的基因》另一个好的替代书名。虽然这听起来自相矛盾，但这本书主要的一部分便是讨论自私基因的合作形式。需要强调的是，基因组们并不需要以牺牲同伴或者他人的代价来换取自身的繁荣发展。相反，每一个基因在基因库里——生物体以性繁殖洗牌获得的基因组合，以其他基因为背景，追求着自身利益。其他基因是每一个基因生存大环境中的一部分，正如天气、捕食者与猎物、植被与土壤细菌都是环境的一部分。从每个基因的角度上看，背景基因可以与之共享生物体，相伴走过世代旅程。短期看，背景基因指的是基因组中的其他基因。但从长期看，背景基因则是种群基因库内的其他基因。因此，自然选择将基因视作相互兼容——几乎等同于合作——的团体，自然选择偏爱那些共同存在的基因。然而，无论在什么时候，这种合作基因的演化违反了自私基因的根本原则。第5章以桨手的比喻来讲述这个理论，第13章则更进一步讨论了这个问题。

虽然自私基因的自然选择偏爱基因间的合作，我们也必须承认，有一些基因并不这么做。相反，它们牺牲基因组中其他基因的利益。一些作者将它们称为"越轨基因"，有一些则将其称为"极度自私基因"，还有些人直接称之为"自私的基因"，将之与其他因自身利益而合作的基因混为一谈，未能理解其中微妙的不同。第13章讲述了超级自私基因的例子——减数分裂驱动基因，而"寄生DNA"的概念最初是在第3章末尾中提出的，后来有一些作者对其进一步研究，并以"自私的DNA"这样的妙笔来描述。自本书第一次出版，这些年不断有新发现超级自私基因的例子，它们更为匪夷所思。这已成为这些年研究的热点。[1]

《自私的基因》一直因为将基因拟人化而受到批评，这一点也需要解释一下（如果不需要道歉的话）。我采用了两个层次的拟人：基因与生物体。基因的拟人真不应该是个问题，因为任何有头脑的人都不会认为 DNA 分子会有一个有意识的人格，任何理智的读者也不会将这种妄想归罪于作者的写作方式。有一次我听到伟大的分子生物学家雅克·莫诺（Jacques Monod）讲述科学中的创造力时，着实心动。我已经忘记了他的用词，但他大概的说法是：当他考虑一个化学问题时，他会问自己，如果我是个电子，我会怎么做？彼得·阿特金斯（Peter Atkins）在其优秀的著作《重临创世》（*Creation Revisited*）中，在探讨光束通过高折射率介质速度减慢后的折射时，也采取了一个类似的拟人：光束好像想要将其到达终点的时间最小化。在阿特金斯的想象中，这如同海滩边的救生员冲过去拯救一个落水者一样。他是否需要按直线靠近落水者？不需要，因为他跑步比游泳速度更快，在行程中增加陆地行走的比例会更为明智。他是否应该直接跑到海滩边正对着目标的点，来最小化其游泳时间？这个想法好一些，但依然不是最佳方案。通过计算（如果救生员有时间来做这个事情），我们可以找到救生员的最佳行进角度、奔跑距离和不可避免的游泳距离间的最佳组合。阿特金斯总结道：

> 这正是光线通过密度较大介质时的行为。但光线怎么能在进入之前就已经知道哪一个是最短的行程？它又为什么要在乎这个？

他受量子理论的启发，对这些问题给出了一个绝佳的解释。

这类拟人化的比喻并不只是一种有趣的叙述方式，它还可以帮助职

[1] Austin Burt and Robert Trivers（2006），*Genes in Conflict: The Biology of Selfish Genetic Elements*（哈佛大学出版社），这本书出版时为时已晚，未能列入这个版本的第一次印刷，无疑它是这个重要主题权威的参考书。——作者注

业科学家在雾里看花中排除错误，找到正确的答案。达尔文主义在利他主义和自私、合作与报复上的计算便是这么一个例子，科学家们很容易推算出错误的答案。但我们经常在最后发现，适当地、小心谨慎地将基因拟人化处理，是将达尔文理论学者从泥沼中拯救出来的最短路径。在本书四大英雄之一的汉密尔顿先驱经验的鼓励下，我自己也尝试着如此谨慎处理拟人化。汉密尔顿在 1972 年（也是我开始写作《自私的基因》的那一年）的论文里写道：

> 如果一个基因可以使其复制品聚集起来，形成基因库中一个不断增加的部分，它便会得到自然选择的青睐。我们关注的那些基因会对其携带者的社会行为产生影响。为了让我们的论证更加生动有趣，让我们先试着暂时赋予这些基因以智慧和自由选择的意志。想象一下，一个基因正在考虑问题：如何增加其拷贝。再想象一下它可以有所选择……

这正是阅读《自私的基因》中大部分章节时应有的正确精神。

将生物体拟人化则更加麻烦。这是因为生物体不同于基因，它们拥有大脑，因此也可能真正拥有自私与利他之类主观意识的想法，让我们可以辨识出来。如果本书叫作"自私的狮子"可能会真的迷惑读者，而"自私的基因"不应有这种问题。就像有人可以把自己想象为光束，聪明地选择通过级联透镜与棱镜的最佳路径，或者将自己想象为基因，选择传递千秋万代的最佳路径，我们也可以假定一只狮子计算着其基因长期生存的最佳行为策略。汉密尔顿带给生物学的第一份礼物是其准确的数学计算，这可以算出一只真正的达尔文主义的生物——比如狮子——决定将其基因长期生存的概率最大化时，所应采取的策略。在本书中，我采用了生物体和基因的两个层次，用非正式、口语化的语言来描述这种计算。

在第 150 页里，我们迅速从一个层次转向另一个层次：

> 我们已经考虑过在什么条件下母亲让小个子死掉事实上是合算的。如果单凭直觉判断，我们大概总是认为小个子本身是会挣扎到最后一刻的，但这种推断在理论上未必能站得住脚。一旦小个子瘦弱得使其预期寿命缩短到它从同样数量的亲代投资中获得的利益还不到其他幼儿的一半时，它就该体面而心甘情愿地死去。这样，它的基因反而能够获益。

这是个体层次的自我审视。这里的假设不是小个子做出让自己快乐和感觉良好的选择，而是达尔文世界的个体生物会做出的"如果……那么……"的估算，以得出对其基因最有利的选择。这个段落还在继续明确地迅速转化至基因层面的拟人化：

> 就是说，一个基因发出了这样的指令："喂，如果你个子比你的骨肉兄弟瘦小得多的话，那你不必死挨活撑，干脆死了吧！"这个基因在基因库中将取得成功，因为它在小个子体内活下去的机会本来就很小，而它却有 50% 的机会存在于得救的每个兄弟姐妹体内。

接下来则又迅速回到小个子的自我审视：

> 小个子的生命航程中有一个有去无回的临界点。在达到这一临界点之前，它应当争取活下去，但到了临界点之后，它应停止挣扎，宁可让自己被骨肉兄弟或父母吃掉。

我真的相信，只要读者仔细完整地阅读本书，这两个层次的拟人化一点儿都不会使人迷惑。只要描述恰当，这两个层次的"如果……那么……"评估都会得到完全相同的结论，这也正是判断其正确性的标准。所以，如果我现在重写这本书，我不觉得我会放弃拟人化描述。

重写一遍书是一回事，重读一遍书则是另一回事。我们该如何对待这位澳大利亚读者的判决书呢？

（这本书）非常引人入胜，但有时我希望我没有读过它……一方面，我惊叹于道金斯极为清晰且有根据地看清如此复杂的过程……但同时，我还要责怪《自私的基因》使我在之后的 10 多年里，不得不与抑郁症进行长期较量……我不再对生命灵魂的认识感到确定，并尝试寻找更深层次的东西——试着去相信，但却不能相信，我发现这本书在字里行间将我所有模糊的想法都一扫而光，而且阻止这些想法重新凝聚于我的脑海中。几年前，这造成了我个人生活中的一次严重危机。

我之前也描述过一些读者产生的类似反应：

我第一本书的一个外国出版商坦言：阅读这本书后，他失眠了 3 天，被书中传达的冷酷无情的信息深深困扰。另外一些人则问我每天早上如何能离开床铺。一个偏远乡村的教师写信责备我，因为一个学生读完书后含泪找到他，说这本书使她的生命变得空虚而无意义。他建议她不要把这本书给她的任何朋友看，因为他害怕这本书会使他们产生相同的虚无主义思想与悲观情绪。（摘自《解析彩虹》）

如果这些故事是真的，任何良好愿望都无法将其掩盖。这是我要说的第一件事，但我要说的第二件事也一样重要。我在书里接着写道：

想必宇宙的最终命运确实没有意义，但无论如何，我们真有必要将我们生命的希望寄托在宇宙的最终命运上吗？当然不需要，只要我们足够明智。我们的生命被其他更密切、更温暖的人类理想与感觉控制。指责科学剥夺了生命中赖以生存的温暖，是多么荒谬的错误啊，这与我本人及其他科学家的感觉截然相反。我几乎都要对这些大错特错的怀疑绝望了。

另一些批评家则表现出类似"因坏消息到来而迁怒信使"的趋势，他们从《自私的基因》中看到不合心意的社会、政治或经济上的推论，因此反对此书。在 1979 年撒切尔夫人刚获得其第一次选举胜利后不久，我的朋友史蒂文·罗斯（Steven Rose）在给《新科学家》的文章中写道：

我不是说上奇公司（Saatchi & Saatchi）曾组织一批社会生物学家 [1] 来撰写撒切尔夫人的演讲稿，更不是指一些牛津与萨塞克斯的君子已经开始庆幸终于可以从实际情况解读自私基因这等简单事实，尽管他们一直拼命想要这么告诉我们。这个流行理论与政治事件的巧合要更乱七八糟得多。不过我相信，20 世纪 70 年代末期此书写成时，历史潮流转向了右翼，从法律与秩序转向货币主义与（更为矛盾的）对中央集权的抨击。之后这个转向才成为科学潮流，如果进化理论从类群选择转向亲属选择也能算的话。这个科学潮流变换将被看作推动撒切尔夫人派与其僵化的、19 世纪时竞争与排外的人性概念执掌大权的社会潮流的一部分。

"萨塞克斯的君子"指的是不久前去世的约翰·梅纳德·史密斯，

---

[1] 社会生物学研究生物的社会性行为，通过进化的选择力量来解释生物社会性行为的合理性。这一学科主要聚焦于社会性昆虫的行为研究，但是如果应用到人类社会上就引发了广泛的争议和讨论。爱德华·威尔逊是最早建立这一学科的人，也提出将其应用在人类社会研究中的可能性，前文中提到的史蒂芬·古尔德则对将这一理论应用于人类持批判态度，担心它可能被误解成为基因决定论。

史蒂文·罗斯和我都同样欣赏他。史密斯在回复《新科学家》的信中以其典型口吻说："我们还能怎么做？篡改公式吗？"《自私的基因》传递的一个重要消息（史密斯的文章标题"魔鬼的牧师"更强调了这一信息）是：我们不能把我们的价值观从达尔文主义中推导而来，除非它带着一个消极的信号。我们的大脑已经进化到一个程度，使我们得以背叛自身的自私基因。这种行为的一个明显现象便是我们使用的避孕方式。同样的原理可以也应该作用于更广的范围。

与1989年的第二版不同，30周年纪念版只增加了这篇简介，以及由编辑了我三本书的编辑兼支持者拉塔·梅农选取的一些书评片段，此外并没有新的内容了。除了拉塔外，没有人可以与"K选择"（生态学术语，拥有在环境中获得竞争胜利的能力）超级编辑迈克尔·罗杰斯（Michael Rodgers）媲美。他对此书坚定的信念就像火箭助推器一般，使本书的第一版进入了轨道。

现在这个版本重新采用了最初由罗伯特·特里弗斯[1]写作的序言，这也是让我特别高兴的原因。我提过汉密尔顿是本书的四大智囊英雄之一，特里弗斯是另外一个。他的思想贯穿了第9、10、12章的大部分内容，还有第8章的所有内容。他不只给了本书一篇精雕细琢的序言，更不同寻常的是，他选择了本书向世界宣告他超群的新思想：自我欺骗进化的理论。这次他同意让我在此版本中使用原先的序言，我实在感激不尽。

理查德·道金斯
牛津，2005年10月

---

[1] 罗伯特·特里弗斯（Robert Trivers），美国进化生物学家、社会生物学家。

第 2 版前言

　　《自私的基因》出版十几年来，书中的主要信息已经成为教科书的正统内容。这其实很矛盾，虽然看起来并不明显，但它并不是那一类作品：出版时因其革命性颠覆而备受指责，而后逐渐稳定获得皈依者，最后被认为无比正统，使人不解最初争议从何而来。《自私的基因》恰与之相反。一开始它得到好评无数，并不被视为富有争议的书。直到数年后，它的争议才逐渐形成。而现在，它被广泛认为是极端的激进作品。但同样在这些年里，当此书极端主义的名声逐渐升级时，它实际的内容则显得越来越不极端，越来越接近通用常识。

　　自私基因的理论也是达尔文的理论，只是以一种达尔文并未选择的方式来表述。而我也愿意认为，达尔文如果九泉之下有知，也会立刻认识到这种方式的合适性，并为此高兴。这事实上是正统的新达尔文主义的一种逻辑推论，仅仅是以一个新形象展现出来。它并不关注个体生物，而是从基因的视角看待自然界。这是一种不同的观察方式，而不是一种不同的理论。在《延伸的表型》的开篇，我曾用内克尔立方体的比喻来解释这一点。

　　这是一个二维的纸上墨印图案，但它在观察者眼中却是一个透明的三维立体。盯着它看上几秒钟，它会变为朝向另一个方向。继续盯着它看，它则会变成原来的立方体。这两个立方体都与视网膜中的那个二维图形同等兼容，于是大脑很乐意在两者间轮流更换。任何一个图形都

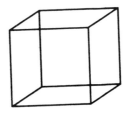

不比另一个更为正确。我所要说的，便是自然选择有两种观察的方式，可以从基因的角度，也可以从个体生物的角度来观察。如果你恰当地理解两者，它们便是等同的，是同一真理的两种看法。你可以从一者转化到另一者，它依然是相同的新达尔文主义。

我现在觉得这个比喻太过于小心翼翼了。一个科学家最重要的贡献通常并不是提出一个新理论，或是揭示一个新现象，而是于旧理论和旧现象中发现观察的新方法。内克尔立方体的比喻有误导性，因为它表示两种观察方法的好处是相同的。确切地说，这个比喻还是部分正确的："角度"和理论不一样，不可以通过实验去验证。我们无法采用熟悉的证明或证伪准则。但在最理想的情况下，视角的改变可以达到比一个理论更崇高的地位。它可以引领整个思想潮流，促使许多激动人心与可验证的理论产生，使之前无法想象的事实暴露无遗。内克尔立方体的比喻完全忽略了这点，它只抓住了视角上改变这一点，却无法公正评价其价值。我们要谈的并不是一个视角的转变，而是在极端条件下的彻底变身。

我要赶紧澄清一下，我个人卑微的科学贡献并不能达到以上所述的地位。然而，正是出于这个原因，我倾向于不将科学与科学"普及"彻底分离。将那些迄今只在专业文献中存在的思想仔细阐述出来，实在是一项困难的艺术。它需要语言上有洞察力的新方法与浅显易懂的比喻。如果你可以强调语言和比喻的新颖，你最终能得到一种新思维。而新思维本身便是对科学的一种原创贡献，正如我之前讨论的那般。爱因斯坦本人便是一位出色的科学普及者。我经常觉得他那些生动的比喻并不只帮助了我们这些读者。它们难道没有为这位极富创造力的天才的思维火花增添燃料吗？

　　早在 20 世纪 30 年代初，从基因角度看达尔文主义的想法已经在费希尔 [1] 和其他新达尔文主义的伟大先驱者的作品中含蓄表达过了。汉密尔顿和威廉斯则在 60 年代明确表达了这一点。他们的思想使我的思维得到开阔。但我发现他们的表达过于简洁，不够振聋发聩。我坚信一个扩展版本可以使生命万物归位，无论在心灵中还是脑海里。我想要写一本书，赞美基因角度下的进化。它可以集中阐述社会行为的例子，帮助纠正当时盛行的通俗达尔文主义的无意识的类群选择论调的蒙昧。1972 年，当时劳资纷争使得实验室停电，我的实验室研究不得不暂停，我便动笔开始写作此书。不幸的是（从某个角度看），大约两个章节完成后，停电结束了。我将这一工程封存，直到 1975 年我有了一年休假才得以继续。同时这个理论也已经被约翰·梅纳德·史密斯和罗伯特·特里弗斯拓展。我现在可以看到，那是一个神秘时期，所有新思想都在空气中飘浮。我在某种兴奋狂热的状态下完成了《自私的基因》。

　　当牛津大学找到我出版第二版时，他们坚持认为传统的全面逐页的修订方法并不合适。在他们看来，有一些书显然日后将有一连串的新版本，但《自私的基因》并不是这样的书。第一版有着那个时代的青春气息。当时我们有国外革命的香氛，有一缕华兹华斯的吉祥晨曦。作为那个时代的产儿，若用新发现的事实使其臃肿，或是放任复杂谨慎令其苍老，实在令人扼腕。于是，最初的文本应保持不动，其瑕疵与偏颇也应一并保留。最后的注释则应包括修正、回应与新的发展。全新的章节应当加入，它们的主题在其时代里也将继续带着革命黎明前的情绪。这便是第 12 与 13 章。为此我从这些年里最令我激动的两本专业领域内的著作中汲取灵感：罗伯特·阿克塞尔罗德（Robert Axelrod）的《合作的进化》（*The Evolution of Cooperation*），因为它给予我们的未来以某些希

---

[1]　指罗纳德·艾尔默·费希尔（Ronald Aylmer Fisher），英国统计学家、遗传学家。

望，还有我自己的《延伸的表型》，因为它是我这些年的工作成果，也因为——它最有价值的地方是——它可能是我的最佳著作了。

"好人终有好报"的标题出自 1985 年我参与的 BBC 电视节目《地平线》。这是一部 50 分钟的纪录片，由杰里米·泰勒（Jeremy Taylor）制作，以博弈论探讨进化中的合作。这部纪录片的制作，连同另一部来自相同制作人的《盲眼钟表匠》，使我对其职业产生新的敬意。《地平线》的制作人们竭尽全力使自己成为该题目的高级专家（他们的一些节目在美国也能看到，通常以《新星》的名目重新包装）。第 12 章不仅从中收获了章名，我、泰勒和《地平线》制作组的紧密合作也使第 12 章的写作获益不少。对此我深表感激。

最近我了解到一个我不敢苟同的事实：一些有影响力的科学家习惯在他们并未参与的作品中署上自己的名字。显然，一些资深科学家要求在作品中署名，只是因为他们贡献了实验场所、科研资金和对文章编辑提出了修改意见。就我所知，他们在学界的声誉可能完全建立于其学生和同事的工作成果之上！我不知道如何与这种不诚实的行为抗争，也许期刊编辑应该要求每一名作者签字表明其贡献。但这不过闲谈而已，我提起这个话题是为了做一个对比。海伦娜·克罗宁（Helena Cronin）对这本书的每一行，甚至每一个字都做了力所能及的改进，却坚持拒绝了成为书中新增部分的共同作者的请求。我对她感激不尽，并对我的感谢必须止于此表示歉意。我还要感谢马克·里德利（Mark Ridley）、玛丽安·道金斯（Marian Dawkins）和艾伦·格拉芬对本书的建议和对一些章节的建设性批评意见。另外还要感谢牛津大学出版社的托马斯·韦伯斯特（Thomas Webster）、希拉里·麦格林（Hilary McGlynn）和其他欣然容忍了我的奇思妙想和拖延的同事。

理查德·道金斯
1989 年

序 言

虽然黑猩猩和人类的进化史大约有 99.5% 是相同的，但人类的大多数思想家还是把黑猩猩视为畸形异状、与人类毫不相干的怪物，而把人类自己看成通向全能上帝的阶梯。对一个进化论者来说，情况绝非如此。认为某一物种比另一物种高尚是毫无客观依据的。不论是黑猩猩和人类，还是蜥蜴和真菌，它们都是经过长约 30 亿年的所谓自然选择这一过程进化而来的。每一物种之内，某些个体比另一些个体留下更多的生存后代，因此，这些得以繁殖的幸运者的可遗传特性（基因），在其下一代中的数量就变得更加可观。基因的非随机性的分化生殖就是自然选择。自然选择造就了我们，因此，要想了解我们自身的特性，就必须理解自然选择。

尽管达尔文的自然选择进化学说是研究社会行为的关键所系（特别是同孟德尔的遗传学相结合时），但却一直为许多人所忽视。社会科学领域内一系列研究部门相继兴起，致力于建立一种前达尔文派（pre-Darwinian）和前孟德尔派（pre-Mendelian）的社会和心理世界。甚至在生物学领域中，忽视和滥用达尔文学说的情况一直令人诧异。无论造成这种异常发展的原因何在，有迹象表明，这种状况即将告终。达尔文和孟德尔所进行的伟大工作已为日渐增多的科学工作者所发展，其中著名代表人物主要有费希尔、汉密尔顿、威廉斯和史密斯。现在，本书作者道金斯（Richard Dawkins）把建立于自然选择基础上的社会学说的这一重要部分，第一次用简明通俗的形式介绍给大家。

道金斯对社会学说中这一崭新工作的主要论题逐一做了介绍：利他和利己行为的概念、遗传学上自私的定义、进犯行为的进化、亲族学说（包括亲子关系和社会性昆虫的进化）、性比例学说、相互利他主义、欺骗行为和性差别的自然选择。道金斯精通这一基本理论，他胸有成竹，以令人钦佩的清晰文体展示了这一崭新的工作。由于他在生物学方面造诣颇深，他能够使读者领略生物学文献中丰富多彩和引人入胜之处。凡遇他的观点同已发表著作的论点有分歧时，他的评论就像他在指出我的一处谬误时一样无不一语中的。同时，道金斯不遗余力地把论证的逻辑推理交代清楚，使读者能够运用这种逻辑推理再去扩展这些论据（甚至可以和道金斯本人展开争论）。这些论据可以向许多方面扩展。例如，如果（按道金斯的论证）欺骗行为是动物间交往的基本活动的话，动物就一定存在对欺骗行为的强烈的选择性，而动物也转而必须选择一定程度的自我欺骗，使某些行为和动机变成无意识的，从而不致因极细微的自觉迹象，让正在进行的欺骗行为败露。因此，认为自然选择有利于更准确地反映了世界形象的神经系统这种传统观点，肯定是一种关于智力进化的非常幼稚的观点。

近年来，人们在社会学说方面取得了重大进展，由此引发了一股小小的逆流。例如，有人断言，近年来社会学说方面的这种进展，事实上是为了阻止社会进步的周期性阴谋的一部分，这种进步在遗传上似乎是不可能的。还有，把一些相似而又不堪一驳的观点罗列在一起，使人产生这样一种印象，即达尔文的社会学说，其政治含义是反动的。这种说法同事实情况大相径庭。费希尔和汉密尔顿首次清楚地证明了遗传上性别的均等性。从社会性昆虫得到的理论和大量数据表明，亲代没有主宰其子代的固有趋势（反之亦然）。而且亲代投资和雌性选择的概念，为观察性别差异奠定了客观而公正的基础，这是一个相当大的进展，超越了一般把妇女的力量和权利归结于毫无实际意义的生物学上的特性这一泥潭所做的努力。总之，达尔文主义的社会学说使我们窥见了社会关系中基本的对称性和逻辑性，在我们有了更充分的理解之后，我们的政治见解将会重新获得活力，并对心理学的科学研究提供理论上的支柱。在这一过程中，我们也必将对苦难的众多根源有更深刻的理解。

特里弗斯

1976 年 7 月于哈佛大学

前　言

　　读者不妨把本书当作科学幻想小说来阅读。笔者构思行文着意于引人深思，唤起遐想。然而，本书绝非杜撰之作。它不是幻想，而是科学。"事实比想象更离奇"，暂不论这句话是否有老生常谈之嫌，它却确切地表达了笔者对客观事实的印象。我们都是生存机器——作为运载工具的机器人，其程序是盲目编制的，为的是永久保存所谓基因这种禀性自私的因子。这一事实直至今天仍使我惊叹不已。我对其中的道理虽已领略多年，但它始终使我感到有点难以置信。我的愿望之一是能够凭此使读者惊叹不已。

　　在写作过程中似乎有 3 位假想的读者一直在我背后不时地观望，我愿将本书奉献给他们。第一位是我们称之为外行的一般读者。为了他，我几乎一概避免使用术语。在不得已使用专门术语的地方，我都一一详加说明。我不明白为什么我们不把一些学术性刊物里的大部分术语也删掉呢？虽然我假定外行人不具备专业知识，但我却并不认为他们愚昧无知。只要能做到深入浅出，就能使科学通俗易懂。我全力以赴，试图用通俗的语言把复杂艰涩的思想通俗化，但又不丧失其精髓。我这样尝试的效果如何尚不得而知。我的另一个抱负是，让这本书成为一本引人入胜、扣人心弦的读物，使其内容无愧于题材。但这方面我能取得多大成功，心中也毫无把握。我一向认为，生物学犹如神话故事那样迷人，因为事实上，生物学的内容就是神话故事。本书的题材理应激发读者产生莫大的兴趣并带来启发，但我所能做到的充其量不过是沧海一粟，再多我也不敢奢望了。

第二个假想的读者是个行家。他是一个苛刻的评论家，对我所用的一些比拟笔法和修辞手段很不以为然。他总是喜欢用这样的短语："除此之外……"，"但在另一方面……"，"啧！啧！"我细心地听取了他的意见，纯粹为了满足他的要求，我甚至把书中的一章全部重写了一遍。但归根结底，讲述的方式毕竟还是我的选择。这位专家对我的写作方式恐怕不会完全没有微词吧！但我仍极为热切地希望，即使是他也能在拙作中发现一点新内容，也许是对大家所熟悉的观点的一种新见解，甚至受到启发产生出自己的新观点。如果说我的这种心愿太大，那么，我是否可以希望，这本书至少能为他的旅途消愁解闷？

我心目中的第三位读者是位从外行向内行过渡的学生。如果他至今还没有抱定目标要在哪一方面成为专家，那么我要奉劝他考虑一下我所从事的专业——动物学。动物学固然自有其"实用价值"，且大部分动物又有其逗人喜爱之处，但除此之外，研究动物学有其更为深远的意义：因为宇宙万物之中，我们这些动物当属最为复杂、设计最为完美的"机器"了。既然如此，弃动物学而选择其他学科就令人费解了！对那些已经献身于动物学研究的学生来说，但愿本书能有一定的教育价值，因为他们在学习过程中孜孜不倦钻研的经典理论著作和专业书籍，正是笔者撰写本书的依据。如果他们发现经典理论著作难以理解，那么我的深入浅出的论述，作为入门或辅助材料之类的读物，也许对他们有所助益。

显然，要同时迎合3种类型的读者的口味势必要冒一定的风险。我只能说，对此我始终是十分清楚的。不过，考虑到我的这种尝试所能带来的种种益处，我甘愿冒这种风险。

我是个行为生态学家，所以动物行为是本书的主题。我接受过行为生态学的传统训练，从中获得的教益是不言而喻的。特别值得一提的是，在牛津大学我曾在廷贝亨[1]指导下工作过12个年头。在那些岁月里，他对我的影响之深，恐怕连他自己也想不到。"生存机器"这个词语虽非实际出自他口，但说成是他的首创亦不为过。近年来，行为生态学受新思潮的冲击而生机勃发。从传统观点来说，这股思潮的来源不属行为生态学的范畴。本书在很大程度上即取材于这些异军突起的思想。这些新思想的倡导者主要是威廉斯、史密斯、汉密尔顿和特里弗斯，我将分别在有关章节中提及。

各方人士为本书的书名提出过许多建议，我已将他们建议的名称分别移作有关各章的题目："不朽的双螺旋"，来自克雷布斯（John Krebs）；"基因机器"，来自莫里斯；"基因种族"，来自克拉顿-布罗克（Tim Clutton-Brock）和简·道金斯，为此我向他们表示谢意，另外，特向斯蒂芬·波特（Stephen Potter）表示歉意。

尽管假想的读者可以作为寄托虔诚希望的对象，但同现实生活中的读者和批评家相比，毕竟无太大实际意义。笔者有一癖好，文章非改上几遍不肯罢休。为此，玛丽安·道金斯不得不付出艰辛的劳动。对我来说，她对生物学文献中渊博知识的掌握，对理论问题的深刻理解，以及她不断给予我的鼓励和精神上的支持，都是我从事此项工作不可或缺的。克雷布斯也阅读了全书初稿。有关本书的议题，他的造诣比我深，而且他毫不吝惜地提出许多意见和建议。格莱尼丝·汤姆森（Glenys Thomson）和沃尔特·博德默（Walter Bodmer）对我处理遗传学论题的方式提出过既诚恳又严厉的批评，而我所做的修改恐怕还不能完全使他们感到满意，但我希望他们会发现修订后的稿子已有所改进。他们不厌其烦地为我花费了大量时间，对此我尤为感激。约翰·道金斯以其准确无误的眼力指出了一些容易使人误解的术语，并提出了难能可贵的修改意见。我不可能找到比马克斯韦尔·斯坦普（Maxwell Stamp）更适合、更

---

[1]　指尼古拉斯·廷贝亨（Nikolaas Tinbergen），荷兰动物行为学家与鸟类学家。

有学问的"外行"了。他敏锐地在初稿中发现了一个反复出现的文体缺陷，这对我完成最后一稿助益匪浅。最后，我还要向牛津大学出版社的罗杰斯表示谢忱。他审阅过我的手稿，所提意见富于助益；此外，在安排本书的出版时，他做了许多分外的工作。

理查德·道金斯

1976 年

目　录

第 1 章

为什么会有人呢？

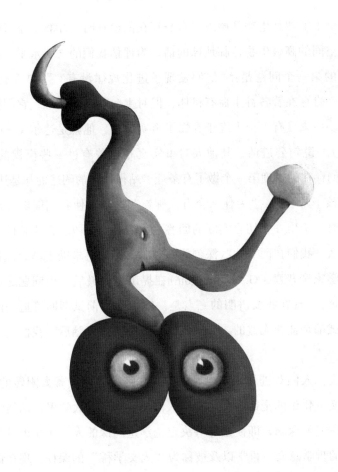

行星上的智慧生物开始思索自身存在的道理时，才算真正成熟。如若宇宙空间的高级生物莅临地球的话，为评估我们的文明水平，他们可能提出的第一个问题是："他们发现了进化规律没有？"30多亿年来，地球上一直存在着各种生命有机体，但对生命存在的道理，它们始终一无所知。后来，有一个人终于弄懂了事实真相，他就是达尔文（Charles Darwin）。说句公道话，其他人对事实真相也曾有过一些模糊的想法，但对我们存在的道理第一个做了有条理、站得住脚的阐述的却是达尔文。好奇的孩子常会问："为什么会有人呢？"达尔文使我们能够在面对这个问题时，给出一个切合实际的回答。生命有意义吗？人生目的何在？人是什么？我们在面对这些深刻的问题时，无须再求助于怪力乱神。著名动物学家辛普森（G. G. Simpson）在提出上面最后一个问题之后，曾这样说过："现在我要讲明的一点是，1859年之前试图回答这一问题的一切尝试都是徒劳无益的，如果我们将其全部置于脑后，我们的境遇会更好些。"*

今天，人们对进化论产生疑问，犹如怀疑地球绕着太阳转的理论，但达尔文进化论的全部含义仍有待人们去了解。在大学里，动物学仍是少数人研究的课题，即使是那些决定选学这门课的人，往往也没有理解其深刻的哲学意义。哲学以及被称为"人文学科"的课程，现在讲授起来，仍好像不曾有过达尔文此人。毫无疑问，这种状况以后将会改变。

不管怎样,本书并无意于全面地宣扬达尔文主义,而着眼于探索进化论对一个特定问题所产生的种种影响。我的目的是研究自私行为和利他行为在生物学上的意义。

除了学术意义,这个主题对人类的重要性也显而易见。它关乎我们人类生活的各个方面,我们的爱与憎、斗争与合作、馈赠与盗窃、贪婪与慷慨。这些本来是洛伦茨(Lorenz)的《论进犯行为》(*On Aggression*)、阿德里(Ardrey)的《社会契约》(*The Social Contract*)和埃布埃尔-埃尔布菲尔特(Eibl-Eibesfeldt)的《爱与憎》(*Love and Hate*)探讨的主题。这 3 本书的问题在于它们的作者铸下了大错。他们犯错是因为他们误解了进化论。他们错误地假定进化的关键在于物种(或者种群)的利益,而不是个体(或者基因)的利益。可笑的是,阿什利·蒙塔古(Ashley Montagu)批评洛伦茨,说他是"(相信)'大自然是残酷无情的'的 19 世纪思想家的'嫡系'⋯⋯"。在我看来,洛伦茨和蒙塔古是半斤八两,二人都拒斥丁尼生这个著名短语的含义。与二人不同,我认为这句话极好地概括了我们对自然选择(理论)的现代理解。

我在开始论证之前,想先扼要地说明一下这是一种什么样的论点,以及不是什么样的论点。如果有人告诉我们,某人在芝加哥黑社会中长期过着荣华富贵的生活,我们就能够对他是什么样的人做一些猜测。我们可以想见,他的性格粗暴鲁莽,动辄开枪,而且能吸引忠贞不贰的朋友。而推论并非是万无一失的。但如果你知道一个人是在什么情况下生活和发迹的,那你就能够对他的性格做出某些推断了。本书的论点是,我们以及其他一切动物都是各自的基因所创造的机器。在一个具有高度竞争性的世界上,像芝加哥发迹的匪徒一样,我们的基因生存了下来,有的存续长达几百万年。这使我们有理由在我们的基因中发现某些特性。我将要论证,成功基因的一个突出特性就是其无情的自私性。这种基因的自私性通常会导致个体行为的自私性。然而我们也会看到,基因为了更有效地达到其自私的目的,在某些特殊情况下,也会滋长一种有限的利他主义。上句中，"特殊"和"有限"是两个重要的词。尽管我们可能觉得这种情况难以置信，但对整个物种来说，普遍的爱和普遍的利益在进化论上简直是毫无意义的概念。

因此，现在我要讲一下本书所不准备论证的第一点。我并不提倡以进化论为基础的道德观*，我只是讲事物是如何进化的，而不是讲人类应该怎样行动才符合道德准则。我之所以强调这一点，是因为我知道我有被人误解的危险。有些人不能把阐述对事物的认识同提倡事物这两件事区别开来，此类人实在为数太多。我自己也觉得，生活在一个单纯以基因那种普遍的、无情的自私性法则为基础的人类社会中将会令人厌恶至极。然而我们无论怎样感到惋惜，事实毕竟就是事实。本书的主旨在于引起读者的兴趣，如果你想从中引出某种教益，那么阅读时，可以视之为一种告诫。如果你也和我一样希望为了共同的利益，建立一个人与人之间慷慨大度、相互无私合作的社会，那你就不能指望从生物的本性获得什么助益。让我们设法通过教育把慷慨大度和利他主义灌输到人们头脑中去吧！因为我们生来就是自私的。让我们懂得我们自私的基因居心何在，至少可以有机会去打乱它们的计划，而这是其他物种从来没能做到的。

上述有关教育的议论，必然表明下面的观点是错误的：从遗传学的角度来看，继承下来的特性是明确固定、不容改变的。这是一种极为常见的谬见。我们的基因可以驱使我们的行为自私，但我们也不必终生屈从。如果我们在遗传上生来就是利他性的，再去学利他主义也许不那么困难。在动物中，只有人类受文化也受后天获得的以及继承下来的影响的支配。有人可能会说，文化是如此之重要，以至于不论基因自私与否，它与我们对人类本性的理解毫不相干。另有一些人也会不同意这种说法，这完全取决于在作为人类特性的决定性因素"是天性还是教养"的辩论中，你站在什么立场上。这就使我要讲一讲本书不准备论证的第二点。在"天性和教养"的争论中，本书不支持这一或那一立场。当然我有自己的观点，但我不打算表达出来，只在第 13 章中，把我的观点融合到了我阐述的文化观点中。如果确实证明基因同现代人的行为毫不相干，如果在动物界中我们在这方面确实是独一无二的，那么至少探究一下我们在如此短期内成为例外的规律，仍将兴味无穷。而假如我们这一物种并不像我们一厢情愿的那样是个例外的话，研究这一规律就更加重要。

本书不准备论证的第三点是，不对人类或其他某一种动物的行为细节进行描述。只有在举例说明时，我才使用有事实根据的细节。我不会说："如果你看一下狒狒的行为，就会发现它们的行为是自私的，所以人类的行为也可能是自私的。"我的关于"芝加哥匪徒"的论证在逻辑上与此迥然不同。真实情况是，人和狒狒都是经由自然选择进化而来的。如果你注意一下自然选择进行的方式，似乎可以得出这样的结论：经由自然选择进化而来的任何东西应该都是自私的。因此我们可以预见到，当我们去观察狒狒、人类和其他一切生物的行为时，一定会发现它们的行为是自私的。如果我们发现自己的预见是错误的，如果我们所观察到的人类行为的确是利他性的，我们就会遇到某些令人迷惑不解的事情，需要进行阐明。

我们需要有一个定义，然后再进一步探讨。如果一个实体，例如狒狒，其行为的结果是牺牲自己的利益，从而增进了另一同类实体的利益，该实体就被认为是具有利他性的。而自私行为的效果恰好相反。我们所谓的"利益"就是指"生存的机会"，即使行为的效果对事实上的生与死所产生的影响小得微不足道。人们现在体会到，对生存概率的影响，在表面上看来，哪怕是极微小的，也能够对进化发生很大的作用。这是对于达尔文学说最新解释所产生的一个令人吃惊的后果，因为这种影响有大量的时间可供其发挥作用。

上述有关利他和自私的定义是指行为上的，而不是指主观意识上的，弄清这一点至关重要。在这里我的旨趣不在动机的心理学方面，我不准备去论证人们在做出利他行为时，是否"真的"私下或下意识地抱有自私的动机。他们或许是，或许不是，也许我们永远也不可能知道。但无论怎样，这些都不是本书所要探讨的内容。我的定义只涉及行为的效果，是降低还是提高这个假定的利他主义者生存的可能性，以及这个假定的受益者生存的可能性。

说明行为对生存所产生的远期影响是一件异常复杂的事情。事实上，在把这一定义运用于实际行为时，我们必须用"明显的"这个词来修饰提到的实际行为。一个明显的是利他性的行为表面看去似乎（不管可能性何其小）使利他主义者有较大的可能死亡，而受益者有较大的可能生存下来。更仔细地观察一下，我们常常会发现明显的利他行为实际上是伪装起来的自私行为。我要再次声明，我绝不是说它们的潜在动机都是自私的。我的意思是，这种行为对生存可能性所产生的实际效果，同我们原来的设想正好相反。

现在我来举一些明显的自私以及明显的利他行为的例子。每当讨论我们自己这一物种时，要避免思想上的主观性习惯是困难的，因此我将以其他动物为例。先举一些具有代表性的有关个体动物的自私行为的例子。

黑头鸥集群筑巢，巢与巢之间相距仅几英尺，雏鸥刚出壳，娇嫩幼小无防卫能力，易被吞食。一只黑头鸥等到它的邻居转过身去，或许趁它去捉鱼时，便扑上前去将它邻居的一只雏鸥一口囫囵吞下去，这种情况相当普遍。就这样它吃了一顿营养丰富的大餐，而不必再费神去捉鱼了，也不必离开它的巢，使其失去保护。

雌螳螂那种喜食同类的可怕习性，更是人们所熟知的。螳螂是食肉的大昆虫，它们一般吞食比它们小的昆虫，如苍蝇等。但它们会袭击几乎一切活的东西。交配时，雄螳螂小心翼翼地爬到雌螳螂背上，骑着进行交配。雌螳螂一有机会就把雄螳螂吃掉，首先把头咬掉，这发生在雄螳螂接近时，或在刚一爬上去之后，或在分开之后。按理说，雌螳螂似乎应等到交配完，再开始吃雄螳螂。但脑袋的丢失，似乎并不会打乱雄螳螂身体其余部分进行交配的进程。的确，由于某些神经抑制中心位于昆虫的头部，把头吃掉可能反而会改善雄性的性活动。*如果是这样的话，那倒不失为一种额外收获。主要的收获是雌螳螂饱餐了一顿。

虽然这些同类相食的极端例子同我们的定义很契合，但"自私"这个词就未免有点轻描淡写了。对于南极洲帝企鹅的那种所谓胆怯的行为，我们也许更能直接地寄予同情。可以看到它们伫立在水边，由于有被海豹吃掉的危险，在潜入水中之前踌躇犹疑。只要有一只先潜入水中，其余的就会知道水中是否有海豹。自然没有哪一个肯当试验品，所以大家都在等，有时甚至相互往水中推。

更为常见的自私行为可能只不过是拒绝分享某些珍视的东西，如食物、地盘或配偶等。现在举一些明显的利他性行为的例子。

工蜂的刺蜇行为是抵御蜂蜜掠夺者的一种十分有效的手段。但执行刺蜇的工蜂是一些敢死队队员。在刺蜇这一行动中，一些生命攸关的内脏通常要被拖出体外，工蜂很快就会因此而死去。它的这种自杀性使命可能把蜂群储存的重要食物保存了下来，而它们自己却不能活着受益了。按照我们的定义，这是一种利他性行为。请记住，我们所议论的不是有意识的动机。在利他性行为以及自私性行为的例子中，这种有意识的动机可能存在，也可能不存在，但这些同我们的定义都不相干。

为朋友献身显然是一种利他性行为，但为朋友冒点风险也是一种利他性行为。有许多小鸟在看到捕食类飞禽，如鹰飞近时会发出一种特有的警告声，鸟群一听到这种警告声，就采取适当的逃避行动。非直接的证据表明，发出这种警告声的鸟使自己处于特别危险的境地，因为它把捕食者的注意力引到了自己身上。这种额外风险并不算大，然而按照我们的定义，乍看之下至少还称得上是一种利他性行为。

动物利他行为中最普通、明显的例子，是父母，尤其是母亲对其子女所表现的利他性行为。它们或在巢内，或在体内孕育这些小生命，付出巨大代价去喂养它们，冒很大风险去保护它们免受捕食者伤害。在这里只举一个具体例子，许多在地面筑巢的鸟类，当捕食者，如狐狸等接近时，会上演一出"调虎离山计"。雏鸟的母亲一瘸一拐地离开巢穴，同时把一边的翅膀展开，好像已经折断。捕食者认为猎物就要到口，便舍弃那个有雏鸟安卧其中的鸟巢。在狐狸的爪子就要抓到雌鸟时，它终于放弃伪装，腾空而起。这样，一窝雏鸟就可能安然无恙，但它自己却要冒点风险。

我不准备以讲故事的方式来阐明一个论点。经过选择的例子对任何有价值的概括来说从来就不是重要的证据。这些故事只不过是用来说明在个体水平上，我所讲的利他性行为以及自私性行为是什么意思。本书将阐明如何用我称之为基因的自私性这一基本法则来解释个体自私性和个体利他性。但我首先需要讲一下人们在解释利他性时常犯的一个特别错误，因为它流传很广，甚至在学校里被广为传授。

这种错误解释的根源在于我已提到过的，生物之进化是"为其物种谋利益"或者是"为其群体谋利益"这一错误概念。这种错误的概念如何渗入生物学领域是显而易见的。动物的生命中有大量时间是用于繁殖的，我们在自然界所观察到的利他性自我牺牲行为，大部分是父母为其下一代而做的。"使物种永存"通常是繁殖的委婉语，物种永存无疑是繁殖的一个必然结果。只要在逻辑推理时稍微引申过头一点，就可以推断，繁殖的"功能"就是"为了"使物种永存。从这一推断再向前迈出错误的一小步，就可得出结论说，动物的行为方式一般以其物种的永恒性为目的，因而才有对同一物种的其他成员的利他主义行为。

这种思维方式能够以模糊的达尔文主义的语言表达出来。进化以自然选择为动力，而自然选择是指"适者"的有差别的生存。但我们所谈论的适者是指个体，种属，物种，还是其他什么？从某种意义上说，这并无多大关系，但涉及利他主义时，这显然是至关重要的。如果在达尔文所谓的生存竞争中进行竞争的是物种，那么个体似乎可以恰如其分地被认为是这种竞争中的马前卒。为了整个物种的更大利益，个体就得成为牺牲品。用词稍雅一点，一个群体，如一个物种或一个物种中的一个种群，如果它的个体成员为了本群体的利益准备牺牲自己，这样的一个群体灭绝的可能性要比与之竞争的另一个将自己的自私利益放在首位的群体小。因此，世界多半要为那些具有自我牺牲精神的个体所组成的群体所占据。这就是温-爱德华兹（Wynne-Edwards）在其一本著名的书中公之于世的"类群选择"理论。这一理论后为阿德里在其《社会契约》一书中所普及。另一个正统的理论通常叫作"个体选择"理论，但我个人却偏爱使用"基因选择"这一名词。

对于刚提出的上述争论，"个体选择"论者可以不假思索地这样回答：几乎可以肯定，即使在利他主义者的群体中也有少数持不同意见者拒绝做出任何牺牲。假如有一个自私的叛逆者准备利用其他成员的利他主义，按照定义，它比其他成员更可能生存下来并繁殖后代。这些后代都有继承其自私特性的倾向。这样的自然选择经过几代之后，利他性的群体将会被自私的个体淹没，就不能同自私性的群体分辨开来了。我们姑且假定开始时存在无叛逆者的纯粹利他性群体，尽管这不大可能，但很难看出又有什么东西能够阻止自私的个体从邻近的自私群体中移居过来，然后由于相互通婚，玷污了利他性群体的纯洁性。

个体选择论者也会承认群体确实会消亡，也承认一个群体是否会灭绝可能受该群体中个体行为的影响。他们甚至可能承认，只要一个群体中的个体具有远见卓识，就会懂得克制自私贪婪，到头来成为它们的最大利益所在，从而避免整个群体的毁灭。但同个体竞争中那种短兵相接、速战速决的搏斗相比，群体灭绝是一个缓慢的过程，甚至在一个群体缓慢地、不可抗拒地衰亡时，该群体中的一些自私的个体，在损害利他主义者的情况下，仍可获得短期的繁荣。

尽管类群选择的理论在今天已得不到那些了解进化论的专业生物学家多大的支持，但它仍具有巨大的直观感召力。历届动物学学生在进入大学之后，都惊奇地发现这不是一种正统的观点。这不该责怪他们，因为在为英国高级生物学教师编写的《纳费尔德生物学教师指南》一书中，我们可以找到下面这句话："在高级动物中，为了确保本物种的生存，会出现个体的自杀行为。"这本指南的不知名作者幸而根本没有意识到他提出了一个有争议的问题。在这方面这位作者和诺贝尔奖得主洛伦茨所见略同。洛伦茨在《论进犯行为》一书中讲到进犯行为在物种保存方面的功能时，认为功能之一是确保只有最适合的个体才有繁殖的权利。这是个典型的循环证明。但这里我要说明的一点是，类群选择的观点竟如此根深蒂固，以至于洛伦茨像《纳费尔德生物学教师指南》的作者一样，显然不曾认识到，他的说法同正统的达尔文学说是相抵触的。

最近我在英国广播公司电视节目中听到一个有关澳大利亚蜘蛛的报道。节目中提到一个同样性质的、听来使人忍俊不禁的例子，如没有这个例子，那倒是一档相当精彩的节目。主持这一节目的"专家"评论说，大部分蜘蛛幼虫最后为其他物种所吞食。然后她继续说："这也许就是它们生存的真正目的，因为要保存它们的物种，只需要少数几个个体生存就行。"

阿德里在《社会契约》中用类群选择的理论解释整个社会的秩序。他明确地认为，人类是从动物这条正路偏离出来的一个物种。阿德里至少是个用功的人，他决定和正统的理论唱反调是经过充分论证的。为此，他应受到赞扬。

类群选择理论之所以具有巨大的吸引力，原因之一也许是它同我们大部分人的道德和政治观念完全相吻合。作为个人，我们的行为时常是自私的，但在我们以高姿态出现的时刻，我们赞誉那些后天下之乐而乐的人，虽然对"天下"这个词所指的范围如何理解，我们仍莫衷一是。一个群体范围内的利他行为常常同群体之间的自私行为并行不悖。从另一个意义来说，国家是我们利他性自我牺牲的主要受益者。青年人作为个体应为国家整体的更大荣誉而牺牲，令人费解的是，在和平时期号召人们做出一些微小的牺牲，放慢他们提高生活水平的速度，似乎比在战争时期要求他们献出生命的号召更难奏效。

最近出现了一种同民族主义和爱国主义背道而驰的、代之以全人类的物种作为我们同情的目标的趋势。这种把我们的利他主义目标加以人道主义的拔高，带来一个有趣的必然结果——进化论中的"物种利益"这一概念似乎再次得到了支持。政治上的自由主义者通常是物种道德最笃信不疑的代言人，而现在却对那些稍微扩大一些利他主义范围以包括其他物种的人极尽其嘲笑之能事。如果我说我对保护鲸鱼免受捕杀比对改善人类的居住条件更感兴趣，很可能会使我的某些朋友大为震惊。

　　同一物种中的成员同其他物种的成员相比，前者更应得到道义上的特殊考虑，这种情感既古老又根深蒂固。非战时杀人被认为是日常犯罪中最严重的罪行。受到我们文明更加严厉的谴责的唯一一件事是吃人（即使是吃死人），然而我们却津津有味地吃其他物种的成员。我们当中许多人在看到那些哪怕是人类最可怕的罪犯被执行死刑时，也觉得惨不忍睹，但我们却兴高采烈地鼓励射杀那些相当温顺的供观赏的动物。我们确实是以屠杀其他无害物种的成员作为寻欢作乐的手段。一个人类的胎儿，所具有的人类感情丝毫不比一个阿米巴 [1] 多，但它所享受的尊严和得到的法律保护却远远超过一只成年的黑猩猩。黑猩猩有感情，有思维，而且最近的试验证明，黑猩猩甚至能够学会某种形式的人类语言。就因为胎儿和我们同属一个物种，就立刻被赋予相应的特殊权利。我不知道能否将"物种主义"的道德［赖德（Richard Ryder）用语］置于一个比"种族主义"更合理的地位上，但我知道，这种"物种主义"在进化生物学上是毫无正当依据的。

　　在生物学上，按照进化理论，关于利他主义应该在什么程度上表现出来尚存争论。这种争论正好反映出与之平行的，在人类道德中关于利他主义在什么程度上是可取的——家庭、国家、种族、物种以及一切生物——所存在的争论。对于群体成员之间因竞争而相互交恶的情况，甚至连类群选择论者也会觉得不足为奇。但值得一问的是，类群选择论者

---

[1]　指阿米巴原虫，属肉足鞭毛门（Sarcomastiugophora），叶足纲（Lobosasida），阿米巴目（Amoebida）。——编者注

如何决定哪一级的水平才是重要的呢？如果说可以选择在同一物种的群体之间以及在不同物种之间进行，那么选择为什么就不能在更高一级的群体之间进行呢？物种组成属，属组成科，科组成目，目组成纲。狮子和羚羊与我们一样，同属哺乳纲。难道我们不应该要求狮子"为了哺乳纲的利益"，不要再去杀害羚羊吗？为了不致使这一纲灭绝，毫无疑问，它们应该去捕食鸟类或爬行动物。可是，照此类推下去，为了使脊椎动物这一门全部永恒地存在下去又该怎样呢？

运用归谬法进行论证，同时揭示类群选择理论无法自圆其说的困境，当然对我很有利，但明显存在的个体的利他行为仍有待解释。阿德里竟然说，对于像汤姆森氏瞪羚（Thomson's gazelles）的跳跃这种行为，类群选择是唯一可能的解释。这种在捕食者面前夺目的猛跳同鸟的警告声相似，因为这种跳跃似乎是在向其同伴报警，同时明显地把捕食者的注意力吸引到跳跃者自己身上。我们有责任对这种跳跃行为以及类似现象做出解释，这就是我在后面几章中所要探讨的问题。

在深入讨论之前，我必须为我的信念辩解几句。我认为，从发生在最最低级的水平上的选择出发是解释进化论的最好方法。我的这一信念深受威廉斯的伟大著作《适应与自然选择》（*Adaptation and Natural Selection*）的影响。我要运用的中心观点，可以追溯到 19 世纪末 20 世纪初基因学说尚未出现的日子，那时魏斯曼[1]的"种质的延续性"（continuity of the germ-plasm）理论已预示出今日的发展。我将论证的选择的基本单位，也就是自我利益的基本单位，既不是物种，也不是群体，严格说来，甚至也不是个体，而是遗传单位基因。*对于某些生物学家来讲，这乍听起来像是一种极端的观点。我希望，在他们理解了我的真正意思时，会同意这种观点实质上是正统的，尽管表达的方式与众不同。进行论证需要时间，而我们必须从头开始，以生命起源为其开端。

---

[1] 指奥古斯特·魏斯曼（August Weismann），德国生物学家，提出了种质学说，在进化生物学的发展上有着重要的地位。魏斯曼的种质学说可参见术语表。

第 2 章

复制因子

天地伊始，一切单一纯简。即使是简单的宇宙，要说清楚它是怎样开始形成的又谈何容易？而复杂的生命，或能够创造生命的生物是如何突然出现，而且全部装备齐全的，我想，这无疑是一个更难解答的问题。达尔文的自然选择进化论是令人满意的，因为它说明了由单一纯简变成错综复杂的途径，说明了杂乱无章的原子如何能分类排列，形成越来越复杂的模型，直至最终创造人类。人们一直试图揭开人类生存的奥秘，而迄今为止只有达尔文提供的答案是令人信服的。我打算用更为通俗的语言阐明这个伟大的理论，并从进化还未发生以前的年代谈起。

　　达尔文的"适者生存"其实是稳定者生存（survival of the stable）这个普遍法则的广义特殊情况。宇宙为稳定的物质所占据。所谓稳定的物质，是指原子的聚合体，它因具有足够的稳定性或普遍性而被赋予这个名称。它可能是一个独特的原子聚合体，如马特霍恩（Matterhorn）[1]，它存在的时间之长值得人们为之命名。稳定的物质也可能是属于某个种类（class）的实体，如雨点，它们出现得如此频繁以至于理应有一个集合名词作为名称，尽管雨点本身存在的时间是短暂的。我们周围看得见的以及我们认为需要解释的物质——岩石、银河、海洋的波涛——虽大小不同，却都是稳定的原子模型。肥皂泡往往是球状的，因为这是薄膜充满气体时的稳定形状。在宇宙飞船上，水也稳定成球形的液滴状，但在地

---

[1]　原系阿尔卑斯山脉一山峰的名称，现用以指某种原子聚合体。

球上，由于地球引力的关系，静止的水的稳定表面是水平的。盐的结晶体一般是立方体，因为这是把钠离子和氯离子聚合在一起的稳定形式。在太阳里，最简单的原子即氢原子不断聚变成氦原子，因为在那样的条件下，氦的结构比较稳定。遍布宇宙各处的星球上，其他各种甚至更为复杂的原子正在形成。依照目前流行的理论，早在宇宙大爆炸之时，这些比较复杂的原子已开始形成。我们地球上的各种元素也来源于此。

有时候，原子相遇后经化学反应会结合成分子，这些分子具有程度不同的稳定性。它们可能很大。一颗钻石那样的结晶体可以视为一个单一分子，其稳定程度是众所周知的，但同时又是一个十分简单的分子，因为它内部的原子结构是无穷无尽地重复的。在现在的生命有机体中，还有其他高度复杂的大分子中，它们的复杂性在好几个方面表现出来。我们血液中的血红蛋白就是典型的蛋白质分子。它由较小的分子氨基酸的链组成，每个分子包含几十个精确排列的原子。在血红蛋白分子里有 574 个氨基酸分子，它们排列成 4 条互相缠绕在一起的链，形成一个立体球形，其结构之错综复杂实在使人眼花缭乱。一个血红蛋白分子的模型看起来像一棵茂密的藜藜，但和真的藜藜又不一样，它并不是杂乱的近似模型，而是毫厘不爽的固定结构。这种结构在人体内同样地重复 60 万亿亿次以上，其结构完全一致。血红蛋白这样的蛋白分子，其酷似藜藜的形态是稳定的，就是说，它的两对由序列相同的氨基酸构成的链，像两条弹簧一样倾向于形成完全相同的立体盘绕结构。在人体内，血红蛋白藜藜以每秒约 400 万亿个的速度形成它们"喜爱"的形状，而同时另外一些血红蛋白以同样的速度被破坏。

血红蛋白是个现代分子，人们通常用它来说明原子趋向于形成某种稳定结构的原理。我们在这里要谈的是，远在地球还没有生命之前，通过一般的物理或化学过程，分子的某种形式的初步进化现象可能就已存在。没有必要考虑诸如预见性、目的性、方向性等问题。如果一组原子受到能量的影响而形成某种稳定的结构，它们往往倾向于保持这种结构。

自然选择的最初形式不过是选择稳定的模式并抛弃不稳定的模式罢了，这里面并没有什么难以理解的地方，事物的发展只能是这样。

可是，我们自然不能因此认为，这些原理本身就足以解释一些结构复杂的实体，如人类的存在。取一定数量的原子放在一起，在某种外界能量的影响下，不停地摇动，有朝一日它们会碰巧落入正确的模型，于是亚当[1]就会降临！这是绝对办不到的。你可以用这个方法把几十个原子变成一个分子，但一个人体内的原子多得不计其数，如果想制造一个人，你就得摇动你那个生化鸡尾酒混合器，摇动的时间之久，就连宇宙存在的漫长岁月与之相比都好像只是一眨眼的工夫。即使到了那个时候，你也不会如愿以偿。在这里，我们必须求助于达尔文学说的高度概括的理论。有关分子形成的缓慢过程的故事只能讲到这儿，其他的该由达尔文的学说去解释了。

有关生命的起源，我的叙述只能是纯理论的。事实上当时并无人在场。在这方面存在很多观点对立的学说，但它们也有某些共同的特点。我的概括性叙述大概与事实不会相去太远。*

生命出现之前，地球上有哪些大量的化学原料，我们不得而知。但很可能有水、二氧化碳、甲烷和氨：它们都是简单的化合物。就我们所知，它们至少存在于我们太阳系的其他一些行星上。一些化学家曾经试图模拟地球在远古时代所具有的化学条件。他们把这些简单的物质放入一个烧瓶中，并提供如紫外线或电火花之类的能源——原始时代闪电现象的模拟。几个星期之后，在瓶内通常可以找到一些有趣的东西——一种稀薄的褐色溶液，里面含有大量的分子，其结构比原来放入瓶内的分子来得复杂。值得一提的是研究人员在里面找到了氨基酸——用以制造蛋白质的构件（building block），蛋白质乃是两大类生物分子中的一类。在进行这种试验之前，人们认为天然的氨基酸是确定生命是否存在的依

---

[1] 基督教《圣经》中所说的"人类的始祖"。这是喻指会出现奇迹。

据——如果人们在火星上发现了氨基酸，那么火星上存在生命似乎是可以确定无疑的了。但在今天，氨基酸的存在可能只是意味着在大气层中存在一些简单的气体，还有一些火山、阳光和发生雷鸣的天气。近年来，在实验室里模拟生命存在之前地球的化学条件，结果获得了被称为嘌呤和嘧啶的有机物质，它们是组成遗传分子脱氧核糖核酸（DNA）的构件。

"原始汤"的形成想来必然是过程与此类似的结果。生物学家和化学家认为"原始汤"就是大约 30 亿到 40 亿年前的海洋。有机物质在某些地方积聚起来，也许在岸边逐渐干燥起来的浮垢上，或者在悬浮的微小水珠中。在受到如太阳紫外线之类的能量的进一步影响后，它们就结合成大一些的分子。现今，大的有机分子存在的时间不会太长，我们甚至觉察不到它们的存在，它们会很快被细菌或其他生物吞噬或破坏。但细菌以及我们人类都是后来者。所以在那些日子里，有机大分子可以在稠浓的汤中平安无事地自由漂浮。

到了某一时刻，一个非凡的分子偶然形成——我们称之为复制因子（replicator）。它并不见得是那些分子当中最大或最复杂的，但它具有一种特殊的性质——能够复制自己。看起来这种偶然性非常之小。的确是这样，发生这种偶然情况的可能性是微乎其微的。在一个人的一生中，实际上可以把这种千年难得一遇的情况视为不可能，这就是为什么你买的足球彩票永远不会中头等奖的道理。但是我们人类在估计什么可能或什么不可能发生的时候，不习惯于将其放在几亿年这样长久的时间内去考虑。如果你在一亿年中每星期都购买一次彩票，说不定你会中上几次头等奖呢。

事实上，一个能复制自己的分子并不像我们原来想象的那样难得，这种情况只要发生一次就够了。我们可以把复制因子当作模型或样板，把它想象为由一条复杂的链构成的大分子，链本身是由各种类型的起构件作用的分子组成的。在复制因子周围的汤里，这种小小的构件多的是。现在让我们假定每一块构件都具有吸引其同类的亲和力。来自汤里的这种构件一接触到对之有亲和力的复制因子的另一部分，就往往附着在那儿不动了。按照这个方式附着在一起的构件会自动地仿照复制因子本身的序列排列起来。这时我们就不难设想，这些构件逐个地连接起来，形成一条稳定的链，和原来复制因子的形成过程一模一样。这个一层一层逐步堆叠起来的过程可以继续下去，结晶体就是这样形成的。另一方面，两条链也有一分为二的可能，这样就产生了两个复制因子，而每个复制因子还能继续复制自己。

一个更为复杂的可能性是，每块构件对其同类并无亲和力，而对其他的某一类构件却有互相吸引的亲和力。如果情况是这样的，复制因子作为样板并不产生完全相似的拷贝，而是某种"反象"，这种"反象"转过来再产生和原来的正象完全相似的拷贝，对我们来说，不管原来复制的过程是从正到反还是从正到正都无足轻重；但有必要指出，现代的第一个复制因子即 DNA 分子，它所使用的是从正到反的复制过程。值得注意的是，突然间，一种新的"稳定性"产生了。在以前，汤里很可能并不存在非常大量的某种特殊类型的复杂分子，因为每一个分子都要依赖于那些碰巧产生的结构特别稳定的构件。第一个复制因子一旦诞生了，它必然会迅速地在海洋里到处扩散它的拷贝，直至较小的构件分子日渐稀少，而其他较大的分子也越来越难有机会形成。

这样我们到达了一个具有全都一样的复制品的大种群的阶段。现在，我们必须指出，任何复制过程都具有一个重要的特性：它不可能是完美无缺的。它准会发生差错。我倒希望这本书里没有印刷错误，可是如果你仔细看一下，你可能会发现一两个差错。这些差错也许不至于严重地歪曲书中句子的含义，因为它们只不过是"第一代"的错误。但我们可以想象一下，在印刷术尚未问世之前，如福音之类的各种书籍都是手抄的。以抄写书籍为业的人无论怎样小心谨慎，都不可避免地要发生一些差错，何况有些抄写员还会心血来潮，有意"改进"一下原文。如果所有的抄写员都以同一本原著为蓝本，那么原意还不至于受到太大的歪曲。

可是，如果手抄本依据的也是手抄本，而后者也是抄自其他手抄本的话，那么谬误就开始流传、积累，其性质也更趋严重。我们往往认为抄写错误是桩坏事，而且我们也难以想象，在人们抄写的文件中能有什么样的错误可以被认为是胜于原文的。当犹太圣典的编纂人把希伯来文的"年轻妇女"误译成希腊文的"处女"时，我想我们至少可以说他们的误译产生了意想不到的后果，因为圣典中的预言变成"看哪！一个处女将要受孕并且要生养一个儿子……"*不管怎样，我们将要看到，生物学的复制因子在其复制过程中所造成的错误确实能产生改良的效果。对生命进化的进程来说，产生一些差错是必不可少的。原始的复制因子在复制拷贝时其精确程度如何，我们不得而知，不过今天，它们的后代 DNA 分子和人类所拥有的最精密的复印术相比却准确得惊人。然而，差错最终使进化成为可能。原始的复制因子大概产生过极多的差错。不管怎样，它们出过差错是确定无疑的，而且这些差错是积累性的。

随着复制错误的产生和扩散，原始汤中充满了由好几个品种的复制因子组成的种群，而不是清一色的全都一样的复制品，但都是同一个祖先的"后裔"。它们当中的一些品种会不会比其他品种拥有更多的成员？几乎可以肯定地说：是的。某些品种由于内在的因素会比其他品种来得稳定。某些分子一旦形成就安于现状，不像其他分子那样易于分裂。在汤里，这种类型的分子会相对地多起来，这不仅仅是"长寿"的直接逻辑后果，而且因为它们有充裕的时间去复制自己。因此，"长寿"的复制因子往往会兴旺起来。如果假定其他条件不变，种群中就会出现一种寿命变得更长的"进化趋向"。

但其他条件可能是不相等的。对某一品种的复制因子来说，它具有另外一个甚至更为重要的、为了在种群中传布的特性，这就是复制的速度或"生育力"。如果 A 型复制因子复制自己的平均速度是每星期一次，而 B 型复制因子是每小时一次，显而易见，不需多久，A 型因子的数量就要相形见绌，即使 A 型因子的"寿命"再长也无济于事。因此，汤里面的因子很可能出现一种"生育力"变得更强的"进化趋向"。复制因子肯定会选择的第三个特性是复制的准确性。假定 X 型因子与 Y 型因子的寿命同样长，复制的速度也一样快，但 X 型因子平均在每 10 次复制过程中犯一次错误，而 Y 型只在每 100 次复制过程中犯一次错误，那么 Y 型因子肯定要变得多起来。种群中 X 型因子这支队伍不但要失去它们因错误而养育出来的"子孙"，还要失去它们所有现存或未来的后代。

如果你对进化论已有所了解的话，你可能会认为上面谈到的最后一点似有自相矛盾之嫌。我们既说复制错误是发生进化的必不可少的先决条件，但又说自然选择有利于高精确度的复制过程，如何能把这两种说法调和起来？我们认为，总的说来，进化在某种含糊的意义上似乎是件"好事"，尤其是因为人类是进化的产物，而事实上没有什么东西"想要"进化。进化是偶然发生的，不管你愿意不愿意，尽管复制因子（以及当今的基因）不遗余力地防止这种情况的发生。莫诺在他纪念斯宾塞[1]的演讲中出色地阐明了这一点。他以幽默的口吻说："进化论的另一个难以理解的方面是，每一个人都认为他理解进化论！"

让我们再回到原始汤这个问题上来，现在汤里已存在一些稳定品种。所谓稳定的意思是，那些因子要么本身存在的时间较长，要么能迅速地复制，要么能精确无误地复制。朝着这三种稳定性发展的进化趋向是在下面这个意义上发生的：如果你在两个不同的时间分别从汤中取样，后一次的样品一定含有更大比例的寿命长或生育力强或复制精确性高的品种。生物学家谈到生物的进化时，他所谓的进化实质上就是这个意思，而进化的机制是一样的——自然选择。

那么，我们是否应该把原始的复制因子分子称为"有生命的"呢？那是无关紧要的。我可以告诉你"达尔文是世界上最伟大的人物"，而

---

[1]　斯宾塞（Herbert Spencer, 1820—1903），英国哲学家、进化宇宙论学者。

你可能会说"不，牛顿才是最伟大的"。我希望我们不要再争论下去了，应该看到，不管我们的争论结果如何，实质上的结论都是不受影响的。我们把牛顿或达尔文称为伟大的人物也好，不把他们称为伟大的人物也好，他们两人的生平事迹和成就都是客观存在的，不会发生任何变化。同样，复制因子分子的情况很可能就像我所讲的那样，不论我们是否要称之为"有生命的"。我们当中有太多的人不理解词汇仅仅是供我们使用的工具，字典里面的"有生命的"这个词并不一定指世上某一样具体的东西。不管我们把原始的复制因子称为有生命的还是无生命的，它们的确是生命的祖先，是我们的缔造者。

论点的第二个重要环节是竞争。达尔文本人也强调过它的重要性，尽管他那时讲的是动物和植物，不是分子。原始汤是不足以维持无限量的复制因子分子的。其中一个原因是地球的面积有限，但其他一些限制性因素也是非常重要的。在我们的想象当中，那个起着样板或模型作用的复制因子浮游于原始汤之中，周围存在大量复制所必需的小构件分子。但当复制因子变得越来越多时，构件因消耗量大增而供不应求，成为珍贵的资源。不同品种或品系的复制因子必然为了争夺它们而互相搏斗。我们已经研究过是什么因素促进那些条件优越的复制因子的繁殖。我们现在可以看到，条件差一些的品种事实上由于竞争而变得日渐稀少，最后它们中的一些品系难逃绝种的命运。复制因子的各品种之间发生过你死我活的搏斗。它们不知道自己在进行生存斗争，也不会因之而感到烦恼。复制因子在进行这种斗争时不动任何感情，更不用说会引起哪一方的厌恶感了。但从某种意义上来说，它们的确是在进行关乎生死存亡的斗争，因为任何导致产生更高一级稳定性的复制错误，或以新方法削弱对手的稳定性的复制错误，都会自动地延续下来并成倍地增长。改良的过程是积累性的。加强自身的稳定性或削弱对手稳定性的方法变得更巧妙，更富有成效。一些复制因子甚至"发现"了一些方法，通过化学途径分裂对方品种的分子，并利用分裂出来的构件来复制自己。这些原始食肉动物在消灭竞争对手的同时摄取食物。其他的复制因子也许发现了如何用化学方法或把自己裹在一层蛋白质之中来保卫自己。这也许就是第一批生命细胞的成长过程。复制因子的出现不仅仅是为了生存，还是为它们自己制造容器，即赖以生存的运载工具。能够生存下来的复制因子都是那些为自己构造了生存机器以安居其中的复制因子。最原始的生存机器也许仅仅是一层保护衣。后来，新竞争对手陆续出现，它们拥有更优良、更有效的生存机器，因此生存斗争随之逐渐激化。生存机器的体积越来越大，其结构也渐臻复杂。这是一个积累和渐进的过程。

随着时间的推移，复制因子为了保证自己在世界上存在下去而采用的技巧和计谋也逐渐改进，但这种改进有没有止境呢？用以改良的时间是无穷无尽的。1 000 年的变化会产生什么样的怪诞的自我保存机器呢？经过 40 亿年，古代的复制因子又会有怎样的命运呢？它们没有消失，因为它们是掌握生存艺术的老手。但在今日，别以为它们还会浮游于海洋之中。很久以前，它们已经放弃这种自由自在的生活方式了。在今天，它们群集相处，安稳地寄居在庞大的步履蹒跚的"机器人"体内*，与外界隔开，通过迂回曲折的间接途径与外部世界联系，并通过遥控操纵外部世界。它们存在于你和我的躯体内，它们创造了我们，创造了我们的肉体和心灵，而保存它正是我们存在的终极理由。这些复制因子源远流长。今天，我们称它们为基因，而我们就是它们的生存机器。

第3章

不朽的双螺旋

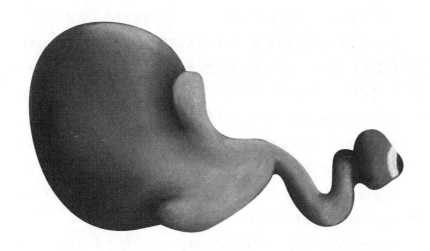

我们是生存机器，但这里的"我们"并不单指人，它包括一切动物、植物、细菌和病毒。地球上生存机器的总数很难计算，甚至物种的总数也不得而知。仅就昆虫来说，据估计，现存的物种大约有300万种，而个体昆虫可能有100亿亿只。

不同种类的生存机器具有千变万化、种类纷繁的外部形状和内脏器官。章鱼同老鼠毫无共同之处，而这两者又和橡树迥然不同。但它们的基本化学结构却相当一致，尤其是它们所拥有的复制因子，同我们——从大象到细菌——体内的分子基本上同属一种类型。我们都是同一种复制因子——人们称之为DNA的分子——的生存机器，但生存在世上的方式却大不相同，因而复制因子制造了大量各种各样的生存机器供其利用。猴子是基因在树上生活的生存机器，鱼是基因在水中生活的生存机器，甚至还有一种小虫，是基因在德国啤酒杯草垫中生活的生存机器。DNA的活动方式真是神秘莫测。

为简便起见，我把由DNA构成的现代基因讲得几乎和原始汤中的第一批复制因子一样。这对论证影响不大，但事实可能并非如此。原始复制因子可能是一种同DNA近似的分子，也可能完全不同，如果是后一种情况的话，我们不妨说，复制因子的生存机器是在一个较后的阶段为DNA所夺取的。如果上述情况属实，那么原始复制因子已被彻底消灭，因为在现代生存机器中已毫无它们的踪迹。根据这样的推断，凯恩斯-史密斯（A. G. Cairns-Smith）提出了一个饶有趣味的看法，他认为我们的祖先，即第一批复制因子可能根本不是有机分子，而是无机的结晶体——某些矿物和小块黏土等。且不论 DNA 是否是掠夺者，它是今日的主宰，这是毋庸争辩的，除非像我在第 11 章中试图提出来的见解那样，一种新的掠夺力量目前正在兴起。

一个 DNA 分子是一条由构件组成的长链，这些构件是被称为"核苷酸"的小分子。如同蛋白质分子是氨基酸链一样，DNA 分子是核苷酸链。DNA 分子因其太小而不能为肉眼所见，但它的确切形状已被人类用间接的方法巧妙地揭示了出来。它由一对核苷酸链组成，两条链相互交织，呈雅致的螺旋形，这就是"双螺旋"或"不朽的螺旋圈"。核苷酸构件仅有 4 种，可以把它们简称为 A、T、C 和 G。在所有动物和植物中这 4 种都是一样的，不同的是它们缠绕交织在一起的顺序。人类的 G 构件同蜗牛的 G 构件完全相同，但不仅人类构件的序列同蜗牛的不同，而且人类不同个体之间的序列也不相同，虽然在差别程度上略小一些（同卵双胞胎的特殊情况除外）。

我们的 DNA 寄居在我们体内。它不是集中在体内的某一特定的位置，而是分布在所有细胞之中。人体平均大约由 1 000 万亿个细胞组成。除某些特殊情况我们可以不予以考虑外，每个细胞都含有该人体的 DNA 的一套完整拷贝。这一 DNA 可以被认为是一组有关如何制造一个人体的指令，以核苷酸的 A、T、C、G 字母表来表示。这种情况就像在一幢巨大的建筑物中，每间房间里都有一个"书橱"，而"书橱"里存放着建筑师建造整幢建筑物的设计图。每个细胞中的这种"书橱"被称为细胞核。人类建筑师的这种设计图共有 46"卷"，我们称它们为染色体。在不同的物种中，其数量也不同。染色体在显微镜下是可见的，形状像一条条长线。基因就沿着这些染色体有次序地排列着。但要判断基因之间首尾相接的地方却是困难的，而且事实上甚至可能是无意义的。幸好，本章就要表明，这点同我们的论题关系不大。

我将利用建筑师的设计图这一比喻，把比喻性的语言同专业的语言适当地混在一起来进行叙述。"卷"同染色体这两个词将交替使用，"页"则同基因暂且互换使用，尽管基因相互之间的界线不像书页那样分明，但我们将在很长的篇幅中使用这一比喻。待这一比喻不能解决问题时，我将再引用其他比喻。这里顺便提一下，当然是没有"建筑师"这回事的，DNA 指令是由自然选择安排的。

DNA 分子做的两件重要事情之一是：它们进行复制，也就是进行自我复制。自有生命以来，这样的复制活动就从未中断过。现在 DNA 分子对于自我复制已技巧精湛、驾轻就熟了。一个成年人，全身有 1 000 万亿个细胞，但胚胎最初只是一个单细胞，拥有建筑师蓝图的一个原版拷贝。这个单细胞一分为二，两个细胞各自把自己的那卷蓝图拷贝接受了过来。细胞依次再按 4、8、16、32 等倍数分裂，直到分裂成几十亿个。每次分裂，DNA 的蓝图都毫不走样地拷贝了下来，极少发生差错。

讲 DNA 的复制只是一个方面。但如果 DNA 真的是建造一个人体的一套蓝图的话，又如何按蓝图开展工作呢？它们将如何转变成人体的组织呢？这就是我要讲的 DNA 做的第二件重要事情：它间接地监督制造了不同种类的分子——蛋白质。在前一章中提到过的血红蛋白就是种类极为繁多的蛋白质分子中的一个。以 4 个字母构成的核苷酸字母表所表示的 DNA 密码信息，通过机械的简单形式翻译成另一种字母表。这就是拼写出的蛋白质分子的氨基酸字母表。

制造蛋白质似乎同制造人体还有一大段距离，但它却是向制造人体这一方向前进的最初一小步。蛋白质不仅是构成人体组织的主要成分，还对细胞内一切化学过程进行灵敏的控制，在准确的时间和准确的地点，有选择地使这种化学过程继续或停止。这一过程最后到底如何发展成为一个婴儿说来话长，胚胎学家要花费几十年，也许几世纪的时间才能研究出来。但这一过程发展的最后结果是个婴儿，却是一个确凿无疑的事实。基因确实间接地控制着人体的制造，其影响全然是单向的：后天获得的特性是不能遗传的。不论你一生获得的聪明才智有多少，绝不会有点滴经由遗传途径传给你的子女。新的一代都是从零开始的，人体只不过是基因保持自己不变的一种手段。

基因控制胚胎发育这一事实在进化上的重要意义在于：它意味着基因对自身今后的生存至少要负部分责任，因为它们的生存取决于它们寄居其中，并帮助建造的人体的效能。很久以前，自然选择是由自由漂浮在原始汤中复制因子的差别性生存构成的。如今，自然选择有利于能熟练地制造生存机器的复制因子，即能娴熟地控制胚胎发育的基因。在这方面，复制因子和过去一样是没有自觉性和目的性的。相互竞争的分子之间那种凭借各自的寿命、生殖力以及精确复制的能力来进行的自动选择，像在遥远的时代一样，仍在盲目地、不可避免地继续。基因没有先见之明，它们事先并不进行筹划。某些基因只是比其他一些基因能力更强。情况就是这样。但决定基因长寿和生殖力的特性远不像原来那样简单。

近年来（指过去的 6 亿年左右），复制因子在建造生存机器的工艺学上取得了显著的成就，如肌肉、心脏和眼睛（经历几次单独的进化过程）。在那以前，作为复制因子，它们生活方式的基本特点已有了根本的改变。如果我们要想将我们的论证继续下去的话，需要对此有所了解。

关于现代复制因子，要了解的第一件事就是，它具有高度群居性。生存机器是一种运载工具，它包含的不只是一个基因，而是成千上万个基因。制造人体是一种相互配合的、错综复杂的冒险事业，为了共同的事业，某一个基因做出的贡献和另一个基因做出的贡献几乎是分不开的。*一个基因对人体的不同部分会产生许多不同的影响。人体的某一部分会受到许多基因的影响，而任何一个基因所起的作用都依赖于同许多其他基因的相互作用。某些基因充当主基因，控制一组其他基因的活动。用比拟的说法，就是蓝图的任何一页对建筑物的许多不同部分都提供了参考内容，而每一页只有作为和其他许多页相互参照的资料才有意义。

基因的这种错综复杂的相互依赖性可能会使你感到迷惑不解，我们为什么要用"基因"这个词呢？为什么不用像"基因复合体"（gene complex）这样一个集合名词呢？我们认为，从许多方面来讲，这确实是一个相当好的主意。但如果我们从另一个角度去考虑问题，那么把基因复合体想象为分成若干相互分离的复制因子也是讲得通的。问题的出现是由于性现象的存在。有性生殖具有混合基因的作用，就是说任何一个个体只不过是寿命不长的基因组合体的临时运载工具。任何一个个体基因组合（combination）的生存时间可能是短暂的，但基因本身却能够生存很久。它们的道路相互交叉再交叉，在延续不断的世代中，一个基因可以被视为一个单位，它通过一系列个体的延续生存下去。这就是本章将要展开的中心论题。我所非常尊重的同事中有些人固执地拒绝接受这一论点，因此，如果我在论证时好像有点啰唆，那就请原谅吧！首先我必须就其涉及的一些事实扼要地加以阐明。

我曾讲过，建造一个人体的蓝图是用46卷写成的。事实上，这是一种过分简单化的说法，真实情况是相当离奇的。46条染色体由23对染色体构成。我们不妨说每个细胞核内都存放着两套23卷的可相互替换的蓝图。我们可以称它们为卷1a卷1b，卷2a卷2b……直至卷23a卷23b。当然我用以识别每一卷以及此后每一页的数字是任意选定的。

我们从父亲或母亲那里接受每一条完整的染色体，它们分别在睾丸和卵巢内装配而成。比方说卷1a、卷2a、卷3a……来自父亲，卷1b、卷2b、卷3b……来自母亲。尽管实际上难以办到，但理论上你能够用一架显微镜观察你任何一个细胞内的46条染色体，并区别哪23条来自父亲，哪23条来自母亲。

其实成对的染色体并不终生贴在一起，甚至相互也不接近。那么在什么意义上讲它们是"成对"的呢？说它们是成对是指：可以认为原先来自父亲的每一卷都能够逐页地直接代替原先来自母亲的对应的某一卷。举例说，卷13a的第6页和卷13b的第6页可能都是负责设计眼睛的颜色的，也许其中一页说的是"蓝色"，而另外一页说的是"棕色"。

有时可供替换的两页是完全相似的，但在其他情况下，如在我们举的眼睛颜色的例子中，它们互不相同。如果它们做出了相互矛盾的"推荐"，人体怎么办呢？有各种不同的结果。有时这一页的影响大于另一页。在刚才所举的眼睛颜色的例子中，这个人实际上可能是生了一双棕色的眼睛，因为制造蓝色眼睛的指令可能在建造人体的过程中被置之不理了。尽管如此，这不会阻止制造蓝眼睛的指令继续传递到后代去。这种被置之不理的基因我们称它为"隐性基因"。与隐性基因相对的是显性基因。棕眼基因与蓝眼基因相比，前者处于优势。只有相关页的两个拷贝都一致推荐蓝眼睛，人才会得到一双蓝眼睛。更常见的情况是，两个可供替换的基因不相同时会达成某种类型的妥协——把人体建成"中间态"或一种完全不同的模样。

当两个基因，如棕眼基因和蓝眼基因争夺染色体上的同一个位置时，我们把其中一个称为另一个的等位基因。在这里，等位基因同竞争对手是同义词。试把建筑师一卷一卷的蓝图想象成一本本的活页夹，其中的活页能够抽出并能互相交换。每一本卷 13 必然会有一张第 6 页，但好几张第 6 页都能进入活页夹，夹在第 5 页同第 7 页之间。一个版本写着"蓝色眼睛"，另一个版本可能写着"棕色眼睛"，整个种群中还可能有其他一些版本写出其他的颜色，如绿色。也许有 6 个可供替换的等位基因占据着分散于整个种群的第 13 条染色体的第 6 页的位置。每人只有两卷卷 13 染色体，因此，在第 6 页的位置上最多只能有两个等位基因。如一个蓝眼的人可能有同一个等位基因的两个拷贝，也可能在整个种群里的 6 个可供替换的等位基因当中任选两个。

当然你不可能真的到整个种群的基因库里去选择自己的基因。任何时候，全部基因都在个体生存机器内紧密地结合在一起。我们每个人还是胚胎时就接受了全部基因，对此我们无能为力。然而从长远角度来讲，把整个种群的基因统称为基因库还是有意义的。事实上这是遗传学家们运用的一个专门术语。基因库是一个相当有用的抽象概念，因为性活动把基因混合起来，尽管这是一个经过仔细安排的过程。

类似从活页夹中把一页页、一沓沓活页抽出并相互交换的情况的确在进行，我们很快就会看到。我已经叙述了一个细胞分裂为两个新细胞的正常分裂情况。每个分裂出来的细胞都接受了所有46条染色体的一份完整拷贝，这种正常的细胞分裂被称为有丝分裂。但还有一种细胞分裂叫作减数分裂。减数分裂只发生在性细胞即精子和卵子的产生过程中。精子和卵子在我们的细胞中有其独特的一面，那就是它们只有23条，而不是46条染色体。这个数字当然恰巧是46的一半，这对它们受精或受精之后融合在一起制造一个新个体是何等方便！减数分裂是一种特殊类型的细胞分裂，只发生在睾丸和卵巢里。在这个过程中，一个具有完整的双倍共46条染色体的细胞，分裂成只有单倍共23条染色体的性细胞（皆以人体的染色体数目为例）。

一个有23条染色体的精子，是由睾丸内具有46条染色体的一个普通细胞进行减数分裂产生的。到底哪23条染色体进入了精子细胞呢？精子不应得到染色体中相同的一组，这点显然很重要，即它不可以有卷13的两个拷贝，而卷17却一个拷贝也没有。一个个体可以把全部来自其母亲的染色体赋予他的一个精子（即卷1b、卷2b、卷3b……卷23b），这在理论上是可能的。在这种不太可能发生的情况中，孩子的一半基因是继承其祖母的，而没有继承其祖父。但事实上这种全染色体分布是不会发生的。实际情况要复杂得多。请不要忘记，一卷卷的蓝图（染色体）是作为活页夹来看待的。在制造精子期间，某一卷蓝图的许多单页或者说一沓一沓的单页被抽出并和可供替换的另一卷的对应单页相互交换。因此，某一具体精子细胞的卷1的构成方式可能是前面65页取自卷1a，第66页直到最后一页取自卷1b。这一精子细胞的其他22卷以相似的方式组成。因此，即使一个人的所有精子的23条染色体都由同一组的46条染色体的片段构成，他所制造的每一个精子细胞却都是独特的。卵子以类似的方式在卵巢内制造，而且它们也各具特色，都不相同。

　　实际生活里的这种混合构成法已为人们所熟知。在精子（或卵子）的制造过程中，每条父体染色体的一些片段分离出来，同完全相应的母体染色体的一些片段相互交换位置（请记住，我们在讲的是最初来自制造这个精子的某个个体的父母的染色体，即由这一精子受精最终所生的儿童的祖父母的染色体）。这种染色体片段的交换过程被称为"交换"（crossover）。这是对本书全部论证至关重要的一点。就是说，如果你用显微镜观察一下你自己的一个精子（如果是女性，即为卵子）的染色体，并试图去辨认哪些染色体本来是父亲的，哪些本来是母亲的，这样做将会是徒劳的（这同一般的体细胞形成鲜明对照）。精子中的任何一条染色体都是一种混杂物，即母亲基因同父亲基因的嵌合体。

　　以书页比作基因的比喻从这里开始不能再用了。在活页夹中，可以将完整的一页插进去、拿掉或交换，但不足一页的碎片却办不到。然而，基因复合体只是一长串核苷酸字母，并不明显地分为一些各自独立的书页。当然蛋白质链信息的头和尾都有专门的符号，它们同蛋白质信息本身一样，都以同样 4 个字母表示。这两个符号之间会有制造一种蛋白质的密码指令。如果愿意，我们可以把一个基因理解为头和尾符号之间的核苷酸字母序列和一条蛋白质链的编码。我们用"顺反子"（cistron）这个词来表示这样的单位。有些人将基因和顺反子当作可以相互通用的两个词来使用。但交换却不遵守顺反子之间的界限。不仅顺反子之间可以发生分裂，顺反子内也可发生分裂。就好像建筑师的蓝图是画在 46 卷自动收报机的纸条上，而不是分开的一页一页的纸上一样。顺反子无固定的长度，只有凭借纸条上的符号，找到信息头和信息尾的符号才能找到前一个顺反子到何处为止，下一个顺反子在何处开始。交换表现为这样的过程：取出相配的父方同母方的纸条，剪下并交换其相配的部分，不论它们上面画的是什么。

　　本书书名中所用的基因这个词不是指单个的顺反子，而是某种更细致复杂的东西。我下的定义不会适合每个人的口味，但对于基因又没有一个普遍让人接受的定义，即使有，定义也不是神圣不可侵犯的东西。如果我们的定义下得明确而不模棱两可，按照我们喜欢的方式给一个词下一个适用于自己的目的的定义也未尝不可。我采用的定义来源于威廉斯。*基因的定义是：染色体物质中能够作为一个自然选择的单位对连续若干代起作用的任何一部分。用前面一章中的话来说，基因就是进行高度精确复制的复制因子。精确复制的能力是通过复制形式取得长寿的另一种说法，我将把它简称为长寿。这一定义的正确性还需要进一步证明。

无论根据何种定义，基因必须是染色体的一部分。问题是这一部分有多大，即多长的自动收报机用纸条？让我们设想纸条上相邻密码字母的任何一个序列，称这一序列为遗传单位。它也许是一个顺反子内的只有 10 个字母的序列；它也许是一个有 8 个顺反子的序列；可能它的头和尾都在顺反子的中段。它一定会同其他遗传单位相互重叠。它会包括更小的遗传单位，也会参与构成更大遗传单位。不论其长短如何，为了便于进行现在的论证，我们就称之为遗传单位。它只不过是染色体的一段，同染色体的其余部分无任何实质性差别。

下面就到重点了：遗传单位越短，它生存的时间——以世代计——可能就越长，因一次交换而分裂的可能性就越小。假定按平均数计算，减数分裂每产生一个精子或卵子，整条染色体就有可能经历一次交换，这种交换可能发生在染色体的任何一段上。如果我们设想这是一个很大的遗传单位，比如说是染色体的一半长，那么每次发生减数分裂时，这一遗传单位分裂的机会是 50%。如果我们所设想的这一遗传单位只有染色体的 1% 那么长，我们可以认为，在任何一次减数分裂中，它分裂的机会只有 1%。这就是说，这一遗传单位能够在该个体的后代中生存许多代。一个顺反子很可能比一条染色体的 1% 还要短得多，甚至一组相邻的顺反子在为交换所分解之前能够活上很多代。

遗传单位的平均估计寿命可以很方便地用世代来表示，而世代也可转换为年数。如果我们把整条染色体作为假定的遗传单位，它的生活史也只不过延续一代而已。现在假定 8a 是你的染色体，是从你父亲那里继承下来的，那么它是在你母亲受孕之前不久，在你父亲的一个睾丸内制造出来的。在此之前，世上从未有过它的存在。这个遗传单位是减数分裂混合过程的产物，即将你祖父和祖母的一些染色体片段撮合在一起。这一遗传单位被置于某一精子个体内，因而它是独特的。这个精子是几百万个精子中的一个，它随这支庞大的微型船船队扬帆航行，驶进你母亲的体内。这个精子（除非你是非同卵的双胞胎）是船队中唯一在你母亲的一个卵子中找到停泊港的一条船。这就是你之所以存在的理由。我们所设想的这一遗传单位，即你的 8a 染色体，开始同你遗传物质的其他部分一起进行自我复制。现在它以复制品的形式存在于你的全身，但在轮到你生小孩时，就在你制造卵子（或精子）时，这条染色体也随之被破坏。一些片段将同你母亲的 8b 染色体的一些片段相互交换。在任何一个性细胞中将要产生一条新生的染色体 8，它比之前的那条可能"好些"，也可能"坏些"。但除非是一个非常难得的巧合，否则它肯定是与众不同的，是独一无二的。染色体的寿命是一代。

　　一个较小的遗传单位，比方说是你染色体 8a 的 1% 那么长，它的寿命有多长呢？这个遗传单位也是来自你父亲的，但很可能原来不是在他体内装配的。根据前面的推理，99% 的可能性是他从父亲或母亲那里完整无缺地接收过来的。现在我们就假设遗传单位是从他的母亲，也就是你的祖母那里接收来的。同样有 99% 的可能性她也是从她的父亲或母亲那里完整无缺地接收来的。如果我们追根寻迹地查考一个遗传小单位的祖先，我们最终会找到它的最初创造者。在某一个阶段，这一遗传单位肯定是在你的一个祖先的睾丸或卵巢内首次创造出来的。

　　让我再重复讲一遍我用的"创造"这个词所包含的颇为特殊的意义。我们设想的那些构成遗传单位的较小亚单位可能很久以前就已存在了。我们讲遗传单位是在某一特定时刻创造的，意思只是说，构成遗传单位的那种亚单位的特殊排列方式在这一时刻之前不存在。也许这一创造的时间相当近，例如就在你祖父或祖母体内发生。但如果我们设想的是一个非常小的遗传单位，它就可能是由一个非常遥远的祖先第一次装配的，它也许是人类之前的一个类人猿。而且在你体内的遗传小单位今后同样也可以延续很久，完整无缺地一代接一代地传递下去。

同样不要忘记的是，一个个体的后代不是单线的，而是有分支的。不论"创造"你体内染色体 8a 中特定一段的是你哪位祖先，除你之外，他或她很可能还有许多其他后代。你的一个遗传单位也可能存在于你的第二重堂（表）兄弟或姐妹体内。它可能存在于我体内，存在于首相体内，也可能存在于你的狗的体内。因为如果我们上溯得足够远的话，我们都有着共同的祖先。就是说这个遗传小单位也可能碰巧经过几次独立的装配：如果这一遗传单位是很小的，那么这种巧合不是十分不可能的。但是即使是一个近亲，也不太可能同你有完全相同的一整条染色体。遗传单位越小，同另外一个个体共有的可能性，即以拷贝的形式在世上出现许多次的可能性就越大。

一些先前存在的亚单位通过交换偶然聚合在一起是组成一个新遗传单位的一般方式。另外一个方式被称为点突变（point mutation）。这种方式虽然少见，但在进化上具有重大意义。一个点突变就相当于书中单独一个字母的印刷错误。尽管这种情况不多，但显而易见，遗传单位越长，它在某点上为突变所改变的可能性就越大。

另外一种不常见的，但具有重要远期后果的错误或突变叫作倒位（inversion）。染色体把自身的一段在两端分离出来，头尾颠倒后，按这种颠倒的位置重新连接上去。按照先前的类比方法，有必要对某些页码重新进行编号。有时染色体的某些部分不单单是倒位，而是连接到染色体完全不同的部位上，或者甚至和一条完全不同的染色体结合在一起。这种情形如同将一本活页夹中的一沓活页纸换到了另一本中去。虽然这种类型的错误通常是灾难性的，但它有时能使一些碰巧在一起工作得很好的遗传物质片段紧密地结成连锁，这就是其重要性之所在。也许以倒位方式可以把两个顺反子紧密地结合在一起，而它们只有在一起的时候才能产生有益的效果，即以某种方式互相补充或互相加强。然后，自然选择往往有利于以这种方式构成的新"遗传单位"，因此这种遗传单位将会在今后的种群中扩散开来。基因复合体在过去悠久的年代中可能就是以这种方式全面地进行再排列或"编辑"的。

这方面最好的一个例子是拟态（mimicry）现象。有些"讨厌的"蝴蝶有一种令人厌恶的怪味，它们的色彩通常鲜艳夺目、华丽异常。鸟类就是凭借它们这种"警戒性"标志学会躲避它们的。于是其他一些并无这种怪味的蝴蝶就乘机利用这种现象，模拟那些味道怪异的蝴蝶。于是它们生下来就具有和那些味道怪异的蝴蝶差不多的颜色和形状，但气味不同。它们时常使人类的博物学家上当，也时常使鸟类上当。一只鸟如果吃过真正有怪异味道的蝴蝶，通常就要避开所有看上去一样的蝴蝶，模拟者也包括在内。因此自然选择有助于促进拟态行为基因的传播。拟态就是这样进化来的。

"怪味"蝴蝶有许多不同的种类，它们看上去并不都是一样的。一个模拟者不可能像所有的"怪味"蝴蝶，它们必须模拟某一特定的蝴蝶种类。任何具体的模拟者一般都善于专门模仿某种具体的味道怪异的蝴蝶，但有些种类的模拟者却有一种非常奇特的行为。这些种类中的某些个体模仿某种味道怪异的蝴蝶，其他一些个体则模仿另外一种。任何个体，如果它是中间型的或者试图两种都模仿，它就会很快被吃掉。但蝴蝶不会生来就这样。一个个体要么肯定是雄性，要么肯定是雌性，同样，一个蝴蝶个体要么模仿这种味道怪异的蝴蝶，要么模仿另外一种。一只蝴蝶可能模仿种类 A，而其"兄弟"可能模仿种类 B。

一个个体是模仿种类 A 还是模仿种类 B，看来似乎只取决于一个基因。但一个基因怎么能决定模拟的各个方面——颜色、形状、花纹的样式、飞行的节奏呢？答案是，一个单一顺反子的基因大概是不可能的，但通过倒位和遗传物质其他偶然性的重新排列所完成的无意识的和自动的"编辑工作"，一大群过去分开的旧基因得以在一条染色体上结合成一个紧密的连锁群。整个连锁群像一个基因一样行动（根据我们的定义，它现在的确是一个单一的基因）。它也有一个"等位基因"，这一等位基因其实是另外一个连锁群。一个连锁群含有模仿种类 A 的顺反子，另一个连锁群则含有模仿种类 B 的顺反子。每一连锁群很少因交换而分裂，因此在自然界中人们从未见到中间型的蝴蝶。但如果在实验室内大量繁殖蝴蝶，这种中间型偶尔也会出现。

我用基因这个词来指代一个遗传单位，单位之小足以延续许多代，而且能以许多拷贝的形式在周围散布。这不是一种要么全对要么全错的死板僵化的定义，而是像"大"或"老"的定义一样，是一种含义逐渐模糊的定义。一段染色体越是容易因交换而分裂，或为各种类型的突变所改变，它同我所谓的基因就越不相符。一个顺反子大概可以称得上是基因，但比顺反子大的单位也应算基因。12 个顺反子可能会在一条染色体上相互结合得非常紧密，以至于对我们来说这可以算是一个能长久存在的遗传单位。蝴蝶里的拟态连锁群就是一个很好的例子。当顺反子离开一个个体，乘着精子或卵子进入下一代时，它们可能发现小船还载有它们在前一次航行时的近邻。这些近邻可能还是开始于遥远的祖先体内的漫长航行中的伙伴。同一条染色体上相邻的顺反子组成一队紧密联结在一起的旅行伙伴，减数分裂的时机一到，它们经常能够登上同一条船，分开的情况很少。

严格地说，本书既不应叫作"自私的顺反子"，也不应叫作"自私的染色体"，而应命名为"染色体有点自私的一大部分以及更为自私的一小部分"。但应该说，这样的书名至少不那么吸引人。既然我把基因描绘成能够延续许多世代的一小段染色体，那么我以"自私的基因"作为本书的书名恰如其分。

现在我们又回到了第 1 章结尾的地方。在那里我们已经看到，在任何称得上是自然选择的基本单位的实体中，我们都会发现自私性。我们也已看到，有人认为物种是自然选择单位，而另有一些人认为物种中的种群或群体是自然选择单位，还有的人认为个体是自然选择单位。我曾讲过，我宁可把基因看作自然选择的基本单位，因而也是自我利益的基本单位。我刚才所做的就是要给基因下这样的定义，以便令人信服地证明我的论点的正确性。

自然选择最普通的形式是指实体的差别性生存。某些实体存在下去，另一些则死亡。但为了使这种选择性死亡能够对世界产生影响，一个附加条件必须得到满足，那就是每个实体必须以许多拷贝的形式存在，而且至少某些实体必须有潜的能力以拷贝的形式生存一段相当长的进化时间。小的遗传单位有这种特性，而个体、群体和物种却没有。孟德尔证明，遗传单位实际上可以被认为是一种不可分割的独立微粒。这是他的一项伟大成就。现在我们知道，这种说法未免有些过于简单，甚至顺反子偶尔也是可分的，而且同一条染色体上的任何两个基因都不是完全独立的。我刚才所做的就是要把基因描绘为一个这样的遗传单位，它在相当大的程度上接近不可分的颗粒这一典型。基因并不是不可分的，但它们很少分开。基因在任何具体个体中要么肯定存在，要么肯定不存在。一个基因完整无损地从祖父母传到孙辈，径直通过中间世代而不与其他基因相混合。如果基因不断地相互混合，我们现在所理解的自然选择就是不可能存在的了。顺便提一句，这一点在达尔文还在世时就已被证实，而且使达尔文感到莫大的忧虑，因为那时人们认为遗传是一个混合过程。孟德尔的发现在那时已经发表，这本来是可以解除达尔文的焦虑的，但天啊，他却一直不知道这件事。达尔文和孟德尔都去世许多年之后，似乎才有人读到这篇文章。孟德尔也许没有认识到他的发现的重要意义，否则他可能会写信告诉达尔文。

基因颗粒性的另一个方面是，它不会衰老，即使是活了100万年的基因也不会比它仅活了100年的同伴更有可能死去。它一代一代地从一个个体转到另一个个体，用它自己的方式操纵着一个又一个的个体，达成自己的目的；它在一代接一代的个体陷入衰老死亡之前抛弃这些将要死亡的个体。

基因是不朽的，或者更确切地说，它们被描绘为接近于值得赋予不朽称号的遗传实体。我们作为这个世界上的个体生存机器，期望能够多活几十年，但世界上的基因可望生存的时间，不是几十年，而是以百万年为单位计算的。

在有性生殖的物种中，作为遗传单位的个体因为体积太大、寿命太短，而不能成为有意义的自然选择单位。*由个体组成的群体甚至是更大的单位。在遗传学的意义上，个体和群体像天空中的云彩，或者像沙漠中的尘暴，它们是些临时的聚合体或联合体，在进化的过程中是不稳定的。种群可以延续很长的一段时期，但因为它们不断地同其他种群混合，从而失去本身的特性。它们也受到内部演化的影响。一个种群还不足以成为一个自然选择的单位，因为它不是一个有足够独立性的实体。它的稳定性和一致性也不足，不能优先于其他种群而被"选择"。

一个个体在其持续存在时看起来相当独立，但很可惜，这种状态能维持多久呢？每一个个体都是独特的，在每个实体仅有一个拷贝的情况下，在实体之间进行选择是不可能实现进化的！有性生殖不等于复制。就像一个种群被其他种群玷污的情况一样，一个个体的后代也会被其配偶的后代玷污，你的子女只有一半是你，而你的孙子孙女只是你的 $\frac{1}{4}$。经过几代之后，你所能指望的，最多是一大批后代，他们之中每个人只具有你的极小部分——几个基因而已，即使他们有些还姓你的姓，情况也是如此。

个体是不稳定的，它们在不停地消失。染色体也像打出去不久的一副牌一样，混合以致被湮没，但牌本身虽经洗牌却仍存在。在这里，牌就是基因。基因不会为交换所破坏，它们只是调换伙伴再继续前进。它们继续前进是理所当然的，这是它们的本性。它们是复制因子，而我们是它们的生存机器。我们完成我们的职责后就被弃于一旁，但基因却是地质时代的居民——基因是永存的。

基因像钻石一样长存，但同钻石长存的方式又不尽相同。长存的一块块钻石水晶体以不变的原子结构存在，但 DNA 分子不具备这种永恒性。任何一个具体的 DNA 分子的生命都相当短促，也许只有几个月的时间，但肯定不会超过一个人一生的时间。但一个 DNA 分子在理论上能够以自己的拷贝形式生存一亿年。此外，一个具体基因的拷贝就像原始汤中的古代复制因子一样，可以分布到整个世界。不同的是，这些基因拷贝的现代版本都有条不紊地被装入了生存机器的体内。

我所说的一切都是为了强调，基因以拷贝形式存在几乎是永恒的，这种永恒性表明了基因的特性。将基因解释为一个顺反子适用于某些论题，但运用于进化论，定义就需要扩充，扩充的程度则取决于定义的用途。我们需要找到自然选择的一个切合实际的单位。要做到这点，首先要鉴别出一个成功的自然选择单位必须具备哪些特性。用前一章的话来说，这些特性是长寿、生殖力以及精确复制，那么我们只要直截了当地把"基因"解释为一个至少有可能拥有上述三种特性的最大实体就可以了。基因是一个长久生存的复制因子，它以许多重复拷贝的形式存在着。它并非无限地生存下去。严格地说，甚至钻石也不是永恒的，顺反子甚至也能被交换一分为二。按照定义，基因是染色体的一个片段，它要短得使自己能够延续足够长的时间，以便使它作为一个有意义的自然选择单位发生作用。

到底多长才算"足够长的时间"呢？这并没有严格的规定，取决于自然选择的"压力"达到多大的严峻程度。就是说，这取决于一个"坏的"遗传单位死亡的可能性比它的"好的"等位基因死亡的可能性大到什么程度。这个问题牵涉到因具体情况不同而各异的定量方面的细节。自然选择最大的切合实际的单位——基因，一般介于顺反子同染色体之间。

基因之所以成为合适的自然选择基本单位，其原因在于它潜在的永恒性。现在是强调一下"潜在的"这个词的时候了。一个基因能生存100万年，但许多新的基因甚至连第一代也熬不过。少数新基因成功地生存了一代，部分原因是它们运气好，但主要是由于它们具有一套看家本领，就是说它们善于制造生存机器。这些基因对其寄居的一个个连续不断的个体的胚胎发育都产生一定的影响，这样就使得这个个体生存和繁殖的可能性要比其处在竞争基因或等位基因影响下的可能性稍大一些。举例说，一个"好的"基因往往赋予它所寄居的连续不断的个体以长腿，从而保证自己的生存，因为长腿有助于这些个体逃避捕食者。这只是一个特殊的例子，不具有普遍意义，因为长腿毕竟不是对谁都有好处的。对于鼹鼠来说，长腿反而是一种累赘。我们能不能在所有好的（即生存时间长的）基因中找出一些共同的特性，而不要使我们自己纠缠在烦琐的细节中呢？相反，什么是能够立即显示出"坏的"即生存短暂的基因的特性呢？这样的共同特性也许有一些，但有一种特性却与本书尤其相关，即在基因的水平上讲，利他行为必然是坏的，而自私行为必定是好的。这是从我们对利他行为和自私行为的定义中得出的无情结论。基因为争取生存，直接同它们的等位基因竞争，因为在基因库中，它们的等位基因是争夺它们在后代染色体上位置的对手。我再啰唆一句，这种在基因库中牺牲其等位基因而增加自己生存机会的基因，按照我们的定义，往往都会生存下去。因此基因是自私行为的基本单位。

本章的主要内容已叙述完毕，但我一笔带过了一些复杂的问题以及一些潜在的假设。第一个复杂的问题我已扼要地提到过。不论基因在世世代代的旅程中多么独立和自由，但它们在控制胚胎发育方面并不是非常自由和独立的行为者。它们以极其错综复杂的方式相互配合和相互作用，同时又和外部环境相互配合和相互作用。诸如"长腿基因"或者"利他行为基因"这类表达方式是一种简便的形象化说法，但理解它们的含义是重要的。一个基因，不可能单枪匹马地建造一条腿，不论是长腿或是短腿。构造一条腿是多基因的一种联合行动，外部环境的影响也是不可或缺的，因为腿毕竟是由食物铸造出来的！但很可能有这样的一个基因，它在其他条件不变的情况下，往往使腿生长得比在它的等位基因的影响下生长的腿长一些。

作为对比，请想象一下硝酸盐这种肥料对小麦生长的影响。施用硝酸盐的小麦要比不施硝酸盐的长得大，这是人尽皆知的事实，但恐怕没有哪个傻瓜会宣称，单靠硝酸盐能让小麦生长。种子、土壤、阳光、水分以及各种矿物质显然同样不可缺少，但如果上述的其他几种因素都是稳定不变的，或者甚至在一定范围内有某些变化，硝酸盐这一附加因素就能使小麦长得更大一些。单个基因在胚胎发育中的作用也是如此。控制胚胎发育的各种关系像蜘蛛网一样交织连锁在一起，非常错综复杂，我们最好不要去问津。任何一个因素，不论是遗传上的或环境上的，都不能认为是婴儿某部分形成的唯一原因。婴儿的所有部分都具有几乎是无穷数量的先前因素（antecedent causes），但这一婴儿同另一婴儿之间的差别，如腿的长短差别，可以很容易地在环境或基因方面追溯到一个或几个先前差别（antecedent differences），就是这些差别真正关系到生存竞争和斗争。对进化而言，起作用的是受遗传控制的差别。

就一个基因而言，它的许多等位基因是它不共戴天的竞争者，但其余的基因只是它的环境的一个组成部分，就如温度、食物、捕食者或伙伴是它的环境一样。

基因发挥的作用取决于它的环境，而所谓的环境也包括其余基因。有时，一个基因在一个特定基因在场的情况下发挥的是一种作用，而在另一组伙伴基因在场的情况下发挥的又是一种截然不同的作用。一个个体的全部基因构成一种遗传气候或背景，它会调整和影响任何一个具体基因的作用。

但现在我的理论似乎出现了矛盾。如果孕育一个婴儿是这样一种复杂的相互配合的冒险事业，如果每一个基因都需要几千个伙伴基因配合才能共同完成它的任务，那么我们又怎么能把这种情况同我刚才对不可分的基因的描述统一起来呢？我曾说，这些不可分的基因像永生的小羚羊一样年复一年、代复一代地从一个个体跳跃到另一个个体：它们是自由自在、不受约束地追求生命的自私行为者，难道这都是一派胡言吗？一点儿也不是。也许我为了追求辞藻绚丽的章句而有点儿神魂颠倒，但我绝不是在胡言乱语，事实上也不存在真正的矛盾。我可以用另外一种类比来加以说明。

在牛津和剑桥的赛艇对抗赛中单靠一个划桨能手是赢不了的，他还需要8个伙伴。每个桨手都是一个专家，他们总是分别在特定的位置上就座——前桨手或尾桨手或艇长等。这是一项相互配合的冒险行动，然而有些人比另一些人划得好。假使有一位教练需要从一伙儿候选人中挑选他理想的船员，这些船员中有的人必须是优秀的前桨手，其他一些人要善于执行艇长的职务，等等。现在我们假设这位教练是这样挑选的：他把应试的船员集合在一起，随意分成3队，每一队的成员也被随意地安排到各个位置上，然后让这3条艇展开对抗赛。每天都是如此，每天都有新的阵容。几周之后将会出现这样的情况：赢得胜利的赛艇，往往载有相同的那几个人，他们被认为是划桨能手。其他一些人似乎总是在划得较慢的船队里，他们最终被淘汰。但即使是一个出色的桨手有时也可能落入划得慢的船队中。这种情况不是由于其他成员技差，就是由于运气不好，比如说逆风的风力很强。所谓最好的桨手往往出现在得胜的艇上，不过是一种平均的说法。

桨手是基因。争夺赛艇上每一位置的对手是等位基因，它们有可能占据染色体上同一个位置。划得快相当于孕育一个能成功地生存的个体，风则相当于外部环境，候选人这个整体是基因库。就任何个体的生存而言，该个体的全部基因都同舟共济。许多"好的"基因发现自己与一群"坏的"基因为伍，也就是同一个致死基因共存于一个个体。这一致死基因把这一尚在幼年时期的个体扼杀，这样，"好的"基因也就和其余基因同归于尽。但这仅仅是一个个体，而这个"好的"基因的许多拷贝却在其他没有致死基因的个体中生存了下来。许多"好的"基因的拷贝由于碰巧与"坏的"基因共处一个个体而受累，还有许多由于其他形式的厄运而消亡，如它们所寄居的个体被雷电击中。但按照我们的定义，运气不论好坏并无规律可循，一个一贯败阵的基因不能怪自己运气不好，因为它本来就是个"坏的"基因。

好桨手的特点之一是相互配合得好，即具有同其余桨手默契配合的能力。对于赛艇来说，这种相互配合的重要性不亚于强有力的肌肉。我们在有关蝴蝶的例子中已经看到，自然选择可能以倒位的方式或染色体片段的其他活动方式无意识地对一个基因复合体进行"编辑"，这样就把配合得很好的一些基因组成紧密连接在一起的群体。但从另外一个意义上说，一些实际上并不相互接触的基因也能够通过选择的过程来发挥其相容性（mutual compatibility）。一个基因在以后历代的个体中将会与其他基因，即基因库里的其他基因相遇，如果它能和这些基因中的大多数配合得很好，它往往会从中得到好处。

举例说，生存能力强的食肉动物个体要具备几个特征，其中包括锋利的切齿，适合消化肉类的肠胃，以及其他许多特征。但另一方面，一个生存能力强的食草动物却需要扁平的磨齿，以及一副长得多的肠子，其消化的化学过程也不同。在食草动物的基因库中，任何基因，如果它赋予其"主人"以锋利的食肉牙齿是不大可能取得成功的。这倒不是因为食肉对谁来说都是一种坏习惯，而是因为除非你有合适的肠子，以及一切食肉生活方式的其他特征，否则你就无法有效地吃肉。因此，影响锋利的食肉牙齿形成的基因并非本来就是"坏"基因，只有在食草动物种种特征形成的基因所主宰的基因库中，它们才算是"坏"基因。

这是个复杂而微妙的概念。它之所以复杂，是因为一个基因的"环境"主要由其他基因组成，而每一个这样的基因本身又因它和它的环境中的其他基因配合的能力而被选择。适合于说明这种微妙概念的类比是存在的，但它并非来自日常生活的经验。它同人类的"竞赛理论"类似，这种类比法将在第 5 章谈到个体动物间进行的进犯性对抗时加以介绍，因此，我把这点放到第 5 章的结尾处再进一步讨论。现在我回过头来继续探讨本章的中心要义，这就是：最好不要把自然选择的基本单位看作物种，或者种群，甚至个体；最好把它看作遗传物质的某种小单位。为方便起见，我们把它简称为基因。前面已经讲过，这个论点基于这样一种假设：基因能够永存不朽，而个体以及其他更高级的单位的寿命都是短暂的。这一假设以下面两个事实为依据：有性生殖和染色体交换，个体的消亡。这是两个不容否认的事实，但这不能阻止我们去追问：为什么它们是事实？我们以及大多数其他生存机器为什么要进行有性生殖？为什么我们的染色体要进行交换？而我们又为什么不能永生？我们为什么会老死是一个复杂的问题，其具体细节不在本书的探讨范围之内。除各种特殊原因以外，有人提出了一些比较普遍的原因。例如有一种理论认为，衰老标志着一个个体一生中发生的有害的复制错误以及其他种类的基因损伤的积累。另外一种理论为梅达沃（Peter Medawar）爵士首创 *，它是按照基因选择的概念来思考进化问题的典范。他首先摈弃了此类传统的论点："老的个体的死亡对同物种其他成员而言是一种利他主义行为。因为假如它们衰老得不能再生殖却还留恋尘世，它们就会充塞世界，对大家都无好处。"梅达沃指出，这是一种以假定为论据的狡辩，因为这种论点以它必须证实的情况作为假定，即年老的动物衰老得不能再生殖。这也是一种类似于类群选择或物种选择的天真的解释方法，尽管我们可以把有关部分重新讲得更好听一些。梅达沃自己的理论具有极好的逻辑性，我们可以将其大意综述一下。

我们已经提出了这样的问题，即哪些是"好的"基因最普遍的特性。我们认为"自私"是其中之一。但成功基因所具有的另一个普遍特性是，它们通常把它们的生存机器的死亡至少推迟至生殖之后。毫无疑问，你有些堂兄弟或伯祖父是早年夭折的，但你的直系祖先中没有一个是幼年夭折的。祖先是不会在年幼时就丧生的。

　　促使其个体死亡的基因被称为致死基因。半致死基因具有某种使个体衰弱的作用，这种作用增加了由于其他因素而死亡的可能性。任何基因都在生命的某一特定阶段对个体施加其最大的影响，致死和半致死基因也不例外。大部分基因是在生命的胚胎阶段产生作用的，另有一些是在童年、青年、中年，还有一些则是在老年。请思考一下这样一个事实：一条毛虫和由它变成的蝴蝶具有完全相同的一组基因。很明显，致死基因往往被从基因库中清除掉了。但同样明显的是，基因库中的晚期活动的致死基因要比早期活动的致死基因稳定得多。假如一个年纪较大的个体有足够的时间，至少进行过若干次生殖之后致死基因的作用才表现出来，那么这一致死基因在基因库中仍旧是成功的。例如，使老年个体致癌的基因可以遗传给无数的后代，因为这些个体在患癌之前就已生殖，而另一方面，使青年个体致癌的基因就不会遗传给众多的后代，使幼儿患致死癌症的基因就不会遗传任何后代。根据这一理论，年老体衰只是基因库中晚期活动致死基因同半致死基因的一种积累的副产品。这些晚期活动的致死和半致死基因之所以有机会穿过了自然选择的网，仅仅是因为它们是在晚期活动的。

　　梅达沃本人着重指出的一点是，自然选择有利于这样一些基因生存：它们具有推迟其他致死基因活动的作用，能够促进好的基因发挥其作用。情况可能是，基因活动开始时受遗传控制的种种变化构成了进化内容的许多方面。

　　值得重视的是，这一理论不必做出任何事先的假设，即个体必须到达一定的年龄才能生殖。如果我们以假设一切个体都同样能够在任何年龄生殖作为出发点，那么梅达沃的理论立刻就能推断出晚期活动的有害基因在基因库中的积累，以及由此导致的老年生殖活动减少的倾向。

　　这里就此说几句离题的话。这一理论有一个很好的特点，它启发我们去做某些相当有趣的推测。譬如根据这一理论，如果我们想要延长人类的寿命，一般可以通过两种方式来实现这个目的。第一，我们可以禁止在一定的年龄之前生殖，如 40 岁之前。经过几世纪之后，最低年龄限制可提高到 50 岁，依此类推。可以想见，用这样的方法，人类的寿命可提高到几个世纪。但我很难想象会有人去认真严肃地制定这样一种政策。

第二，我们可以想办法去"愚弄"基因，让它认为它所寄居的个体比实际的要年轻。如果付诸实践，这意味着需要验明随着年纪的增大，发生在个体内部化学环境里的种种变化。任何这种变化都可能是促使晚期活动的致死基因开始活动的"提示"（cues）。仿效青年个体的表面化学特性有可能防止晚期活动的有害基因接受开始活动的提示。有趣的是，老年的化学信号本身，在任何正常意义上讲，不一定是有害的。比如，我们假设偶然出现了这种情况：一种 S 物质在老年个体中的浓度比在青年个体中来得高，这种 S 物质本身可能完全无害，也许是长期以来体内积累起来的食物中的某种物质。如果有这样一个基因，它在 S 物质存在的情况下碰巧产生了有害的影响，而在没有 S 物质存在的情况下却是一个好基因，那么这样的基因肯定在基因库中自动地被选择，而且实际上它成了一种"导致"年老死亡的基因。补救的办法是，只要把 S 物质从体内清除掉就行了。

这种观点的重大变革性在于，S 物质本身仅是一种老年的标志。研究人员可能认为 S 物质是一种有毒物质，他会绞尽脑汁去寻找 S 物质同人体机能失常之间直接的、偶然的关系。但按照我们假定的例子来讲，他可能是在浪费时间！

也可能存在一种 Y 物质，这种物质在青年个体中要比在老年个体中更集中。从这一意义上讲，Y 物质是青春的一种"标志"。同样，那些在有 Y 物质存在的情况下产生好的效果，而在没有 Y 物质存在的情况下却是有害的基因会被选择。由于还没有办法知道 S 物质或 Y 物质是什么东西——可能存在许多这样的物质——我们只能做这样的一般性的推测：你在一个老年个体中越能模仿或模拟青年个体的特点，不论这些特点看来是多么表面化，那个老年个体应该生存得越久。

我必须强调一下，这些只是基于梅达沃理论的一些推测。尽管从某种意义上说，梅达沃理论在逻辑上是有些道理的，但并无把它说成是对任何年老体衰实例的正确解释的必要。与我们现在的论题密切相关的是，基因选择的进化观点对于个体年老时要死亡这种趋势，能毫无困难地加以解释。对于个体必然要死亡的假设是本章论证的核心，它是可以在这一理论的范围内得到圆满解释的。

我一笔带过的另一个假设，即存在有性生殖和交换，更加难以解释清楚。交换并不总是一定要发生，雄果蝇就不会发生交换，雌果蝇体内也有一种具有压抑交换作用的基因。假定我们要饲养一个果蝇种群，而这类基因在该种群中普遍存在的话，"染色体库"中的染色体就会成为不可分割的自然选择基本单位。其实，如果我们遵循我们的定义进行逻辑推理直到得出结论的话，就不得不把整条染色体视作一个"基因"。

还有，性的替代方式是存在的。雌蚜虫能产出无父的、活的雌性后代。每个这样的后代都具有它母亲的全部基因（顺便提一下，母亲"子宫"内的胎儿的子宫内甚至可能有一个更小的胎儿。因此，一只雌蚜虫可以同时生一个女儿和一个外孙女，它们相当于这只雌蚜虫的双胞胎）。许多植物的繁殖以营养体繁殖的方式进行，形成吸根。这种情况我们宁可称其为生长，也不叫它生殖。然而你如果仔细考虑一下，生长同无性生殖之间几乎无任何区别，因为二者都是细胞简单的有丝分裂。有时以营养体繁殖的方式生长出来的植物同"母体"分离开来，在其他情况下，如以榆树为例，连接根出条可以保持完整无损。事实上，整片榆树林可以被看作一个单一的个体。

因此，现在的问题是：如果蚜虫和榆树不进行有性生殖，为什么我们要费这样大的周折把我们的基因同其他人的基因混合起来才能生育一个婴儿呢？看上去这样做的确有点古怪。性活动，这种把简单的复制变得反常的行为，当初为什么要出现呢？性到底有什么益处？*

这是进化论者极难回答的一个问题。为了认真地回答这一问题，大多数尝试都要涉及复杂的数学推理。我将很坦率地避开这个问题，但有一点要在这里谈谈，那就是，理论家们在解释性的进化方面所遇到的困难，至少在某些方面是由于他们习惯于认为个体总是想最大限度地增加其生存下来的基因的数目。根据这样的说法，性活动似乎是一种自相矛盾的现象，因为个体要繁殖自己的基因，性是一种"效率低"的方式：每个胎儿只有这个个体基因的 50%，另外 50% 由配偶提供。要是他能够像蚜虫那样，直接"出芽"（bud off），他就会将自己 100% 的基因传给下一代的每一个小孩，这些孩子是与他自己丝毫不差的复制品。这一明显的矛盾促使某些理论家接受类群选择论，因为他们比较容易在群体水平上解释性活动的好处。用博德默简单明了的话来说，性"促进了在单个个体内积累那些以往分别出现于不同个体内的有利突变"。

但如果我们遵循本书的论证，并把个体看作由长寿基因组成的临时同盟所构建的生存机器，这一矛盾看起来就不那么紧要了。从整个个体的角度来看，"有效性"无关紧要。有性生殖与无性生殖相对，可以被视作单基因控制下的一种特性，就同蓝眼和棕眼一样。一个"负责"有性生殖的基因为了它自私的目的而操纵其他全部基因，负责交换的基因也是如此。甚至有一种叫作突变子的基因，它们操纵其他基因中的拷贝错误率。按照定义，拷贝错误对错误地拷贝出来的基因是不利的，但如果这种拷贝错误对诱致这种错误的自私的突变基因有利的话，那么这种突变基因就会在基因库里扩散开。同样，如果交换对负责交换的基因有好处，这就是存在交换现象的充分理由；如果同无性生殖相对的有性生殖有利于负责有性生殖的基因，这也就是存在有性生殖现象的充分理由。有性生殖对个体的其余基因是否有好处，比较而言也就无关紧要了。从自私基因的观点来看，性活动也就不那么难以解释了。

这种情况非常接近于一种以假定为论据的狡辩，因为性别的存在是整个一系列推论的先决条件，而这一系列推论的最后结果认为基因是自然选择单位。我认为是有办法摆脱这一困境的，但本书宗旨不在于探索这一问题。性毫无疑问是存在的，这一点是真实的，我们之所以能将这种小的遗传单位或基因看作最接近于基本的和独立的进化因素，正是性和染色体交换的结果。

　　只要学会按照自私基因的理论去思考问题，性这一明显的矛盾就变得不那么令人迷惑不解了。例如有机体内的 DNA 数量似乎比建造这些有机体所必需的数量来得大，因为相当一部分 DNA 从未转译为蛋白质。从个体有机体的观点来看，这似乎又是一个自相矛盾的问题。如果 DNA 的"目的"是建造有机体，那么，一大批 DNA 并不这样做实在令人奇怪。生物学家在苦思冥想，这些显然多余的 DNA 正在做些什么有益的工作呢？但从自私的基因本身的角度来看，并不存在自相矛盾之处。DNA 的真正"目的"仅仅是为了生存。解释多余的 DNA 最简单的方法是，把它看作一个寄生虫，或者最多是一个无害但也无用的乘客，在其他 DNA 所创造的生存机器中搭便车而已 *。

　　有些人反对这种在他们看来过分以基因为中心的进化观点。他们争辩说，实际上生存或死亡的毕竟是包括其全部基因在内的完整个体，我希望我在本章所讲的足以表明在这一点上其实并不存在分歧。就像赛艇比赛中整条船赢或输一样，生存或死亡的确实是个体，自然选择的直接形式几乎总是在个体水平上表现出来。但非随机的个体死亡以及成功生殖的远期后果，表现为基因库中变化着的基因频率。对于现代复制因子，基因库起着原始汤对于原始复制因子所起的同样作用。性活动和染色体交换起着保持原始汤的现代对等物的那种流动性的作用。由于性活动和染色体交换，基因库始终不停地被搅混，使其中的基因部分地混合。所谓进化就是指基因库中的某些基因变得多了，而另一些变得少了的过程。每当我们想要解释某种特性，如利他性行为的演化现象时，最好养成这样一种习惯——只要问问自己："这种特性对基因库里的基因频率有什么影响？"有时基因语言有点乏味，为简洁和生动起见，我们不免要借助于比喻。不过我们要以怀疑的目光注视着我们的比喻，以便在必要时能把它们还原为基因语言。

　　就基因而言，基因库只是基因生活于其中的一种新汤，不同的是，现在基因赖以生存的方式是，在不断地制造必将消亡的生存机器的过程中，同来自基因库的一批批络绎不绝的伙伴进行合作。下面一章我们要论述生存机器本身，以及在某个意义上，我们可以说基因控制其生存机器的行为。

第 4 章

基因机器

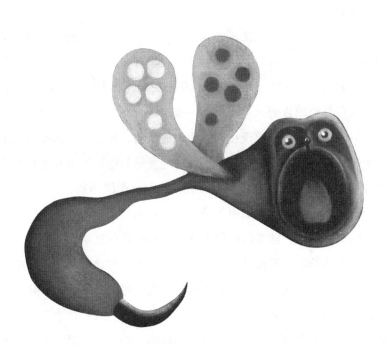

生存机器最初是作为基因的贮藏器而存在的。它们的作用是消极的——仅仅是作为保护壁使基因得以抵御其敌手所发动的化学战以及意外的分子攻击。在远古时期，原始汤里大量存在的有机分子是它们赖以为生的"食料"。这些有机食物千百年来在阳光有力的影响下滋生繁殖，但随着这些食物的告罄，生存机器一度逍遥自在的生活也至此终结。这时，它们的一大分支，即现在人们所说的植物，开始利用阳光直接把简单分子组建成复杂分子，并以快得多的速度重新进行过去发生在原始汤里的合成过程。另外一个分支，即现在人们所说的动物，"发现了"如何利用植物通过化学作用取得的劳动果实：动物要么将植物吃掉，要么将其他的动物吃掉。随着时间的推移，生存机器的这两大分支逐步获得了日益巧妙的技能，来提高其生活方式的效能。与此同时，新的生活方式层出不穷，小分支以及小小分支逐渐形成，每一个小分支在某一特殊方面，如在海洋里、陆地上、天空中、地下、树上或其他生命体内，取得高人一等的谋生技能。这种小分支不断形成的过程，最终带来了今日给人类以如此深刻印象的丰富多彩的动植物。

动物和植物经过进化都发展成为多细胞体，每一个细胞都获得全套基因的完整拷贝。这个进化过程始于何时，为什么会发生，整个过程经过几个独立的阶段才得以完成，这一切我们都无从知道。有人以"群体"（colony）来比喻动植物的躯体，把它们说成是细胞的"群体"。我却宁愿把躯体视为基因的群体，把细胞视为便于基因的化学工业进行活动的工作单位。

尽管我们可以把躯体称为基因的群体，但就其行为而言，各种躯体确实取得了它自己的独特个性。一只动物是作为一个内部协调的整体，即一个单位来进行活动的，同样，我在主观意识上觉得自己是一个单位而不是一个群体。这是意料中的事情。选择的过程有利于那些能同其他基因合作的基因。为争夺稀有资源，为吞食其他生存机器并避免被对方吃掉，生存机器投身于激烈无情的竞争和斗争。

为了应对这一切竞争和斗争，在共有的躯体内存在一个中央协调的系统必然比无政府状态有利得多。时至今日，发生于基因之间的交错的共同进化过程已经发展到这一地步，以致个体生存机器所表现的集群性（communal nature）实质上已不可辨认。事实上，很多生物学家都不承认存在这种集群性，因此也不同意我的观点。

就本书在后面章节中提到的种种论点的"可靠性"（新闻工作者用语）而言，幸而这种分歧在很大程度上是学术性的。如果我们在谈论生存机器的行为时反复提到基因，那未免会使人感到厌烦，事实上也没有必要这样做，正如我们谈论汽车的性能时提到量子和基本粒子反觉不便。实际上，把个体视为一个行为者，它"致力"于在未来的世代中增加基因的总量，这种近似的说法在一般情况下自有其方便之处。而我使用的亦将是简便的语言。除非另做说明，"利他行为"与"自私行为"都是指某一个动物个体对另一个动物个体的行为。

这一章将论述行为，即生存机器的动物分支广泛利用的那种快速动作。动物已经变成活跃而有进取心的基因运载工具——基因机器。在生物学家的词汇里，行为具有快速的特性。植物也会动，但动得异常缓慢。在电影的快镜头里，攀缘植物看起来像是活跃的动物，但大多数植物的活动其实只限于不可逆转的生长。而另一方面，动物发展出种种活动方式，其速度超过植物数十万倍。而且，动物的动作是可逆转的，可以无数次重复。

动物进化中用以进行快速动作的部件是肌肉。肌肉就是引擎，它像蒸汽机或内燃机一样，以其贮藏的化学燃料为能量产生机械运动。不同之处在于：肌肉以张力的形式产生直接的机械力，而不是像蒸汽机或内燃机那样产生气压。但肌肉与引擎相似的另外一点是，它们通常凭借绳索和带有铰链的杠杆来发挥力量。在人体内，杠杆就是骨骼，绳索就是肌腱，铰链就是关节。关于肌肉如何通过分子进行活动，人们知之甚多，但我却感到下面的问题更有趣：我们如何控制肌肉收缩的时间和速度？

你有没有观察过构造复杂的人造机器？譬如说，针织机或缝纫机、纺织机、自动装瓶机或干草打包机。这些机械利用各式各样的原动力，如电动马达或拖拉机，但这些机械在运转时如何控制时间和速度却是一个更为复杂的问题。阀门会依次开启和关闭，捆扎干草的钢抓手会灵巧地打结并在最恰当的时刻伸出割刀来切断细绳。许多人造机器的定时操作是依靠凸轮来完成的。凸轮的发明的确是个辉煌的成就。它利用偏心轮或异形轮把简单的运转转变为复杂的、有节奏性的运转。

自动演奏乐器的原理与此相仿。其他乐器，如蒸汽风琴，或自动钢琴等利用按一定模式打孔的纸制卷轴或卡片来发出音调。近年来，这些简单的机械定时装置有被电子定时装置取代的趋向，数字计算机就是个例子。它们是大型的多功能电子装置，能够用以产生复杂的定时动作。像计算机这样的现代电子仪器，其主要元件是半导体，我们所熟悉的晶体管便是半导体的一种形式。

生存机器看起来绕过了凸轮和打孔卡片，它使用的定时装置和电子计算机有更多的相同之处，尽管严格说来，两者的基本操作方式是不同的。生物计算机的基本单位是神经细胞或所谓的神经元，就其内部的工作情况看来，是完全不同于晶体管的。神经元彼此之间通讯用的密码确实有点像计算机的脉冲码，但神经元作为一个数据处理单位比晶体管复杂得多。一个神经元可以通过数以万计的接线与其他单位联系，而不仅仅是 3 个。神经元工作起来比晶体管慢些，但就微型化程度而言，晶体管大为逊色。因此，过去 20 年来微型化是主宰电子工业的一种倾向。关于这一点，下面这个事实很能说明问题：在我们的脑袋里大约有 100 亿个神经元，而一个脑壳最多也只能塞进几百个晶体管。

植物不需要神经元，因为它们不必移动就能存活。但大多数的动物类群都有神经元。在动物的进化过程中，它们可能老早就"发现"了神经元，后来被所有的种群继承了下来；也有可能是分几次重新发现的。

从根本上说，神经元不过是一种细胞。和其他细胞一样，有细胞核和染色体，但它的细胞膜却形成拉长了的、薄的线状突出部分。通常一个神经元有一条特别长的"线"，我们称之为轴突。一个轴突的宽度狭小到只有在显微镜下才能辨认，但其长度可能长达好几英尺，有些轴突甚至和长颈鹿的颈部一样长。轴突通常是多股集束在一起的，构成我们称之为神经的多心导线。这些轴突从躯体的一部分通向其他部分，像电话干线一样传递消息。其他种类的神经元具有短的轴突，它们只出现于我们称之为神经节的密集神经组织中。如果是很大的神经元，它们也存在于大脑里。就功能而言，我们可以认为大脑和计算机是相似的*，因为这两种类型的机器在分析了复杂模式的输入信号并参考了存贮的数据之后，都能发出复杂模式的输出信号。

大脑对生存机器做出实际贡献的主要方式在于控制和协调肌肉的收缩。为了达到这个目的，它们需要有通向各个肌肉的导线，也就是运动神经。但对基因的有效保存来说，只有在肌肉的收缩时间和外界事件发生的时间具有某种关系时才能实现。上下颌肌肉的收缩必须等到嘴巴里有值得咀嚼的东西时才有实际意义。同样，腿部肌肉要在出现值得奔跑过去或必须躲避的东西时，按跑步模式收缩才有实际意义。正因如此，自然选择有利于这样一些动物，它们具备感觉器官，能将外界发生的各种形式的有形事件转化为神经元的脉冲码。大脑通过被称为"感觉神经"的导线与感觉器官——眼、耳、味蕾等——相连。感觉系统如何发生作用尤其使人感到费解，因为它们识别影像的高度复杂的技巧远胜于最优良、最昂贵的人造机器。如果不是这样的话，打字员都要成为冗员，因为他们的工作完全可以由识别言语或字迹的机器代劳。在未来的数十年中，打字员还是不会失业的。

从前某个时候，感觉器官可能在某种程度上直接与肌肉联系，实际上，今日的海葵还未完全脱离这种状态，因为对它们的生活方式来说，这样的联系是有效的。但为了在各种外界事件发生的时间与肌肉收缩的时间之间建立起更复杂的间接联系，就需要有大脑的某种功能作为媒介。在进化过程中，一个显著的进展是记忆力的"发明"。借助这种记忆力，肌肉收缩的定时不仅受不久以前而且也受很久以前的种种事件的影响。记忆装置，或贮存器，也是数字计算机的主要部件。计算机的记忆装置比我们的记忆力更为可靠，但它们的容量较小，而且在信息检索的技巧方面远逊于我们的记忆力。

生存机器的行为有一个最突出的特征，这就是明显的目的性。在这里我指的不仅是生存机器似乎能够深思熟虑去帮助动物的基因生存下去（尽管事实的确是这样），还有生存机器的行为和人类的有目的的行为更为类似这一事实。我们看到动物在"寻找"食物、配偶或迷途的孩子时，总是情不自禁地认为这些动物在那时的感受和我们自己在寻找时所体验到的某些感受一样。这些感受可能包括对某个对象的"欲望"，对这个向往的对象形成的"心象"以及存在于心中的"目的"。我们每一个人出于自身的体验都了解到这一事实：现代生存机器之中至少有一种已经通过进化的历程，使这个目的性逐渐取得我们称之为"意识"的特性。我不通晓哲理，因此无法深入探讨这个事实的含义，但就目前我们所讨论的课题而言，幸而这是无关紧要的。我们把机器的运转说成机器好像受某种目的性驱使，而阁顾其是否真的具有意识，因为这样来得方便些。这些机器基本上是非常简单的，而且无意识地追踪目标状态的原理在工程科学中经常应用。瓦特离心调速器便是其中一个典型的例子。

它所牵涉到的基本原理就是我们称之为负反馈的原理，而负反馈又有多种多样的形式。一般来说，它是这样发挥作用的：这种运转起来好像带有自觉目的的"目的机器"配有某种度量装置，它能测量出事物的当前状态和"要求达到的"状态之间的差距，机器的这种结构方式使它能在差距越大时运转得越快。这样，机器能够自动地减少差距——负反馈的原理就在于此——在"要求达到的"状态实现时，机器能自动停止运转。瓦特调速器上装有一对球，它们借蒸汽机的推动力而旋转。这两只球分别安装在两条活动连接的杆臂的顶端。随着球的转速增大，离心力逐渐抵消引力的结果，使杆臂越来越接近水平。由于杆臂连接在为机器提供蒸汽的阀门上，当杆臂接近水平时，提供的蒸汽就逐渐减少。因此，如果机器运转得过快，蒸汽的馈给量就会减少，机器运转的速度也就慢下来。反过来，如果机器运转得过慢，阀门会自动地增加蒸汽馈给量，机器运转的速度也随之增快。但由于过调量或时滞的关系，这类机器常常发生振荡现象。为了弥补这种缺陷，工程师总是设法添加某种设备以减少这种振荡的幅度。

瓦特离心调速器"要求达到的"状态是一定的旋转速度。显然，机器本身并非有意识地要求达到这个速度。一台机器所谓的"目的"不过是指它趋向于恢复的那种状态。近代的目的机器把诸如负反馈这样的基本原理加以发展，从而能够进行复杂得多的"逼真的"动作。比方说，导弹好像能主动地搜索目标，并且在目标进入射程之后进行追踪，与此同时，它还要考虑目标逃避追击的各种迂回曲折的动作，有时甚至能"事先估计"到这些动作或"先发制人"。这些细节这里不拟详谈。简单地说，它们牵涉各式各样的负反馈、"前馈"以及工程师们熟知的一些其他原理。我们现在已经知道，这些原理广泛地应用于生命体的运动中。我们没有必要认为导弹是一种具有任何近似于意识的神经反应的物体，但在普通人眼中，导弹那种显然是深思熟虑的、目的性很强的动作叫人难以相信这枚导弹不是由一名飞行员直接控制的。

一种常见的误解是，认为导弹之类的机器是有意识的人设计和制造的，那么它必然是处在有意识的人的直接控制下。这种误解的另一个变种是：计算机并不能真的下棋，因为它们只能听命于操纵计算机的人。我们必须懂得这种误解的根源，因为它影响到我们对所谓基因如何"控制"行为的含义的理解。计算机下棋是一个很能说明问题的例子，因此我想扼要地谈一下。

计算机下棋的水平如今还未能达到象棋大师那样的水平，但它足以与一个优秀的业余棋手媲美。更准确的说法是，计算机的程序足以与一个优秀的业余棋手媲美，因为程序本身对使用具体哪一台计算机来表演其技巧是从不苛求的。那么，程序员的任务是什么呢？第一，他肯定不像一个演木偶戏的牵线人那样每时每刻操纵计算机（这是作弊行为）。他编好程序，把它输入计算机内，接着计算机便独立操作：没有人进行干预，除了让对手把他的一着输入机内。程序员是否预先估计到一切可能出现的棋步，从而编好一份长长的清单，列出针对每一种情况的妙着？当然不是这样。因为在棋局中，可能出现的棋步多如恒河沙数，就是到了世界末日也编不出一份完备的清单来。也是出于同样的理由，我们不可能为计算机编制这样一份程序，使它能在"电脑"里事先走一次所有可能出现的棋步，以及所有可能的应着，以寻求克敌制胜的战略。不同的棋局比银河里的原子还要多。这些仅仅是琐碎的问题，说明为下棋的计算机编制程序时面临的难题。事实上这是一个极难解决的难题，即使是最周密的程序也不能和象棋大师匹敌，这是不足为奇的。

程序员的作用事实上和一个指点他儿子怎样下棋的父亲差不多。他把主要的走法提纲挈领地告诉计算机，而不是把适用于每一种开局的各种走法都告诉它。他不是用我们日常使用的语言逐字地说，例如"象走田"，而是用数学的语言这样说："象的新坐标来自老坐标，程序是在老坐标 X 以及老坐标 Y 上加上同一个常数，但其符号不必相同。"实际上使用的语言当然更简洁些。接着他可以再把一些"忠告"编入程序内，使用的是同样的数学或逻辑语言，其大意如果用我们日常的语言来表达，不外乎"不要把你的王暴露在敌前"，或一些实用的诀窍，如一马"两用"，同时进攻对方两子。这些具体的走法是耐人寻味的，但讲下去未免离题太远。重要的是，计算机在走了第一步棋之后，就需要独立操作，不能指望它的主人再做任何指点。程序员所能做的一切只是事先竭尽所能把计算机部署好，并在具体知识的提供以及战略战术的提示两者之间取得适当的平衡。

基因也控制它们所属生存机器的行为，但不是像直接用手指牵动木偶那样，而是像计算机的程序员一样通过间接的途径。基因所能做到的也只限于事先的部署，事后生存机器在独立操作时它们只能袖手旁观。为什么基因如此缺乏主动精神呢？为什么它们不把缰绳紧握在手，随时指挥生存机器的行为呢？这是时滞造成的困难。有一本科幻小说通过比拟的手法非常巧妙地说明了这个问题。这本扣人心弦的小说是霍伊尔（Fred Hoyle）和埃利奥特（John Elliot）合著的《仙女座的 A》（*A for Andromeda*）。像一切有价值的科幻小说一样，它有一些有趣的科学论点作为依据。可是，说也奇怪，这本小说对其中一个最重要的科学论点似乎有意避而不谈，而是让读者自己去想象。如果我在这里把它和盘托出，我想两位作者不会见怪吧。

离我们 200 光年之遥的仙女座里有一个文明世界。*那里的人想把他们的文化传播到一些远方的世界去。怎样做才是最好的办法呢？直接派人走一次是不可能的。在宇宙中，你从一个地方到另外一个地方的最大速度，理论上不能超过光速这个上限，何况实际上由于机械功率的限制，最高速度要比光速低得多。此外，在宇宙中，可能并没有那么多的世界值得你去走一趟，你知道朝哪一方向进发才会不虚此行呢？无线电波是和宇宙其余部分联系的较理想的手段，因为如果你有足够的能量把你的无线电信号向四面八方播送而不是定向发射的话，能收到你的电波的世界就非常多（其数目与电波传播的距离的平方成正比）。无线电波以光速传播，也就是说，从仙女座发出的信号要经过200年才能到达地球。这样远的距离使两地之间无法进行通话。就算从地球上发出的每一个信息都会被十二代人一代一代地传达下去，试图和如此遥远的人进行通话无论如何也是劳民伤财的。

这是个我们不久就要面临的实际问题。地球与火星之间，无线电波要走4分钟左右。毫无疑问，太空人今后必须改变谈话的习惯，说起话来不能再是你一句我一句，而必须使用长长的独白，自言自语。这种通话方式与其说是对话，不如说是通信。作为另外一个例子，佩恩（Roger Payne）指出，海洋的音响效果具有某些奇特的性质，这意味着座头鲸发出的异常响亮的"歌声"在理论上可以传到世界各处，只要它们游在海水的某一特定深度上。座头鲸是否真的彼此进行远距离通话，我们不得而知，如果真有其事的话，它们所处的困境就像火星上的宇航员一样。按照声音在水中传播的速度，座头鲸的歌声传到大西洋彼岸然后等对方的歌声再传回来，前后需要两小时左右。在我看来，座头鲸的独唱往往持续8分钟，其间并无重复之处，然后又从头唱起，这样周而复始地唱上好多遍，每一循环历时8分钟左右，其原因就在于此。

小说中的仙女座人也是这样做的。他们知道，等候对方的回音是没有实际意义的，因此他们把要讲的话集中在一起，编写成一份完整的长篇电文，然后向空间播送，每次历时数月，以后又不断重复。不过，他们发出的信息和鲸鱼的却大相径庭。仙女座人的信息是用电码写成的，它指导别人如何建造一台巨型计算机并为它编制程序。这份电文使用的当然不是人类的语言，但对熟练的密码员来说，几乎一切密码都是可以破译的，尤其是密码设计者本来的意图就是让它便于破译。这份电文首先被班克（Jodrell Bank）的射电望远镜截获，电文最后也被译出。按照指示，计算机终于建成，其程序亦得以付诸实施，结果却几乎为人类带来灾难，因为仙女座人并非对一切人都怀有利他主义的意图。这台计算机几乎把整个世界置于它的独裁统治之下。最后，主人公在千钧一发之际用利斧砸碎了这台计算机。

在我们看来，有趣的问题是，在什么意义上我们可以说仙女座人在操纵地球上的事务？他们对计算机的所作所为无法随时直接控制，事实上，他们甚至连计算机已经建成这个事实也无从知道，因为这些情况要经过 200 年才能传到他们耳中。计算机完全独立地做出决定和采取行动，它甚至不能再向它的主人请教一般的策略性问题。由于 200 年的障碍难以逾越，一切指示都必须事先纳入程序。原则上，这和计算机下棋所要求的程序大致相同，但对当地情况具有更大的灵活性和适应能力。这是因为这样的程序不仅要针对地球上的情况，还要针对具有先进技术的形形色色的世界，这些世界的具体情况仙女座人是心中无数的。

正像仙女座人必须在地球上建立一台计算机来为他们逐日做出决定一样，我们的基因必须建立一个大脑。但是基因不仅是发出电码指示的仙女座人，它们也是指示本身，它们不能直接指挥我们这些木偶的理由也是一样的——时滞。基因是通过控制蛋白质的合成来发挥作用的，这本来是操纵世界的一种强有力的手段，但必须假以时日才能见到成效。培养一个胚胎需要花上几个月的时间去耐心地操纵蛋白质。另一方面，关于行为的最重要的一点是行为的快速性，用以测定行为的时间单位不是几个月而是几秒或几分之一秒。在外部世界中某种情况发生了：一只猫头鹰掠过头顶，沙沙作响的草丛暴露了猎物，接着在顷刻之间神经系统猛然行动，肌肉跃起，猎物得以死里逃生，或成为牺牲品。基因并没有这样快的反应时间。和仙女座人一样，基因只能竭尽所能事先部署一切，为它们自己建造一台快速执行的计算机，使之掌握基因能够"预料"到的尽可能多的各种情况的规律，并为此提出"忠告"。但生命和棋局一样是变幻莫测的，事先预见到一切是不现实的。像棋局的程序编制员一样，基因对生存机器的"指令"不可能是具体细微的，它只能是一般的战略以及适用于生计的各种诀窍。*

正如扬（Young）所指出的，基因必须完成类似对未来做出预测那样的任务。当胚胎生存机器处于建造阶段时，它此后一生中可能遇到的种种危险和问题都是未知数。有谁能预言有什么食肉动物会蹲伏在哪一个树丛里伺机袭击它，或者有什么快腿活物会在它面前突然出现，之字形跑过？对于这些问题人类不能预言，基因也无能为力。但某些带有普遍性的情况是可以预见的。北极熊基因可以有把握地预先知道，它们尚未出生的生存机器将会面对一个寒冷的环境。这种预测并不是基因进行思考的结果。它们从不思考：它们只不过是预先准备好一身厚厚的皮毛，因为在以前的一些躯体内，它们一直是这样做的。这也是为什么它们仍然能存在于基因库的原因。它们也预见到大地将为积雪所覆盖，而这种预见性体现在皮毛的色泽上。基因使皮毛呈白色，从而取得伪装。如果北极的气候急剧变化以致小北极熊发现它们出生在热带的沙漠里，基因的预测就错了，它们将要为此付出代价。小熊会夭折，它们体内的基因也随之死亡。

在一个复杂的世界中，对未来做出预测是有一定风险的。生存机器的每一个决定都是赌博行为，基因有责任事先为大脑编好程序，以便大脑做出的决定多半能取得积极成果。在进化的赌场中，筹码是生存，严格说来，是基因的生存。但为合乎情理，一般近似的说法也可以是个体的生存。如果你向下走到水坑边去喝水，被守候在水坑边的食肉动物吃掉的风险就会增加。如果你不去的话，最后就免不了要渴死。去也好，不去也好，风险都是存在的。你必须做出决定，以便让基因获得最大的生存下去的机会。也许最好的办法是忍着不喝，直到你非喝不可的时候才走下去喝个痛快，以便可以长时间不需要再喝水。这样，你减少了到水坑边去的次数，但是到了最后不得不喝的时候，你得低下头去长时间地喝水。另外一个冒险的办法是少喝多跑，即奔过去喝上一两口，马上就奔回来，这样多跑几次也能解决问题。到底哪一种冒险的策略最好，要取决于各种复杂的情况，其中食肉动物的猎食习惯也是一个重要的因素。食肉动物为了取得最大的效率，也在不断改进其猎食习惯。因此，有必要对各种可能性的得失进行某种形式的权衡。但我们当然不一定认为这些动物在有意识地权衡得失。我们只要相信，如果那些动物的基因建造了灵敏的大脑，使它们在赌注中往往成为赢家，那么，作为直接的后果，这些动物生存下去的可能性就更大，这些基因从而得到遗传。

我们可以把打赌这个隐喻稍加引申。一个赌徒必须考虑 3 个主要的参数：赌注、机会、赢款。如果赢款额巨大的话，赌徒是愿意下大赌注的。一个孤注一掷的赌徒准是有机会博取大量赢款的。他当然也有输掉一切的可能，但平均说来，下大赌注的人和其他下小赌注以博取小额赢款的人比起来占不到什么便宜，也不见得会吃亏。交易所里买空卖空的投机商和稳扎稳打的投资者之间也有类似之处。在某些方面，交易所这个比喻比赌场更贴切，因为赌场里的输赢是受到操纵的，庄家到头来总归是赢家（严格说来，这意味着下大赌注的人比下小赌注的人输得多些，而下小赌注的人要比不打赌的人来得穷些。但在某种意义上对目前的论题来说，不打赌的例子是不怎么合适的）。撇开这个不谈，下大赌注和下小赌注似乎各有理由。动物界里有没有下大赌注的，或者比较保守的动物呢？我们将在第 9 章中看到，人们通常可以把雄性动物视为下大赌注、冒大风险的赌徒，而把雌性动物视为稳扎稳打的投资者，尤其是在雄性动物为得到配偶而相互争夺的一雄多雌的物种中。阅读本书的博物学家可以想到一些能称为下大赌注、冒大风险的物种，以及其他一些比较保守的物种。这里我要言归正传，谈谈基因如何对未来做预测这个带有更大普遍意义的主题。

在一些难以预见的环境中，基因如何预测未来是个难题，解决这个难题的一个办法是预先赋予生存机器以一种学习能力。为此，基因可以通过对其生存机器发出如下指示的形式来编制程序："下面这些会带来好处：口中的甜味、情欲亢进、适中的温度、微笑的小孩等。而下面这些会带来不快：各种痛苦、恶心、空空的肚皮、哭叫的小孩等。如果你碰巧做了某件事情之后便出现了不愉快的情况，切勿再做这种事情；在另一方面，重复做为你带来好处的任何事情。"这样编制的程序有一个好处，就是可以大大削减必须纳入原来程序的那些详尽的规则，同时可以应付事先未能预见到其细节的环境变化。在另一方面，基因仍然有必要做出某些预测。在我们列举的例子中，基因估计吃糖和交配可能对基因的生存有利，在这一意义上，口中的甜味以及情欲亢进是"有益的"。但根据这个例子，它们不能预见到糖精和自慰也可能为它们带来满足。它们也不能预见到，在我们这个糖多得有点反常的环境里，糖吃得过多的危险性。

学习战略已应用于计算机下棋的某些程序中。计算机和人对弈或和其他计算机对弈时，这些程序确实能不断得到改善。尽管它们备有一个规则和战术库，但它们的决定程序里也带有一个预先纳入的小小的随机趋向。它们把以往的种种决定记录下来，每当赢得一局时，它们就稍微增加为这局棋带来胜利的战术的权重，以便计算机下次再度采用同样战术的可能性增加一些。

预测未来的一个最有趣的方法是模拟。一位将军如果想知道某一项军事计划是否比其他可供选择的计划来得优越，他就面临做出预测的问题。天气、部队的士气以及敌人可能采取的反制措施都是未知数。如果想知道这个计划是否切实可行，一个办法是把该计划试行一下，看看其效果如何。然而，要把所有想象得出的计划都试行一下是不可取的，因为愿意"为祖国"献身的青年毕竟有限，而各种可能的计划实在多得很。进行与假想敌人交锋的演习也可以考验各种计划的实践性，这要比真刀真枪地干一下好。演习可以采取"北国"与"南国"全面交战的方式，使用的是空炮弹。但即使是这样也要耗费大量时间和物资。比较节约一些的办法是用玩具士兵和坦克在大地图上移来移去进行演习。

近年来，计算机已肩负起大部分模拟的职能，不仅在军事战略方面，而且在诸如经济学、生态学、社会学等必须对未来做出预测的一切领域。它使用的是这样的技术：在计算机内建立一个世界上某种事物的模型。

这并不意味着，如果你揭开计算机的盖子，就可以看到一个和模拟对象相同的微型模仿物。在下棋的计算机里，记忆装置内没有任何看得出是棋盘以及马和卒各就各位的"形象"，有的只是代表棋盘以及各种棋子位置的一行行电子编码。对我们来说，地图是世界某一部分的平面缩影。在计算机里面，地图通常是以一系列城镇和其他地点的名字来代表的。每个地点附有两个数字——它的经度和纬度。计算机实际上如何容纳它这个世界的模型是无关紧要的，重要的是容纳的形式允许它操纵这个模型进行操作和试验，并以计算机操作员能够理解的语言汇报运算的结果。通过模拟技术，以模型进行的战役可以得出胜负，模拟的班机可以飞行或坠毁，经济政策可以带来繁荣或崩溃。无论模拟什么，计算机的整个运算过程只需实际生活中极小的一部分时间。当然，这些反映世界的模型也有好坏之分，而且即使是上好的模型也只能是近似的。不管模拟得如何逼真，计算机也不能预测到将要发生的全部实际情况，但好的模拟肯定远胜于盲目的试验和误差。我们本来可以把模拟称为代替性的"试验和误差"，不幸的是，这个术语早被研究老鼠心理的心理学家占用了。

如果模拟是这样一个好办法，我们可以设想生存机器本该是首先发现这个办法的，毕竟早在地球上出现人类以前，生存机器就已经发明了人类工程学的许多其他方面的技术：透镜和抛物面反射镜、声波的频谱分析、伺服控制系统、声呐、输入信息的缓冲存储器以及其他不胜枚举的东西。这些技术都有长长的名字，其具体细节这里不必赘述。模拟到底是怎么一回事呢？在我看来，如果你自己要做出一个困难的决定，而这个决定牵涉到一些将来的未知量，你也会进行某种形式的模拟。你设想在你采取各种可供选择的步骤之后将会出现的情况。你在大脑里建立一个模型，这个模型并不是世上万物的缩影，它仅仅反映出依你看来是有关的范围内有限的一组实体。你可以在心目中看到这些事物的生动形象，或者看到并操纵它们已经概念化了的形象。无论怎样，你的大脑里不会出现一个实际上占据空间的、反映你设想的事物的模型。但和计算机一样，你的大脑怎样表现这个模型的细节并不太重要，重要的是你的大脑可以利用这个模型来预测可能发生的事。那些能够模拟未来事物的生存机器，比只会在实际的试验和误差的基础上积累经验的生存机器要棋高一筹。问题是实际的试验既费时又费精力，明显的误差常常带来致命的后果，模拟则既安全又迅速。

模拟能力的演化似乎最终导致了主观意识的产生，在我看来，这是当代生物学所面临的最不可思议的奥秘。没有理由认为电子计算机在模拟时是具有意识的，尽管我们必须承认，有朝一日它们可能具有意识。意识的产生也许是由于大脑对世界事物的模拟已达到如此完美无缺的程度，以至于把它自己的模型也包括在内。*显然，一个生存机器的肢体必然是构成它所模拟的世界的一个重要部分，可以假定，出于同样的理由，模拟本身也可以视为被模拟的世界的一个组成部分。事实上，"自我意识"可能是另外一种说法，但我总觉得这种说法用以解释意识的演化是不能十分令人满意的，部分原因是它牵涉到一个无穷尽的复归问题——如果一个模型可以有一个模型，那么为什么一个模型的模型不可以有一个模型呢……

不管意识引起了哪些哲学问题，就本书的论题而言，我们可以把意识视为一个进化趋向的终点，也就是说，生存机器最终从主宰它们的主人即基因那里解放出来，变成有执行能力的决策者。大脑不仅负责管理生存机器的日常事务，它也获得了预测未来并做出相应安排的能力。它甚至有能力拒不服从基因的命令，例如拒绝生育它们的生育能力所容许的全部后代。但就这一点而言，人类的情况是非常特殊的，我们在下面将谈到这个问题。

这一切和利他行为、自私行为有什么关系呢？我力图阐明的观点是，动物的行为，不管是利他的还是自私的，都在基因控制之下。这种控制尽管只是间接的，但仍然是十分强有力的。基因通过支配生存机器和它们的神经系统的建造方式对行为施加其根本影响。但此后怎么办，则由神经系统随时做出决定。基因是主要的策略制定者，大脑则是执行者。但随着大脑日趋高度发达，它实际上接管了越来越多的决策机能，并在决策过程中运用诸如学习和模拟的技巧。这个趋势在逻辑上的必然结果将会是，基因给予生存机器一个全面的策略性指示：请采取任何你认为是最适当的行动以保证我们的存在。但迄今为止还没有一个物种达到了这样的水平。

　　和计算机类比以及和人类如何做出决定进行类比确实很有意思。但我们必须回到现实中来，而且要记住，事实上进化是一步一步通过基因库内基因的差别性生存来实现的。因此，为使某种行为模式——利他的或自私的——能够演化，基因库内"操纵"那种行为的基因必须比"操纵"另外某种行为的、与之匹敌的基因或等位基因有着更大的存活可能性。一个操纵利他行为的基因 * 指的是对神经系统的发展施加影响，使之有可能表现出利他行为的任何基因。我们有没有通过实验取得证据表明利他行为是可遗传的呢？没有。但这也是不足为奇的，因为到目前为止，很少有人对任何行为进行遗传学方面的研究。还是让我告诉你们一个研究行为模式的实例吧！这个模式碰巧并不带有明显的利他性，但它相当复杂，足以引起人们的兴趣。这是一个说明如何继承利他行为的典型例子。

　　蜜蜂中有一种叫腐臭病（foul brood）的传染病。这种传染病会侵袭巢室内的幼虫。养蜂人驯养的品种中有些品种比其他品种更易于感染这种病，而且至少在某些情况下各品系之间的差异证明原因是它们行为上的不同。有些俗称卫生品系的蜜蜂 ** 能够找到受感染的幼虫，把它们从巢室里拉出来并丢出蜂房，从而迅速地扑灭流行病。那些易感染的品系之所以易于染病，正是因为它们没有这种杀害病婴的卫生习惯。实际上这种卫生行为是相当复杂的。工蜂必须找到每一患病幼虫所居住的巢室，把上面的蜡盖揭开，拉出幼虫，把它拖出蜂房门，并弃之于垃圾堆上。

　　由于各种理由，用蜜蜂做遗传学实验可以说是一件相当复杂的事情。工蜂自己一般不繁殖，因此你必须以一个品系的蜂后和另外一个品系的雄蜂杂交，然后观察养育出来的子代工蜂的行为。罗森布勒（W. C. Rothenbuhler）所做的实验就是这样进行的。他发现第一代子代杂交种的所有蜂群都是不卫生的：它们亲代的卫生行为似乎已经消失，尽管事实上卫生行为的基因仍然存在，但这些基因已变成隐性基因了，像人类遗传蓝眼基因一样。罗森布勒后来以第一代的杂交种和纯粹的卫生品系进行"回交"（当然也是用蜂后和雄蜂），这一次他得到了绝妙的结果。子代蜂群分成三类：第一类表现出彻底的卫生行为，第二类完全没有卫生行为，而第三类是折中的。第三类蜜蜂能够找到染病的幼虫，揭开它们的蜡蜂巢的盖子，但只到此为止，它们并不扔掉幼虫。据罗森布勒的猜测，蜜蜂的基因库可能存在两种基因，一种是进行揭盖的，另一种是扔幼虫的。正常的卫生品系两者兼备，易受感染的品系则具有这两种基因的等位基因——它们的竞争对手。那些在卫生行为方面表现为折中的杂交种，大概仅仅具有揭盖的基因（其数量是原来的两倍）而不具有扔幼虫的基因。罗森布勒推断，他在实验中培育出来的，显然完全是不卫生的蜂群里可能隐藏着一个具有扔幼虫的基因的亚群，只是由于缺乏揭盖基因而无能为力罢了。他以非常巧妙的方式证实了他的推断：他自己动手把蜂巢的盖子揭开。果然，蜡盖揭开之后，那些看起来是不卫生的蜜蜂中有一半马上表现出完全正常的把幼虫扔掉的行为。

这段描述说明了前面一章提到的若干重要论点。它表明，即使我们对把基因和行为连接起来的各种胚胎因素中的化学连接一无所知，我们照样可以恰如其分地说"操纵某种行为的基因"。事实上，这一系列化学连接可以证明行为甚至包括学习过程。例如，揭盖基因之所以能发挥作用，可能是因为它首先让蜜蜂尝到受感染的蜂蜡的味道。就是说，蜂群会发觉把遮盖病虫的蜡盖吃掉是有好处的，因此往往一遍又一遍地这样做。即使基因果真是这样发挥作用的，只要具有这种基因的蜜蜂在其他条件不变的情况下进行揭盖活动，而不具有这种基因的蜜蜂不这样做，那么，我们还是可以把这种基因称为"揭盖"的基因。

其次，这段描述也说明了一个事实，那就是基因在对它们共有的生存机器施加影响时是"合作的"。扔幼虫的基因如果没有揭盖基因的配合是无能为力的，反之亦然。不过遗传学的实验同样清楚地表明，在贯穿世代的旅程中，这两种基因基本上是相互独立的。就它们的有益工作而言，你尽可以把它们视为一个单一的合作单位，但作为复制因子，它们是两个自由的、独立的行为者。

为了进行论证，我们有必要设想一下"操纵"各种不大可能的行为的基因。譬如我说假设有一种的"操纵向溺水的同伴伸出援手的行为"的基因，而你却认为这是一种荒诞的概念，那就请你回忆一下上面提到的卫生蜜蜂的情况吧。要记住，在援救溺水者所涉及的动作中，如综合了一切复杂的肌肉收缩，感觉整合，甚至有意识的决定，等等，我们并不认为基因是唯一的一个前提因素。关于学习、经验以及环境影响等是否与行为的形成有关这个问题我们没有表达意见。你只要承认这一点就行了：在其他条件不变的情况下，同时在许多其他的主要基因在场，以及各种环境因素发挥作用的情况下，一个基因，凭其本身的力量比它的等位基因有更大的可能促使一个个体援救溺水者。这两种基因的差别归根结底可能只是某种数量变数的差异。有关胚胎发育过程的一些细节尽管有趣，但与进化的种种因素无关。洛伦茨明确地阐明了这一点。

基因是优秀的程序编写者，它们为自身的存在编写程序。生活为它们的生存机器带来种种艰难险阻，在对付这一切艰难险阻时，这个程序能够取得多大成功就是判定这些基因优劣的根据。这种判断是冷酷无情的，关系到基因的生死存亡。下面我们将要谈到以表面的利他行为促进基因生存的方式。但生存机器最关切的显然是个体的生存和繁殖，为生存机器做出各种决定的大脑也是如此。属同一"群体"的所有基因都会同意将生存和繁殖放在首位，因此各种动物总是竭尽全力去寻找并捕获食物，设法避免自己被抓住或吃掉，避免罹病或遭受意外，在不利的天气条件下保护自己，寻找异性伴侣并说服它们同意交配，并将一些和它们享有的相似的优越条件赋予它们的后代。我不打算列举很多例子——如果你需要一个例证，那就请你下次仔细观察一下你看到的野兽吧，但我却很想在这里提一下一种特殊的行为，因为我们在下面谈到利他行为与自私行为时必须再次涉及这种行为。我们可以把这种行为概括性地称为联络（communication）。*

我们可以这样说，一个生存机器对另一个生存机器的行为或其神经系统的状态施加影响的时候，前者就是在和后者进行联络。这并不是一个我打算坚持为之辩护的定义，但对我们目前正在探讨的一些问题来说，这个定义是能够说明问题的。我所讲的影响是指直接的、偶然的影响。联络的例子很多：鸟、蛙和蟋蟀的鸣唱，狗的摇动尾巴和竖起长颈毛，黑猩猩的"露齿而笑"，人类的手势和语言等。许许多多生存机器的行动，通过间接影响其他生存机器的行为，来提高其自身基因的利益。各种动物千方百计地使这种联络方式取得成效。鸟儿的鸣唱使人们世世代代感到陶醉和迷惘。我在前面讲过的座头鲸的歌声表达出更为高超的意境，同时也更迷人。它的音量宏大无比，可以传到极其遥远的地方，音域广阔，从人类能够听到的亚音速的、低沉的隆隆声到超音速的、短促的刺耳声。蝼蛄之所以能发出洪亮的歌声，是因为它们在泥土中精心挖成双指数角状扩音器一样的土穴，在里面歌唱，唱出的歌声自然得到放大。在黑暗中翩翩起舞的蜂群能够为其他觅食的蜂群准确地指出前进的方向以及食物在多远的地方可以找到。这种巧妙的联络方法只有人类的语言可以与之媲美。

动物行为学家的传统说法是，联络信号的逐步完善对发出信号者和接收信号者都有益。譬如说，雏鸡在迷途或受冻时发出的尖叫声可以影响母鸡的行为。母鸡听到这种吱吱喳喳的叫声后通常会应声而来，把小鸡领回鸡群。我们可以说，这种行为的形成是由于它为双方都带来好处：自然选择有利于迷途后会吱吱喳喳叫的雏鸡，也有利于听到这种叫声后随即做出适当反应的母鸡。

如果我们愿意的话（其实无此必要），我们可以认为雏鸡叫声之类的信号具有某种意义或传达了某种信息。在这个例子里，这种呼唤声相当于"我迷路了！"我在第 1 章中提到的小鸟发出的报警声传递了"老鹰来了！"这一信息。那些收到这种信息并随即做出反应的动物无疑会得到好处。因此，这个信息可以说是真实的。可是动物会发出假的信息吗？它们会说谎吗？

动物说谎这种概念可能会令人误解，因此我必须设法防止这种误解的产生。我曾经出席过比阿特丽斯（Beatrice）和加德纳（Allen Gardner）主讲的一次讲座，内容是关于他们所训练的遐迩闻名的"会说话的"黑猩猩华舒（"她"以美国手语表达思想。对学习语言的学者来说，"她"的成就可能引起广泛的兴趣）。听众中有一些哲学家，在讲座结束后举行的讨论会上，对于华舒是否会说谎这个问题他们费了一番脑筋。我猜想，加德纳夫妇一定有些纳闷，为什么不谈谈其他更有趣的问题呢？我也有同感。在本书中，我所使用的"欺骗""说谎"等字眼只有直截了当的含义，远不如哲学家们使用的那么复杂。他们感兴趣的是有意识的欺骗，而我讲的仅仅是在功能效果上相当于欺骗的行为。如果一只小鸟在没有老鹰出现的情况下使用"鹰来了"这个信号，从而把它的同伴都吓跑，让它有机会留下来把食物全都吃掉，我们可以说它是说了谎的。我们并不是说它有意识地去欺骗，我们所指的只不过是，说谎者在牺牲其同伴的利益的情况下取得食物。其他小鸟之所以飞走，是因为它们在听到说谎者报警时做出在真的有鹰出现的情况下的那种正常反应而已。

许多可供食用的昆虫，如前一章提到的蝴蝶，为了保护自己而模拟其他味道恶劣的或带刺的昆虫的外貌。我们自己也经常受骗，以为有黄黑相间条纹的食蚜蝇就是胡蜂。有些苍蝇在模拟蜜蜂时更是惟妙惟肖。食肉动物也会说谎，琵琶鱼在海底耐着性子等待，将自己隐蔽在周围环境中，唯一暴露出来的部分是一块像虫一样蠕动着的肌肉，它挂在鱼头上突出的一条长长的"钓鱼竿"末端。小鱼游近时，琵琶鱼会在小鱼面前抖动它那像虫一样的诱饵，把小鱼引到自己隐而不见的嘴巴旁。大嘴突然张开，小鱼被囫囵吞下。琵琶鱼也在说谎，它利用的是小鱼喜欢游近像虫一样蠕动着的东西的习性。它在说，"这里有虫"，任何"受骗上当"的小鱼都难逃被吞掉的命运。

有些生存机器会利用其他生存机器的性欲。蜂兰花（bee orchid）会引诱蜜蜂去和它的花蕊交配，因为这种兰花活像雌蜂。兰花从这种欺骗行为中得到的好处是花粉得到传播，因为一只分别受到两朵兰花欺骗的蜜蜂必然会把其中一朵兰花的花粉带给另外一朵。萤火虫（实际上是甲虫）向配偶发出闪光来吸引它们。每一物种都有其独特的莫尔斯电码一样的闪光方式，这样，不同萤火虫种群之间不会发生混淆不清的现象，从而避免有害的杂交。正像海员期待发现某些灯塔发出的独特闪光模式一样，萤火虫会寻找同一物种发出的密码闪光模式。*Photuris* 属的萤火虫雌虫"发现"，如果它们模拟 *Photinus* 属的萤火虫雌虫的闪光密码，它们就能引来 *Photinus* 属的萤火虫雄虫。*Photuris* 属的雌虫就这样做了。当一只 *Photinus* 属的雄虫受骗接近时，雌虫就不客气地把它吃掉。说到这里，我们自然会想起与此相似的有关塞壬[1]和洛勒莱[2]的故事，但英国西南部的康沃尔人却会回想起那些为打劫而使船只失事的歹徒，后者用灯笼诱船触礁，然后劫掠从沉船中散落出来的货物。

每当一个联络系统逐渐形成时，这样的风险总会出现：某些生物利用这个系统来为自己谋私利。由于我们一直受到"物种利益"这个进化观点的影响，因此我们自然首先认为说谎者和欺骗者是属于不同的物种的：捕食的动物、被捕食的动物、寄生虫等等。然而，每当不同个体的基因之间发生利害冲突时，不可避免地会出现说谎、欺骗等行为以及用

---

[1] 塞壬（Siren），神话中半人半鸟的海妖，常以美妙的歌声诱惑经过的海员而使航船触礁沉没。

[2] 洛勒莱（Lorelei），德国传说中的一种女妖，她出没在莱茵河岩石上，以其美貌及歌声诱惑船夫，使船触礁毁灭。

于自私的目的的联络手段等情况。这包括属于同一物种的不同个体。我们将会看到，甚至子女也会欺骗父母，丈夫也会欺骗妻子，兄弟俩也会相互欺骗。

有些人相信，动物的联络信号原来是为了促进相互的利益而发展的，只是后来为坏分子所利用。这种想法毕竟是过于天真。实际的情况很可能是：从一开始，一切的动物联络行为就掺有某种欺诈的成分，因为所有的动物在相互交往时至少要牵涉某种利害冲突。我打算在下面一章介绍一个强有力的观点，这个观点是从进化的角度来看待各种利害冲突的。

第 5 章

进犯行为：稳定性和自私的机器

本章所要讨论的主要是关于进犯行为这个在很大程度上被误解了的论题。我们将继续把个体作为一种自私的机器加以论述，这种机器的程序编制就是为了完成对作为一个整体的全部基因来说最有益的任何事情。这种说法是为了叙述的简便。本章结尾时我们将再回到以单个基因为对象的说法。

　　对于某个生存机器来说，另一个生存机器（不是前者的子女，也不是其他近亲）是它环境的一部分，就像一块岩石、一条河流或一块面包也属于它的环境一样。这个充当环境的生存机器可以制造麻烦，但也能够被加以利用。它同一块岩石或一条河流的一个重要区别在于：它往往会还击。因为它也是机器，拥有寄托着其未来的不朽基因，而且为了保存这些基因，它也不惜赴汤蹈火。自然选择有利于那些能够控制其生存机器并充分利用环境的基因，包括充分利用相同和不同物种的其他生存机器。

　　有时，生存机器似乎不大相互影响对方的生活。举例来说，鼹鼠同乌鸫不相互吞食，不相互交配，也不争夺居住地。即使如此，我们也不能认为它们老死不相往来。它们可能为某种东西而竞争，也许是争夺蚯蚓。这并不等于说你会看到鼹鼠和乌鸫为一条蚯蚓而你争我夺，事实上，一只乌鸫也许终其一生也见不到一只鼹鼠。但是，如果你把鼹鼠种群消灭干净，对乌鸫可能产生明显的影响，尽管对于发生影响的细节，或通过什么曲折迂回的间接途径发生影响，我都不敢妄加猜测。

不同物种的生存机器以各种各样的方式相互影响。它们可能是食肉动物或被捕食的动物，可能是寄生虫或宿主，也可能是争夺某些稀有资源的对手。它们可以通过各种特殊方式被利用，例如，花利用蜜蜂传播花粉。

属于同一物种的生存机器往往更加直接地相互影响对方的生活。发生这种情况有许多原因。原因之一是，自己物种的一半成员可能是潜在的配偶，而且对其子女来讲，它们有可能是勤奋和可以利用的双亲；另一个原因是，同一物种的成员非常相似，它们都是在同一类地方保存基因的机器，生活方式又相同，因此它们是一切生活必需资源的更直接的竞争者。对乌鸫来说，鼹鼠可能是它的竞争对手，但其重要性却远不及另一只乌鸫。鼹鼠同乌鸫可能为蚯蚓而进行竞争，但乌鸫同乌鸫不仅为蚯蚓，而且还为其他一切东西而相互争夺。如果它们属于同一性别，还可能争夺配偶。通常是雄性动物为争夺雌性配偶而相互竞争，其中道理我们在后文将会看到。这种情况说明，如果雄性动物对与之竞争的另一只雄性动物造成损害的话，也许会给它自己的基因带来好处。

因此，对于生存机器来说，合乎逻辑的策略似乎是将其竞争对手杀死，然后最好把它们吃掉。尽管自然界会发生屠杀和同类相食的现象，但认为这种现象普遍存在却是对自私基因理论的一种幼稚的理解。事实上，洛伦茨在《论进犯行为》一书中就强调过，动物间的搏斗具有克制和绅士风度的性质。他认为，动物间的搏斗有一点值得注意：它们的搏斗是一种正常的竞赛活动，像拳击或击剑一样，是按规则进行的。动物间的搏斗是一种手持钝剑或戴着手套进行的搏斗，威胁和虚张声势代替了真刀真枪，胜利者尊重降服的示意，它不会像我们幼稚的理论所能断言的那样，会给投降者以致命的打击或撕咬。

把动物的进犯行为解释成是有克制的而且是有一定规则的行为，可能会引起争论，尤其是把可怜的历史悠久的人类说成是屠杀自己同类的唯一物种，是该隐印记[1]以及种种耸人听闻的此类指责的唯一继承者，显然都是错误的。一个博物学家是强调动物进犯行为暴力的一面还是克制的一面，部分取决于他通常观察的动物的种类，部分取决于他在进化论方面的偏见，洛伦茨毕竟是一个主张"物种利益"的人。即使对动物搏斗方式的描述有些言过其实，但有关动物文明搏斗的观点至少是有些道理的。表面上看，这种现象似乎是一种利他主义的形式。自私基因的理论必须承担对这种现象做出解释的艰巨任务。为什么动物不利用每一个可能的机会竭尽全力将自己物种的竞争对手杀死呢？

对这一问题的一般回答是，那种破釜沉舟的好斗精神不但会带来好处，也会造成损失，而且不仅仅是时间和精力方面的明显损失。举例来说，假定B和C都是我的竞争对手，而我又正好同B相遇。作为一个自私的个体，按理讲我应想方设法将B杀死。但先别忙，请听我说下去。C既是我的对手，也是B的对手。如果我将B杀掉，就为C除掉了一个对手，我就无形中为C做了一件好事。我让B活着也许更好些，因为这样B就可能同C进行竞争或搏斗，我也就可以坐收渔翁之利。不分青红皂白地去杀死对手并无明显的好处，这个假设的简单例子的寓意即在于此。在一个庞大而复杂的竞争体系内，除掉一个对手并不见得就是一件好事，其他竞争对手很可能从中得到比你更多的好处。那些负责控制虫害的官员们得到的就是这类严重的教训。你遇到了一场严重的农业虫害，你发现了一种扑灭这场虫害的好办法，于是你高高兴兴地按这个办法去做了。殊不知这种害虫的消灭反而使另外一种害虫受益，其程度甚至超过对人类农业的好处。结果是，你的境遇比以前还要糟。

另一方面，有区别地把某些特定的竞争对手杀死，或至少与其进行搏斗，似乎是一个好主意。如果B是一只象形海豹（elephant seal），拥有一大群"妻妾"（harem），而我也是一只象形海豹，把它杀死我就能

---

[1] 该隐印记，典出《圣经》，该隐是亚当的长子，曾杀害他的弟弟亚伯。

够把它的"妻妾"弄到手，那我这样做可能是明智的。即使在有选择的搏斗中会有损失，也是值得冒风险的。进行还击以保卫其宝贵的财产对B是有利的。如果是我挑起一场搏斗的话，我的下场同它一样，很可能以死亡告终，说不定它存我亡的可能性更大。我想同它进行搏斗是因为它掌握着一种宝贵的资源，但它为什么会拥有这种资源的呢？它也许是在战斗中赢来的。在和我交手以前，它也许已经击退过其他的挑战者，说明可能是一个骁勇善战的斗士。就算是我赢了这场搏斗而且得到了这群"妻妾"，但我可能在搏斗的过程中严重受伤，以致不能够享用得来的好处。而且，搏斗耗尽了时间和精力，把时间和精力暂时积蓄起来说不定更好。如果我一门心思进食，并且在一段时间内不去惹是生非，我会长得更大更强壮。最终我是会为争夺这群"妻妾"而同它进行搏斗的，但如果我等待一下而不是现在就匆促上阵，我获胜的机会可能更大。

　　上面这段自我独白完全是为了说明：在决定要不要进行搏斗之前，最好是对"得-失"进行一番可能是无意识的，但却是复杂的权衡。尽管进行搏斗无疑会得到某些好处，但并非百利而无一弊。同样，在一场搏斗的过程中，牵涉让搏斗升级还是缓和下来的每一个策略上的决定都各有其利弊，而且这些利弊在原则上都可以进行分析。个体生态学家对这种情况早已有所了解，尽管这种了解还不太清晰明确，但只有史密斯才能有力和明确地表述这种观点，而人们通常并不认为他是一位生态学家。他同普赖斯（G. R. Price）、帕克（G. A. Parker）合作运用数学分支中被称为博弈论（Game Theory）的工具进行研究。他们独到的见解能够用语言而非数学符号表达出来，尽管其精确程度因此而有些损失。

　　进化稳定策略（evolutionarily stable strategy，以下简称 ESS）* 是史密斯提出的基本概念。他追根溯源，发现最早有这种想法的是汉密尔顿和麦克阿瑟（R. H. MacArthur）。"策略"是一种程序预先编制好的行为方式。例如，"向对手进攻，如果它逃你就追，如果它还击你就逃"就是一种策略。我们所说的策略并不是个体有意识地制订出来的，弄清这一点十分重要。不要忘记，我们把动物描绘成机器人一样的生存机器，它的肌肉由一架程序预先编制好的计算机控制。用文字把策略写成一组简单的指令只是为了便于我们思考。由某种难以具体讲清楚的机制作用产生的动物行为，就好像是以这样的指令为根据的。

凡是种群的大部分成员采用某种策略，而这种策略的好处是其他策略所不及的，这种策略就是进化稳定策略或称 ESS。这一概念既微妙又很重要。换句话讲，对于个体来说，最好的策略取决于种群的大多数成员在做什么。由于种群的其余部分也是由个体组成的，而它们都力图最大限度地扩大其各自的成就，因而能够持续存在的必将是这样一种策略：它一旦形成，任何举止异常的个体的策略都不可能与之比拟。在环境的一次大变动之后，种群内可能出现一个短暂的进化上的不稳定阶段，甚至可能出现波动。但一种 ESS 一旦确立，就会稳定下来：偏离 ESS 的行为将受到自然选择的惩罚。

为将这一观点用于解释进犯行为，我们来研究一下史密斯假设的一个最简单的例子。假定有一个特定的物种叫"鹰和鸽子"（这两个名称系人类的传统用法，但同这两种鸟的习性无关：其实鸽子是一种进攻性相当强的鸟）。在这个物种的某个种群中只存在两种搏斗策略。在我们这个假定的种群中，所有个体不是鹰就是鸽子。鹰搏斗起来总是全力以赴、孤注一掷的，除非身负重伤，否则绝不退却；而鸽子却只是以风度高雅的惯常方式进行威胁恫吓，从不伤害其他动物。如果鹰同鸽子搏斗，鸽子就迅即逃跑，因此鸽子不会受伤。如果是鹰同鹰进行搏斗，它们会一直打到其中一只受重伤或死亡才罢休。如果是鸽子同鸽子相遇，那就谁也不会受伤；它们长时间地摆开对峙的架势，直到它们中的一只感到疲劳了，或者感到厌烦而决定不再对峙下去，从而做出让步为止。我们暂且假定一个个体事先无法知道它的对手是鹰还是鸽子，只有在与之进行搏斗时才能弄清楚，而且它也记不起过去同哪些个体进行过搏斗，因此无从借鉴。

现在，作为一种纯粹是随意规定的比赛规则，我们规定竞赛者"得分"标准如下：赢一场 50 分，输一场 0 分，重伤者-100 分，使竞赛拖长而浪费时间者-10 分。我们可以把这些分数视为能够直接转化为基因生存的筹码。得分高而平均"盈利"也高的个体就会在基因库中遗留下许多基因。在现实中，实际的数值对分析并无多大意义，但却可以帮助我们去思考这一问题。

鹰在同鸽子搏斗时，鹰是否有击败鸽子的倾向，对此我们并不感兴趣，这一点是重要的。我们已经知道这个问题的答案了：鹰永远会取胜。我们想要知道的是：究竟鹰和鸽子谁是进化稳定策略型？如果其中一种是 ESS 型而另一种不是，那么我们认为属于 ESS 型的那种才会进化。从理论上讲，存在两种 ESS 型是可能的。不论种群大多数成员所采取的碰巧是什么样的策略——鹰策略也好，鸽子策略也好——对任何个体来说，如果最好的策略是随大流的话，那么，存在两种 ESS 型是可能的。在这种情况下，种群一般总是保持在自己的两种稳定状态中它首先达到的那一种状态。然而我们将会看到，这两种策略，不论是鹰的策略还是鸽子的策略，事实上单凭其自身不可能在进化上保持稳定性，因此我们不应该指望任何一个会得以进化。为了说明这一点，我们必须计算平均盈利。

假设有一个全部由鸽子组成的种群。不论它们在什么时候进行搏斗，谁也不会受伤。这种比赛都是一些时间拖得很长、按照仪式进行的竞赛，也许是虎视眈眈地对峙，只有当一个对手让步，这种竞赛才宣告结束。于是得胜者因获取有竞争性的资源而得 50 分，但因长时间的对峙而浪费时间得-10 分，因此净得 40 分。而败方也因浪费时间得-10 分。每只鸽子平均输赢各半。因此每场竞赛的平均盈利是 40 分和-10 分的平均数，即 15 分。所以，鸽子种群中每只鸽子看来成绩都不错。

但是现在假设在种群中出现了一个突变型的鹰。由于它是周围唯一的一只鹰，因此它的每一次搏斗都是同鸽子进行的。鹰对鸽子总是保持不败纪录，因此它每场搏斗净得 50 分，而这个数字也就是它的平均盈利。由于鸽子的盈利只有 15 分，因此鹰享有巨大的优势。结果鹰的基因在种群内得以迅速散布。但鹰却再也不能指望它以后遇到的对手都是鸽子了。再举一极端例子，如果鹰基因的成功扩散使整个种群都变成了鹰的天下，那么所有的搏斗都变成鹰同鹰之间的搏斗，这时情况就完全不同了。当鹰与鹰相遇时，其中一个受重伤，得-100 分，而得胜者得 50 分。鹰种群中每只鹰在搏斗中可能胜负各半，因此，它在每场搏斗中平均可能得到的盈利是 50 分和-100 分的对半，即-25 分。现在让我们设想一下一只生活在鹰种群中孑然一身的鸽子的情景吧。毫无疑问，它每次搏斗都要输掉，但它绝不会受伤。因此，它在鹰种群中的平均盈利为 0 分，而鹰种群中的鹰平均盈利却是-25 分，鸽子的基因就有在种群中散布开来的趋势。

按照我的这种叙述方式，好像种群中存在一种连续不断的摇摆状态。鹰的基因扶摇直上迅速占据优势；鹰在数量上占据多数的结果是，鸽子基因必然受益，继而数量增加，直到鹰的基因再次开始繁衍，如此等等。然而情况并不一定是这样摇摆动荡。鹰同鸽子之间有一个稳定的比例。你只要按照我们使用的任意规定的评分制度计算一下的话，就能得出其结果是鸽子同鹰的稳定比例为 $\frac{5}{12} : \frac{7}{12}$。在达到这一稳定比例时，鹰同鸽子的平均盈利完全相等。因此，自然选择不会偏袒甲而亏待乙，而会一视同仁。如果种群中鹰的数目开始上升，不再是 $\frac{7}{12}$，鸽子就会开始获得额外的优势，比例会再回复到稳定状态。如同我们将要看到的性别的稳定比例是 50：50 一样，在这一假定的例子中，鹰同鸽子的稳定比例是 7：5。在上述的两种比例中，如果发生偏离稳定点的摇摆，这种摆动的幅度也不一定很大。

这种情况乍听起来有点像类群选择，但实际上与类群选择毫无共同之处。之所以这种情况听上去像类群选择，是因为它使我们联想到处于一种稳定平衡状态的种群，每当这种平衡被打破，该种群往往能够逐渐恢复这种平衡。但 ESS 较之类群选择是一种远为精细微妙的概念。它同某些群体比另外一些群体获得更大成功这种情况毫无关系。只要应用我们假定的例子中的任意评分制度就能很好地加以说明。在由 $\frac{7}{12}$ 的鹰和 $\frac{5}{12}$ 的鸽子组成的稳定种群中，个体的平均盈利被证明为 $6\frac{1}{4}$ 分。不论该个体是鹰还是鸽子都是如此。$6\frac{1}{4}$ 分比鸽子种群中每只鸽子的平均盈利（15 分）少很多。只要大家都同意成为鸽子，每个个体都会受益。根据单纯的类群选择，任何群体，如其所有个体都一致同意成为鸽子，它所取得的成就比停留在 ESS 比例上的竞争群体要大得多（事实上，纯粹由鸽子组成的集团并不一定是最能获得成功的群体。由 $\frac{1}{6}$ 的鹰和 $\frac{5}{6}$ 的鸽子组成的群体中，每场竞赛的平均盈利 $16\frac{2}{3}$ 分。按这个比例组成的群体才是最有可能获得成功的集团。但就目前的论题而言，我们可以不必考虑这种情况。对每一个个体来说，比较单纯的全部由鸽子组成集团，由于每一个个体的平均盈利为 15 分，它要比 ESS 优越得多）。因此，类群选择理论认为向全部由鸽子组成的集团进化是发展的趋势，因为鹰占 $\frac{7}{12}$ 的群体取得成功的可能性要小些。但问题是，即使是那些从长远来讲能为其每一成员带来好处的集团，仍免不了会出现害群之马。清一色的鸽子群体中每一只鸽子的境遇都比 ESS 群体中的鸽子好些，这是事实。然而遗憾的是，在鸽子集团中，一只鹰单枪匹马就可干出无与伦比的业绩，任何力量也不能阻止鹰的进化。因此这个集团因出现内部的背叛行为而难逃瓦解的厄运。ESS 种群的稳定倒不是由于它特别有利于其中的个体，而仅仅是由于它无内部背叛行为之隐患。

　　人类能够结成各种同盟或集团，即使这些同盟或集团在 ESS 的意义上来说并不稳定，但对每个个体来说却是有利的。这种情况之所以可能发生，仅仅是由于每一个个体都能有意识地运用其预见能力，从而懂得遵守盟约的各项规定是符合其长远利益的。某些个体为有可能在短期内获得大量好处而不惜违犯盟约，这种做法的诱惑力会变得难以抗拒。这种危险甚至在人类缔结的盟约中也是始终存在的。垄断价格也许是最能说明问题的一个例子。将汽油的统一价格定在某种人为的高水平上，是符合所有加油站老板的长远利益的。那些操纵价格的集团，由于对最高的长远利益进行有意识的估计判断，因此能够存在相当长的时期。但时常有个别的人会受到牟取暴利的诱惑而降低价格。这种人附近的同行就会立刻步其后尘，于是降低价格的浪潮就会波及全国。让我们感到遗憾的是，那些加油站老板有意识的预见能力这时重新发挥了作用，并缔结垄断价格的新盟约。所以，甚至在人类这一具有天赋的自觉预见能力的物种中，以最高的长远利益为基础的盟约或集团，由于出现内部的叛逆而摇摇欲坠，经常有土崩瓦解的可能。在野生动物中，由于它们为竞争的基因所控制，群体利益或集团策略能够得以发展的情形就更少见。我们所能见到的情况必然是：进化稳定策略无处不在。

在上面的例子中，我们简单地假定每一个个体不是鹰就是鸽子。我们得到的最终结果是，鹰同鸽子达到了进化上的稳定比例。事实上，我们说的是鹰的基因同鸽子的基因在基因库中实现了稳定的比例。这种现象在遗传学的术语里被称为稳定的多态性（polymorphism）。就数学而言，可以通过下面这个途径来实现没有多态性的完全相等的 ESS。如果在每次具体竞赛中每一个个体都能够表现得不是像鹰就是像鸽子的话，这样一种 ESS 就能实现：所有的个体表现得像鹰一样的概率完全相等。在我们的具体例子中这个概率就是 $\frac{7}{12}$。实际上这种情况说明，每一个个体在每次参加竞赛时，对于在这次竞赛中究竟要像鹰还是像鸽子那样行动，事先已随意做出了决定，尽管决定是随意做出的，但总是考虑到鹰 7 鸽 5 的比例。虽然这些决定偏向于鹰，但必须是任意的，所谓任意是指一个对手无法事先猜出对方在任何具体的竞赛中将采取何种行动，这一点是至关重要的。例如，在连续 7 次搏斗中充当鹰的角色，然后在连续 5 次搏斗中充当鸽子的角色如此等等是绝对不可取的。如果任何个体采用如此简单的搏斗序列，它的对手很快就会识破这种策略并加以利用。要对付这种采用简单搏斗序列的战略者，当知道它在搏斗中充当鸽子的角色时，你以鹰的行动去应战就能处于有利地位。

当然，鹰同鸽子的故事简单得有点幼稚。这是一种"模式"，虽然这种情况在现实自然界中不会发生，但它可以帮助我们去理解自然界实际发生的情况。模式可以非常简单，如我们假设的模式，但对理解一种论点或得出一种概念仍旧是有助益的。简单的模式能够加以丰富扩展，使之逐渐形成更加复杂的模式。如果一切顺利的话，随着模式渐趋复杂，它们也会变得更像实际世界。要发展鹰和鸽子的模式，一个办法就是引进更多的策略。鹰和鸽子并不是唯一的可能性。史密斯和普赖斯介绍的一种更复杂的策略被称为还击策略者（Retaliator）。

还击策略者在每次搏斗开始时表现得像鸽子，就是说它不像鹰那样，开始进攻就孤注一掷，凶猛异常，而是摆开通常那种威胁恫吓的对峙姿态，但是对方一旦向它进攻，它即还击。换句话说，还击策略者当受到鹰的攻击时，它的行为像鹰；当同鸽子相遇时，它的行为像鸽子；而当它同另一个还击策略者遭遇时，它的表现却像鸽子。还击策略者是一种以条件为转移的策略者，它的行为取决于对方的行为。

另一种有条件的策略者称为恃强凌弱的策略者（Bully）。它的行为处处像鹰，但一旦受到还击，它就立刻逃之夭夭。还有一种有条件的策略者是试探性还击策略者（Prober-retaliator）。它基本上像还击策略者，但有时也会试探性地使竞赛短暂地升级。如果对方不还击，它坚持像鹰一样行动；如果对方还击，它就恢复到鸽子的那种通常的威胁恫吓姿态。如果受到攻击，它就像普通的还击策略者一样进行还击。

如果将我提到的 5 种策略都放进一个模拟计算机中去，使之相互较量，结果其中只有一种，即还击策略，在进化上是稳定的。*试探性还击策略近乎稳定。鸽子策略不稳定，因为鹰和恃强凌弱者会侵犯鸽子种群。由于鹰种群会受到鸽子和恃强凌弱者的进犯，因此鹰策略也是不稳定的。由于恃强凌弱者种群会受到鹰的侵犯，恃强凌弱者策略也是不稳定的。在由还击策略者组成的种群中，由于其他任何策略也没有还击策略本身取得的成绩好，因此它不会受其他任何策略的侵犯。然而鸽子策略在纯由还击策略者组成的种群中也能取得相等的好成绩。这就是说，如果其他条件不变，鸽子的数目会缓慢地逐渐上升。如果鸽子的数目上升到相当大的程度，试探性还击策略（而且连同鹰和恃强凌弱者）就开始获得优势，因为在同鸽子的对抗中它们要比还击策略取得更好的成绩。试探性还击策略本身不同于鹰策略和恃强凌弱策略，在试探性还击策略的种群中，只有其他一种策略，即还击策略，比它取得的成绩好些，而且也只是稍微好一些。在这一意义上讲，它几乎是一种ESS。因此我们可以设想，还击策略和试探性还击策略的混合策略可能趋向于占绝对优势，在这两种策略之间也许甚至有幅度不大的摇摆，同时占比例极小的鸽子在数量上也有所增减。我们不必再根据多态性去思考问题，因为根据多态性，每一个个体永远是不采用这种策略，就是采用另一种策略。每一个个体事实上可以采用一种还击策略、试探性还击策略以及鸽子策略三者相混合的复杂策略。

　　这一理论的结论同大部分野生动物的实际情况相去不远。从某种意义上说，我们已经阐述了动物进犯行为中"文明"的一面。至于细节，当然取决于赢、受伤和浪费时间等等的实际"得分"。对于象形海豹来说，得胜的奖赏可能是让它几乎独占一大群"妻妾"的权利。因此这种取胜的盈利应该说是很高的。这就难怪它们搏斗起来是那样穷凶极恶，而造成重伤的可能性又是如此之高。把在搏斗中受伤所付出的代价与赢得胜利所得到的好处相比，浪费时间所付出的代价应该说是小的。但另一方面，对一只生活在寒冷的气候中的小鸟来说，浪费时间的代价可能是极大的。喂养雏鸟的大山雀平均每30秒钟就需要捕到一个猎物。白天的每一秒钟都是珍贵的。在鹰同鹰的搏斗中，浪费的时间相对来说是短促的，但比起它们受伤的风险，对时间的浪费也许应该看作一件更为严重的事情。遗憾的是，对于在自然界中各种活动所造成的损失以及带来的利益，目前我们知之甚少，不能够给出实际数字。*我们不能单纯从我们自己任意选定的数字中轻易地得出结论。ESS型往往能够得以进化，它同任何群体性的集团所能实现的最佳条件不是一回事。常识会使人误入歧途，上述这些总的结论是重要的。

史密斯所思考的另一类战争游戏叫作"消耗战"。我们可以认为，这种"消耗战"发生在从不参加危险战斗的物种中，也许是盔甲齐全的一个物种，它受伤的可能性很小。这类物种中的一切争端都是按传统的方式摆摆架势来求得解决的。竞赛总是以参加竞赛的一方让步而告终。你要是想赢得胜利，只要虎视眈眈地注视着对方，坚持到底毫不动摇，直到对方最终逃走。显然任何动物都不能够无限期地进行威胁恫吓，因为其他地方还有重要的事情要做。它为之竞争的资源诚可宝贵，但其价值也并非无限。它的价值只值得花这么多时间，而且正如拍卖一样，每一个人只准备出那么多钱。时间就是这种只有两个出价人参加的拍卖中使用的筹码。

我们假定所有这些个体都事先精确估计某一种具体资源（如雌性动物）值得花多长时间，那么一个打算为此稍微多花一点时间的突变性个体就永远是胜利者。因此，出价极限固定不变的策略是不稳定的。即使资源的价值能够被非常精确地估计出来，而且所有个体的出价也都恰如其分，这种策略也是不稳定的。任何两个个体按照极限策略出价，它们会在同一瞬间停止喊价，结果谁也没有得到这一资源！在这种情况下，与其在竞赛中浪费时间，倒不如干脆一开始就弃权来得划算。消耗战同实际拍卖之间的重要区别在于，在消耗战中参加竞赛的双方毕竟都要付出代价，但只有一方得到这项资源。所以，在极限出价者的种群中，竞赛一开始就弃权的策略会获得成功，从而也就在种群中扩散开来。其结果必然是，对于那些没有立刻弃权而是在弃权之前稍等那么几秒钟的个体来说，它们可能得到的某些好处开始增长起来。这是一种用以对付已经在种群中占绝对优势的那些不战而退的个体的有利策略。这样，自然选择促进个体在弃权之前坚持一段时间，使这段时间逐渐延长，直至再次延长到有争议的资源的实际经济价值所容许的极限。

　　谈论之际，我们不知不觉又对种群中的摇摆现象进行了描述。然而数学上的分析再次表明，这种摇摆现象并非不可避免。进化稳定策略是存在的，它不仅能够以数学公式表达出来，而且能用语言这样来说明：每一个个体在一段不能预先估计的时间内进行对峙，就是说，在任何具体场合难以预先估计，但按照资源的实际价值可以得出一个平均数。举例说，假如该资源的实际价值是 5 分钟的对峙，在进化稳定策略中，任何个体都可能持续 5 分钟以上，或者少于 5 分钟，或者恰好 5 分钟。重要的是，对方无法知道在这一具体场合中它到底准备坚持多长时间。

　　在消耗战中，个体对于它准备坚持多久不能有任何暗示，这一点显然是极为重要的。对任何个体来说，认输的念头一旦流露，哪怕只是一根胡须抖动了一下，都会立刻使它处于不利地位。如果说胡须抖动一下就是预示在 1 分钟内就要退却的可靠征兆，赢得胜利的一个非常简单的策略是："如果你的对手的胡须抖动了一下，不论你事先准备坚持多久，你都要再多等 1 分钟。如果你的对手是胡须尚未抖动，而这时离你准备认输的时刻已不到 1 分钟了，那你就立刻弃权，不要再浪费任何时间。绝不要抖动你自己的胡须。"因此，抖动胡须或预示未来行为的任何类似暴露形式都会很快受到自然选择的惩罚。不动声色的面部表情会得到发展。

　　为什么要面部表情不动声色，而不是公开说谎呢？其理由还是因为说谎行为是不稳定的。假定情况是这样的：在消耗战中，大部分个体只有在确实想长时期战斗下去时才把颈背毛竖起来，那么，能够发展的将是明显的相反策略：在对手竖起颈背毛时立刻认输。但这时说谎者的队伍有可能开始逐渐形成。那些确实无意长时间战斗下去的个体在每次对峙中都将其颈背毛竖起，于是胜利的果实唾手可得。说谎者基因因此扩散开来。在说谎者成为多数时，自然选择就又会有利于那些能够迫使说谎者摊牌的个体，因而说谎者的数目会再次减少。在消耗战中，说谎和说实话同样都不是进化稳定策略，不动声色的面部表情方是进化稳定策略，即使最终认输，也是突如其来和难以预料的。

　　以上我们仅就史密斯称之为"对称性"（symmetric）竞赛的现象进行探讨。意思是说，我们所做的假定是，竞赛参加者除搏斗策略之外，其余一切方面的条件都是相等的。我们把鹰和鸽子假定为力量强弱相同，具有的武器和防护器官相同，而且可能赢得的胜利果实也相同。对于假设一种模式来说，这是简便的，但并不太真实。帕克和史密斯也曾对"不对称"的竞赛进行了探讨。举例说，如果个体在体形大小和搏斗能力方面各不相同，而每一个个体也能够对自己的和对手的体形大小进行比较并做出估计的话，这对形成的 ESS 是否有影响？肯定是有影响的。

　　不对称现象似乎主要有三类。第一类就是我们刚才提到的那种情况：个体在大小或搏斗装备方面可能不同；第二类是个体可能因胜利果实的多寡而有所区别。比如说，衰老的雄性动物，由于其余生不会很长，如果受伤，它的损失较之来日方长的、精力充沛的年轻雄性动物可能要少。

　　第三类，纯属随意假定而且明显互不相干的不对称现象能够产生一种 ESS，因为这种不对称现象能够使竞赛很快见分晓，这是这种理论的一种异乎寻常的推论。比如说，通常会发生这样的情况，两个竞争者中的一个比另一个早到达竞赛地点，我们就分别称它们为"留驻者"（resident）和"闯入者"（intruder）。为了便于论证，我是这样进行假定的，留驻者和闯入者都不因此而具有任何附加的有利条件。我们将会看到，这一假定在实际生活中可能与事实不符，但这点并不是问题的关键。问题的关键在于，纵令留驻者具有优于闯入者的有利条件这种假定无理可据，基于不对称现象本身的 ESS 也很可能得以形成。简单地讲，这和人类抛掷硬币，并根据硬币的正反面来迅速而毫无争议地解决争论的情况有类似之处。

　　"如果你是留驻者，进攻；如果你是闯入者，退却"这种有条件的策略能够成为 ESS。由于不对称现象是任意假定的，因此，"如果是留驻者，退却；如果是闯入者，进攻"这种相反的策略也有可能是稳定的。

具体种群中到底采取这两种 ESS 中的哪一种，这要取决于其中的哪一种 ESS 首先达到多数。个体的大多数一旦运用这两种有条件的策略中的某一种，所有脱离群众的行为皆会受到惩罚，这种策略就因之成为 ESS。

譬如说，假定所有个体都实行"留驻者赢，闯入者逃"的策略，即它们所进行的搏斗将会是输赢各半，那么它们绝不会受伤，也绝不会浪费时间，因为一切争端都按任意做出的惯例迅速得到解决。现在让我们设想出现一个新的突变型叛逆者。假定它实行的是纯粹的鹰的策略，永远进攻，从不退却，那么它的对手是闯入者时，它就会赢；而当它的对手是留驻者时，它就要冒着受伤的很大风险。平均来说，它比那些按 ESS 任意规定的准则进行比赛的个体得分要低些。如果叛逆者不顾惯常的策略而试图反其道而行之，采取"如身为留驻者就逃，如身为闯入者就进攻"的策略，那么它的下场会更糟。它不仅时常受伤，而且也极少有机会赢得一场竞赛。然而，假定由于某些偶然的变化，采用同惯例相反的策略的个体竟然成了多数，这样它们的这种策略就会成为一种准则，偏离它就要受到惩罚。可以想见，我们如果连续观察一个种群好几代，就能看到一系列偶然发生的从一种稳定状态跳到另一种稳定状态的现象。

但是在实际生活中可能并不存在真正的任意不对称现象。如留驻者实际上可能比闯入者享有更有利的条件，因为它们对当地的地形更熟悉。闯入者也许更可能是气喘吁吁的，因为它必须赶到战斗现场，而留驻者却是一直待在那里的。两种稳定状态中，"留驻者赢，闯入者退"这种状态存在于自然界的可能性更大，之所以如此的理由是比较深奥的。这是因为"闯入者赢，留驻者退"这种相反的策略有一种固有的自我毁灭倾向，史密斯把这种策略称为自相矛盾的策略。处于这种自相矛盾中的 ESS 状态的任何种群中，所有个体总是极力设法避免处于留驻者的地位：无论何时与对手相遇，它们总是千方百计地充当闯入者。为了做到这一点，它们只有不停地四处流窜，居无定所，这是毫无意义的。这种进化趋势，除无疑会招致时间和精力上的损失之外，其本身往往导致"留驻者"这一类型的消亡。在处于另一种稳定状态，即"留驻者赢，闯入者退"的种群中，自然选择偏爱努力成为留驻者的个体。对每一个个体来说，就是要坚守一块具体地盘，尽可能少离开，而且摆出"保卫"它的架势。这种行为如大家所知，在自然界中随处可见，大家把这种行为称为"领土保卫"。

就我所知，伟大的个体生态学家廷贝亨所做的异常巧妙和一目了然的试验，再精彩不过地展示了这种行为上的不对称性。*他有一个鱼缸，其中放了两条雄性刺鱼。它们在鱼缸的两端各自做了巢，并各自"保卫"其巢穴附近的水域。廷贝亨将这两条刺鱼分别放入两个大的玻璃试管中，再把两个试管并排放一起，只见它们隔着玻璃管试图相互搏斗。于是产生了十分有趣的结果。当他将两个试管移到刺鱼 A 的巢穴附近时，A 就摆出进攻的架势，而刺鱼 B 就试图退却；但当他将两个试管移到刺鱼 B 的水域时，因主客易地而形势倒转。廷贝亨只要将两个试管从鱼缸的一端移向另一端，他就能指挥哪条刺鱼进攻，哪条退却。很显然，两条刺鱼实行的都是简单的有条件策略："凡是留驻者，进攻；凡是闯入者，退却。"

这种领土行为有什么生物学上的"好处"呢？这是生物学家时常要问的问题，生物学家提出了许多论点，其中有些论点稍后我们将会提及。但是我们现在就可以看出，提出这样的问题可能本来就是不必要的。这种领土"保卫"行为可能仅仅是由于抵达时间的不对称性而形成的一种ESS，而抵达时间的不对称性通常就是两个个体与同一块地盘之间关系的一种特点。

体形的大小和一般的搏斗能力，被人们认为是非任意性不对称现象中最重要的形式。体形大不一定就是赢得搏斗不可或缺的最重要的特性，但可能是特性之一。在两个个体搏斗时比较大的一个总是赢的情况下，如果每一个个体都能确切知道自己比对手大还是小，只有一种策略是明智的："如果你的对手比你体形大，赶快逃跑。同比你体形小的进行搏斗。"假使体形的重要性并不那么肯定，情况就随之更复杂些。如果体形大还是具有一点优越性的话，我刚才讲的策略就仍旧是稳定的。如果受伤的风险很大的话，还可能有一种"似非而是的策略"，即"专挑比你大的进行搏斗，见到比你小的就逃"！称其为"似非而是"的原因是不言而喻的。因为这种策略似乎完全违背常识。它之所以能够稳定，原因在于：在全部由似非而是的策略者组成的种群中，绝不会有人受伤，因为每场竞赛中，逃走的总是参加竞赛的较大的一个。一个大小适中的突变体如实行的是"合理"的策略，即专挑比自己体积小的对手，他就要同他所遇见的人中的一半进行逐步加剧的严重搏斗。因为，如果他遇到比自己小的个体，他就进攻；而较小的个体拼命还击，因为后者实行的是似非而是策略；尽管合理策略的实行者比似非而是策略的实行者赢得胜利的可能性更大一些，但他仍旧冒着失败和严重受伤的实际风险。由于种群中大部分个体实行似非而是的策略，因而一个合理策略的实行者比任何一个似非而是策略的实行者受伤的可能性都大。

即使似非而是的策略可能是稳定的，但它大概只具有学术上的意义。似非而是策略的搏斗者只有在数量上大大超过合理策略的搏斗者的情况下才能获得较高的平均盈利。首先，这样的状况如何能出现实在令人难以想象。即使出现这种情况，合理策略者与似非而是策略者的比例也只要略微向合理策略者一边移动一点，便达到另一种ESS——合理的策略——的"引力区域"（zone of attraction）。所谓引力区域即种群的一组比例，在这个例子里，合理策略者处于这组比例的范围内时是有利的：种群一旦到达这一区域，就不可避免地被引向合理的稳定点。要是在自然界能够找到一个似非而是的ESS实例会是一件令人兴奋的事情，但我怀疑我们能否抱这样的奢望［我话说得太早了。在我写完了上面这句话之后，史密斯教授提醒我注意伯吉斯（Burgess）关于墨西哥群居蜘蛛（*Oecobius civitas*，拟壁钱属）的行为所做的下述描绘："如果一只蜘蛛被惊动并被赶出其隐蔽的地方，它就会急匆匆地爬过岩石。如岩石上面无隙缝可藏身，就可能到同一物种的其他蜘蛛的隐蔽地点去避难。如果闯入者进来时，这只蜘蛛正在家里，它并不进攻，而是急匆匆爬出去再为自己去另寻新的避难所。因此，一旦第一只蜘蛛被惊动，从一个蜘蛛网到另一个蜘蛛网的一系列替换过程要持续几秒钟，这种情况往往会使聚居区的大部分蜘蛛从它们本来的隐蔽所迁徙到另一只蜘蛛的隐蔽所。"（《群居蜘蛛》，刊载于《科学美国人》1976 年 3 月号）这就是前文所讲的那种意义上的似非而是的现象]。*

假如个体对以往搏斗的结果保留某些记忆，情况又会是怎样呢？这要看这种记忆是具体的还是一般的。蟋蟀对以往搏斗的情况具有一般的记忆。一只蟋蟀如果在最近多次搏斗中获胜，它就会变得更具有鹰的特点；而一只最近连遭败北的蟋蟀的特点会更接近鸽子。亚历山大（R. D. Alexander）很巧妙地证实了这种情况，他利用一个模型蟋蟀痛击真正的蟋蟀。吃过这种苦头的蟋蟀再同其他真正的蟋蟀搏斗时多数要失败。我们可以说，每只蟋蟀在同其种群中有平均搏斗能力的成员做比较的同时，对自己的搏斗能力不断做出新的估计。如果把对以往的搏斗情况具有一般记忆的动物，如蟋蟀，集中在一起组成一个与外界不相往来的群体，过一段时间之后，很可能会形成某种类型的优势序位（dominance hierarchy）。** 观察者能够把这些个体按级别的顺序排列。在这一顺序中级别低的个体通常要屈从于级别高的个体。这倒没有必要让人认为这些个体相互能够辨认。习惯于赢的个体就越是会赢，习惯于输的个体就越是要输。实际情况就是如此。即使开始时个体的胜利或失败完全是偶然的，它们还是会自动归类形成等级。这种情况附带产生了一个效果：群体中激烈的搏斗逐渐减少。

我不得不用"某种类型的优势序位"这样一个名称，因为许多人只把"优势序位"这个术语用于个体具有相互辨认能力的情况。在这类例子中，对于以往搏斗的记忆是具体的而不是一般的。作为个体来说，蟋蟀相互辨认不出彼此，但母鸡和猴子都能相互辨认。如果你是一只猴子的话，一只过去曾经打败过你的猴子，今后还可能会打败你。对个体来说，最好的策略是，对先前曾打败过它的个体采取相对带有鸽派味道的态度。如果我们把一群过去从未相见的母鸡放在一起，通常会引起许多搏斗。一段时间之后，搏斗越来越少，但其原因同蟋蟀的情况不同。对母鸡来说，搏斗减少是因为在个体的相互关系中，每一个个体都能"安分守己"。这也给整个群体带来好处，下面的情况足以证明：有人注意到，在已确立的母鸡群体中，很少发生凶猛搏斗的情况，蛋的产量就比较高；相比之下，在其成员不断更换因而搏斗更加频繁的母鸡群体中，蛋的产量就比较低。生物学家常常把这种"优势序位"在生物学上的优越性或"功能"说成是出于减少群体中明显的进犯行为。然而这种说法是错误的。不能说优势序位本身在进化的意义上具有"功能"，因为它是群体而不是个体的一种特性。通过优势序位的形式表现出来的个体行为模式，从群体水平上看，可以说是具有功能的。然而，如果我们根本不提"功能"这个词，而是按照存在个体辨认能力和记忆的不对称竞赛中的各种 ESS 来考虑这个问题，甚至会更好些。

迄今我们所考虑的竞争都是指同一物种成员间的竞争。物种间的竞争情况又如何呢？我们上面已经谈过，不同物种的成员之间的竞争，不像同一物种的成员之间那样直接。基于这一理由，我们应该设想它们有关资源的争端是比较少的，我们的预料已得到证实。例如，知更鸟保卫地盘不准其他知更鸟侵犯，但对大山雀却并不戒备。我们可以画一幅不同个体知更鸟在树林中分别占有领地的地图，然后在上面叠上一幅个体大山雀领地地图，可以看到两个物种的领地部分重叠，完全不相互排斥，它们简直像生活在不同的星球上。

但不同物种的个体之间也会发生尖锐的利害冲突，不过其表现形式不同而已。例如，狮子想吃羚羊的躯体，而羚羊对于自己的躯体却另有截然不同的打算。虽然这种情况不是通常所认为的那种争夺资源的竞争，但从逻辑上说，不算竞争资源，则在道理上难以讲通。在这里，有争议的资源是肉。狮子的基因"想要"肉供其生存机器食用，而羚羊的基因是想把肉作为其生存机器进行工作的肌肉和器官。肉的这两种用途是互不相容的，因此就发生了利害冲突。

同一物种的成员也是肉做的，但为什么同类相食的情况相对来说这样少呢？这种情况我们在黑头鸥中见到过，成年鸥有时要吃自己物种的幼鸥。但我们从未见到成年的食肉动物为吞食自己物种的其他成年动物而主动去追逐它们。为什么没有这种现象呢？我们仍旧习惯于按照"物种利益"的进化观点去思考问题，以致我们时常忘记这个完全有道理的问题："为什么狮子不去追捕其他狮子？"还有一个人们很少提出的但很有意义的问题："羚羊为什么见到狮子就逃，而不进行回击呢？"

狮子之所以不追捕狮子是因为那样做对它们来说不是一种 ESS。同类相食的策略是不稳定的，其原因和前面所举例子中的鹰策略相同，遭到反击的危险性太大了。而在不同物种成员之间的竞争中，这种反击的可能性要小些，这也就是那么多的被捕食的动物要逃走而不反击的道理。这种现象可能源于这样的事实：在不同物种的两只动物的相互作用中存在一种固有的不对称现象，而且其不对称的程度要比同一物种成员之间大。竞争中的不对称现象凡是强烈的，ESS 一般是以不对称现象为依据的有条件的策略。"如果你比对手小，就逃走；如果你比对手大，就进攻"，这种类型的策略很可能在不同物种成员之间的竞争中得到发展，因为可以利用的不对称现象非常之多。狮子和羚羊通过进化上的趋异过程形成了一种稳定性，而竞争中本来就有的不对称现象也因此变得日益加强。追逐和逃跑分别变成它们各自的高超技巧。一只突变型羚羊如果采取了"对峙并搏斗"的策略来对付狮子，它的命运同那些逃之夭夭的羚羊相比，可能要不妙得多。

我总是有一种预感，我们可能最终会承认 ESS 概念的发明是自达尔文以来进化理论上最重要的发展之一。*凡是有利害冲突的地方，它都适用，这就是说几乎在一切地方都适用。一些研究动物行为的学者沾染了侈谈"社会组织"的习惯。他们动辄把一个物种的社会组织看作一个具备作为实体的条件的单位，它享有生物学上的"有利条件"。我所举的"优势序位"就是一例。我相信，混迹于生物学家有关社会组织的大量论述中的那些隐蔽的类群选择主义的各种假定，是能够被辨认出来的。史密斯的 ESS 概念使我们第一次能够清楚地看到，一个由许多独立的自私实体构成的集合体，如何最终变得像一个有组织的整体。我认为，这不仅对于物种内的社会组织是正确的，而且对于由许多物种所构成的"生态系统"以及"群落"也是正确的。从长远观点来看，我预期 ESS概念将会使生态学发生彻底的变革。

我们也可以把这一概念运用于曾在第 3 章搁置下来的一个问题上，即赛艇上的桨手（代表体内的基因）需要很好的集体精神这一类比。基因被选择，不是因为它在孤立状态下的"好"，而是由于它在基因库中的其他基因这一背景下工作得好。好的基因应能够和与之长期共同生活于一系列个体内的其他基因和谐共存，相互补充。磨嚼植物的牙齿基因在食草物种的基因库中是好基因，但在食肉物种的基因库中就是不好的基因。

我们可以设想一个不矛盾的基因组合，它是作为一个单位被选择在一起的。在第 3 章蝴蝶模拟的例子中，情况似乎就是如此。但现在 ESS概念使我们能够看到，自然选择纯粹在独立基因的水平上如何能够得到相同的结果，这就是 ESS 概念的力量所在。这些基因并不一定是在同一条染色体上连接在一起的。

其实，赛艇的类比还没达到说明这一概念的程度，它最多只能说明一个近似的概念。我们假定，一艘赛艇的全体船员要能真正获得成功，重要的是桨手必须用语言协调其动作。我们再进一步假定，在桨手库中教练能够选用的桨手，有些只会讲英语，有些只会讲德语。讲英语的桨手并不始终比操德语的桨手好些，也不总是比讲德语的桨手差些。但由于沟通的重要性，混合组成的桨手队得胜的机会要少些，而纯粹讲英语的或纯粹讲德语的桨手所组成的队伍得胜的机会要多些。

教练没有认识到这一点，他只是任意地调配他的桨手，认为得胜的船上的个体都是好的，认为失败的船上的个体都是差的。如果在教练的桨手库中，英国人碰巧占压倒性优势，那么，船上只要有一个德国人，很可能就会使这支队伍输掉，因为无法进行沟通；反之，如果在桨手库中凑巧德国人占绝对优势，船上只要有一个英国人，也会使这支队伍失败。因此，最理想的一队船员应处于两种稳定状态中任何一种，即要么全部是英国人，要么全部是德国人，而绝不是混合阵容。表面上看起来，教练似乎选择单一语言小组作为单位，其实不然，他是根据个体桨手的能力来进行选择的。而个体赢得竞赛的趋向要取决于候选桨手库中现有的其他个体。属于少数的候选桨手会自动受到惩罚，这倒并非因为他们是不好的桨手，而仅仅是由于他们是少数而已。同样，基因因能相互和谐共存而被选择在一起，这并不一定说明我们必须要像看待蝴蝶的情况那样，把基因群体也看成是作为单位来进行选择的。在单个基因低水平上的选择能给人以在某种更高水平上选择的印象。

在这一例子中，自然选择有利于简单的行为一致性。更为有趣的是，基因被选择可能由于它们的相辅相成的行为。以类比法来说明问题，我们可以假定由 4 个右桨手和 4 个左桨手组成的赛艇队是力量匀称的理想队；我们再假定教练不懂得这个道理，他根据"功绩"盲目进行挑选。那么如果在候选桨手库中碰巧右桨手占压倒优势的话，任何个别的左桨手往往会成为一种有利因素：他有可能使他所在的任何一条船取得胜利，他因此就显得是一个好桨手。反之，在左桨手占绝对多数的划桨手库中，右桨手就是一个有利因素。这种情况就同一只鹰在鸽子种群中取得良好成绩，以及一只鸽子在鹰种群中取得良好成绩的情况相似。不同的是，在那里我们讲的是关于个体——自私的机器——之间的相互作用，而这里我们用类比法谈论的是关于体内基因之间的相互作用。

教练盲目挑选"好"桨手的最终结果必然是由 4 个左桨手和 4 个右

桨手组成的一支理想的队伍。表面看起来他好像把这些桨手作为一个完整的、力量匀称的单位选在一起的。我觉得说他在较低的水平上，即在单独的候选桨手水平上进行选择更加简便省事。4 个左桨手和 4 个右桨手加在一起的这种进化上稳定状态（"策略"一词在这里会引起误解）的形成，只不过是以表面功绩为基础在低水平上进行选择的必然结果。

基因库是基因的长期环境。"好的"基因是作为在基因库中存活下来的基因盲目地被选择出来的。这不是一种理论，甚至也不是一种被观察到的事实，它不过是一个概念无数次的重复。什么东西使基因成为好基因才是人们感兴趣的问题。我曾讲过，建造高效能的生存机器——躯体——的能力是基因成为好基因的标准，这是一种初步的近似说法。现在我们必须对这种说法加以修正。基因库是由一组进化上稳定的基因形成的，这组基因成为一个不受任何新基因侵犯的基因库。大部分因突变、重新组合或自外部出现的基因很快就受到自然选择的惩罚：这组进化上稳定的基因重新得到恢复。新基因侵入一组稳定的基因偶尔也会获得成功，即成功地在基因库中散布开来。然后出现一个不稳定的过渡阶段，最终又形成新的一组进化上稳定的基因——发生了某种细微程度的进化。按进犯策略类推，一个种群可能有不止一个可选择的稳定点，还可能偶尔从一个稳定点跳向另一个稳定点。渐进的进化过程与其说是一个稳步向上爬的进程，倒不如说是一系列从一个稳定台阶走上另一个稳定台阶的不连续的步伐。*作为一个整体，种群的行为就好像是一个自动进行调节的单位，而这种幻觉是由在单个基因水平上进行的选择造成的。基因是根据其"成绩"被选择的，但对成绩的判断是以基因在一组进化上稳定的基因（即现存基因库）的背景下的表现为基础的。

史密斯集中地论述了一些完整个体之间进犯性的相互作用，从而把问题阐明。鹰的躯体和鸽子躯体之间的稳定比例易于想象，因为躯体是我们能够看得见的大物体，但寄居于不同躯体中的基因之间的这种相互作用只是冰山的一角。而在一组进化上稳定的基因——基因库——中，基因之间绝大部分的重要相互作用是在个体的躯体内进行的。这些相互作用很难看见，因为它们是在细胞内，主要是在发育中的胚胎细胞里发生的。完整的浑然一体的躯体之所以存在，正是因为它们是一组进化上稳定的自私基因的产物。

　　但我必须回到完整动物之间的相互作用的水平上来，因为这是本书的主题。把个体动物视为独立的自私机器便于理解进犯行为。如果有关个体是近亲——兄弟姐妹、堂兄弟姐妹、双亲和子女——这一模式也就失去效用，这是因为近亲体内有很大一部分基因是共有的。因此，每一个自私的基因必须同时忠于不同的个体。这一问题留待下一章再加以阐明。

第 6 章

基因种族

自私的基因是什么？它不仅仅是 DNA 的一个单一的有形片段，正像在原始汤里的情况一样，它是 DNA 的某个具体片段的全部复制品，这些复制品分布在整个世界上。如果我们可以认为基因似乎具有自觉的目的，同时我们又有把握在必要时把我们使用的过分通俗的语言还原成正规的术语，那么我们就可以提出这样一个问题：一个自私基因的目的究竟是什么？它的目的就是试图在基因库中扩大自己的队伍。从根本上说，它采用的办法就是帮助那些它所寄居的个体编制它们能够赖以生存下去并进行繁殖的程序。不过我们现在需要强调的是，"它"是一个分布在各处的代理机构，同时存在于许多不同的个体之内。本章的主要内容是，一个基因有可能帮助存在于其他一些个体之内的复制品。如果是这样，这种情况看起来倒像是个体的利他主义，但这样的利他主义出于基因的自私性。

让我们假定有这样一个基因，它是人体内的一个白化基因（albino）。事实上有好几种基因可能引起白化，但我讲的只是其中一种。它是隐性的，就是说，必须有两个白化基因同时存在才能使个体患白化病。大约在两万人中有一个会发生这种情况，但我们当中，每 70 个人就有一个体内存在单个的白化基因。这些人并不患白化病。由于白化基因分布于许多个体之中，从理论上说，它能为这些个体编制程序，使之对其他含有白化基因的个体表现出利他行为，以此来提高自身在基因库的存在，因为其他的白化体含有同样的基因。如果白化基因寄居的一些个体死去，而它们的死亡使含有同样基因的一些其他个体得以存活下去，那么，这个白化基因理应感到相当高兴。如果 1 个白化基因能够使它的 1 个个体拯救 10 个白化体的生命，那么，即使这个利他主义者因之死去，它的死亡也由于基因库中白化基因数目的增加而得到充分的补偿。

我们是否因此可以指望白化体相互特别友好？事实上情况大概不会是这样。为了搞清楚这个问题，我们有必要暂时放弃把基因视为有自觉意识的行为者这个比喻。因为在这里，这种比喻肯定会引起误会。我们必须再度使用正规的、即使是有点冗长的术语。白化基因并不真的"想"生存下去或帮助其他白化基因。但如果这个白化基因碰巧使它的一些个体对其他的一些白化体表现出利他行为，那么不管它情愿与否，这个白化基因往往因此在基因库中自然而然地兴旺起来。但为了促使这种情况发生，这个基因必须对它的一些个体产生两种相互独立的影响。它不但要对它的一些个体赋予通常能产生非常苍白的肤色的影响，还要赋予个体一种倾向，使他们对其他具有非常苍白肤色的个体表现出有选择的利他行为。具有这两种影响力的基因如果存在的话，肯定会在种群中取得很大的成功。

我在第 3 章中曾强调过，基因确实能产生多种影响，这是事实。从纯理论的角度上说，出现这样的基因是可能的，它能赋予个体以一种明显可见的外部"标志"，如苍白的皮肤、绿色的胡须，或其他引人注目的东西，以及对其他带有这些标志的个体特别友好的倾向。这样的情况可能发生，尽管可能性不大。绿胡须同样可能与趾甲往肉里长或其他特征的倾向有关，而对绿胡须的偏好同样可能与嗅不出小苍兰的生理缺陷同时存在。同一基因既产生正确的标志又产生正确的利他行为，这种可能性不大。可是，这种我们可以称之为绿胡须利他行为效果的现象在理论上是可能的。

像绿胡须这种任意选择的标志不过是基因借以在其他个体中"识别"

其自身拷贝的一个方法而已。还有没有其他方法呢？下面可能是一个非常直接的方法。单凭个体的利他行为就可以识别出拥有利他基因的个体。如果一个基因能"说"类似"喂！如果 A 试图援救溺水者而自己快要没顶，就跳下去把 A 救起来"这样的话，这个基因在基因库中就会兴旺起来，因为 A 体内多半含有同样的救死扶伤的利他基因。A 试图援救其他个体的事实本身就是一个相当于绿胡须的标志。尽管这个标志不像绿胡须那样荒诞不经，但它仍然有点令人难以置信。基因有没有一些比较合乎情理的办法"识别"存在于其他个体中的拷贝呢？

回答是肯定的。我们很容易证明，近亲多半共有同样的基因。人们一直认为，这显然是亲代对子代的利他行为如此普遍存在的理由，费希尔、霍尔丹[1]，尤其是汉密尔顿认为，这种情况同样也适用于其他近亲——兄弟、姐妹、侄子侄女和血缘近的堂（表）兄弟或姐妹。如果 1 个个体为了拯救 10 个近亲而牺牲，操纵个体对亲属表现利他行为的基因可能因此失去一个拷贝，但同一基因的大量拷贝却得以保存。

"大量"这种说法很不明确，"近亲"也是如此。其实我们可以讲得更确切一些，如汉密尔顿所表明的那样。他在 1964 年发表的两篇有关社会个体生态学的论文属于迄今为止最重要的文献之列。我一直难以理解，为什么一些个体生态学家如此粗心，竟忽略了这两篇论文（两本 1970 年版的有关个体生态学的主要教科书甚至没有把汉密尔顿的名字列入索引）。*幸而近年来有迹象表明，他的观点又重新引起人们的兴趣。他的论文应用了相当深奥的数理知识，但不难仅凭直觉而不必通过精确的演算去掌握其基本原则，尽管这样做会把一些问题过度简单化。我们需要计算的是概率，亦即两个个体，譬如两姐妹共有同一特定基因的机会。

为了简便起见，我假定我们讲的是整个基因库中一些稀有的基因。**大多数人都共有"不形成白化体的基因"，不管这些人有没有亲缘关系。

---

[1] 指约翰·伯顿·桑德森·霍尔丹（John Burdon Sanderson Haldane），英国遗传学家、进化生物学家。

这类基因之所以普遍存在，是因为自然界里白化体比非白化体更易于死亡。这是由于，譬如说阳光使它们目眩，以致有白化体可能看不清更大的逐渐接近的捕食者。我们没有必要解释基因库中不形成白化体的这类显然是"好的"基因取得优势的理由，我们感兴趣的是，基因为什么因为表现了利他行为而取得了成功。因此，我们可以假定，至少在这个进化过程的早期，这些基因是稀有的。值得注意的是，在整个种群中稀有的基因，在一个家族中却是常见的。我体内有一些对整个种群来说稀有的基因，你的体内也有一些对整个种群来说稀有的基因。我们两人共有这些同样的稀有基因的机会是微乎其微的，但我的姐妹和我共有某一具体的稀有基因的机会是很大的。同样，你的姐妹和你共有同一稀有基因的机会也是很大的。在这个例子里，机会刚好是50%，原因不难解释的。

假定你体内有基因 G 的一个拷贝，这一拷贝必然是从你的父亲或母亲那里继承过来的（为了方便起见，我们不考虑各种不常见的可能性——如 G 是一个新变种，或你的双亲都有这一基因，或你的父亲或母亲体内有两个拷贝）。假如是你的父亲把这个基因传给你，那么他体内每一个正常的体细胞都含有 G 的一个拷贝。现在你要记住，一个男人产生一条精子时，他把他的半数的基因给了这一精子。因此，培育你姐姐或妹妹的那条精子获得基因 G 的机会是50%。在另一方面，如果你的基因 G 是来自母亲，按照同样的推理，她的卵子中有一半的可能性含有 G。同样，你的姐姐或妹妹获得基因 G 的机会也是50%。这意味着如果你有100 个兄弟姐妹，其中大约50 个会有你体内的任何一个具体的稀有基因。这也意味着如果你有100 个稀有基因，你的兄弟或姐妹中任何一个体内都可能共有大约50 个这样的基因。

你可以通过这样的演算方法计算出任何亲缘关系的等级。亲代与子代之间的亲缘关系是重要的。如果你有基因 H 的一个拷贝，你的某一个子女体内含有这个基因拷贝的可能性是50%，因为你有一半的性细胞含有 H，而任何一个子女都是由一个这样的性细胞培育出来的。如果你有基因 J 的一个拷贝，那么你父亲体内含有这个基因拷贝的可能性是 50%，因为你的基因有一半是来自他的，另一半是来自你母亲的。为了计算的方便，我们采用亲缘关系的指数用来表示两个亲属之间共有同一基因有多大的机会。两兄弟之间的亲缘关系指数是 $\frac{1}{2}$，因为他们之间任何一个的基因有一半为另一个所共有。这是一个平均数：由于减数分裂的机遇，有些兄弟所共有的基因可能大于一半或少于一半。但亲代与子代之间的亲缘关系永远是 $\frac{1}{2}$，不多也不少。

不过，每次计算都要从头算起就未免太麻烦了，这里有一个简便的方法供你计算任何两个个体 A 和 B 的亲缘关系。如果你要立遗嘱或需要解释家族中某些成员之间为何如此相像，你就可能发觉这个方法很有用。在一般情况下，这个方法是行之有效的，但在发生近亲相互交配的情况下就不适用了。某些种类的昆虫也不适用于这个方法，我们在下面会谈到这个问题。

首先，查明 A 和 B 所拥有的共同祖先是谁。譬如说，一对第一代堂兄弟的共同祖先是他们的祖父和祖母。找到一个共同祖先以后，他的所有祖先当然也就是 A 和 B 的共同祖先，这当然是合乎逻辑的。不过，对于我们来说，查明最近一代的共同祖先就足够了。从这个意义上说，第一代堂兄弟只有两个共同的祖先。如果 B 是 A 的直系亲属，譬如说是 A 的曾孙，那么我们要找的"共同祖先"就是 A 本人。

找到 A 和 B 的共同祖先之后，再按下列方法计算代距（generation distance）。从 A 开始，沿其家谱上溯其历代祖先，直到你找到他和 B 所共有的那一个祖先为止，然后再从这个共同祖先往下一代一代数到 B。这样，在家谱上从 A 到 B 的世代总数就是代距。譬如说，A 是 B 的叔叔，那么代距是 3，共同的祖先是 A 的父亲，亦即 B 的祖父。从 A 开始，你只要往上追溯一代就能找到共同的祖先，然后从这个共同的祖先往下数两代便是 B。因此，代距是 1+2=3。

通过某一个共同的祖先找到 A 和 B 之间的代距后，再分别计算 A 和

B 与这个共同祖先相关的那部分亲缘关系。方法是这样的，每一个代距是 $\frac{1}{2}$，有几个代距就把几个 $\frac{1}{2}$ 自乘，所得乘积就是亲缘关系指数。如果代距是 3，那么指数是 $\frac{1}{2} \times \frac{1}{2} \times \frac{1}{2}$ 或 $\left(\frac{1}{2}\right)^3$；如果通过某一个共同祖先算出来的代距是 g，同该祖先那部分的亲缘关系指数就是 $\left(\frac{1}{2}\right)^g$。

　　但这仅仅是 A 和 B 之间亲缘关系的部分数值。如果他们的共同祖先不止一个，我们就要把通过每一个祖先的亲缘关系的全部数值加起来。在一般情况下，对一对个体的所有共同祖先来说，代距都是一样的。因此，在算出 A 和 B 同任何一个共同祖先的亲缘关系后，事实上你只要乘以祖先的个数就行了。譬如说，第一代堂兄弟有两个共同的祖先，他们同每一个祖先的代距是 4，因此他们亲缘关系指数是 $2 \times \left(\frac{1}{2}\right)^4 = \frac{1}{8}$。如果 A 是 B 的曾孙，代距是 3，共同"祖先"的数目是 1（即 B 本身），因此，指数是 $1 \times \left(\frac{1}{2}\right)^3 = \frac{1}{8}$。就遗传学而言，你的第一代堂兄弟相当于一个曾孙。同样，你"像"你叔父的程度〔亲缘关系是 $2 \times \left(\frac{1}{2}\right)^3 = \frac{1}{4}$〕和你"像"你祖父的程度〔亲缘关系是 $1 \times \left(\frac{1}{2}\right)^2 = \frac{1}{4}$〕相等。

　　至于远如第三代堂兄弟或姐妹的亲缘关系〔$2 \times \left(\frac{1}{2}\right)^8 = \frac{1}{128}$〕，那就要接近于最低的概率了，即相当于种群中任何一个个体拥有 A 体内某个基因的可能性。就一个利他基因而言，一个第三代的堂兄弟姐妹的亲缘关系和一个素昧平生的人差不多。一个第二代的堂兄弟姐妹（亲缘关系指数为 $\frac{1}{32}$）稍微特殊一点，第一代堂兄弟姐妹更为特殊一点（$\frac{1}{8}$），同胞兄弟姐妹、父母和子女十分特殊（$\frac{1}{2}$），同卵孪生兄弟姐妹（1）就和自己完全一样。叔（伯）父和叔（伯）母、侄子或外甥和侄女或外甥女、祖父母和孙子孙女、异父或异母兄弟和异父或异母姐妹的亲缘关系是 $\frac{1}{4}$。

　　现在我们能够以准确得多的语言谈论那些表现近亲利他行为的基因。一个操纵其个体拯救 5 个堂兄弟或姐妹，但自己因而牺牲的基因在种群中是不会兴旺起来的，但拯救 5 个兄弟或 10 个第一代堂兄弟姐妹的基因却会兴旺起来。一个准备自我牺牲的利他基因如果要取得成功，它至少要拯救两个以上的兄弟姐妹（子女或父母），或 4 个以上的异父异母兄弟姐妹（或叔父、叔母、伯父、伯母、侄子、侄女、祖父母、孙子孙女）或8个以上的第一代堂兄弟姐妹，等等。按平均计算，这样的基因才有可能在利他主义者所拯救的个体内存在下去，同时这些个体的数目足以补偿利他主义者自身死亡所带来的损失。

　　如果一个个体能够肯定某人是他的同卵孪生兄弟或姐妹，他关心这个孪生兄弟或姐妹的福利应当和关心自己的福利完全一样。任何操纵孪生兄弟或姐妹利他行为的基因都同时存在于这一对孪生兄弟或姐妹体内，因此，如果其中一个为援救另外一个的生命而英勇牺牲，这个基因是能够存活下去的。九带犰狳（nine-banded armadillos）是一胎4只的。我从未听说过小犰狳英勇献身的事迹，但有人指出它们肯定有某种强烈的利他行为。如果有人能到南美去一趟，观察一下它们的生活，我认为是值得的。*

　　我们现在可以看到，父母之爱不过是近亲利他行为的一种特殊情况。从遗传学的观点来看，一个成年的个体在关心自己父母双亡的幼弟时，应和关心自己的子女一样。对他来说，弟弟和子女的亲缘关系指数是完全一样的，即 $\frac{1}{2}$。按照基因选择的说法，种群中操纵个体表现姐姐利他行为的基因和操纵个体表现父母利他行为的基因应有同等的繁殖机会。事实上，从几个方面来看，这种说法未免过分简单化，而且在自然界里，兄弟姐妹之爱远不及父母之爱来得普遍，我们将在下面进一步说明。但我要在这里阐明的一点是，从遗传学的观点看，父母／子女的关系并没有比兄弟／姐妹关系来得特殊的地方。尽管实际上是父母把基因传给子女，而姐妹之间并不发生这种情况，但这个事实与本问题无关。这是因为姐妹两个都是从同一个父亲和同一个母亲那里继承相同基因的全似复制品。

　　有些人用亲属选择（kin selection）这个名词来把这种自然选择区别于类群选择（群体的差别性生存）和个体选择（个体的差别性生存）。亲属选择是家族内部利他行为的起因。关系越密切，选择越强烈。这个名词本身并无不妥之处。但不幸的是，我们可能不得不抛弃它，因为近年来的滥用已产生流弊，会给生物学家在今后的许多年里带来混乱。威尔逊[1]的《社会生物学：新的综合》(*Sociobiology: The New Synthesis*)一书，在各方面都堪称一本杰出的作品，但它却把亲属选择说成是类群选择的一种特殊表现形式。书中一张图表清楚地表明，他在传统意义上，即我在第 1 章里所使用的意义上，把亲属选择理解为"个体选择"与"类群选择"之间的中间形式。类群选择，即使按威尔逊自己所下的定义，是指由个体组成的不同群体之间的差别性生存。诚然，从某种意义上说，一个家族是一种特殊类型的群体，但威尔逊论点的全部含义是，家族与非家族之间的分界线不是一成不变的，而是属于数学概率的问题。汉密尔顿的理论并没有认为动物应对其所有"家族成员"都表现出利他行为，而对其他的动物表现出自私行为。家族与非家族之间并不存在着明确的分界线。我们没有必要决定，譬如说，第二代堂兄弟是否应列入家族范围之内，我们只是预计第二代堂兄弟接收到利他行为的概率相当于子女或兄弟的 $\frac{1}{16}$。亲属选择肯定不是类群选择的一个特殊表现形式 *，它是基因选择产生的一个特殊后果。

威尔逊关于亲属选择的定义有一个甚至更为严重的缺陷。他有意识地把子女排除在外：他们竟不算亲属！ ** 他当然十分清楚，子女是他们双亲的骨肉，但他不想引用亲属选择的理论来解释亲代对子代的利他性关怀。他当然有权利按照自己的想法为一个词下定义，但这个定义非常容易把人弄糊涂。我倒希望威尔逊在他那本立论精辟的具有深远影响的著作再版时把定义修订一下。从遗传学的观点看，父母之爱和兄弟／姐妹的利他行为的形成都可以用完全相同的原因来解释：在受益者体内存在这个利他性基因的可能性很大。

我希望读者谅解上面这个有点出言不逊的评论，而且我要赶快调转

---

[1]　指爱德华·威尔逊（E. O. Wilson），美国著名生物学家，美国科学院院士、社会生物学奠基人、在相关领域的科普著作颇丰。

笔锋言归正传。到目前为止，我在一定程度上把问题过分简单化了，现在开始，我要把问题说得更具体一些。我在上面用浅显易懂的语言谈到了为援救具有一定亲缘关系的一定数目的近亲而准备自我牺牲的基因。显然，在实际生活中我们不能认为动物真的会清点一下它们正在援救的亲属到底有几个。即使它们有办法确切知道谁是它们的兄弟或堂兄弟，我们也不能认为动物在大脑里进行过汉密尔顿式的演算。在实际生活中，必须以自身以及其他个体死亡的统计学风险（statistical risks）来取代肯定的自杀行为和确定的"拯救"行为。如果你自己冒的风险非常微小的话，即使是第三代的堂兄弟也是值得拯救的。再说，你和你打算拯救的那个亲属有朝一日总归都要死的，每一个个体都有一个保险精算师估算得出的"预期寿命"，尽管这个估算可能有误差。如果你有两个血缘关系同样接近的亲属，其中一个已届风烛残年，另一个却是血气方刚的青年，那么对未来的基因库而言，挽救后者的生命所产生的影响要比挽救前者来得大。

我们在计算亲缘关系指数时，对那些简洁的对称演算还需要进一步加以调整。就遗传学而言，祖父母和孙子孙女出于同样的理由以利他行为彼此相待，因为他们体内的基因有$\frac{1}{4}$是共同的。但如果孙辈的预期寿命较长，那么操纵祖父母对孙辈利他行为的基因，比起操纵孙辈对祖父母利他行为的基因，具有更优越的选择条件。由于援助一个年轻的远亲而得到的净收益，很可能超过由于援助一个年老的近亲而得到的净收益（顺便说一句，祖父母的预期寿命当然并不一定比孙辈短。在婴儿死亡率高的物种中，情况可能恰恰相反）。

把保险统计的类比稍加引申，我们可以把个体看作人寿保险的保险商。一个个体可以把自己拥有的部分财产作为资金对另一个个体的生命进行投资。他考虑了自己和那个个体之间的亲缘关系，以及从预期寿命的角度来看该个体同自己相比是不是一个"好的保险对象"。严格地说，我们应该用"预期生殖能力"这个词，而不是"预期寿命"，或者更严格一些，我们可以用"使自己的基因在可预见的未来获益的一般能力"。那么，为了使利他行为得以发展，利他行为者所承担的风险必须小于受益者得到的净收益和亲缘关系指数的乘积。风险和收益必须采取我所讲的复杂的保险统计方式来计算。

可是我们怎能指望可怜的生存机器进行这样复杂的运算啊！ *尤其是在匆忙间，那就更不用说了。甚至伟大的数学生物学家霍尔丹（在1955 年发表的论文里，他在汉密尔顿之前就做出了基因由于援救溺水的近亲而得以繁殖的假设）也曾说："……我曾两次把可能要淹死的人救起（自己所冒的风险是微乎其微的），在这样做的时候，我根本没有时间去进行演算。"不过霍尔丹也清楚地知道，幸而我们不需要假定生存机器在自己的头脑里有意识地进行这些演算。正像我们使用计算尺时没有意识到我们实际上是在运用对数一样。动物可能生来就是如此，以至于行动起来好像是进行过一番复杂的演算似的。

这种情况其实是不难想象的。一个人把球投入高空，然后又把球接住，他在完成这个动作时好像事先解了一组预测球的轨道的微分方程。他对微分方程可能一窍不通，也不想知道微分方程是什么玩意儿，但这种情况不影响他投球与接球的技术。在某个下意识的水平上，他进行了某种在功能上相当于数学演算的活动。同样，一个人如要做某项困难的决定，他首先权衡各种得失，并考虑这个决定可能引起的他想象得到的一切后果。他的决定在功能上相当于一系列加权演算过程，有如计算机进行的那种演算一样。

如果要为一台计算机编制程序，使之模拟一个典型的生存机器如何做出是否表现利他行为的决定，我们大概要这样进行：开列一份清单，列出这只动物可能做的一切行为，然后为这些行为的每一种模式分别编制一次加权演算程序。各种利益都给以正号，各种风险都给以负号。接着进行加权，即把各项利益和风险分别乘以适当的表示亲缘关系的指数。然后再把得出的数字加起来，为了演算的方便，在开头的时候我们不考虑其他方面如年龄、健康状况之类的权重。由于一个个体对自己的亲缘关系指数是 1（就是说，他具有他自己的 100% 的基因——这是不言自明的），对他的一切风险和利益都不需要打折扣，即在演算时给以全部权重。这样，每一种可能的行为模式的总和大体上是这样的：行为模式的净收益 = 对自己的收益-对自己的风险 + $\frac{1}{2}$ 对兄弟的收益- $\frac{1}{2}$ 对兄弟的风险 + $\frac{1}{2}$ 对另一个兄弟的收益- $\frac{1}{2}$ 对另一个兄弟的风险 + $\frac{1}{8}$ 对堂兄弟的收益- $\frac{1}{8}$ 对堂兄弟的风险 + $\frac{1}{2}$ 对子女的收益- $\frac{1}{2}$ 对子女的风险 +……

这个总和就是那个行为模式的净收益得分。接着，这个"模式动物"算出清单上每一种可供选择的行为模式的得分。最后，它决定按净收益最大的行为模式采取行动。即使所有的得分都是负数，它还是应该按这个原则进行选择，即择害处最小的一种行为模式。应当记住，任何实际行动必然牵涉精力和时间的消耗，这些精力和时间可以用于做其他事情。如果演算的结果表明不做任何事情的净收益最大，那么，这个模式动物就什么也不做。

下面是个十分简单的例子，以自我独白的形式而不是以计算机模拟的形式来说明问题。我是一只动物，发现了 8 只长在一起的蘑菇。我心中首先盘算一下它们的营养价值，同时考虑到它们可能有毒的这个不大的风险，我估计每个蘑菇约值 6 个单位（像前一章一样，这些单位是任意选定的）。由于蘑菇很大，我最多只能吃 3 个。我要不要发出"有食物"的喊声，把我的发现告诉其他动物呢？谁能听到我的喊声？兄弟 B（它和我的亲缘关系是 $\frac{1}{2}$），堂兄弟 C（亲缘关系是 $\frac{1}{8}$）和 D（并不算亲戚，它和我的亲缘关系指数是如此之小，以至于事实上可以视作 0）。如果我不声张，我能吃掉的每个蘑菇都为我带来净收益 6，全部吃掉是 18。如发出"有食物"的喊声，那么我还有多少净收益可要盘算一下了。8 个蘑菇平分 4 份，对我而言，我自己吃的一份折合净收益 12，但我的兄弟和堂兄弟各吃掉的两个蘑菇也会给我带来好处，因为它们体内有和我一样的基因。事实上的总分是（1×12）+（$\frac{1}{2} \times 12$）+（$\frac{1}{8} \times 12$）+（0×12）

=19.5，而自私行为带来的净收益是 18。尽管差别不大，但得失是分明的。因此，我将发出"有食物"的喊声。在这种情况下，我的利他行为会给我的自私基因带来好处。

在上面这个简化的例子里，我假设个体动物能够盘算它的基因的最大收益是什么。实际的情况是，基因库中充满对个体施加影响的基因，由于这种影响，个体在采取行动时好像事先进行过这种演算。

无论如何，这种演算的结果仅仅是一种初步的第一近似值，它离理想的答案还有一段距离。这种演算方式忽略了许多东西，其中包括个体的年龄等因素。而且，如果我刚饱餐了一顿，现在最多只能吃一个蘑菇，这时发出"有食物"的喊声为我带来的净收益将比我在饥肠辘辘时大得多。针对各种可能出现的情况，这种演算的质量可以无止境地逐步提高。但动物并非生活在理想的环境里，我们不能指望真正的动物在做出最适宜决定时考虑到每一个具体细节。我们必须在自然界里通过观察和试验去发现，真正的动物在进行有关得失的分析时，能够在多大的程度上接近理想的境界。

为了不致因为举了一些主观想象的例子而离题太远，让我们暂且再使用一下基因语言。生命体是由存活下来的基因为之编制程序的机器。这些存活下来的基因是在一定的条件下这样做的。一般说来，这些条件，往往构成这个物种以前的环境所具有的特征。因此，有关得失的"估计"是以过去的"经验"为依据的，正像人类做出决定时一样。不过，这里所说的经验具有基因经验的特殊意义，或者说得更具体一些，是以前的基因生存的条件（由于基因也赋予生存机器以学习能力，我们可以说，某些得失的估计也可能是以个体经验为基础的）。只要条件不发生急剧变化，这些估计是可靠的，生存机器一般来说往往能做出正确的决定。如果条件急剧变化，生存机器往往做出错误的决定，它的基因要为此付出代价。人类也是一样，他们的基因根据过时的资料做出的决定多半是错误的。

对亲缘关系的估计也会出现差错和靠不住的情况。在上面一些简化的计算中，生存机器被认为知道谁跟它们有亲缘关系，而且知道这种关系的密切程度。在实际生活中，确切知道这方面的情况有时是可能的，但一般来说，亲缘关系只能作为一个平均数来估计。譬如说，我们假定 A 和 B 可能是异父或异母兄弟，也可能是同胞兄弟。他们之间的亲缘关系指数是 $\frac{1}{4}$ 或 $\frac{1}{2}$，由于我们不能肯定它们的确切关系，可供运用的有效指数是其平均数，即 $\frac{3}{8}$。如能肯定他们都为一母所生，但为一父所生的可能性只是 $\frac{1}{10}$，那么他们是异父兄弟的可能性是 90%，而同胞兄弟的可能性是 10%，因而有效指数是 $\frac{1}{10} \times \frac{1}{2} + \frac{9}{10} \times \frac{1}{4}$ =0.275。

但当我们说可能性是 90% 时，是谁做出这个估计的？我们指的是一位长期从事实地研究的人类博物学家呢，还是指动物本身？如果碰巧的话，两者所做估计的结果可能出入不大。要了解这一点，我们必须考虑一下，动物在实际生活中是怎样估计谁是它们的近亲的。

我们知道谁是我们的亲属，这是因为别人会告诉我们，[*] 因为我们为他们取了名字，因为我们有正式结婚的习惯，同时也因为我们有档案和良好的记忆力。很多社会人类学家对于他们所研究的社会里的"亲缘关系"感到关切。他们所指的不是遗传学上的真正的亲缘关系，而是主观上的、教养上的亲属概念。人类的风俗和部落的仪式通常都很强调亲缘关系；膜拜祖先的习惯流传得很广，家族的义务和忠诚在人类生活中占有主导地位。根据汉密尔顿的遗传学说，我们很容易解释氏族之间的仇杀和家族之间的争斗。乱伦的禁忌表明人类具有深刻的亲缘关系意识，尽管乱伦禁忌在遗传上的好处与利他主义无关。它大概与近亲繁殖能产生隐性基因的有害影响有关。（出于某种原因，很多人类学家不喜欢这个解释。）[**]

野兽怎能"知道"谁是它们的亲属呢？换言之，它们遵循什么样的行为准则便可以间接地获得似乎是有关亲缘关系的知识呢？提出"对亲属友好"这条准则意味着以未经证明的假定作为论据，因为事实上如何辨认亲属这个问题尚未解决。野兽必须从它们的基因那里取得一条简明的行动准则：这条准则不牵涉对行动的终极目标的全面认识，但它却是切实可行的，至少在一般条件下是如此。我们人类对准则是不会感到陌生的，准则具有的约束力是如此之大，以至于如果我们目光短浅的话，就盲目服从这些准则，即使我们清楚地看到它们对我们或其他任何人都无好处。在正常的情况下，野兽可以遵循什么样的准则以便间接地使它们的近亲受益呢？

如果动物倾向于对外貌和它们相像的个体表现出利他行为，它们就可能间接地为其亲属做一点好事。当然这在很大程度上要取决于有关物种的具体情况。不管怎样，这样一条准则会导致仅仅是统计学上的"正确的"决定。如果条件发生变化，譬如说，如果一个物种开始在一个大得多的类群中生活，这样的准则就可能导致错误的决定。可以想象，人们有可能把种族偏见理解为是对亲属选择倾向不合理地推而广之的结果，即把外貌和自己相像的个体视为自己人，并歧视外貌和自己不同的个体的倾向。

在一个其成员不经常迁居或仅在小群体中迁居的物种中，你偶然遇到的任何个体都很可能是与你相当接近的近亲。在这样的情况下，"对你所遇见的这个物种的任何成员一律以礼相待"这条准则可能具有积极的生存价值，因为凡能使其个体倾向于遵循这条准则的基因，可能会在基因库中兴旺起来。经常有人提到猴群和鲸群中的利他行为，道理即在于此。鲸鱼和海豚如果呼吸不到空气是要淹死的。幼鲸以及受伤的鲸鱼有时无力游上水面，为了援救它们，鲸群中的一些同伴就会把它们托出水面。有人曾目睹过这种情景。鲸鱼是否有办法识别它们的近亲，我们无从知道，但这也许无关紧要，情况可能是，鲸群中随便哪一条都可能是你的近亲，这种总的概率是如此之大，使利他行为成为一种合算的行为。顺便提一下，曾经发生过这样一件事：一条野生海豚把一个快要淹死的人救了起来。这个传闻据说非常可靠。这种情况我们可以看作鱼群错误地运用了援救快要淹死的成员这条准则。按照这条准则的"定义"，鱼群里快要淹死的成员可能是这样的："挣扎在接近水面处一条长长的快要窒息的东西。"

据说成年的狒狒为了保护它的伙伴免受豹子之类猛兽的袭击而甘冒生命危险。一般说来，一只成年的雄狒狒大概有相当多的基因储存在其他狒狒体内。一个基因如果这样"说"："喂，如果你碰巧是一只成年的雄狒狒，你就得保卫群体，打退豹子的进攻。"那么它在基因库中就会兴旺起来。许多人喜欢引用这个例子，但在这里，我认为有必要补充一句，至少有一个受人尊敬的权威人士提供的事实与此大相径庭。据她说，一旦豹子出现，成年雄狒狒总是第一个逃之夭夭。

雏鸡喜欢跟着母鸡在鸡群中觅食。它们的叫声主要有两种，除了我上面提到过的那种尖锐的吱吱声外，它们在啄食时会发出一种悦耳的喊喊喳喳声。吱吱声可以唤来母鸡的帮助，但其他雏鸡对这种吱吱声却毫无反应。另一方面，喊喊喳喳声能引起其他小鸡的注意。就是说，一只雏鸡找到食物后就会发出喊喊喳喳声把其他的雏鸡唤来分享食物。按照前面假设的例子，喊喊喳喳声就等于是"有食物"的叫声。像那个例子一样，雏鸡所表现的明显的利他行为可以很容易地在亲属选择的理论里找到答案。在自然界里，这些雏鸡都是同胞兄弟姐妹。操纵雏鸡在发现食物时发出喊喊喳喳声的基因会扩散开来，只要这只雏鸡由于发出叫声后承担的风险少于其他雏鸡所得净收益的一半就行了。由于这种净收益由整个鸡群共享，而鸡群的成员在一般情况下不会少于两只，不难想见，其中一只在发现食物时发出叫声总是合算的。当然，在家里或农场里，养鸡的人可以让一只母鸡孵其他母鸡的蛋，甚至火鸡蛋或鸭蛋。这时，这条准则就不灵了，但母鸡和它的雏鸡都不可能发觉其中的底细。它们的行为是在自然界的正常条件影响下形成的，而在自然界里，陌生的个体通常是不会出现在你的窝里的。

不过，在自然界里，这种错误有时也会发生。在群居的物种中，一只怙恃俱失的幼兽可能被一只陌生的雌兽收养，而这只雌兽很可能是一只失去孩子的母兽。猴子观察家往往把收养小猴的母猴称为"阿姨"。在大多数情况下，我们无法证明它真的是小猴的阿姨还是其他亲属。如果猴子观察家有一点基因常识的话，他们就不会如此漫不经心地使用像阿姨之类这样重要的称呼了。收养幼兽的行为尽管感人至深，但在大多数情况下我们也许应该把它视为一条固有准则的失灵。这是因为这只慷慨收养孤儿的母兽并不给自己的基因带来任何好处。它在浪费时间和精力，而这些时间和精力本来是可以花在它自己的亲属身上，尤其是它自己未来的儿女身上的。这种错误大概比较罕见，因此自然选择也认为不必"操心"去修订一下这条准则，使母性具有更大的选择能力。再说，这种收养行为在大多数情况下并不常见，孤儿往往因得不到照顾而死去。

有一个有关这种错误的极端例子，也许你可能认为与其把它视为违反常情的例子，倒不如把它视为否定自私基因理论的证据。有人看见过一只失去孩子的母猴偷走另外一只母猴的孩子，并抚养它。在我看来，这是双重的错误，因为收养小猴的母猴不但浪费自己的时间，它也使一只与之竞争的母猴得以卸掉抚养孩子的重担，从而能更快地生育另一只小猴。我认为，这个极端的例子值得我们深入探究。我们需要知道这样的情况具有多大的普遍性，收养小猴的母猴和小猴之间的平均亲缘关系指数是多少，这个小猴的亲生母亲的态度怎样——它的孩子被收养毕竟对它有好处，母猴是不是故意瞒哄憨直的年轻母猴，使之乐于抚养它的孩子。（也有人认为收养或诱拐小猴的母猴可以从中获得可贵的抚养小孩的经验。）

另外一个蓄意背离母性的例子，是由布谷鸟及其他"寄孵鸟"（brood-parasites）——在其他鸟窝生蛋的鸟——提供的。布谷鸟利用鸟类因亲代本能而遵守的一条准则："对坐在你窝里的任何小鸟以礼相待。"且莫说布谷鸟，这条准则在一般情况下是能够产生其预期效果的，即把利他行为的受益者局限在近亲的范围内。这是因为鸟窝事实上都是孤立的，彼此之间总有一段距离，几乎可以肯定在你自己窝里的是你生育的小鸟。成年的鲱鸥（herring gulls）不能识别自己所生的蛋，它会愉快地伏在其他海鸥的蛋上，有些做试验的人甚至以粗糙的土制假蛋代替真蛋，它也分辨不出，照样坐在上面。在自然界中，对蛋的识别对于海鸥而言并不重要，因为蛋不会滚到几码以外的邻居的鸟窝附近。不过，海鸥还是识别得出它所孵的小海鸥。和蛋不一样，小海鸥会外出溜达，弄不好会可能走到黑头鸥的窝附近，常常因此断送了性命。这种情况在第 1 章里已经述及。

另一方面，海鸠却能根据蛋上小斑点的式样来识别自己的蛋。在孵蛋时，它们对其他鸟类的蛋绝不肯一视同仁。这大概是由于它们筑巢于平坦的岩石上，蛋滚来滚去有混在一起的危险。有人可能要问，它们孵蛋时为什么要区别对待呢？如果每一只鸟都不计较这是谁家的蛋，只要有蛋就孵，结果还不是一样吗？这其实就是类群选择论者的论点。设想一下，如果一个把照管小鸟作为集体事业的集团得到发展，结果会怎样呢？海鸠平均每次孵一只蛋，这意味着一个集体照管小鸟的集团如果要顺利发展，那么每一只成年的海鸠都必须平均孵一只蛋。假使其中一只弄虚作假，不肯孵它那只蛋，它可以把原来要花在孵蛋上的时间用于生更多的蛋，这种办法的妙处在于，其他比较倾向于利他行为的海鸠自然会代它照管它的蛋。利他行为者会忠实地继续遵循这条准则："如果在你的鸟窝附近发现其他鸟蛋，把它拖回来并坐在上面。"这样，欺骗基因得以在种群中兴旺起来，而那些助人为乐的代管小鸟的集团最终要解体。

有人会说："如果是这样的话，诚实的鸟可以采取报复行动，拒绝这种敲诈行为，坚决每次只孵一只蛋，绝不通融。这样做应该足以挫败骗子的阴谋，因为它们可以看到自己的蛋依然在岩石上，其他的鸟都不肯代劳孵化。它们很快就会接受教训，以后要老实一些。"可惜的是，事情并不是这样。根据我们所做的假设，孵蛋的母鸟并不计较蛋是谁家生的，如果诚实的鸟把这个旨在抵制骗子的计划付诸实施的话，那些无人照管的蛋既可能是骗子的蛋，但同样也可能是它们自己的蛋。在这种情况下，骗子还是合算的，因为它们能生更多的蛋从而使更多的后代存活下来。诚实的海鸠要打败骗子的唯一办法是：认真区分自己的蛋和其他的鸟蛋，只孵自己的蛋。也就是说，不再做一个利他主义者，仅仅照管自己的利益。

用史密斯的话来说，利他的收养"策略"不是一种进化稳定策略。这种策略不稳定，因为它比不上那种与之匹敌的自私策略。这种自私策略就是生下比其他鸟更多的蛋，然后拒绝孵化它们。但这种自私的策略本身也是不稳定的，因为它所利用的利他策略是不稳定的，因而最终必将消失。对一只海鸠来说，唯一具有进化意义的稳定策略是识别自己的蛋，只孵自己的蛋，事实正是这样。

经常受到布谷鸟的寄生行为之害的一些鸣禽种类做出了反击。但它们并不是学会了从外形上识别自己的蛋，而是本能地照顾那些带有其物种特殊斑纹的蛋。由于它们不会受到同一物种其他成员的寄生行为之害*，这种行为是行之有效的。但布谷鸟反过来也采取了报复措施，它们所生的蛋在色泽上、体积上和斑纹各方面越来越和寄主物种的相像。这是个欺诈行为的例子，这种行径经常能取得成效。就布谷鸟所生的蛋而言，这种形式进化上的军备竞赛导致了拟态的完美无缺。我们可以假定，这些布谷鸟的蛋和小布谷鸟当中会有一部分被"识破"，但未被识破的那部分毕竟能存活并生下第二代的布谷鸟蛋。因此，那些操纵更有效的欺诈行为的基因在布谷鸟的基因库中兴旺起来。同样，那些目光敏锐，能够识别布谷鸟蛋的拟态中任何细小漏洞的寄主鸟类就能为它们自己的基因库做出最大的贡献。这样，敏锐的、怀疑的目光就得以传给下一代。这是个很好的例子，它说明自然选择是如何提高敏锐的识别力的，在我们这个例子里，另一个物种的成员正竭尽所能，企图蒙蔽识别者，而自然选择促进了针对这种蒙蔽行为的识别力。

现在让我们回过头来对两种估计进行一次比较：第一种是一只动物

对自己与群体其他成员之间的亲缘关系的"估计";第二种是一位从事实地研究的内行博物学家对这种亲缘关系的估计。伯特伦(B. Bertram)在塞伦盖蒂国家公园[1]研究狮子生态多年。他以自己在狮子生殖习惯方面的知识为基础,对一个典型狮群中个体之间的平均亲缘关系进行了估计。他是根据如下的事实进行估计的:一个典型的狮群由 7 只成年母狮和 2 只成年雄狮组成。母狮是狮群中比较稳定的成员,雄狮是流动的,经常由一个狮群转到另一个狮群。这些母狮中约有一半同时产仔并共同抚育出生的幼狮,因此,很难分清哪一只幼狮是哪一只母狮生的。一窝幼狮通常有 3 只,狮群中的成年雄狮平均分担做父亲的义务。年轻的母狮留在狮群中,代替死去的或出走的老母狮。年轻的雄狮一到青春期就被逐出家门。它们成长后三三两两结成一伙,到处流浪,从一个狮群转到另外一个狮群,不大可能再回老家。

以这些事实以及其他假设为依据,你可以看到我们有可能算出一个典型狮群中两个个体之间的亲缘关系的平均指数。伯特伦演算的结果表明,任意挑选的一对雄狮的亲缘关系指数是 0.22,一对母狮是 0.15。换句话说,属同一狮群的雄狮平均比异父或异母兄弟的关系稍为疏远一些,母狮则比第一代堂姐妹接近一些。

当然,任何一对个体都可能是同胞兄弟,但伯特伦无从知道这一点,狮子自己大概也不会知道。另一方面,伯特伦估计的平均指数,从某种意义上说,狮子是有办法知道的。如果这些指数对一个普通的狮群来说真的具有代表性,那么,任何基因如能使雄狮自然倾向于以近乎对待其异父或异母兄弟的友好方式对待其他雄狮,它就具有积极的生存价值。任何做得过分的基因,即以更适合于对待其同胞兄弟那样的友好方式对待其他雄狮的话,在一般情况下是要吃亏的,正如那些不够友好的,把其他雄狮当作第二代堂兄弟那样对待的雄狮到头来也要吃亏一样。如果

[1] 塞伦盖蒂国家公园位于坦桑尼亚高原。

狮子确实像伯特伦所讲的那样生活，而且——这一点也同样重要——它们世世代代一直是这样生活的，那么我们可以认为，自然选择将有利于适应典型狮群的平均亲缘关系那种水平的利他行为。我在上面讲过，动物对亲缘关系的估计和内行博物学家的估计到头来是差不多的，我的意思就在于此。*

我们因此可以得出这样的结论：就利他行为的演化而言，"真正的"亲缘关系的重要性可能还不如动物对亲缘关系做出的力所能及的估计。懂得这个事实就懂得在自然界中，父母之爱为什么比兄弟/姐妹之间的利他行为普遍得多而且真诚得多，也就懂得为什么对动物而言其自身利益甚至比几个兄弟更为重要。简单地说，我的意思是，除了亲缘关系指数以外，我们还要考虑"肯定性"的指数。尽管父母/子女的关系从遗传学的意义上说，并不比兄弟/姐妹的关系来得密切，它的肯定性却大得多。在一般情况下，要肯定谁是你的兄弟就不如肯定谁是你的子女那么容易。至于你自己是谁，那就更容易肯定了。

我们已经谈论过海鸥之中的骗子，在以后的几章里，我们将要谈到说谎者、骗子和剥削者。在这个世界上，许多个体为了自身的利益总是伺机利用其他个体的亲属选择利他行为，因此，一个生存机器必须考虑谁可以信赖，谁确实是可靠的。如果 B 确实是我的弟弟，我照顾他时付出的代价就该相当于我照顾自己时付出的代价的一半，或者相当于我照顾我自己的孩子时付出的代价。但我能够像我肯定我的儿子是谁那样去肯定他是我的弟弟吗？我如何知道他是我的弟弟呢？

如果 C 是我的同卵孪生兄弟 **，那我照顾他时付出的代价就该相当于我照顾自己的任何一个儿女的两倍，事实上，我该把他的生命看作和我自己的生命一样重要。但我能肯定他是我的同卵孪生兄弟吗？当然他有点像我，但很可能我们碰巧有同样的容貌基因。不，我可不愿为他牺牲，因为他的基因有可能全部和我的相同，但我肯定知道我体内的基因全部是我的。因此，对我来说，我比他重要。我是我体内任何一个基因所能肯定的唯一的一个个体。再说，在理论上，一个操纵个体自私行为的基因可以由一个操纵个体利他行为，援救至少一个同卵孪生兄弟或两个儿女、兄弟，或至少4个孙子孙女等的等位基因代替，但操纵个体自私行为的基因具有一个巨大的优越条件，那就是识别个体的肯定性。与之匹敌的以亲属为对象的利他基因可能会搞错对象，这种错误可能纯粹是偶然的，也可能是由骗子或寄生者蓄意制造的。因此，我们必须把自然界中的个体自私行为视为是不足为奇的，这些自私行为不能单纯用遗传学上的亲缘关系来解释。

在许多物种中，做母亲的比做父亲的更能识别谁是它们的后代。母亲生下有形的蛋或孩子，它有很好的机会去辨识它自己的基因传给了谁。而可怜的爸爸受骗上当的机会就大得多。因此，父亲不像母亲那样乐于为抚养下一代而操劳，那是很自然的。在第9章《两性战争》里，我们将看到造成这种情况还有其他的原因。同样，外祖母比祖母更能识别谁是它的外孙或外孙女，因此，外祖母比祖母表现出更多的利他行为是合乎情理的。这是因为她能识别她的女儿的儿女。外祖父识别其外孙或外孙女的能力相当于祖母，因为两者都是对其中一代有把握而对另一代没有把握。同样舅舅对外甥或外甥女的利益应比叔叔或伯伯更感关切。在一般情况下，舅舅应该和舅母一样表现出同样程度的利他行为。确实，在不贞行为司空见惯的社会里，舅舅应该比"父亲"表现出更多的利他行为，因为它有更大的理由信赖同这个孩子的亲缘关系。它知道孩子的母亲至少是它的异父或异母姐妹，"合法的"父亲却不明真相。我不知道是否存在任何证据，足以证明我提出的种种臆测。但我希望，这些臆测可以起到抛砖引玉的作用，其他的人可以提供或致力于搜集这方面的证据，特别是社会人类学家或许能够发表一些有趣的议论吧。*

现在回过头来再谈谈父母的利他行为比兄弟之间的利他行为更普遍这个事实。看来我们从"识别问题"的角度来解释这种现象的确是合理的，但对存在于父母-子女关系本身的根本的不对称性却无法解释。父母爱护子女的程度超过子女爱护父母的程度，尽管双方的遗传关系是对称的，而且亲缘关系的肯定性对双方来说也是一样的。一个理由是父母年龄较大，生活能力较强，事实上处于更有利的地位为其下一代提供帮助。一个婴孩即使愿意侍养其父母，事实上也没有条件这样做。

在父母–子女关系中还有另一种不对称性，而这种不对称性不适用于兄弟 / 姐妹的关系。子女永远比父母年轻，这种情况常常，如果不是永远，意味着子女的预期寿命较长。正如我在上面曾强调的那样，预期寿命是个重要的变量。在最最理想的环境里，一只动物在"演算"时应考虑这个变量，以"决定"是否需要表现出利他行为。在儿童的平均预期寿命比父母长的物种里，任何操纵儿童利他行为的基因会处于不利地位，因为这些基因所操纵的利他性自我牺牲行为的受益者都比利他主义者自己的年龄大，更近风烛残年。在另一方面，就方程式中平均寿命这一项而言，操纵父母利他行为的基因则处于相对有利的地位。

我们有时听到这种说法：亲属选择作为一种理论是无可非议的，但在实际生活中，这样的例子却不多见。只能说持这种批评意见的人对何谓亲属选择一无所知。事实上，诸如保护儿童、父母之爱以及有关的身体器官、乳分泌腺、袋鼠的肚囊等等都是自然界里亲属选择这条原则在起作用的例子。批评家们当然十分清楚父母之爱是普遍存在的现象，但他们不懂得父母之爱和兄弟 / 姐妹之间的利他行为同样是亲属选择的例子。当他们说自己需要例证的时候，他们所要的不是父母之爱的例证，而是另外的例证。应该承认，这样的例子不是那么普遍的。我也曾提出过发生这种情况的原因。我本来可以把话题转到兄弟 / 姐妹之间的利他行为上——事实上这种例子并不少，但我不想这样做，因为这可能加深一个错误的概念（我们在上面已经看到，这是威尔逊赞成的概念）——即亲属选择具体地指父母–子女关系以外的亲缘关系。

这个错误概念之所以形成有其历史根源。父母之爱有利于进化之处显而易见，事实上我们不必等待汉密尔顿指出这一点，自达尔文的时代起，人们就开始理解这个道理。当汉密尔顿证明其他的亲缘关系也具有同样的遗传学上的意义时，他当然要把重点放在这些其他的关系上。特别是以蚂蚁、蜜蜂之类的社会性昆虫为例时。在这些昆虫里，姐妹之间的关系特别重要，我们以后还要谈到这个问题。我甚至听到有些人说，他们以为汉密尔顿的学说仅仅适用于昆虫！

如果有人不愿意承认父母之爱是亲属选择行为的一个活生生的例子，那就该让他提出一个广义的自然选择学说，这个学说在承认存在父母的利他行为的同时却不承认存在旁系亲属之间的利他行为。我想他是提不出这样的学说的。

第 7 章

计划生育

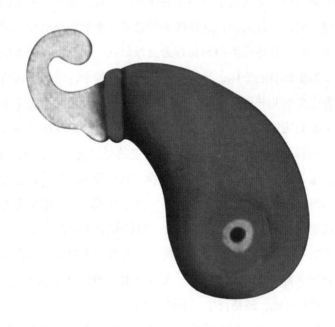

有人主张把父母的关怀同其他类型的亲属选择利他行为区别开来，这种主张的道理是不难理解的。父母的关怀看起来好像是繁殖的组成部分，而诸如对待侄子的利他行为却并非如此。我认为这里确实隐藏着一种重要的区别，不过人们把这种区别弄错了。他们将繁殖和父母的关怀归在一起，而把其他种类的利他行为另外归在一起。但我却希望这样区分：一类为生育新的个体，另一类为抚养现存的个体。我把这两种活动分别称为生育幼儿和照料幼儿。个体生存机器必须做两类完全不同的决定，即抚养的决定和生育的决定。"决定"这个词用在这里是指无意识的策略上的行动。思考是否做抚养的决定的形式是："有一个幼儿，它同我在亲缘关系上的接近程度如此这般，如果我不喂养它，它死亡的机会如何如何，那么我要不要喂养它？"另一方面，是否做生育的决定的思考形式是这样的："我要不要采取一切必要的步骤以便生育一个新的个体？我要不要繁殖？"在一定程度上，抚养和生育必然为占用某个个体的时间和其他资源而相互竞争，这个个体可能不得不做出选择："我抚养这个幼儿好呢，还是再生一个好？"

　　抚养和生育的各种混合策略，如能适应物种生态上的具体情况，在进化上是能够稳定的。单纯的抚养策略在进化上不可能稳定。如果所有个体都付出全部精力去抚养现有的幼儿，以至于连一个新的个体也不生产，这样的种群很快就会受到精于生育的突变个体的入侵。抚养只有作为混合策略的一部分，才能取得进化上的稳定——至少需要进行某种数量的生育活动。

我们非常熟悉的物种——哺乳动物和鸟类——往往都是抚养的能手。伴随着生育幼儿的决定的通常是抚养它的决定。正是因为生育同抚养这两种活动实际上时常相继发生，因此人们把这两件事情混为一谈。但从自私基因的观点来看，生存机器抚养的幼儿是兄弟或者是儿子，原则上是没有区别的。这一点我们在上面已提到过。两个幼儿同你的亲缘关系是相等的，如果你必须在两个要喂养的幼儿之间做出选择的话，没有任何遗传上的理由非要你选择自己的儿子不可。但另一方面，根据定义，你不可能生育自己的弟弟，你只能在其他人生出他之后抚养他。关于个体生存机器对其他已经存在的个体要不要采取利他行为，怎样才能做出理想的决定，我们在前面一章中已有论述。我们在本章要探讨一下，个体生存机器对于要不要生育新个体应如何做出决定。

我在第 1 章中提到过关于类群选择的争论，这种激烈争论主要是围绕着这个问题进行的。这是由于温-爱德华兹根据"种群调节"（population regulation）理论提出其类群选择观点，而他又是这个类群选择论的主要鼓吹者。*他认为，个体动物为了群体的整体利益，有意降低其出生率。

这是一个非常具有吸引力的假设，因为它十分符合人类个体应该实践的行动。人类的小孩太多了。一国人口的多少取决于 4 种情况：出生、死亡、入境移民和出境移民。如果我们把世界人口作为一个整体，那就无所谓入境移民和出境移民，只有出生和死亡。只要每对夫妻平均有两个以上的小孩存活下来进行繁殖，以后新生婴儿的数目就会以持续的加速度直线上升。每一代人口不是按固定的数量上升，而更可能是在不断增长的人口已达到的基础上按一个固定比率递增。由于人口本身也在增大，因此人口的递增量也越来越大。如果让这样的增长速度继续下去而不加以制止的话，人口的增加会达到天文数字，速度之快令人惊讶。

顺便提一下，人口的增长不但取决于人们有多少小孩，也取决于何时生小孩，甚至关心人口问题的人有时也认识不到这一点。因为每代人口往往按某种比率增长，因此，如果你把一代和一代之间的间距拉长，人口每年的增长率就低些。我们完全可以把写在横幅上的口号"只生两个"这几个字改为"以 30 岁为起点"！但无论如何，人口高速增长会招致严重的问题。

我们大家也许都已看到过这样计算出来的触目惊心的数字，这些数字能够清楚地说明问题。举例说，拉丁美洲目前的人口大约有 3 亿，而且其中已有许多人营养不良。但如果人口仍按目前的速度继续增长，要不了 500 年的时间，人口增长的结果就会出现这样一种情况：人们站着挤在一起，可以形成一条遮盖该大陆全部地区的由人体构成的地毯。即使我们假定他们都瘦骨嶙峋——一个并非不真实的假定——情况依然如此。从现在算起，在 1 000 年之后，他们要立在他人的肩膀上，其高度要超出 100 万人。待 2 000 年之后，这座由人堆起的山将会以光速向上伸展，达到已知宇宙的边缘。

无疑你会注意到，这是一种根据假设计算出来的数字！事实上，由于某些非常实际的原因，这种情况绝对不会发生。饥荒、瘟疫和战争，或者，如果我们幸运的话，还有计划生育，这些就是其中的一些原因。寄望农业科学的进展——"绿色革命"之类，是无济于事的。增加粮食生产可以暂时使问题缓和一下，但按照数学上的计算，肯定不可能成为长远之计。实际上，和已使危机加剧的医药上的进展一样，粮食增产很可能由于加快人口膨胀的速度，而使这一问题更趋恶化。如果不用火箭以每秒运载几百万人的速度向宇宙空间大规模移民，不加控制的出生率必然导致死亡率的可怕上升，这是一个简单的逻辑事实。就是这样一个简单的事实，那些禁止其追随者使用有效避孕方法的领导人竟然不理解，实在令人难以置信。他们宁愿采用"自然的"方法限制人口，而他们必将见证这种自然的方法：饥饿。

这种从长远观点计算得出的结果所引起的不安，当然是出于对我们整个物种未来福利的关心。人类（其中有些人）具有自觉的预见能力，能够预见到人口过剩所带来的灾难性后果。生存机器一般为自私的基因所操纵，完全可以肯定，自私的基因是不能够预见未来的，也不可能把整个物种的福利放在心上，这就是本书的基本假定。而温–爱德华兹也就是在这一点上同正统的进化论理论家们分道扬镳的。他认为，使真正的利他性生育控制行为形成的方式是存在的。

人们对很大一部分事实是认识一致的，不存在分歧，但在温–爱德华兹的著作中，或在阿德里普及持温–爱德华兹的观点的文章中，这一点都没有得到强调。一个明显的事实是，野生动物的数目并不以天文数字的速度增长，尽管在理论上是可以达到这种速度的。有时野生动物的数目相当稳定，出生率和死亡率大体相当。在许多情况下，它们的数目波动很大，旅鼠（lemmings）就是一个很好的例子，它们时而大量激增，时而濒于灭绝。有时波动的结果是种群的彻底灭绝，至少在局部地区是如此。以加拿大山猫为例，其数目的摇摆波动似乎是有节奏的，这从赫德森海湾公司连续几年出售的皮毛数量就可看得出。有一点可以肯定——野生动物的数目是不会无限制地持续增长的。

野生动物几乎永远不会因衰老而死亡：远远等不到它们老死，饥饿、疾病或者捕食者都可以使它们丧生。直到前不久人类的情况也是如此。大部分动物在幼年时期就死亡，还有许多尚在卵子阶段就结束了生命。饥饿以及其他死亡因素是野生动物不可能无限制增长的根本原因，但正如我们所看到的，我们的物种没有什么理由一定要沦至这样的地步。只要动物能调节其出生率，就永远不会发生饥荒。温–爱德华兹就认为，动物正是这样做的。但即便在这一点上，学界存在的分歧可能没有像你在读他的书时想象的那样大。拥护自私基因理论的人会欣然同意：动物的确会调节自己的出生率。任何具体物种的窝卵数或胎仔数都相当固定：任何动物都不会无限制地生育后代。分歧不在于出生率是否得到调节，而在于怎么得到调节：计划生育是通过什么样的自然选择过程形成的呢？概括地说，分歧在于：动物控制生育是利他性的，为了群体的整体利益而控制生育，还是自私性的，为了进行繁殖的个体的利益而控制生育？我将对这两种理论逐一进行论述。

温-爱德华兹认为，个体为了群体的整体利益而限制自己生育小孩的数量。他承认，正常的自然选择不大可能使这种利他主义行为得到进化：对低于平均数的生殖率的自然选择，从表面上看，是一种自相矛盾的说法。因此，像我们在第 1 章所见到的那样，他寄望于类群选择的理论。根据他的说法，凡其个体成员能约束自己出生率的群体，较之其个体成员繁殖迅速以致危及食物供应的群体，前者灭绝的可能性要小些。因此，世界就会为其个体成员能约束自己出生率的群体所占据。温-爱德华兹所说的自我约束行为大体上就相等于生育控制，但他讲得更加具体，事实上他提出了一个极为重要的概念，认为整个社会生活就是一种人口调节的机制。举例说，许多动物物种的群居生活具有两个主要的特征，即领域性（territoriality）和优势序位，我们在第 5 章已提到过。

许多动物显然把很多时间和精力花在"保卫"工作上，它们致力于"保卫"博物学家称之为领地的一块地域。这种现象在动物界十分普遍，不但鸟类、哺乳动物和鱼类有这种行为，而且昆虫类，甚至海葵也是如此。这块领地可能是林间的一大片地方，它主要是进行繁殖的一对动物觅食的天然场地，知更雀就是这样。另一种情况可以以鲭鸥为例，它的地盘可能是一小块没有食物的地方，但中间却有一个窝。温-爱德华兹认为，为领地进行搏斗的动物是为了争夺象征性的目的物，而不是为了争抢像食物这样的实物。在许多情况下，雌性动物因雄性动物不拥有一块领地而拒绝同其交配。有时，雌性动物由于其配偶被击败，领地被占领，而很快就委身于胜利者，这些情况的确时常会发生。甚至在明显是忠诚的单配物种中，雌性动物委身的可能是雄性动物的领地，而不是雄性动物本身。

　　如果种群的成员过多，有些个体得不到领地，它们就不能进行繁殖。因此，按照温-爱德华兹的观点，赢得一块领地就像是赢得了一张繁殖的证书或许可证。由于能够得到的领地数量有限，就好像颁发的繁殖许可证有限一样。个体可能为取得这些许可证而进行搏斗，但整个种群所能生育的幼儿总数受到所能得到的领地的数量的限制。有时，一些个体初看上去好像表现出自我约束力，例如红松鸡就是如此，因为那些不能赢得领地的个体不仅不繁殖，而且似乎放弃斗争，不想再去赢得领地。它们好像都接受这样的比赛规则：要是竞争季节结束时你还没有得到一张进行生育的正式许可证，你就要自觉地克制生育，在繁殖季节不去惊扰那些幸运的个体，以便让它们能够为物种传宗接代。

　　温-爱德华兹也是以类似的方式阐明优势序位形成的过程。在许多动物群体中，尤其是豢养的动物，但有时也包括野生动物，个体能记住对方的特征，它们也知道在搏斗中自己能够击败谁，以及通常谁能够打败它们。我们在第 5 章中曾讲到，它们"知道"哪些个体大概能击败它们，因此遇到这些个体时往往不战而降。结果，博物学家就能够把优势序位或"啄食等级"（peck order，因最初用以描述母鸡的情况而得名）形象地描绘出来——在这种等级分明的社会里，每一个个体都清楚自己的地位，因此没有超越自己身份的想法。当然，有时也发生真正的全力以赴的搏斗，而且有时有些个体能够赢得升级，取得超过其顶头上司的地位。但正如我们在第 5 章中所讲的那样，总的说来，等级低的个体自动让步的后果是，真正持久的搏斗很少发生，重伤情况也很少见。

　　许多以某种模糊的类群选择观点来看问题的人，认为这是件"好事"温-爱德华兹的解释就更加大胆：比起等级低的个体，等级高的个体有更多的机会去繁殖，这种情况不是由于它们为雌性个体所偏爱，就是因为它们以暴力阻止等级低的雄性个体接近雌性个体。温-爱德华兹认为社会地位高是表示有权繁殖的另一种票证。因此，个体为社会地位而奋斗，而不是直接去争夺雌性个体，如果最终取得的社会等级不高，它们就接受自己无权生育这个事实。凡直接涉及雌性个体时，它们总是自我克制，但这些个体能不时地试图赢得较高的社会地位，因此可以说是间接地争夺雌性个体。但和涉及领地的行为一样，"自觉接受"这条规定，即只有地位高的雄性个体才能生育，根据温-爱德华兹的观点，其带来的结果是，种群的成员数字不会增长太快。种群不会先是生育了过多的后代，然后在吃过苦头以后才发现这样做是错误的。它们鼓励正式的竞赛，让其成员去争夺地位和领地，以此作为限制种群规模的手段，以便把种群的规模保持在略低于饥饿本身实际造成死亡的水平之下。

炫耀性行为（epideictic behaviour）也许是温-爱德华兹提出的最令人惊讶的观点，炫耀性这个词是他自己杜撰的。许多动物的群居生活占据了它们的很多时间，它们集结成群，在陆地、空中或水里活动。自然选择为什么会有利于这种集体生活，人们对此给出了各种理由，而这些理由或多或少都属于常识范围。我在第 10 章会谈到其中的一些。温-爱德华兹的观点却迥然不同。他认为大批的欧椋鸟在晚间集聚，或大群的蠓虫在门柱周围飞舞时，它们是在对自己的种群进行"人口"普查。因为他提出的观点是，个体为了群体的整体利益而约束自己的出生率，即当动物个体的密度高时就少生育一些，所以它们理所当然地应该有某种方法去估计动物个体的密度。恒温器需要有温度计作为其机械装置的一个组成部分，上述的情况也正是如此。在温-爱德华兹看来，炫耀性行为就是经过周密安排的群体聚集，以便对动物的数量做出估计。他并不认为动物对其自身数量的估计是一种有意识的行为，但他认为这是一种把个体对于其种群的个体密度的直觉同它们的繁殖系统联系起来的神经或内分泌自动机制。

我对温-爱德华兹理论的介绍尽管只有三言两语，但尽力做到公正。如果我做到了这一点，现在你应该感到心悦诚服，这一理论表面看来至少是言之成理的。但你以犹疑的口吻说，尽管温-爱德华兹的理论听起来好像很有道理，它的依据最好再充分一些，否则……你所持的这种怀疑态度，是阅读了本书前面几章的结果。遗憾的是，依据并不充分。构成这一理论的大量例子既能用他的方式去解释，但也完全可以以更加正统的"自私的基因"规律加以阐明。

虽然拉克（David Lack）从未用过"自私的基因"这一名称，但他却是计划生育的自私基因理论的主要创始人，是一位伟大的生态学家。他曾对野生鸟类窝卵数进行过专门研究，但他的学说和结论却具有普遍适用的价值。每一物种的鸟往往都有典型的窝卵数。例如，塘鹅和海鸠每次孵 1 只卵，东亚雨燕每次孵 3 只，而大山雀每次孵 6 只或更多。每次孵卵数并非一成不变：有些东亚雨燕每次只生 2 只蛋，大山雀也可能生 12 只。我们有理由设想，雌鸟产蛋孵卵的数目像其他特性一样，至少是部分受遗传的控制，这就是说，可能存在使雌鸟产 2 只蛋的基因，产 3 只的与之竞争的等位基因，还有产 4 只的等位基因，等等，尽管实际情况可能并不如此简单。现在，自私基因的理论要求我们去探究，这些基因中究竟哪一种会在基因库中越来越多。表面上看，使雌鸟产 4 只蛋的基因毫无疑问会胜过产 3 只或 2 只的基因。然而稍加思索就会发现，"越多越好"的论点绝非事实。以此类推的结果就会是，5 只比 4 只好，10 只更加好，100 只还要好，数量无限最好。换句话说，这样类推，逻辑上就要陷入荒谬。显然，大量生蛋不仅有所得，也有所失。增加生育必然要以抚养欠佳为代价。拉克的基本论点是，任何一定的物种在任何一定的环境条件下，每窝肯定都有其最适度的孵卵数。他同温-爱德华兹的分歧就在于他如何回答这一问题："从谁的观点来说是最适度的？"温-爱德华兹认为，这种重要的最适度也是对群体作为一个整体而言的最适度，也就是一切个体应力图实现的最适度。而拉克却认为，每一自私个体对每窝孵卵数的抉择以其能最大限度地抚养的数量为准。如果东亚雨燕每窝最适度的孵卵数是 3 只的话，照拉克的观点来看，意思就是，凡是试图生育 4 个子女的个体，较之更加谨慎、只试图生育 3 个子女的竞争对手，其成年子女可能反而更少。这种情况很明显是由于 4 个幼儿平均得到的食物太少，以致很少能够活到成年。最初对 4 只蛋的卵黄配给，以及孵化后食物的配给都同样是造成这种情况的原因。因此，拉克认为，个体之所以调节其窝卵数，绝非出自利他性的动机。它们不会为了避免过多地消耗群体的资源而实行节制生育。它们节制生育是为了最大限度地增加它们现有子女的存活数，它们的目标同我们提倡节制生育的本来目标恰好背道而驰。

育养雏鸟是一件代价高昂的事情。雌鸟在孕育蛋的过程中必须投入大量的食物和精力。为了保存它生下的蛋，它需要付出大量的劳动去筑巢，这也可能是在其配偶的协助下完成的。雌鸟要花几个星期的工夫耐心地去孵化这些蛋。雏鸟出壳后，雌鸟就要累死累活地为它们找食物，几乎得不到喘息的时间。我们已经知道，雌性大山雀在白天平均每 30 秒就要往鸟巢衔一次食物。哺乳动物，如我们人类本身，进行的方式稍有不同，但繁殖作为一件代价高昂的事情——对母亲来说尤其如此——其基本概念是相同的。显然，如果母亲将有限的食物和精力资源分给太多的子女，结果育成的子女反而更少，倒不如一开始就谨慎一些不要贪多为好。她必须在生育和抚养之间进行合理的平衡。每个雌性个体或一对配偶所能搜集到的食物和其他资源的总量，是决定它们能够抚养多少子女的限制性因素。按照拉克的理论，自然选择对窝卵数（胎仔数等）进行调节，以便最大限度地利用这些有限的资源。

生育太多子女的个体要受到惩罚，不是由于整个种群要走向灭绝，而是仅仅由于它们自己的子女能存活下来的越来越少。使之生育太多子女的基因根本不会大量地传递给下一代，因为带有这种基因的幼儿极少能活到成年。对现代文明人而言，家庭规模不再受限于父母所能够提供的有限资源。如果一对夫妻生育了过多子女，超出了其抚养能力，国家，即其他人类成员就会介入，使多出的子女得以健康成长。事实上，一对夫妻即便不具备充足的物质资源，也无法阻止其生育、抚养女性身体极限所能允许的最大子女数量。但是福利国家乃是非同寻常之物。在大自然中，生育了超出其抚养能力的子女的父母不会拥有更多的孙辈，它们的基因不会传递给未来的后代。这里不需要对生育率的利他主义做出限制限制，因为大自然里没有福利国家。任何基因过于放纵都会立刻受到惩罚：携带其基因的后代因饥饿而死。既然我们人类不想继续这种旧时的自私之道，让子女过多的家庭因饥饿而死，于是我们不再把家庭作为经济自足的单位，而代之以国家。但是子女获得抚养保障的权利不应被滥用。

避孕有时被谴责为"非自然的"。确实如此，它非常"非自然"。可问题是：福利国家也是"非自然的"。我想大多数人都认为福利国家是非常令人向往的。但是你不可能拥有一个非自然的福利国家，除非你也拥有非自然的生育控制，否则最终结果就会比自然状态中的更加悲惨。福利国家也许是动物世界里已知的最伟大的利他主义制度。但是福利制度具有内在的不稳定性，因为它容易被自私的人利用，甚至滥用。拥有超出其抚养能力的子女数量的个体大多数是出于愚昧无知才这么做的，而不能斥之为恶意滥用。在我看来，更应该受到质疑的是那些刻意鼓励这种行径的强大的制度和领导人。

现在再来讲一讲野生动物。拉克关于窝卵数的论点可以推而广之，用于温-爱德华兹所举的其他例子：领地行为、统治集团等等。我们以他和几个同事对红松鸡进行的研究为例来说明。这种鸟食用石楠属植物，它们把石楠丛生的荒原分成一块块领地，而这些领地显然能为其主人提供超过实际需要量的食物。在发情期的早期，它们就开始为争领地而搏斗，但不久，失败者似乎就已认输，不再进行搏斗了。它们变成了流浪者，永远得不到一块领地，在发情期结束时，它们大部分都要饿死。得到繁殖机会的只有拥有领地的动物。如果一个拥有领地的动物被射杀，它的位置很快就会为先前的一个流浪者所填补，新来的主人就会进行繁殖。这一事实说明，不拥有领地的动物生理上是有繁殖能力的。我们已经看到，温-爱德华兹对这种涉及领地的极端行为的解释是，这些流浪者

"承认"自己失败，不能得到繁殖的证明书或许可证，它们也就不想再
繁殖。

　　表面上看，用自私基因的理论似乎很难解释这个例子。这些流浪者
为什么不一而再，再而三地想方设法把领地上的占有者撵走，直到它们
筋疲力尽为止呢？毕竟它们这样做不会有任何损失。但且慢，也许它们
的确会有所失。我们已经看到，领地的占有者一旦死亡，流浪者就有取
而代之的机会，从而也就有了繁殖的机会。如果流浪者用这样的方式继
承一块领地，比用搏斗的方式取得这块领地的可能性还要大，那么，作
为自私的个体，它宁愿等待，以期某一个个体死亡，而不愿在无益的搏
斗中浪费哪怕是一点点精力。以温－爱德华兹的观点来说，为了群体的福
利，流浪者的任务就是充当替补，在舞台两侧等待，随时准备接替在群
体繁殖舞台上死亡的领地占有者的位置。现在我们可以看到，对纯粹的
自私个体来说，这种办法也许是它们的最佳策略。就像我们在第 4 章中
所说的那样，我们可以把动物看作赌徒。对一个赌徒来说，有时最好的
策略不是穷凶极恶地主动出击，而是坐等良机。

　　同样，其他凡是动物显示出逆来顺受地"接受"不繁殖地位的例子，
都可以毫无障碍地用自私基因的理论加以解释。而总的解释模式却永远
相同：个体的最好赌注是，暂时自我克制，期望更好的时机来临。海豹
不去惊动那些"妻妾"占有者的美梦，并非考虑到群体的利益，而是在
等待时机，期待着更加适宜的时刻，即使这个时刻永远也不会到来，最
终落得无后。在这场赌博中成为赢家的可能性本来还是有的，尽管事后
我们知道，对这只海豹而言，这并非是一场成功的赌博。在数以百万计
的旅鼠潮水般地逃离旅鼠泛滥的中心地带时，它们的目的不是为了减少
那一地区旅鼠的密度！它们是在寻求一个不太拥挤的安身之处，每只自
私的旅鼠都是如此。如果它们当中哪一只可能因找不到这样一个安身之
处而死去，这是一个事后才可以看到的事实。它改变不了这样一种可能
性——留下不走甚至要冒更大的风险。

　　大量文献充分证明，过分拥挤有时会降低出生率。有时这种现象被认为是温-爱德华兹理论的依据，但情况完全不是这样。这种现象不仅符合温-爱德华兹的理论，而且和自私基因的理论也完全一致。例如，在一次实验中，研究人员把老鼠放在一个露天的围场里，同时放进许多食物，让它们自由地繁殖。鼠群的数量增长到某一水平，然后就稳定下来。这种稳定原来是由于老鼠太多而使雌鼠生育能力减退：它们的幼鼠少了。这类结果时常被报道。人们常把造成这种现象的直接原因称为"压力"（stress），尽管起这样一个名称对解释这种现象并无助益。总之，不论其直接原因可能是什么，我们还是需要深究其根本的或进化上的原因。鼠群生活在过分拥挤的环境内，为什么自然选择有利于降低自己产仔率的雌鼠？

　　温-爱德华兹的回答清楚明了。在群体中，凡其中的雌性个体能估量自己群体的个体数量并且调节其产仔率，以避免食物供应的负担过重，那么，类群选择便有利于这样的群体。在上述那次实验的条件下，碰巧绝不会出现食物缺乏的情况，但我们不能认为老鼠能够认识到这种情况。它们的程序编制就是为了适应野外生活的，而在自然条件下，过分拥挤可能就是一种将要发生饥荒的可靠预兆。

　　自私基因的理论又是怎么解释的呢？几乎完全相同，但仍有一个非常重要的区别。你可能还记得，按照拉克的理论，动物往往从其自私的观点出发繁殖最适量的幼仔。假如它们生育得太少或太多，它们最后抚养的幼仔，会比它们应该生育的最适量来得少。"最适量"在这个物种过分拥挤的年份中可能是个较小的数目，而在这种动物变得稀少的年份中可能是个较大的数目。我们都一致认为，动物的数量过剩可能预示着饥荒。显而易见，如果有可靠的迹象显示出一场饥荒就要临头，那么，降低其出生率是符合发现这些迹象的雌性动物的自私利益的。凡是那些不以这种方式根据预兆相应行事的对手，即使它们实际生育的幼仔比较多，最终存活下来的还是比较少。因此，我们最终得出的结论几乎同温-

爱德华兹的完全一致，但我们却是通过一种完全不同的进化上的推理得
出这一结论的。

自私基因的理论甚至也能够解释清楚"炫耀性展示"。你应该还记
得温-爱德华兹曾做这样的假设，一些动物故意成群地聚集在一起，以便
为对所有的个体进行"人口普查"提供方便，并相应地调节其出生率。
没有任何证据证明任何这样的聚集事实上是炫耀性的，但我们可以假定
找到了这类证据。这会不会使自私基因的理论处于窘境？丝毫不会。

欧椋鸟大批群栖在一起。不妨这样假定，它们在冬季数量过剩，来
年春季繁殖能力就会降低；而且，欧椋鸟倾听相互的鸣叫声也是导致其
降低生殖能力的直接原因。这种情况可以用这样的实验加以证明。给一
些欧椋鸟个体分别放送两种录音，一种再现了欧椋鸟稠密聚集的栖息地
且鸣叫声非常洪亮，另一种再现了欧椋鸟不太稠密的栖息地且鸣叫声比
较小。两相比较，前面一种欧椋鸟的产蛋量要少些。这说明，欧椋鸟的
鸣叫声构成一种炫耀性展示。自私基因的理论对这种现象的解释，同它
对于老鼠的例子的解释几无差别。

而且，我们是以这样的假定作为出发点的，即如果有些基因促使你
生育你无法抚养的子女，那么这样的基因会自动受到惩罚，在基因库中
的数量会越来越少。一个效率高的卵生动物作为自私的个体，它的任务
是预见在即将来临的繁殖季节里每窝的最适量是多少。你可能还记得我
们在第4章中使用的"预见"这个词所具有的特殊含义。那么雌鸟又是
如何预见它每窝的最适量的呢？哪些变量会影响它的预见？许多物种做
出的预见也可能是固定的，年复一年地从不变化。因此塘鹅平均每窝的
最适量是1只蛋，但在鱼儿特别多的年月，一个个体的真正最适量也许
会暂时提高到两只蛋，这种可能性是存在的，如果塘鹅无法事先知道某
一年是否将是一个丰收年的话，我们就不能指望雌塘鹅甘冒风险，生两
只蛋而浪费它们的资源，因为这有可能损害到它们在一般年景中正常的
繁殖成果。

　　一般来说，可能还有其他物种——欧椋鸟或许就是其中之一——能在冬季预言某种具体食物资源在来年春天是否会获得丰收。农村的庄稼人有许多古老的谚语，例如说冬青果的丰产可能就是来年春季气候好的吉兆。不管这些说法有没有正确的地方，从逻辑上说预兆是可能存在的，一个好的预言者从理论上讲可以据此年复一年地按照其自身的利益调节其每窝的产蛋量。冬青果可能是可靠的预兆，也可能不是，但像在老鼠例子中的情况一样，动物个体的密度看来很可能是一个正确的预报信号。一般来说，雌欧椋鸟知道它在来年春季终于要喂养自己的雏鸟时，将要和同一物种的对手竞争食物。如果它能够在冬季以某种方式估计出自己物种在当地的密度的话，它就具备了有力的手段，能够预计明年春天为雏鸟搜集食物的困难程度。假如它发现冬天的个体密度特别高的话，出于自私的观点，它很可能采取审慎的策略，生的蛋会相对减少：它对自己的每窝最适量的估计值会随之降低。

　　如果动物个体真的会根据对个体密度的估计而降低其窝卵数，那么，每一个自私个体都会立即向对手装出个体密度很高的样子，不管事实是不是这样，这样做对每一个自私的个体都是有好处的。如果欧椋鸟是根据冬天鸟群栖息地声音的大小来判断个体密度的话，每只鸟会尽可能地大声鸣叫，以便听起来像是两只鸟而不是一只鸟在鸣叫，这样做对它们是有利的。一只动物同时装扮成几只动物的做法，克雷布斯在另一个场合提到过，并把这种现象称作"好动作效果"（Beau Geste Effect），这是一本小说的书名，书中讲到法国外籍军团的一支部队曾采用过类似的战术。在我们所举的例子中，这种方法用来诱使周围的欧椋鸟降低它们的窝卵数，降低到比实际的最适量还要少。如果你是一只欧椋鸟而且成功地做到这一点，那是符合你自私的利益的，因为你使不含有你的基因的个体减少了。因此，我的结论是，温-爱德华兹有关炫耀性行为的看法实际上也许是一个很正确的看法：除了理由不对之外，他所讲的始终是正确的。从更广泛的意义上来说，拉克所做的那种类型的假设能够以自私基因的语言，对看上去似乎是支持类群选择理论的任何现象都做出充分有力的解释（如果此类现象出现的话）。

我们根据本章得出的结论是，亲代个体实行计划生育，为的是使它们的出生率保持在最适度的数值上。他们力图让自己的子女尽可能多地存活，这意味着既不能生育过多，也不能生育过少。让个体生育过多后代的基因难以在基因库中长久存续，因为携带此种基因的后代难以存活到成年。

对于家庭从成员数量上进行的探讨就讲这些。现在我们开始讲家庭内部的利害冲突。做母亲的对其所有的子女都一视同仁是否总是有利？还是偏爱某个子女更有利？家庭是作为一个单一的合作整体来发挥作用，还是我们不得不面对甚至在家庭内部都存在自私和欺骗这一现实？一个家庭的所有成员是否都为创造相同的最适条件而共同努力？在什么是最适条件这个问题上是否会发生分歧？这些就是我们要在下面一章试图回答的问题。关于配偶之间是否可能有利害冲突这个问题，我们放到第9章去讨论。

第 8 章

代际之战

让我们首先解决上一章结束时提出的第一个问题。做母亲的应该不应该有宠儿？她待子女应该不应该一视同仁，不厚此薄彼？尽管说起来可能使人感到厌烦，但我还是认为有必要再唠叨一下，像往常一样做个声明，做到有言在先，免得产生误会。"宠儿"这个词并不带有主观色彩，"应该"这个词也不带有道义上的要求。我把母亲当作一台生存机器看待，其程序的编制就是为了竭尽所能繁殖存在于体内的基因的拷贝。你我之辈都是人类，知道具有自觉的目的是怎么一回事，因此，我在解释生存机器的行为时使用带有目的性质的语言，作为一种比喻，对我是有其方便之处的。

我们说母亲有宠儿，这句话实际上是什么意思呢？这意味着她在子女身上投资时，资源的分配往往不均等。母亲能够用来投资的资源包括许多东西，食物是显而易见的一种，还包括为取得食物而消耗的精力，因为必须付出一定的代价才能把食物弄到手。保护子女免受捕食者之害而承担的风险也属资源的一种，她可以"花费"也可以拒绝花费这种资源。此外，料理"家务"以及防止风雨侵袭所消耗的能量和时间，在一些物种中为教养子女而花费的时间，都是宝贵的资源。母亲可以"随意"决定如何在其子女间分配这些资源，或均等，或不均等。

要设想用一种通货作为亲代用以投资的一切资源的计量单位是困难的。正如人类社会使用货币作为可以随时转换为食物、土地或劳动时间的通货一样，我们需要一种通货来衡量这些资源，即个体生存机器用以在另一个个体，尤其是自己孩子身上投资的资源。某种能量的度量单位，如热量，有其可取之处，一些生态学家已将其用于核算自然界里能量消耗的成本。但这种核算方式是不全面的，因为它不能精确地转换成具有实际意义的通货，即进化的"金本位"——基因生存。1972 年，特里弗斯提出"亲代投资"（parental investment）的概念，从而巧妙地解决了这个难题 [尽管在阅读他的言简意赅的文章时，我们从字里行间获得的印象是，这个提法与 20 世纪最伟大的生物学家费希尔爵士在 1930 年提出的"亲代支出"（parental expenditure）在含义上很相近]。*

亲代投资的定义是："亲代对子代个体进行的任何形式的投资，从而增加了该个体生存的机会（因而得以成功繁殖），但以牺牲亲代对子代其他个体进行投资的能力为代价。"特里弗斯提出的亲代投资这个概念的优点在于其计量单位非常接近具有实际意义的单位。一个幼儿消耗母体一定数量的乳汁，其数量不是以热量或品脱来计算的，而是以同一母体所哺育的其他幼儿因此受到的损害为计量单位。比方说，如果一个母体有两个幼儿 x 和 y，x 吃掉一品脱母乳，而这一品脱母乳所体现的又是亲代投资中的主要部分，那么其计量单位就是 y 因没有吃到这一品脱母乳而增加的死亡的可能性。亲代投资是以缩短其他幼儿预期寿命的程度为其计量单位的，包括已出生的或尚未出生的幼儿。

亲代投资并不是一个尽善尽美的计算方式，因为它过度强调亲代的重要性而相对地贬低其他的遗传关系。最理想的应该是利他行为投资（altruism investment）这个概念化的计量单位。我们说个体 A 对个体 B 进行投资，意思是个体 A 增加了个体 B 的生存机会，但以牺牲个体 A 对包括其自身在内的其他个体的投资能力为代价，而所付出的一切代价均需按适当的亲缘关系指数进行加权计算。这样，在计算一个母体对任何一个幼儿的投资额时，最好能以对其他个体的预期寿命所造成的损害为计量单位，所谓其他个体不仅指这个母体的其他子女，而且指侄子、外甥、侄女、外甥女以及母体自身等等。不过，就许多方面而言，这个方法过于烦琐，不能解决实际问题。而特里弗斯的计算方法还是有很高的实用价值的。

任何一个母体在其一生中能够对子女（以及其他亲属、她自己等，但为了便于论证，我们在这里仅仅考虑子女）进行的亲代投资是有一定总量的。这个亲代投资总额包括她在一生中所能搜集或制造的食物、她准备承担的一切风险以及她为了儿女的福利所能够耗费的一切能量与精力。一个年轻的雌性个体在其成年后应如何利用她的生命资源进行投资？什么样的投资策略才是她应遵循的上策？拉克的理论已经告诉我们，她不应把资源分摊给太多的子女，致使每个子女得到的份额过分微薄。这样做她会失去太多基因：她不会有足够的孙子孙女。另一方面，她也不应把资源集中用在少数几个被宠坏了的儿女身上。她事实上可以确保有一定数量的孙子孙女，但她的一些对手由于对最适量的子女进行投资，结果养育出更多的孙子孙女。有关平均主义的投资策略就讲到这里，我们现在感兴趣的是，对一个母亲来说，在对子女进行投资时如果不是一视同仁，是否会有好处，也就是说，她是否应该有所偏爱。

我们说，母亲对待子女不一视同仁，在遗传学上是毫无根据的。她同每个子女的亲缘关系指数都一样，都是 $\frac{1}{2}$。对她而言，最理想的策略是，她能够抚养多少子女就抚养多少，但要进行平均投资，直至子女自己开始生男育女时为止。但是，正像我们在上面已看到的那样，有些个体与其他个体相比，是更理想的寿险被保险人。一窝幼畜中，个子矮小、发育不良的和同窝其他发育正常的幼畜一样，体内有同等数量的来自母体的基因，但它的预期寿命可要短些。换句话说，如果它要和它的兄弟们一样长寿，它就需要额外的亲代投资。做母亲的可以根据具体情况做出决定，它可能发现，拒绝饲养一个个子矮小、发育不良的幼畜，将其名下应得的一份亲代投资全部分给它的兄弟姐妹反而合算。事实上母亲有时干脆把它丢给其他幼畜作为食料，或自己把它吃掉作为制造奶水的原料，这样也算上策。母猪有时吞食小猪，但它是否专挑小个子的吃，我却不得而知。

发育不良的小个子牲畜是个特殊的例子。对幼体的年龄如何影响母体的投资倾向，我们可以做出一些更具普遍性的猜测。如果在两个幼儿中母亲只能拯救其中一个，而另一个最终会死去的话，那么它应拯救其中年龄较大的一个。这是因为，如果死亡的是年龄较大的一个而不是另一个年幼的弟弟，那么，它一生付出的亲代投资中较大的那一部分将要付诸东流。也许这样说能更好地说明这个问题：如果它救弟弟，它仍需要耗费一些代价昂贵的资源才能把这个幼儿抚养到哥哥的年龄。

另一方面，如果这种抉择并不截然涉及生或死的问题，那么对母亲来说，其上策也许是，宁可将赌注压在较年幼的一个孩子身上。我们可以举这样一个例子：母亲因为不知道该把一些食物给小的吃还是给大的吃而感到左右为难。哥哥更有可能凭自己的力量去寻找食物，因此，如果妈妈不喂养它，它不一定会因此死去。另一方面，弟弟因为还很弱小，没有能力自己去找吃的，如果母亲把食物给了哥哥，弟弟饿死的可能性就更大。在这样的情况下，即使母亲宁愿牺牲弟弟，还是可能把食物喂给弟弟，因为哥哥毕竟不太可能会饿死。这正是哺乳动物使幼儿断乳，而不是喂养它们终生的原因。到了一定时候，母亲就停止喂养一个幼儿，而将其资源留给未来的子女，这样做是明智的。有时母亲可能知道它生下的是最后一个幼儿，它会把自己有生之年的全部资源都花费在这个最小的幼儿身上，也许把这个幼儿奶到成年。不过，它应该"权衡一下"，要是把资源花费在孙辈或侄甥之辈身上是否更为合算，因为尽管后者同它的亲缘关系只及子女的一半，但它们从投资中获益的能力可能比它自己这个幼儿大两倍以上。

在这里似乎应该提一下人们称之为"停经"的令人费解的现象，也就是人类中年妇女的生殖能力突然消失这个现象。在我们未开化的祖先中，这种情况可能比较少见，因为能够活到绝经这个年龄的妇女并不太多。可是，妇女的生理突变与男子生殖力的逐渐消失显然不同，这种不同说明停经现象大概具有某种遗传学上的"目的性"——就是说，停经是一种"适应"。要说清楚这个问题很不容易。乍看之下，我们很可能认为妇女在死亡之前应该不停地生男育女，即使随着年龄的增长，她生下婴儿的存活率会越来越低。至少，她们总应该尽力而为吧？但我们应当记住，她的孙子孙女也是她的后代，尽管亲缘关系只有子女的一半。

由于各种原因，也许与梅达沃的衰老学说（第3章所讲）有关，处于自然状态的妇女随着年龄的增长而逐渐丧失抚养子女的能力。因此，老年母亲所产幼儿的预期寿命短于青年母亲所产的幼儿。这意味着，如果一个妇女和她的女儿同一天生产，她孙子的预期寿命大概要比她儿子的预期寿命长。妇女到达一定的年龄后，她所生育的每个孩子活到成年的平均机会比同岁的孙子活到成年的平均机会的一半还要小。在这个时候，选择孙子孙女而不选择子女作为投资对象的基因往往会兴旺起来。4个孙子孙女之中只有1个体内有这样的基因，而两个子女之中就有1个体内有它的等位基因。但孙子孙女享有较长的预期寿命，这个有利因素胜过数量上的不利因素，因此，"孙子孙女利他行为"基因在基因库中占了上风。一个妇女如果自己继续生育子女就不能集中精力对孙子孙女进行投资，因此，使母体在中年丧失生殖能力的基因就越来越多。这是因为孙子孙女体内有这些基因，而祖母的利他行为又促进了孙子孙女的生存。

这可能就是妇女停经现象形成的原因。男性生殖能力之所以不是突然消失而是逐渐衰退的，其原因大概是，父亲对每个儿女的投资额比不上母亲。甚至对一个年迈的男人来说，只要他还能使年轻妇女生育，那么，对子女而不是对孙子孙女进行投资还是合算的。

迄今为止，我们在本章和上一章里都是从亲代，主要是从母亲的立场来看待一切问题的。我们提出过这样的问题：父母是否应该有宠儿？一般说来，对父亲或母亲而言，最理想的投资策略是什么？不过，在亲代对子代进行投资时，也许每一个幼儿都能对父母施加影响，从而获得额外的照顾。即使父母不"想"在子女之间显得厚此薄彼，难道做子女的就不能先下手为强，攫取更多的东西吗？他们这样做对自己有好处吗？更严格地说，在基因库中，那些促使子女为自私目的而巧取豪夺的基因是否会越来越多，比那些仅仅使子女接受应得份额的等位基因还要多？特里弗斯在 1974 年一篇题为"亲代与子代间的冲突"（"Parent-Offspring Conflict"）的论文里精辟地分析了这个问题。

　　一个母亲同其现有的以及尚未出生的子女的亲缘关系都是一样的。我们已经懂得，从纯粹的遗传观点来看，她不应有任何宠儿。如果她事实上有所偏爱，那也是出于因年龄或其他不同条件所造成的预期寿命的差异。就亲缘关系而言，和任何个体一样，做母亲的对其自身的"亲缘指数"是她对其子女中任何一个的密切程度的两倍，在其他条件不变的情况下。这意味着她理应自私地独享其资源的大部分，但其他条件不是不变的。因此，如果她能将其资源的相当一部分花费在子女身上，那将为她的基因带来更大的好处。这是因为子女较她年轻，更需要帮助，因而她们从每个单位投资额中所能获得的好处，必然要比她自己从中获得的好处大。促使对更需要帮助的个体而不是对自身进行投资的基因，能够在基因库中取得优势，即使受益者体内只有这个个体的部分基因。动物表现出亲代利他行为和任何形式的亲属选择行为，其原因就在于此。

　　现在让我们以一个幼儿的观点来看一下这个问题。就亲缘关系而言，他同他的兄弟或姐妹之间任何一个的密切程度和他母亲同其子女之间的密切程度完全一样，亲缘关系指数都是 $\frac{1}{2}$。因此，他"希望"他的母亲用其资源的一部分对他的兄弟或姐妹进行投资。从遗传学的角度上看，他和他母亲都希望为他兄弟姐妹的利益出力，而且他们持这种愿望的程度相等。但是我在上面已经讲过，他与自己的关系比与兄弟姐妹中任何一个的关系密切两倍，因此，如果其他条件不变，他会希望母亲在他身上的投资多一些。如果你和你的兄弟同年，又同样能从一品脱母乳中获得相等的好处，那你就"应该"设法夺取一份大于应得份额的母乳，而你的兄弟也应该设法夺取一份大于应得份额的母乳。母猪躺下准备喂奶时，它的一窝小猪尖声呼叫，争先恐后地赶到母猪身旁的情景你一定见过吧。一群小男孩为争夺最后一块糕饼而搏斗的场面你也见过吧。自私贪婪似乎是幼儿行为的特征。

但问题并不这样简单。如果我和我的弟弟争夺一口食物，而他又比我年轻得多，这口食物对他的好处肯定比对我大，因此把这口食物让给他吃对我的基因来说可能是合算的。哥哥和父母的利他行为可以具有完全相同的基础，前面我已经讲过，两者的亲缘关系指数都是 $\frac{1}{2}$，而且同年长的相比，年纪较轻的个体总是能够更好地利用这种资源。如果我体内有谦让食物的基因，我的弟弟体内有这种基因的可能性是50%。尽管这种基因在我体内的机会比我弟弟大一倍——100%，因为这个基因肯定存在我体内，但我需要这份食物的迫切性可能不到他的一半。一般说来，一个幼儿"应该"攫取大于其应得份额的亲代投资，但必须适可而止。怎样才算适可而止呢？他现存的以及尚未出生的兄弟或姐妹因他攫取食物而蒙受的净损失不能大于他从中所得利益的两倍。

让我们考虑一下什么时候断乳最适宜这个问题。母亲为了准备生第二胎而打算让正在吃奶的幼儿断乳。另一方面，这个幼儿却不希望这样快就断乳，因为母乳是一种方便的、不费力气的食物来源，而且他还不想为了生活而外出奔波。说得更确切一些，他最终还是想外出谋生的，但只有在他母亲因他走后得以脱身抚养他的弟妹，从而为他的基因带来更大的好处时才这样做。随着年龄的增大，一个幼儿从每一品脱母乳中得到的相对利益越来越小。这是因为他越长越大，一品脱母乳按他的需要而言，其比例相对地越来越小，而且在必要时他也有更大的能力去独立生活。因此，当一个年龄较大的幼儿吃掉本来可以让给一个年龄较小的幼儿的一品脱母乳时，他消耗的亲代投资，相对来说，要大于一个年龄较小的幼儿吃掉这一品脱母乳所消耗的亲代投资。在每个幼儿成长的过程中，这样的时刻必将来到：他的母亲停止喂养他，而把一个新生的幼儿作为更有利的投资对象。即便不是如此，再过一些时候，年龄较大的幼儿也会自动断乳，以便给自己的基因带来最大的好处。这时，一品脱母乳能为可能存在于他弟妹体内的他的基因的拷贝带来的好处，要大于能为事实上存在于他自己体内的基因带来的好处。

　　存在于母子之间的这种矛盾不是绝对的，而是相对的。在这个例子里，矛盾只涉及定时的问题。做母亲的打算继续喂养这个幼儿直至为他支出的投资总额达到他"应得"的份额。这个"应得"份额取决于这个幼儿的预期寿命以及已经为他支出的亲代投资额。到这里为止，矛盾尚未产生，同样，幼儿吃奶的日子不宜过长，到了他的尚未出生的弟妹因他继续吃奶而蒙受的损失超过他从中得到的好处的两倍时，他就不应继续吃下去；就这一点而言，母子双方的看法是一致的。但矛盾发生在中间的一段时期，即在母亲眼中，这个幼儿正在取得多于其应得份额的利益，而其弟妹因此蒙受的损失还没有到达两倍于他的利益的时候。

　　断乳时间只不过是母子之间引起矛盾的一个例子。我们也可以把这种情况视为一个个体和他所有尚未出生的但受到母亲袒护的弟妹之间的争执。可是，为了争夺亲代投资，更直接的争执可能发生在同代的对手之间，或同巢的伙伴之间。因此，母亲通常总是力图持公平的态度。

　　很多鸟类是在鸟窝里哺育幼儿的。雏鸟嗷嗷啾唧，而雌鸟就把小虫或其他食物丢入一张张大嘴里。按理说，雏鸟叫声的大小和它饥饿的程度是成正比的。如果说雌鸟总是先喂叫得最响的雏鸟的话，那么，每只雏鸟早晚都会得到它应得的份额，因为吃饱了的雏鸟是不会再大喊大叫的。这种情况至少在最理想的环境里是会出现的。在这种环境里，大家都循规蹈矩，不弄虚作假。但根据我们提出的自私基因的概念，我们必须估计到个体是会弄虚作假的，是会装出一副饥不可耐的样子的。这种欺骗行为逐步升级，但显然不会得到预期的效果，因为如果所有的雏鸟都大喊大叫，装出快要饿死的模样，这种大喊大叫就要变成一种常规，因而不会达到说谎的效果。不过升级容易降级难，不管哪一只雏鸟带头降低嗓门，它得到的食物就会减少，很可能真的要被饿死。再说，由于种种原因，小鸟也不会漫无止境地提高嗓门大叫。譬如说，过高的喊声要消耗体力，也会引来捕食者。

我们知道，一窝幼兽中有时会出现一个小个子，它的个子比其他的幼兽小得多。它争夺食物不像其余幼兽那样力量充沛，因而常常饿死。我们已经考虑过在什么条件下母亲让小个子死掉事实上是合算的。如果单凭直觉判断，我们大概总是认为小个子本身是会挣扎到最后一刻的，但这种推断在理论上未必能站得住脚。一旦小个子瘦弱得使其预期寿命缩短到它从同样数量的亲代投资中获得的利益还不到其他幼儿的一半时，它就该体面而心甘情愿地死去。这样，它的基因反而能够获益。就是说，一个基因发出了这样的指令："喂，如果你个子比你的骨肉兄弟瘦小得多的话，那你不必死捱活撑，干脆死了吧！"这个基因在基因库中将取得成功，因为它在小个子体内活下去的机会本来就很小，而它却有50%的机会存在于得救的每个兄弟姐妹体内。小个子的生命航程中有一个有去无回的临界点。在达到这一临界点之前，它应当争取活下去，但到了临界点之后，它应停止挣扎，宁可让自己被骨肉兄弟或父母吃掉。

在我们讨论拉克的有关窝卵数的理论时，我没有谈到上面的情况。但如果雌鸟吃不准今年该孵几个卵才是最适量时可以采取下面这个明智的策略。它在孵卵时可以比它事实上"认为"可能是最适宜的数目再多孵一个，这样，如果今年食物收成比原来估计的好，它就额外多抚养一个幼儿，不然的话，它就放弃这个幼儿以减少损失。雌鸟在喂养它的一窝幼儿时总是有意识地按同一次序进行，譬如说，按雏鸟个子的大小依次喂食。这样，它可以让其中一只，也许就是那个小个子，很快就死掉，而不致除了蛋黄或其对等物这第一笔投资之外，在它身上再浪费过多的食物。从雌鸟的观点来看，这说明了小个子现象存在的理由。小个子的生命就是雌鸟打赌的赌注，雌鸟的这种打赌行为在许多鸟类中很普遍，其性质和交易所里那种买现卖期的策略一样。

　　我们把动物比作生存机器，它们的行为好像有"目的"地保存它们自己的基因，这样，我们可以谈论亲代与子代之间的矛盾，即两代之间的争斗。这是一种微妙的争斗，双方全力以赴，不受任何清规戒律的约束。幼儿利用一切机会进行欺骗。它会装成比实际更饥饿的样子，也许装得比实际更年幼或面临比实际更大危难的模样。尽管幼儿幼小羸弱，无力欺负其父母，但它却不惜使用一切可以使用的心理战术武器——说谎、哄骗、欺瞒、利用，甚至滥用亲缘关系做出不利于其亲属的行为。另一方面，父母必须对这种欺骗行为保持警觉，尽力避免受骗上当。要做到这点似乎也并不难。雌鸟如果知道它的雏鸟可能装成很饿的样子，它就可以采取定量喂食的策略来对付，即使这只雏鸟继续大叫大喊也不予以理睬。问题是这只雏鸟很可能并未说谎，而是真的饥饿。如果它因为得不到食物而死去，这只雌鸟就要失去它的一些宝贵的基因。野生鸟类只要饿上几个小时就会死掉。

　　扎哈维指出，有一种幼儿的讹诈手段特别可怕：它放声大叫，故意把捕食者引来。它在"说"："狐狸，狐狸，快来吃我！"父母只好用食物塞住它的嘴巴。这样，它就获得了额外的食物，但自己也要冒一定的风险。这种不择手段的战术和劫持班机的人所使用的战术一样。他威胁说，除非付给他赎金，否则就要炸毁飞机，自己也准备同归于尽。我怀疑这种策略是否有利于进化，倒不是因为它过于冷酷无情，而是我认为这种策略到头来会使进行讹诈的雏鸟得不偿失。如果真的引来了捕食者，它的损失可就大了。如果它碰巧是个独生子，那就更不用说了。扎哈维所讲的就是这种情况。不管它母亲在它身上的投资已经有多大规模，它还是应该比它母亲更珍视自己的生命，因为它母亲只有它的一半基因。即使讹诈者不是独生子，而且跟它生活在一起的兄弟姐妹都是脆弱的幼儿，这种策略亦未必有利，因为这个讹诈者在每个受到威胁的兄弟或姐妹身上都有 50% 的遗传"赌注"，同时在自己身上有 100% 的赌注。我想，要是这只予取予求的捕食者仅仅惯于把最大的一只雏鸟从巢里抓走，这种策略或许能够取得成效。在这样的情况下，个子较小的雏鸟要无赖手段，威胁要把捕食者唤来，可能是合算的，因为它自己所冒的风险不会太大。

初生的布谷鸟如果因运用这种讹诈策略而得到实惠，也许更加合乎情理。大家知道，雌布谷鸟把蛋分别生在几个"收养者"（foster）的鸟巢里，每巢一个，让属于完全不同物种的被蒙在鼓里的养父养母把小布谷鸟养大。因此，一只小布谷鸟在它的同奶兄弟或姐妹身上没有遗传赌注（出于某种阴险的动机，某些种类的小布谷鸟要把它的同奶兄弟或姐妹全部杀掉。我们在下面将要谈到这种情况。现在先让我假定我们讨论的是那些能够和同胞兄弟或姐妹共同生活的布谷鸟）。如果小布谷鸟大声鸣叫，引来了捕食者，它自己可能要送掉性命，但养母的损失更大——也许是失去4个亲生儿女。因此，养母以多于其份额的食物喂它还是合算的，而小布谷鸟在这方面得到的好处可能超过它所冒的风险。

到了一定的时候，我们应该重新使用正规的基因语言，以免过多地用主观隐喻导致迷惑。这样做是明智的。我们说，小布谷鸟为了"讹诈"其养父母而大喊大叫"捕食者，捕食者，快来吃我和我所有的小兄弟姐妹吧！"这个假设究竟说明什么问题？现在就让我们使用正规的基因语言来进行论述吧。

使布谷鸟大喊大叫的基因在基因库中数量越来越多，这是因为高声叫喊提高了养父母喂养小布谷鸟的概率。养父母之所以对高声叫喊做出这种积极反应是因为促使对大喊大叫做出反应的基因在收养者物种的基因库中已经扩散开来。这种基因得以扩散的原因是：个别养父母由于没有把额外的食物喂给小布谷鸟而失去越来越多的亲生子女，而情愿把额外食物喂给小布谷鸟的养父母失去亲生子女的概率却小得多，这是因为小布谷鸟的叫声引来了捕食者。尽管不促使布谷鸟大喊大叫的基因被捕食者吃掉的可能性比促使布谷鸟大叫大喊的基因小些，但不高声叫喊的布谷鸟因为得不到额外的食物而受到更大的损失。因此，大喊大叫的基因得以在基因库中扩散开来。

按照上面这个比较主观的论点，我们可以进行一系列相似的遗传学推理。这种推理表明，尽管我们可以想象这样一个进行讹诈的基因也许能够在布谷鸟基因库中扩散开来，但在一个普通物种的基因库中它却未必能够扩散，至少不会因为它引来了捕食者而扩散开来。当然，在一个普通的物种中，大喊大叫的基因可能由于其他的原因而扩散开来，这一点我们上面已经谈过，而且这些基因有时也会偶然地产生引来捕食者的后果。不过，就这个问题而言，如果能产生任何影响的话，捕食行为的这种选择性影响往往会有减轻这种叫喊声的倾向。在我们假设的布谷鸟例子里，捕食者所产生的实际影响最终使布谷鸟喊得更响。乍听起来，这种说法似乎有点自相矛盾，但事实确是这样。

没有任何证据表明布谷鸟或其他有类似"寄孵"习惯的鸟类实际上运用了这种讹诈策略，但它们凶狠无情是肯定无疑的。譬如说，有些指蜜鸟（honeyguides）和布谷鸟一样，会在其他物种的鸟巢里生蛋。初生的指蜜鸟生有一副尖锐的钩喙，它出壳时尽管两眼还没有张开，身上光秃无毛，无依无靠的，但它却会把所有的同奶兄弟姐妹都活生生地啄死。因为死掉的兄弟就不会和它争食了！大家熟悉的英国布谷鸟采用的方法稍有不同，但殊途同归。它的孵化期较短，因此它总是比它的同奶兄弟姐妹早出壳，它一出壳便把其他的蛋都摔到巢外，这是一种盲目的、机械的动作，但其毁灭性的后果是毋庸置疑的。它首先蹲到一只蛋的下面，以背部凹下部分托住这只蛋，然后一步一步往巢的边缘后退，同时用两边翅基使这只蛋保持平衡，直至把蛋顶翻到巢外，摔在地上。接着它如法炮制，把剩下的蛋全部处置掉。从此它得以独占鸟巢，它的养父母也可以专心照顾它了。

在过去的一年中，我所获悉的最值得注意的事实之一是阿尔瓦雷斯（F. Alvarez）、阿里亚斯·德·雷纳（L. Arias de Reyna）和塞古拉（H.

Segura）三人从西班牙发出的报告。他们研究那些有可能成为养父母的鸟类——可能受到布谷鸟愚弄的受害者——识破布谷鸟蛋或初生布谷鸟之类的入侵者的能力。在实验过程中，他们曾将布谷鸟的蛋和幼鸟放入喜鹊巢中，为了进行比较，他们同时将其他物种如燕子的蛋和幼鸟放入喜鹊巢中。有一次，他们把一只乳燕放入喜鹊巢里。第二天，他们发现喜鹊巢下面的地上有一只喜鹊蛋。蛋没有跌破，于是他们把它捡起，重新放入巢中再进行观察。他们看到的景象可奇妙呢！那只乳燕的行为简直和布谷鸟一模一样，它把喜鹊蛋丢到巢外。他们再一次把蛋捡起放入巢里，结果完全一样，乳燕又把它摔到外面。和布谷鸟一样，它用两边翅基使喜鹊蛋保持平衡，托在背上，然后向后倒退，把蛋顶上鸟巢边缘，让它翻滚到外面。

阿尔瓦雷斯和他的合作者并没有试图说明这种令人惊异不止的景象，这可能是明智的。这种行为在燕子的基因库中是如何形成的？它必定同燕子日常生活中的某种东西相一致。乳燕通常是不会出现在喜鹊巢里的。在正常情况下，除自己的巢之外，它们从不光顾其他鸟巢。这种行为是不是体现了一种经过进化而形成的对抗布谷鸟的适应能力？自然选择是不是促进了燕子基因库中的一种反击策略，即促进了以布谷鸟的武器来反击布谷鸟的基因的发展？燕子巢里通常不会出现寄生的布谷鸟，这好像也是事实。也许道理就在这里。根据这个理论，喜鹊蛋在试验时之所以意外地受到同样的待遇也许是因为它们和布谷鸟蛋一样都比燕子蛋大。如果乳燕能够辨别大蛋和正常的燕子蛋，它的母亲也具有这种辨别力自不待言。在这种情况下，为什么把布谷鸟蛋摔掉的不是乳燕的母亲而是体力差得多的乳燕自己呢？有一种理论认为乳燕具有把臭蛋或其他碎屑从鸟巢里清除掉的正常活动能力，但这种理论同样是站不住脚的，因为老燕子能更好地完成这些任务，事实上也正是如此。既然有人曾经目睹孤弱的乳燕熟练地完成这种复杂的摔蛋动作，而同时成年燕子肯定能毫不费力地完成同样的任务，因此这种情况迫使我得出如下的结论：从老燕子的观点来看，乳燕存心不良。

我认为，真正的答案可能与布谷鸟毫不相干，这是可以推断出的。乳燕是不是这样对待它的同胞兄弟或姐妹的？这种景象确实令人毛骨悚然。由于最先出壳的乳燕必须和它的尚未出生的弟妹争夺亲代投资，因此它一出生就摔掉其他的蛋是合算的。

拉克关于窝卵数的理论是从亲代的观点来考虑其最适量的。如果我是一只燕子"妈妈"，在我看来，每窝最适量是孵 5 只蛋，但如果我是一只乳燕，那我就会认为小于 5 的数目才是最合适的，只要我是其中一个就行！老燕子拥有一定数量的亲代投资，它"希望"在 5 只乳燕中平均分配。但每一只乳燕都想得到超过 $\frac{1}{5}$ 的份额。和布谷鸟不一样，它并不想独吞全部投资，因为它和其他的 4 只乳燕都有亲缘关系。但它确实很想分到多于 $\frac{1}{5}$ 的份额。它只要能摔掉一只蛋，就能分到 $\frac{1}{5}$。再摔掉一只就能再分到 $\frac{1}{5}$。用基因语言来说，操纵杀兄弟姐妹行为的基因在基因库中是会扩散开来的，因为它有 100% 的机会存在于表现这种行为的个体内，而存在于它的受害者体内的机会只有 50%。

人们反对这个理论的主要理由是：如果情况果真是这样，那很难使人相信至今竟还没有人见过这种穷凶极恶的行为。我对此没法提出一个令人信服的解释。世界上不同的地方有不同种类的燕子。我们知道，譬如说，西班牙种的燕子在某些方面不同于英国种的燕子，不过人们对西班牙种的燕子还没有像对英国种的燕子那样进行过非常仔细的观察。我认为，这种把兄弟或姐妹置于死地而后快的行为是可能发生的，不过没有受到注意罢了。

我之所以在这里提出燕子杀兄弟姐妹这种罕见行为的假设，是因为我想说明一个带有普遍意义的问题。就是说，小布谷鸟的残酷行为只不过是一个极端例子，用以说明任何一个鸟巢里都会发生这种情况。同胞兄弟之间的关系比一只小布谷鸟同它同奶兄弟的关系密切得多，但这种区别仅仅是程度问题。即使我们觉得动物之间的关系竟然会发展到不惜对亲兄弟姐妹下毒手这种程度有点难以置信，但情况没有如此严重的自私行为的例子却是很多的。这些例子说明，一个幼儿从其自私行为中得到的好处可以超过它因损害到兄弟姐妹的利益而蒙受损失的两倍有余。在这种情况下，正如断乳时间的例子一样，亲代与子代之间便会发生真正的冲突。

在这种世代的争斗中，谁将是胜利者呢？亚历山大写过一篇有趣的论文，他认为这样的问题只能有一个普遍答案。按他的说法，亲代总归占上风。*如果情况果真是这样的，那你阅读这一章就算是白费劲了。如果亚历山大是正确的，那就出现了很多有趣的问题，例如，利他行为之所以能进化，并不是因为有利于该个体本身的基因，而仅仅是有利于亲代的基因。用亚历山大的话来说，亲代操纵变成了利他行为的另外一个进化因素，它和直接的亲属选择无关。为此，我们有必要研究一下亚历山大的推理过程，并使我们自己相信，我们是真的懂得他究竟错在哪儿了。为了证明他的谬误，我们实在应该用数学演算的方法，但在本书中，我们一直避免明显地使用数理，而且事实上通过直觉的理解也能看出亚历山大这篇论文的破绽所在。

他的基本遗传论点包含在下面这段经过删节的引语里："假定一个青少年个体……使得亲代利益的分配对自己有利，从而减少了它母亲自身的全面繁殖能力。通过这个方式提高处在青少年时代的个体健康水平的基因，肯定会在该个体成年时更大程度地降低其健康水平，因为这种突变型基因将越来越多地存在于这个突变型个体的后代体内。"亚历山大所说的是一个新近发生突变的基因，这个事实并不是这个论点的关键所在。我们最好还是设想一个从双亲一方继承的稀有基因。在这里，"健康水平"具有一种特殊的学术意义——成功地繁殖后代的能力。亚历山大的基本论点可以归纳如下：一个基因在促使其幼年个体搜取额外食物时确实能增加该个体的存活机会，尽管其亲代养育后代的总能力会因此而受到影响。但当这个个体自己成为父母时就要付出代价，因为其子女往往继承了同样的自私基因，从而影响这个个体养育后代的总能力。这可以说是一种既损人又不利己的行为。这样的基因只能以失败告终，因此亲代必定永远在这种冲突中取得胜利。

这个论点理应立即引起我们的怀疑，因为论据的假设，即遗传学上的不对称性事实上并不存在。亚历山大使用"亲代"与"子代"这样的字眼时好像它们之间存在着根本的遗传学上的不同。我们在上面已经谈过，尽管亲代与子代之间存在实际上的差异，如父母的年龄总比子女大、子女为父母所生等，但两代之间并不存在根本的遗传学上的不对称现象。不管你从哪一个角度看，亲缘关系都是 50%。为了阐明我的论点，我想重复一下亚历山大的原话，但把"亲代""青少年"以及其他有关字眼颠倒过来使用。"假定一个亲代个体有这样一个基因，它使亲代利益得以平均分配。通过这种方式提高作为亲代个体的健康水平的基因，肯定在这个个体还处于青少年时代时更大程度地降低过它的健康水平。"这样，我们就得出和亚历山大完全相反的结论，即在任何亲代-子代的争斗中，子女必然会胜利！这里显然存在某种错误。这两种论点的提法都过于简单。我之所以要把亚历山大的说法颠倒过来，并不是为了证明和亚历山大相反的论点是正确的。我的目的在于表明我们不能以这种主观认为的不对称性作为论据。亚历山大的论点以及我把它颠倒过来的说法都属于因站在个体的观点上看问题而背离真理。亚历山大是从亲代的观点看问题，而我是从子代的观点看问题。我认为当我们使用"健康水平"这个技术性的字眼时，很容易造成错误。我在本书中一直避免使用这个字眼就是这个缘故。只有站在一个实体的观点上看进化现象才是正确的，这个实体就是自私的基因。青少年个体的基因如有胜过亲代个体的能力就被选择；反之，亲代个体的基因如有胜过青少年个体的能力就被选择。同样是这些基因，它们先后存在于亲代个体及青少年个体之内，这并无自相矛盾之处。基因之所以被选择是因为它们能够发挥它们具备的力量：它们将利用可以利用的一切机会。因此，同一个基因，当它存在于青少年个体之内时，它可以利用的机会将不同于它存在于亲代个体之内的时候。因此，在它的个体生命史中，两个阶段的最优策略是不同的。亚历山大认为，后一阶段的策略必然胜过前一阶段的策略，这样的看法是毫无根据的。

我们可以通过另外一个方式驳斥亚历山大的论点。他心照不宣地在亲代-子代关系与兄弟-姐妹关系之间假定一种虚妄的不对称性。你应当记得，根据特里弗斯的说法，一个自私的幼儿在攫取额外的食物时必须承担丧失其兄弟或姐妹的风险，而这些兄弟或姐妹体内有它的一半的基因。正因为如此，它在攫取食物时会适可而止。但兄弟或姐妹只是各种亲属中亲缘关系指数是 50% 的一类亲属。对于一个自私幼儿来说，它自己的未来的子女和它自己的兄弟或姐妹同样"可贵"。因此，它在攫取额外资源时应估算一下为此必须付出的全部代价，不能漫无节制；这种自私行为不仅会使它丧失现存的兄弟或姐妹，而且要使它丧失其未来的子女，因为这些子女必然也会以自私行为彼此相待。亚历山大认为，青少年时期的自私性遗传到子女一代从而减少自己的长期繁殖能力是不利的，这一论点是言之成理的。但这仅仅意味着，我们必须将这种不利因素作为一项代价加在方程式里。对一个幼体来说，只要它从自私行为中得到的净利益至少不小于它的近亲因此受到的净损失的一半，那么这种自私行为还是合算的。但"近亲"应该包括的不仅仅是兄弟或姐妹，还包括它自己的未来的子女。一个个体应该视自己的利益比它兄弟的利益可贵一倍，这就是特里弗斯所做的基本假设。但它同时应该认为自己比自己未来子女当中的一个可贵一倍。亚历山大认为，在利害冲突中亲代享有天然的有利条件，他的这一结论是错误的。

除了这一基本的遗传论点外，亚历山大还有一些比较切合实际的论点。这些论点来源于亲代-子代关系中不可否认的不对称性。亲代个体是采取积极行动的一方，它实际上从事寻找食物等工作，因此能够发号施令。如果父母决定不再供养其子女，子女是没有什么办法的，因为它们幼小，无力还击。父母因此能够无视子女的愿望而要求子女绝对服从。这个论点显然并不错误，因为在这种情况下，它所假设的不对称性是真实的。父母当然比子女大些，强壮些，而且更老于世故。好牌看来都在父母手中，但子女手中也有一两张王牌，譬如说，父母应该知道它们的每个子女到底饿到什么程度，以便在分配食物时有轻重缓急，这一点很重要。它们当然可以搞平均主义，把完全相等的口粮分给每一个子女。但在最理想的环境里，把略多一些的食物分给事实上最能充分利用这份口粮的孩子是能够收获较大利益的。要是每个孩子都能够自己告诉父母它有多饿，对父母来说倒是个理想的制度。我们在上面已经谈过，这样的制度似乎已经形成。但子女说谎的可能性很大，因为它们确切知道它们自己有多饿，而它们的父母最多只能猜测它们是否老实。做父母的很难拆穿小小的谎言，尽管弥天大谎或许瞒不过父母的眼睛。

另一方面，父母最好能够知道孩子什么时候高兴，孩子如果在高兴的时候能够告诉父母就好了。某些信号，如咕噜咕噜的叫声和眉开眼笑可能被选择是因为这种信号使父母知道它们怎样做才能为子女带来最大的好处。看见子女眉开眼笑或听见子女发出得意的叫声是对父母的最大安慰，正像食物到肚对一只迷路的老鼠同样是莫大的安慰一样。可是，正是由于甜蜜的笑脸和满意的叫声总会带来好处，孩子就能够利用笑脸或叫声来操纵父母，使自己获取额外的亲代投资。

因此，在世代之间的争斗中到底哪一方有更大的可能取胜是没有一个普遍答案的。最终的结局往往是子代企求的理想条件与亲代企求的理想条件之间的某种妥协。这种争斗同布谷鸟与养父母之间的争斗相似，尽管实际上的争斗不至于那么激烈可怕，因为双方都有某些共同的遗传利益——双方只是在某种程度内或在某种敏感的时节里成为敌人。无论如何，布谷鸟惯用的策略，如欺骗、利用等，有许多也可能为其同胞兄弟或姐妹所使用，不过它们不至于走得太远，做出布谷鸟那种极端自私的行为。

　　这一章以及下面一章（我们将讨论配偶之间的冲突）所讨论的内容似乎是有点可怕的讽刺意味的。身为人类，父母彼此真诚相待，对子女又是如此无微不至地关怀，因此这两章甚至可能为天下父母带来难言的痛苦。在这里，我必须再次声明，我所说的一切并不牵涉有意识的动机。没有人认为子女因为体内有自私的基因而故意地、有意识地欺骗父母。同时我必须重申，当我说"一个幼儿应该利用一切机会进行哄骗……说谎、欺诈、利用……"的时候，我所谓的"应该"具有特殊的含义。我并不认为这种行为是符合道德准则的，是可取的。我只是想说明，自然选择往往有利于表现这种行为的幼儿，因此，当我们观察野生种群的时候，我们不要因为看到家属之间的欺骗和自私行为而感到意外。"幼儿应该欺骗"这样的提法意味着，促使幼儿进行欺骗的基因在基因库里处于优势地位。如果其中有什么寓意深刻的地方可供人类借鉴，那就是我们必须把利他主义的美德灌输到我们子女的头脑中去，因为我们不能指望他们的本性里有利他主义的成分。

第 9 章

两性战争

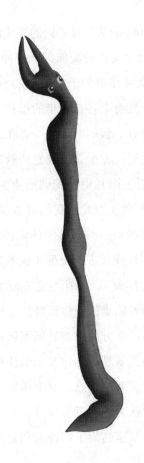

如果说体内有 50% 的基因是相同的亲代同子代之间还有利害冲突的话，那么彼此毫无血缘关系的配偶的利害冲突会激烈到何种程度呢？ *他们唯一的共有物就是在他们子女身上的 50% 的遗传投资。鉴于父亲和母亲都关心他们子女身上各自一半的福利，相互合作共同抚养这些孩子可能对双方都有好处。假如双亲的一方在对每一子女进行昂贵的资源投资时付出的份额比另一方少，他或她的景况就会好一些。这是由于他或她有更多的资源用于同其他性配偶所生的其他子女，从而他或她的基因有更多的繁殖机会。因此，我们可以说，每个配偶都设法利用对方，试图迫使对方多投资一些。就个体来说，称心如意的算盘是，"希望"同尽可能多的异性成员进行交配（我不是指为了生理上的享乐，尽管该个体可能乐于这样做），而让与之交配的配偶把孩子抚养大。我们将会看到，有一些物种的雄性个体已经是这样做的了，但还有一些物种的雄性个体，在抚养子女方面承担着同配偶相等的义务。特里弗斯特别强调，性配偶之间的关系是一种相互不信任和相互利用的关系。这种关于性配偶之间的相互关系的观点，对个体生态学家来说是一种比较新的观点。我们过去通常认为，性行为以及在此之前的追求行为，主要是为了共同的利益，或者甚至是为了物种的利益而相互合作共同进行的冒险事业！

　　让我们再直接回到基本原理上来，深入探讨一下雄性和雌性的根本性质。我们在第 3 章讨论过性的特性，但没有强调其不对称现象。我们只是简单地承认，有些动物是雄性的，另有一些是雌性的，但并没有进一步追究雄和雌这两个字眼到底是什么意思。雄性的本质是什么？雌性的根本定义又是什么？我们作为哺乳动物看到大自然以各种各样的特征为性别下定义，诸如拥有阴茎、生育子女、以特殊的乳腺哺乳、某些染色体方面的特性等等。对于哺乳动物来说，这些判断个体性别的标准是无可厚非的，但对于一般的动物和植物，这样的标准并不比把穿长裤作为判断人类性别的标准更加可靠。例如青蛙，不论雄性还是雌性都没有阴茎。这样说来，雄性和雌性这两个词也许就不具有人们普遍所理解的意义了。它们毕竟不过是两个词而已。如果我们觉得它们对于说明青蛙的性别没有用处，我们完全可以不去使用它们。如果我们高兴的话，可以任意将青蛙分成性 1 和性 2。然而，性别有一个基本特性，可以据此标明一切动物和植物的雄性和雌性。这就是雄性的性细胞或"配子"（gametes）比雌性"配子"要小得多，数量也多得多。不论我们讨论的是动物还是植物，情况都是如此。如果某个群体的个体拥有大的性细胞，为了方便起见，我们可以称之为雌性；如果另一个群体的个体拥有小的性细胞，为了方便起见，我们可以称之为雄性。这种差别在爬行动物以及鸟类中尤为显著。它们的一个卵细胞，其大小和总的营养成分，足以喂养一个正在发育成长的幼儿长达数周。即使是人类，尽管卵子小得在显微镜下才能看见，但仍比精子大许多倍。我们将会看到，根据这一基本差别，我们就能够解释两性之间的所有其他差别。

　　某些原始有机体，例如真菌类，并不存在雄性和雌性的问题，尽管它们也发生某种类型的有性生殖。在被称为同配生殖（isogamy）的系统中，个体并不能被区分为两种性别，任何个体都能相互交配，不存在两种不同的配子——精子和卵子，所有的性细胞都一样，都称为同形配子（isogametes）。两个同形配子融合在一起产生新的个体，而每一个同形配子是由减数分裂产生的。如果有 3 个同形配子 A、B 和 C，那么 A 可

以和 B 或 C 融合，B 可以同 A 或 C 融合。正常的性系统绝不会发生这种
情况。如果 A 是精子，它能够同 B 或 C 融合，那么 B 和 C 肯定是卵子，
而 B 也就不能和 C 融合。

两个同形配子相互融合时，各为新的个体提供数目相等的基因，而
贡献的食物储存量也相等。精子同卵子为新的个体贡献的基因数目虽然
也相等，但卵子在提供食物储存方面却远远超过精子：实际上，精子
并不提供任何食物储存，只是致力于把自己的基因尽快输送给卵子而
已。因此，在受孕的时刻，父亲对子代的投资，比他应支付的资源份
额（50%）少。由于每个精子都非常微小，一个雄性个体每天能够制造
千百万个。这意味着他具有潜在的能力，能够在很短的一段时间内利用
不同的雌性个体使一大批幼儿出生。这种情况之所以可能成功，仅仅是
因为每个受孕的母体都能为新胎儿提供足够的食物。因此，每一雌性个
体能够生育的幼儿数量就有了限制，但雄性个体可以繁殖幼儿的数量实
质上是无限的，这就为雌性个体带来了利用这种条件的机会。*

帕克以及其他人都曾证明，这种不对称现象可能是由同形配子的状
态进化而来的。在所有的性细胞还可以相互交换而且体积也大致相同的
时候，其中很可能有一些碰巧比其他的略大一点。略大的同形配子可能
在某些方面比普通的同形配子占优势，因为它一开始就能为胎儿提供大
量的食物，使其有一个良好的开端。因此那时就可能出现了一个形成较
大的配子的进化趋势。但道路不会是平坦的。其体积大于实际需要的同
形配子，在开始进化后会为自私性的利用行为打开方便之门。那些制造
小一些的配子的个体，如果它们有把握使自己的小配子同特大配子融合
的话，它们就会从中获得好处。只要使小的配子更加机动灵活，能够积
极主动地去寻找大的配子，就能实现这一目的。凡能制造体积小、运动
速度快的配子的个体享有一个有利条件：它能够大量制造配子，因此具
有繁殖更多幼儿的潜力。自然选择有利于制造小的但能主动找到大的并
与之融合的性细胞。因此，我们可以想象，有两种截然相反的性"策略"

正在进化中。一种是大量投资或"诚实"策略。这种策略自然而然地为小量投资、具有剥削性质的或"狡猾"的策略开辟了道路。这两种策略的相互背驰现象一旦开始，就犹如脱缰之马势必将继续下去。介乎这两种体积之间的中间体要受到惩罚，因为它们不具有这两种极端策略中任何一种的有利条件。狡猾的配子变得越来越小，越来越灵活机动。诚实的配子却进化得越来越大，以补偿狡猾的配子日趋缩小的投资额，并变得不灵活起来，反正狡猾的配子总是会积极主动去追逐它们的。每一个诚实的配子"宁愿"同另一个诚实的配子进行融合，但是，排斥狡猾配子的自然选择压力同驱使它们钻空子的压力相比，前者较弱：因为狡猾的配子在这场进化的战斗中必须取胜，否则损失很大。于是诚实的配子变成了卵子，而狡猾的配子演变成了精子。

这样看来，雄性个体是微不足道的家伙，而且根据简单的"物种利益"理论，我们可以预料，雄性个体的数量较之雌性个体会越来越少。因为从理论上讲，1 个雄性个体所产生的精子足以满足 100 个雌性个体的需要，因此，我们可以假定，在动物种群中雌雄两性个体的比例应该是 100∶1。换言之，雄性个体更具"低值易耗"的性质，而雌性个体对物种来说，其"价值"较大。当然，从物种的整体观点来看，这种情况完全正确。举一个极端的例子，在一项有关海象的研究中，据观察，4%的雄性海象进行的交配占所有交配的 88%。在这一例子以及许多其他例子中，有大批剩余的从未交配过的独身雄性个体，它们可能终生得不到交配机会。但这些多余的雄性个体在其他方面过的是正常生活，它们不遗余力地将种群的食物资源吃光，同其他成熟个体相比，毫不逊色。从"物种利益"的角度来看，这种情况是一种极大的浪费；可以说，这些多余的雄性个体是社会的寄生虫。这种现象只不过是类群选择理论遇到的难题中的又一个例子而已。但另一方面，自私基因的理论能够毫无困难地解释这种现象，即雄性个体和雌性个体的数量趋于相等，即使实际进行繁殖的雄性个体可能只占总数的一小部分。第一个做出这种解释的是费希尔。

雄性个体和雌性个体各出生多少的问题，是亲代策略中的一个特殊问题。我们曾对力图最大限度地增加其基因存活量的亲代个体最适宜的家庭规模进行讨论。同样，我也可以对最适宜的性比率进行探讨。把你的宝贵基因信托给儿子好呢，还是信托给女儿好？假定一个母亲将自己的所有资源全部投资在儿子身上，因而没有任何剩余用于女儿的投资，一般来说，她对未来基因库的贡献，同另一位将其全部资源用于女儿身上的母亲相比，会不会更大一些？偏向儿子的基因是会比偏向女儿的基因变得多起来，还是越来越少？费希尔证明，在正常情况下，最适宜的性比率是50∶50。为了弄懂这个问题，首先我们必须具备一点有关决定性别的机制的知识。

在哺乳动物中，遗传上是这样来决定性别的：所有卵子既能发育成雄性个体，也能发育成雌性个体，决定性别的染色体的携带者是精子。男性制造的精子，其中一半生育女性，或称为 X 精子，一半生育男性，或称为 Y 精子。两种精子表面看上去没有区别，它们只有一条染色体不同。基因如要一个父亲只生女儿，该基因只要他只制造 X 精子就行了；而基因如要一个母亲只生女儿，该基因只要让她分泌一种选择性的杀精子剂，或者使男性胎儿流产即可。我们所要寻求的是一种同进化稳定策略相等的东西，尽管在这里，策略在更大的程度上说只是一种比喻的讲法（在《进犯行为》一章中我们已使用过这种比喻）。实际上，个体是不能够随意选择自己子女的性别的。但基因倾向于使个体生育一种性别的子女还是可能的。如果我们假定这样的基因，即倾向于不平均性比率的基因存在的话，它们在基因库中会不会在数量上超过其等位基因，即倾向于平均性比率的基因？

假定在上面提到的海象中出现了一个突变基因，而该突变基因有使父母所生的孩子大部分是女儿这种趋势。由于种群内不缺少雄性个体，因此不存在女儿寻找配偶的困难，制造女儿的基因从而能够散布开来。

这样，种群内的性比率也就开始向雌性个体过剩转变。从物种利益的观点出发，这种情况不会发生问题。我们已经讲过，因为只要有几个雄性个体就足以提供一大批过剩的雌性个体所需要的精子，因此，从表面上看，我们可以认为，制造女儿的基因不断地扩散，直到性比率达到极度不平衡的程度，即剩下的少数几个雄性个体搞得筋疲力尽才能勉强应付。但是，试想那些生儿子的为数不多的父母，它们要享有多么巨大的遗传优势！凡是生育一个儿子的个体，就会有极大的机会成为几百只海象的祖父或祖母。只生女儿的个体能确保几个外孙、外孙女是无疑的，但同那些专事生儿子的个体所拥有的那种遗传上蔚为壮观的前景相比，就要大为相形见绌了。因此，生儿子的基因往往会变得多起来，而性比率的钟摆就又会摆回来。

为简便起见，我以钟摆的摆动来说明问题。实际上，钟摆绝不会向雌性占绝对优势的方向摆动那样大的幅度。因为性比率一旦出现不平衡，生儿子的这股自然选择压力就会开始把钟摆推回去。生育同等数目的儿女的策略是一种进化稳定策略，就是说，偏离这一策略的基因都要遭受净损失。

我的论述是以儿子的数目对女儿的数目为根据的，目的是为了使其简单易懂。但严格说来，应该根据亲代投资的理论进行解释，就是说以前面一章我们曾讨论过的方法，按亲代一方必须提供的所有食物和其他资源来进行计算。亲代对儿子和女儿的投资应该均等。在一般情况下，这意味着他们所生的儿子和女儿数目应该相等。但是，假如对儿子和女儿的资源投资额不均等的话，那么性比率出现同样程度的不均衡在进化上可以是稳定的。就海象而言，生女儿同生儿子的比例是3：1，而对每个儿子投资的食物和其他资源却三倍于每个女儿，借以使每个儿子成为超群的雄性，这种策略可能是稳定的。把更多的食物投资在儿子身上，使他既大又强壮，亲代就可能使之有更多的机会赢得"妻妾"这个最高奖赏。但这是一个特殊的例子。通常的情况是，在每个儿子身上的投资

同在每个女儿身上的投资数量大致相等，而性比率从数量上说一般也是
1：1。

因此，一个普通的基因在世代更迭的漫长旅程中，大约要花一半
的时间寄居于雄性个体中，另一半时间则寄居于雌性个体中。基因的某
些影响只在一种性别的个体中表现出来，这些影响称为性限制基因影响
（sex-limited gene effects）。控制阴茎长度的基因仅在雄性个体中表现出
它的影响，但它也存在于雌性个体中，而且可能对雌性个体产生完全不
同的影响。认为男性不能从其母体继承形成长阴茎的趋势是毫无道理的。

不论基因存在于两种个体的哪一种中，我们可以认为它都会充分利
用该种个体所提供的一切机会。由于个体的性别有所不同，这些机会可
能是很不相同的。作为一种简便的近似说法，我们可以再次假定，每一
个个体都是一台自私的机器，都竭尽全力维护自己的全部基因。对这样
一台自私的机器来说，其最佳策略往往因为其性别的不同而完全不同。
为了简洁起见，我们又要用老办法，把个体的行为当作有目的的。和以
前一样，我们要记住这不过是一种比喻的说法。实际上，个体是一台其
程序由它自己的自私基因盲目编制出来的机器。

让我们再来探讨一下在本章开始时我们提到的那一对配偶。作为自
私的机器，配偶双方都"希望"儿子和女儿数目均等。在这一点上他们
是没有争议的。分歧在于，谁将承担抚养这些子女的主要责任。每一个
个体都希望存活的子女越多越好。在任何一个子女身上，他或她投资得
越少，他或她能够生育的子女就会越多。显而易见，实现这种愿望的方
法是诱使你的性配偶在对每一个子女进行投资时付出比他或她理应付出
的更多的资源，以便自己脱身同另外的配偶再生子女。这种策略是一种
两性都向往的策略，不过对雌性来讲更难如愿以偿。由于她一开始就以
其大而营养丰富的卵子付出了比雄性多的投资额，因此母亲从怀孕的时
刻起，就对每个幼儿承担了比父亲更大的"义务"。幼儿一旦死亡，她
会比父亲蒙受更大的损失。更确切地讲，为了把另一个新的幼儿抚养到

同死去的幼儿同样大小，她今后必须比父亲进行更多的投资。如果她耍花招，让父亲照料幼儿，自己却同另一个雄性个体私奔，父亲也可以将抛弃幼儿作为报复手段，而父亲所蒙受的损失，相对来说要小。因此，至少在幼儿发育的早期，如果有这种抛弃行为发生的话，一般是父亲抛弃母亲和孩子，而不是相反。同样，我们可以推断出雌性个体对子女的投资多于雄性个体，这不仅在一开始，而且在子女整个发育期间都是如此。例如在哺乳动物中，在自己体内孕育胎儿的是雌性个体，幼儿降生之后，制造乳汁喂养幼儿的是雌性个体，抚养并保护幼儿的主要责任也落在雌性个体肩上。雌性个体受剥削，而这种剥削行为在进化上的主要基础是卵子比精子大。

当然，在许多物种中，做父亲的确实也非常勤奋，而且忠实地照料幼儿。但即使如此，我们必须估计到，在正常情况下，会有某种进化上的压力，迫使雄性个体略微减少一点对每个幼儿的投资，而设法同其他配偶生更多的子女。我这样讲指的仅仅是，基因如果说"喂，如果你是雄性个体，那就早一点离开你的配偶，去另外找一个雌性个体吧，不必等到我的等位基因要你离开时才离开"，那么这样的基因往往在基因库中获得成功。这种进化上的压力在实际生活中随着物种的不同而产生大小悬殊的影响。在许多物种中，例如极乐鸟，雌性个体得不到雄性个体的任何帮助，抚养子女完全靠自己。还有一些物种，诸如三趾鸥，结成一雌一雄的配对，是相互忠诚的楷模，它们相互配合共同承担抚养子女的任务。这里，我们必须设想，某种进化上的对抗压力起了作用：对配偶的自私剥削，不仅能得到好处，一定也会受到惩罚。在三趾鸥中，这种惩罚超过了所得利益。不管怎样，只有在妻子有条件不依赖他人抚养幼儿的前提下，父亲抛弃妻子和幼儿才会有好处。

特里弗斯对被配偶抛弃的母亲可能采取的各种行动方针进行了探讨。对她来说，最好的策略莫过于欺骗另一个雄性个体，使之收养她的幼儿，"以为"这就是他自己的幼儿。如果幼儿还是个尚未出生的胎儿，要做到这点恐怕并不太困难。当然，幼儿体内有她的一半基因，而上当受骗的父亲的基因一个也没有。自然选择会对雄性个体的这种上当受骗的行为进行严厉的惩戒，而且事实上，自然选择又会帮助那些雄性个体，他们一旦同新妻子结为配偶就采取积极行动杀死任何潜在的继子或继女。这种现象很可能说明了所谓布鲁斯效应（Bruce effect）：雄鼠分泌一种化学物质，怀孕的雌鼠一闻到这种化学物质，就能够自行流产。而且只有在这种味道同其先前配偶的不同时，雌鼠才流产。雄鼠就是用这种方式把潜在的继子或继女杀死的，并使它的新妻子可以接受它的性追求。顺便提一句，阿德里竟把布鲁斯效应当成一种控制种群密度的途径！雄狮中也有同样的情况发生，它们新到达一个狮群时，有时会残杀现存的幼狮，可能因为这些幼狮不是它们自己亲生的。

雄性个体不需要杀死继子继女也能达到同样的目的。他在同雌性个体交配之前，可以把追求的时间拖长，在这期间驱走一切向她接近的雄性个体，并防止她逃跑。用这样的方法，他可以看到在她子宫里有没有藏着任何未成形的继子或继女，如果有，就抛弃她。在后面我们将会讲到，雌性个体在交配之前为什么可能希望"订婚"期要长一些。这里我们谈一下，雄性个体为什么也希望"订婚"期长一些。假定他能够使她同其他雄性个体脱离一切接触，这样有助于避免不知不觉地成为其他雄性个体的子女的保护人。

假如被遗弃的雌性个体不能够欺骗新的雄性个体使之领养她的幼儿，她还有其他办法吗？这在很大程度上要取决于这个幼儿有多大。如果是刚受孕，事实上她已投资了整个卵子，可能还要多些，但将这个胎儿流产并尽快找一个新的配偶，对她仍旧是有利的。在这种情况下，流产对她未来的新丈夫也是有利的，因为我们已经假定她不愿意使他受骗。这一点可以说明，从雌性个体的角度来看，布鲁斯效应是起作用的。

被遗弃的雌性个体还有一种选择，即坚持到底，尽力设法自己抚养幼儿。如果幼儿已经相当大，这样做对她尤其有利。幼儿越大，在他身上已经进行的投资也就越多，她为了完成抚养幼儿这项任务所要付出的代价就越少。即使幼儿仍旧很幼小，但试图从她初期的投资中保存一些东西，对她可能仍是有利的，尽管她必须付出加倍的努力才能喂养这个幼儿，因为雄性个体已经离去。幼儿体内也有雄性个体的一半基因，她可以在幼儿身上发泄怨恨并把幼儿抛弃，但这样做对她来讲并不是一件愉快的事情。在幼儿身上泄怨是毫无道理的，因为幼儿的基因有一半是她的，而且只有她自己面对目前的困境。

　　听起来似乎自相矛盾，对有被遗弃危险的雌性个体来说，恰当的策略是，不等雄性个体抛弃她，她就先离开他。即使她在幼儿身上的投资已经多于雄性个体，这样做对她仍可能是有利的。在某种情况下，谁首先遗弃对方谁就占便宜，不论是父亲还是母亲，这是一个令人不愉快的事实。正如特里弗斯所说，被抛弃的配偶往往陷入无情的约束。这是一种相当可怕但又非常微妙的论点。父母的一方可能会这样讲："孩子现在已经长得相当大，完全可以由我们当中的一个抚养。因此，假定我能肯定我的配偶不会也离开的话，我现在离开对我来说是有好处的。假使我现在就离开，我的配偶就可以为她或他的基因的最大利益而努力工作。他或她将要被迫做出比我现在正在做出的还要激烈得多的决定，因为我已经离开。我的配偶'懂得'，如果他或她也离开的话，幼儿肯定会死亡。所以，假定我的配偶要做的决定，对他或她的自私基因将是最有利的话，我断定，我自己的行动方针是，最好我先离开。因为我的配偶可能也正在'考虑'采取和我完全相同的方针，而且可能先下手为强，随时抛弃我！因此，我尤其应该先离开。"这样的父亲或母亲是会主动抛弃对方的。这种自我独白，和以前一样，仅仅是为了说明问题。问题的关键是，自然选择有利于首先抛弃对方的一方的基因，这仅仅是因为自然选择对随后抛弃对方的一方的基因不利而已。

　　我们已经分析了雌性个体一旦被遗弃，她可能采取的一些行动。但所有这些行动总有一点"亡羊补牢，犹未晚矣"之感。到底雌性个体有没有办法减轻由于其配偶首先对她进行剥削而造成损失呢？她手中握有一张王牌：她可以拒绝交配。她是被追求的对象，她掌握主动权。这是因为她的嫁妆是一个既大又富有营养的卵子。凡是能成功地与之交配的雄性个体就可为其后代获得一份丰富的食物储藏。雌性个体在交配之前，能够据此进行激烈的讨价还价。她一旦进行交配，就失去了手中的王牌——她把自己的卵子信托给了与之交配的雄性个体。激烈的讨价还价可能是一种很好的比喻，但我们都很清楚，实际情况并非如此。有没有任何相当于激烈讨价还价的某种实际形式能够借自然选择得以进化呢？我认为主要有两种可能性，一种为家庭幸福策略（the domestic-bliss strategy），一种为大丈夫策略（the he-man strategy）。

家庭幸福策略的最简单形式是：雌性个体对雄性个体先打量一番，试图事先发现其忠诚和眷恋家庭生活的迹象。在雄性个体的种群中，成为忠诚的丈夫的倾向必然存在程度上的差异。雌性个体如能预先辨别这种特征，她们可以选择具有这种品质的雄性个体，从而使自己受益。雌性个体要做到这点，方式之一是长时间地摆架子，忸怩作态。凡是没有耐心，等不及雌性个体最终答应与之交配的雄性个体大概不能成为忠诚的丈夫。雌性个体以坚持订婚期要长的方式，剔除了不诚心的求婚者，最后只同预先证明具有忠诚和持久的品质的雄性个体交配。雌性忸怩作态是动物中一种常见的现象，求爱或订婚时间拉得长也很普遍。我们讲过，订婚期长对雄性个体也有利，因为雄性个体有受骗上当、抚养其他雄性个体所生幼儿的危险。

追求的仪式通常包括雄性个体在交配前所进行的重要投资。雌性个体可以等到雄性个体为其筑巢之后再答应与之交配，或者雄性个体必须喂养雌性个体以相当大量的食物。当然，从雌性个体的角度来讲，这是很好的事，但它同时也使人联想到家庭幸福策略的另一种可能形式。雌性个体先迫使雄性个体对它们的后代进行昂贵的投资，然后再交配，这样雄性个体在交配之后再抛弃对方，也就不会有好处了。会不会是这种情况呢？这种观点颇具说服力。雄性个体等待一个忸怩作态的雌性个体最终与之交配，是要付出一定代价的：它放弃了同其他雌性个体交配的机会，而且向该雌性个体求爱时要消耗它许多的时间和精力。到它终于得以同某一具体雌性个体交配时，它和这个雌性个体的关系已经非常"密切"。假使它知道今后它要接近的任何其他雌性个体也会以同样的方式进行拖延，然后才肯交配，那么，对它来说，遗弃该雌性个体的念头也就没有多大诱惑力了。

我曾在一篇论文中指出过，这里特里弗斯在推理方面有一个错误。他认为，预先投资本身会使该个体对未来的投资承担义务。这是一种荒谬的经济学思想。商人永远不会说："我在协和式客机上（举例说）已经投资太多，现在把它丢弃实在不合算。"相反，他总是要问，即使他在这项生意中的投资数目已经很大，但为了减少损失，现在就放弃这项生意，这样做对他的未来是否有好处。同样，雌性个体迫使雄性个体在她身上进行大量投资，指望单单以此来阻止今后雄性个体最终抛弃她，这样做是徒劳的。这种形式的家庭幸福策略还要取决于一种进一步的重要假定：即雌性的大多数个体都愿意采取同样的做法。如果种群中有些雌性个体是放荡的，随时准备欢迎那些遗弃自己妻子的雄性个体，那么对抛弃自己妻子的雄性个体就会有利，不论他对她的子女的投资已经有多大。

因此，这在很大程度上取决于大多数雌性个体的行为。如果我们可以根据雌性个体组成集团的方式来考虑问题的话，就不会存在问题了。但雌性个体组成的集团，同我们在第5章中讲到的鸽子集团相比较，其进化的可能性也不会更大些。我们必须寻找进化稳定策略。让我们采用史密斯用以分析进犯性对抗赛的方法，把它运用于性的问题上。*这种情况要比鹰和鸽的例子稍微复杂一点。因为我们将有两种雌性策略和两种雄性策略。

同史密斯的分析一样，"策略"这个词是指一种盲目的、无意识的行为程序。我们把雌性的两种策略分别称为羞怯（coy）和放荡（fast），而雄性的两种策略分别称为忠诚（faithful）和薄情（philanderer），这四种策略在行为上的准则是：羞怯的雌性个体在雄性个体经过长达数周而且代价昂贵的追求阶段之后，才肯与之交配；放荡的雌性个体毫不迟疑地同任何个体进行交配；忠诚的雄性个体准备进行长时间的追求，而且交配之后，仍同雌性个体待在一起，帮助她抚养后代；薄情的雄性个体，如果雌性个体不立即同其进行交配，很快就会失去耐心，他们走开并另寻雌性个体，即使交配之后，他们也不会留下承担起做父亲的责任，而是去另寻新欢。情况同鹰和鸽的例子一样，并不是说只有这几种策略，然而对实行这几种策略会带来什么样的命运进行一番研究是富于启发性的。

同史密斯一样，我们将采用一些任意假定的数值，表示各种损失和利益。为了更加带有普遍性，也可以用代数符号来表示，但数字更容易理解。我们假定亲代个体每成功地抚养一个幼儿可得 15 个单位的遗传盈利，而每抚养一个幼儿所付出的代价，包括所有食物、照料幼儿花去的所有时间以及为幼儿承担的风险，是-20 个单位。代价用负数表示，因为那是双亲的"支出"。在旷日持久的追求中所花费的时间也是负数，就以-3 个单位来代表这种代价。

现在我们设想有一个种群，其中所有的雌性个体都羞怯忸怩，而所有的雄性个体都忠诚不贰。这是一个一雌一雄配偶制的理想社会。在每一对配偶中，雄性个体和雌性个体所得的平均盈利都相等。每抚养一个幼儿，它们各获得 15 个单位，并共同承担所付出的代价（-20），平均分摊，每方各为-10。它们共同支付拖长求爱时间的代价（罚分-3）。因此，每抚养一个幼儿的平均盈利是：15-10-3=2。

现在我们假设有一个放荡的雌性个体溜进了这个种群。它干得很出色。它不必支付因拖延时间而花费的代价，因为它不沉湎于那种旷日持久的卿卿我我的求爱。由于种群内的所有雄性个体都是忠诚的，它不论跟哪一个结合都可以为它的子女找到一个好父亲。因此，它每抚养一个幼儿的盈利是 15-10=5。同它羞怯忸怩的对手相比较，它要多收益 3 个单位。于是放荡的基因开始散布开来。

如果放荡的雌性个体获得很大成功，致使它们在种群内占据了统治地位，那么，雄性个体的营垒中，情况也会随之开始发生变化。截至目前，种群内忠诚的雄性个体占有垄断地位。但如果现在种群中出现了一个薄情的雄性个体，它的景况会比其他的忠诚的对手好些。在一个雌性个体都放荡不羁的种群内，对一个薄情的雄性个体来讲，这类货色比比皆是，唾手可得。如果能顺利地抚养一个幼儿，它净得盈利 15，而对两种代价却分文不付。对雄性个体来说，这种不付任何代价指的主要是，它可以不受约束地离开并同其他雌性个体进行交配。它的每一个不幸的妻子都得独自和幼儿挣扎着生活下去，承担起-20 个单位的全部代价，尽管它并没因在求爱期间浪费时间而付出代价。一个放荡的雌性个体结交一个薄情的雄性个体，其净收益为 15-20=-5，而薄情的雄性个体的收益却是 15。在一个雌性个体都放荡不羁的种群中，薄情的雄性基因就会像野火一样蔓延开来。

如果薄情的雄性个体数得以大量地迅速增长，以至于在种群的雄性成员中占了绝对优势，放荡的雌性个体就将陷于可怕的困难处境。任何羞怯忸怩的雌性个体都会享有很大的有利条件。如果羞怯忸怩的雌性个体同薄情的雄性个体相遇，它们之间绝不会有什么结果。雌性个体坚持要把求爱的时间拉长，而雄性个体断然拒绝并去寻找另外的雌性个体。双方都没有因浪费时间而付出代价，但双方也各无所得，因为没有幼儿出生。在所有雄性个体都是薄情郎的种群中，羞怯忸怩的雌性个体的净收益是 0。0 看上去微不足道，但比放荡不羁的雌性个体的平均得分-5 要好得多。即使放荡的雌性个体在被薄情郎遗弃之后，决定抛弃它的幼儿，但它的一颗卵子仍旧是它所付出的一笔相当大的代价。因此，羞怯忸怩的基因开始在种群内再次散布开来。

现在让我们来谈谈这一循环性假设的最后一部分。当羞怯忸怩的雌性个体大量增加并占据统治地位时，那些和放荡的雌性个体本来过着纵欲生活的薄情雄性个体开始感到处境艰难。一个个雌性个体都坚持求爱时间要长，要长期考验对方的忠诚。薄情的雄性个体时而找这个雌性个体，时而又找那个雌性个体，但结果总是到处碰壁。因此，在一切雌性个体都忸怩作态的情况下，薄情雄性个体的净收益是 0。如果一旦有一个忠诚的雄性个体出现，它就会成为同羞怯忸怩的雌性个体交配的唯一雄性个体。那么它的净收益是 2，比薄情的雄性个体要好。所以，忠诚的基因就开始增长，至此，我们就完成了这一周而复始的循环。

像分析进犯行为时的情况一样，按我的讲法，这似乎是一种无止境的摇摆现象。但实际上，像那种情况一样，不存在任何摇摆现象，这是能够加以证明的。整个体系能够归到一种稳定状态上。*如果你运算一下，就可证明，凡是羞怯忸怩的雌性个体占全部雌性个体的 $\frac{5}{6}$，忠诚的雄性个体占全部雄性个体的 $\frac{5}{8}$ 的种群在遗传上是稳定的。当然，这仅仅是根据我们开始时任意假定的那些特定数值计算出来的，但对其他任何随意假定的数值，我们同样可以轻而易举地算出新的稳定比率。

同史密斯所进行的分析一样，我们没有必要认为存在两种不同种类的雄性个体以及两种不同种类的雌性个体。如果每一个雄性个体能在 $\frac{5}{8}$ 的时间里保持忠诚，其余的时间去寻花问柳，而每一个雌性个体有 $\frac{5}{6}$ 的时间羞怯忸怩，$\frac{1}{6}$ 的时间纵情放荡，那同样可以实现进化稳定状态。不管你怎样看待 ESS，它的含义是：凡一种性别的成员偏离其适中的稳定比率时，这种倾向必然受到另一种性别在策略比率方面相应变化的惩罚，这种变化对原来的偏离行为产生不利的影响。进化稳定策略因此得以保持。

我们可以得出这样的结论，主要由羞怯忸怩的雌性个体和忠诚的雄性个体组成的种群能够进化是肯定无疑的。在这样的情况下，家庭幸福策略对于雌性个体来说，实际上看来是行之有效的。我们就不必再考虑什么由羞怯忸怩的雌性个体组成的集团了，其实羞怯忸怩对雌性个体的自私基因是有利的。

　　雌性个体能够以各种各样的方式将这种形式的策略付诸实践。我已经提到过，雌性个体可能拒绝同还没有为它筑好巢，或至少还没有帮助它筑造一个巢的雄性个体交配。在许多单配偶制的鸟类中，情况的确如此，巢不筑好不交配。这样做的效果是，在受孕的时刻，雄性个体对幼儿已经付出的投资远较廉价的精子多。

　　未来的配偶必须为它筑造一个巢，这种要求是雌性个体约束雄性个体的一种有效手段。我们不妨说，只要能够使雄性个体付出昂贵的代价，不论是什么，在理论上几乎都能奏效，即使付出的这种代价对尚未出生的幼儿并没有直接的益处。

　　如果一个种群的所有雌性个体都强迫雄性个体去完成某种艰难而代价昂贵的任务，如杀死一条龙或爬过一座山然后才同意交配，在理论上讲，它们能够降低雄性个体在交配后不辞而别的可能性。企图遗弃自己的配偶并要和另外的雌性个体交配以更多地散布自己基因的任何雄性个体，一想到必须还要杀死一条龙，就会打消这种念头。然而事实上雌性个体是不会将杀死一条龙或寻求圣杯[1]这样专横的任务硬派给它们的求婚者的，因为如果有一个雌性个体对手，它指派的任务尽管困难程度相同，但对它以及它的子女却有更大的实用价值，那么它肯定会优越于那些充满浪漫情调、要求对方为爱情付出毫无意义的劳动的雌性个体。杀死一条龙或在达达尼尔海峡（Hellespont[2]）中游泳也许比筑造一个巢穴更具浪漫色彩，但却远远没有后者实用。

　　我提到过的雄性个体做出的具有求爱性质的喂食行动对于雌性个体也是有用的。鸟类的这种行为通常被认为是雌性个体的某种退化现象，它们恢复了雏鸟时代的幼稚行为。雌鸟向雄鸟要食物，讨食的姿态像雏鸟一样。有人认为这种行为对雄鸟具有天然的诱惑力，这时雌鸟不管能

[1]　据中世纪传说，圣杯是耶稣在最后的晚餐时所用的杯。
[2]　Hellespont，达达尼尔海峡的古希腊名称。

得到什么额外的食物，它都需要，因为雌鸟正在建立储存，以便于制造很大的卵子。雄鸟的这种具有求爱性质的喂食行为，也许是一种对卵子本身的直接投资。因此，这种行为能够缩小双亲在幼儿初期投资的悬殊程度。

有几种昆虫和蜘蛛也存在这种求爱性质的喂食现象。很显然，有时人们对这种现象完全可以做另外的解释。如我们提到过的螳螂的例子，由于雄螳螂有被较大的雌螳螂吃掉的危险，因此只要能够减少雌螳螂的食欲，随便干什么对它可能都是有利的。我们可以说，不幸的雄螳螂是在这样一种令人毛骨悚然的意义上对其子女进行投资的。雄螳螂被作为食物吃掉，以便帮助制造卵子，而且储存在雄螳螂尸体内的精子随之使吃掉它的雌螳螂的卵子受精。

采取家庭幸福策略的雌性个体如果仅仅是从表面上观察雄性个体，试图辨认它忠诚的品质会容易受骗。雄性个体只要能够冒充成忠诚的爱好家庭生活的类型，而事实上是把遗弃和不忠诚的强烈倾向掩盖起来，它就具有一种很大的有利条件。只要过去被它遗弃的那些妻子能有机会将一些幼儿抚养大，这个薄情的雄性个体比起一个既是忠诚丈夫又是忠诚父亲的雄性对手，能把更多的基因传给后代。使雄性个体进行有效欺骗的基因在基因库中往往处于有利地位。

相反，自然选择却往往有利于善于识破这种欺骗行为的雌性个体。要做到这一点，雌性个体在有新的雄性个体追求时，要显得特别可望而难即，但在以后的一些繁殖季节中，一旦去年的配偶有所表示，就要毫不犹豫，立刻接受。这样对那些刚开始第一个繁殖季节的年轻的雄性个体来说，不论它们是骗子与否，都会自动受到惩罚。天真无邪的雌性个体在第一年所生的一窝小动物中，体内往往有相当高比例的来自不忠诚的父亲的基因，但忠诚的父亲在第二年以及以后的几年中却具有优势，因为它有了一个可靠的配偶，不必每年都要重复那种浪费时间、消耗精力、旷日持久的求爱仪式。在一个种群中，如果大部分的个体都是经验丰富而不是天真幼稚的母亲的子女——在任何生存时间长的物种中，这是一个合乎情理的假设——忠诚而具模范父亲性格的基因在基因库中将会取得优势。

　　为简便起见，我把雄性个体的性格讲得似乎不是纯粹的忠诚就是彻头彻尾的欺诈。事实上，更有可能的是，所有的雄性个体——其实是所有的个体——多少都有点不老实，它们的程序编制就是会使它们利用机会去占配偶的便宜。由于自然选择增强了每一个配偶发现对方不忠诚行为的能力，因此使重大的欺骗行为降到了相当低的水平。雄性个体比雌性个体更能从不忠诚的行为中得到好处。即使在一些物种中，雄性个体表现出很大程度的亲代利他主义行为，但我们必须看到，它们付出的劳动往往比雌性个体要少些，而且随时潜逃的可能性更大些。鸟类和哺乳类动物中通常存在这种情况，这是肯定无疑的。

　　但是也有一些物种，其雄性个体在抚养幼儿方面付出的劳动实际上比雌性个体多。鸟类和哺乳动物中，这种父方的献身精神是极少有的，但在鱼类中却很常见。这是为什么呢？*这种现象是对自私基因理论的挑战，为此我长时间以来感到迷惑不解。最近卡莱尔（T. R. Carlisle）小姐在一个研究班上提出了一种很有独创性的解释。由此，我深受启发。她以上面我们提及的特里弗斯的"无情的约束"概念去阐明下面这种现象。

　　许多种类的鱼是不交尾的，它们只是把性细胞射到水里。受精就在广阔的水域里进行，而不是在一方配偶的体内。有性生殖也许就是这样开始的。另一方面，生活在陆地上的动物如鸟类、哺乳动物和爬虫等却无法进行这种体外受精，因为它们的性细胞容易干燥致死。一种性别的配子——雄性个体的，因为其精子是可以流动的，被引入另一种性别个体——雌性个体的湿润的内部。上面所说的只是事实，而下面讲的却是概念性的东西。居住在陆地上的雌性动物交配后就承受胎儿的实体，因为胎儿存在于它体内。即使它把已受精的卵子立即生下来，做父亲的还是有充裕的时间不辞而别，从而把特里弗斯所谓的"无情的约束"强加在这个雌性个体身上。不管怎样，雄性个体总是有机会事先决定遗弃配偶，从而迫使做母亲的做出抉择，要么抛弃这个新生幼儿，让它死去，要么把它带在身边并抚养它。因此，在陆地上的动物当中，照料后代的大多数是母亲。

但对鱼类及生活在水中的其他动物而言，情况有很大的差别。如果雄性动物并不直接把精子送进雌性体内，我们就不一定可以说，母亲易受骗上当，被迫照管幼儿了。配偶的任何一方都可以有机会逃之夭夭，让对方照管刚受精的卵子。说起来还存在这样一种可能性：倒是雄性个体常常更易于被遗弃。对谁先排出性细胞的问题，看来可能展开一场进化上的争斗。首先排出性细胞的一方享有这样一个有利条件——它能把照管新生胎儿的责任推给对方。另一方面，首先射精或产卵的一方必然要冒一定的风险，因为它未来的配偶不一定跟着就产卵或射精。在这种情况下，雄性个体处于不利地位，因为精子较轻，比卵子更易散失。如果雌性个体产卵过早，就是说，在雄性个体还未准备好射精时就产卵，这关系不大。因为卵子体积较大，也比较重，很可能集结成一团，一时不易散失。所以说，雌性鱼可以冒首先产卵的"风险"。雄性鱼就不敢冒这样的风险，因为它过早射精，精子可能在雌性鱼准备排卵之前就散失殆尽，那时雌性鱼即使再产卵也没有实际意义。鉴于精子易于散失，雄性鱼必须等待到雌性鱼产卵后才在卵子上射精。但这样，雌性鱼就有了难得的几秒钟时间可以趁机溜走，把受精卵丢给雄性鱼照管，使之陷入特里弗斯所说的进退两难的境地。这个理论很好地说明，为什么水中雄性动物照料后代的现象很普遍，而在陆上的动物中却很少见。

我现在谈谈鱼类以外的另一种雌性动物采取的策略，即大丈夫策略。在采取这种策略的物种中，事实上，雌性动物对得不到孩子们的爸爸的帮助已不再计较，而把全部精力用于培育优质基因，于是它们再次把拒绝交配作为武器。它们不轻易和任何雄性个体交配，总是慎之又慎，精心挑选，然后才同意和选中的雄性个体交配。某些雄性个体确实比其他个体拥有更多的优质基因，这些基因有利于提高生育子女的机会。如果雌性动物能够根据各种外在的迹象判断哪些雄性动物拥有优质基因，它就能够使自己的基因和它们的优质基因相结合而从中获益。以赛艇桨手的例子来类比，一个雌性个体可以最大限度地减少它的基因由于与蹩脚的桨手搭档而受到连累的可能性。它可以为自己的基因精心挑选优秀的桨手作为合作者。

　　一般来说，大多数雌性动物对哪些才是最理想的雄性配偶不会产生分歧，因为它们用以判断的依据都是一样的。结果，和雌性个体的大多数交配是由少数这几个幸运的雄性个体进行的。它们是能够愉快胜任的，因为它们给予每一个雌性个体的仅仅是一些廉价的精子而已。海象和极乐鸟大概也是这种情况。雌性动物只允许少数几只雄性动物坐享所有雄性动物都梦寐以求的特权———一种追求私利的策略所产生的特权，但雌性个体总是毫不含糊，成竹在胸，只允许最够格的雄性个体享有这种特权。

　　雌性动物试图挑选优质基因并使之和自己的基因相结合，按照它的观点，它孜孜以求的是哪些条件呢？其中之一是具有生存能力的迹象。任何向它求爱的个体已经证明，它至少有能力活到成年，但不一定就能够证明，它能够活得更久些。凡选择年老雄性个体的雌性个体，同挑选在其他方面表明拥有优质基因的年轻个体的雌性个体相比，前者生的后代并不见得就多些。

　　其他方面指的是什么？可能性很多。也许是体现着能够捕获食物的强韧的肌肉，也许是体现着能够逃避捕食者的长腿。雌性个体如能将其基因和这些特性结合起来，可能是有好处的，因为这些特性在它的儿女身上或许能发挥很好的作用。因此，我们首先必须设想存在这样的雌性动物，它们选择雄性个体的根据是表明拥有优质基因的万无一失的、可靠迹象，不过，这里牵涉达尔文曾发现的一个非常有趣的问题，费希尔对之也进行过有条理的阐述。在雄性个体相互竞争，希望成为雌性个体心目中的大丈夫的社会里，一个母亲能为其基因所做的最大的一件好事是，生一个日后会成为一个令人刮目相看的大丈夫的儿子。如果母亲能保证它的儿子将成为少数几个走运的雄性个体中的一个，在它长大之后能赢得社会里大多数的交配机会，那么，这个母亲将会有许多孙子孙女。这样说来，一个雄性个体所能拥有的最可贵的特性之一，在雌性个体看来只不过是性感而已。一个雌性个体和一个相貌非凡并具有大丈夫气概的雄性个体交配，很可能养育出对第二代雌性个体具有吸引力的儿子。这些儿子将为其母亲生育许多孙子孙女。我们原来认为雌性个体选择雄性个体是着眼于如发达的肌肉这种显然是有实用价值的特性，但是这种特性一旦在某一物种的雌性个体中普遍被认为是一种具有吸引力的东西时，自然选择就会仅仅因为它具有吸引力而继续有利于这种特性。

雄极乐鸟的尾巴作为一种过分奢侈的装饰，可能是通过某种不稳定的、失去控制的过程进化而来的。*在开始的时候，雌性个体选中尾巴稍长一些的雄性个体，在它心目中这是雄性个体的一种可取的特性，也许是因为长尾象征着健壮的体魄。雄性个体身上的短尾巴很可能是缺乏某种维生素的象征——说明该个体觅食能力差。短尾巴的雄性动物还可能不善于逃避捕食者，因此尾巴被咬掉一截。请注意，我们不必假定短尾巴本身是能够遗传的，我们只需假定短尾巴可以说明某种遗传上的缺陷。不管怎样，我们可以假定，早期的极乐鸟物种中，雌鸟偏爱尾巴稍微长一些的雄鸟。只要存在某种促进雄鸟尾巴长度发生自然变化的遗传因素，随着时间的推移，这个因素就会促使种群中雄鸟尾巴的平均长度增加。雌鸟遵循的一条简单的准则是：把所有的雄鸟都打量一番，并挑选尾巴最长的一只，如此而已。背离这条准则的雌鸟准会受到惩罚，即使尾巴已经变得如此之长，实际上成了雄鸟的累赘。因为如果一只雌鸟生出的儿子尾巴不长，它的儿子就不可能被认为是有吸引力的。只有在尾巴确实已长到可笑的程度，以至于它们明显的缺点开始抵消性感这方面的优点时，这个趋向才得以终止。

这是个令人难以接受的论点，自达尔文初次提出这个论点并把这一现象称为"性选择"以来，已有不少人对之表示怀疑。扎哈维就是其中之一，他的"狐狸，狐狸"论点我们已经看过了。他提出截然相反的"不利条件原理"（handicap principle）。*他指出，正是因为雌性个体着眼于选择雄性个体的优质基因，才使雄性弄虚作假有了市场。雌性个体看重的发达肌肉可能真的是一个优点，但有什么可以阻止雄性个体卖弄假肌肉呢？这些假肌肉并不比我们人类的棉花垫肩更具实质内容。如果雄性个体卖弄假肌肉反而比长出真肌肉省事，性选择应有利于促使个体长出假肌肉的基因。可是，要不了多久，逆选择（counter-selection）将促使能够看穿这种欺骗的雌性个体进化。扎哈维的基本前提是，雌性个体终将识破虚假的性卖弄。因此他得出的结论是，真正能够成功的是那些从不故弄玄虚的雄性个体。它们掷地有声地表明它们是老老实实的。如果我们讲的是肌肉，那么，装出肌肉丰满的样子的雄性个体很快就要为雌性个体所识破。反之，以相当于举重等动作显示其肌肉真正发达的雄性个体是能够获得雌性信赖的。换句话说，扎哈维认为，一个大丈夫不仅看上去要像一个健全的雄性个体，而且要真的是一个健全的雄性个体，否则不轻信的雌性个体是会嗤之以鼻的。所以，只有是货真价实的大丈夫的炫耀行为才能进化。

到现在为止，扎哈维的理论还没有什么问题。下面我们要谈的是他理论中使人难以接受的那一部分。他认为，尽管极乐鸟和孔雀的长尾巴、鹿的巨角以及其他的性选择的特性看起来是这些个体的累赘（不利条件），因而始终是不合理的现象，但这些特征得以进化正是因为它们构成不利条件。一只雄鸟长了一条长长的、笨重的尾巴，为的是要向雌性个体夸耀，说明尽管它有这样一条长尾巴，像他这样一个健壮的大丈夫还是能够活下去的。

这个理论很难使我信服，尽管我所持的怀疑态度已不像我当初听到这个论点时那么坚决。当时我就指出，根据这种理论可以得出这样的逻辑结论：进化的结果应该使雄性个体只有一条腿和一只眼睛。扎哈维是以色列人，他立即反驳我说："我们最好的将军中有些是独眼的！"不过问题还是存在的。不利条件的论点似乎带有根本性的矛盾。如果不利条件是真实的——这种论点的实质要求不利条件必须是真实的——不利条件本身正如它可能吸引雌性个体一样，肯定同样对该个体的后代是一种惩罚。因此不管怎样，至关重要的是这个不利条件不能传给女儿。

　　如果以基因语言来表达不利条件理论，我们大概可以这样说：使雄性个体长出如长尾巴之类的累赘物（不利条件）的基因在基因库里变得多起来，因为雌性个体选择身负累赘物的雄性个体。这种情况的产生是因为，使雌性个体做出这种选择的基因在基因库里也变得多起来的缘故。这是因为对身负累赘物的雄性个体有特殊感情的雌性个体往往会自动地选择在其他方面拥有优质基因的雄性个体。理由是，尽管身负这种累赘物，但这些雄性个体已活到成年，这些拥有"其他"方面优点的基因将使后代具有健壮的体格。而这些具有健壮体格的后代因此得以存活并繁殖使个体生长累赘物的基因，以及使雌性个体选择身负累赘物的雄性个体的基因。倘若促使生长累赘物的基因仅仅在儿子身上发挥作用，就像促使对累赘物产生性偏爱的基因仅仅影响女儿那样，这个理论也许可以成立。如果我们只是用文字对这个理论进行论证，我们就无从知道这个理论是否正确。如果我们能以数学模型来再现这种理论，就能更清楚地看到它的正确程度。但到目前为止，那些试图以模型来表现不利条件原理的数学遗传学家都失败了。这可能是因为这个原理本身不能成立，也可能是因为这些数学遗传学家水平不足。其中有一位失败者便是史密斯。但我总感觉到前者的可能性较大。

　　如果一只雄性动物能以某种方式证明它比其他雄性动物优越，而这种方式又无须故意使自己身负累赘，那么它无疑会以这种方式增加自己在遗传方面取得成功的可能性。因此，海象赢得并确保拥有它们的"妻妾"，靠的不是它对雌性个体具有吸引力的堂堂仪表，而是简单的暴力——把妄图接近其"妻妾"的任何雄性海象撵走。"妻妾"的主人大都能击败这种可能的掠夺者，它们之所以拥有"妻妾"显然是因为它们有这样的能力。掠夺者很少能取胜，因为它们如能取胜，它们早该成为"妻妾"的主人了！因此，凡是只同"妻妾"的主人交配的雌性海象，就能使它的基因和健壮的雄性海象相结合，而这只雄性海象有足够的能力击退一大群过剩的、不顾死活的单身雄性海象发动的一次又一次的挑衅。这只雌性海象的儿子如果走运的话，就能继承父亲的能力，也拥有一群"妻妾"。事实上，一只雌性海象没有很大的选择余地，因为如果它有外遇，它就要遭到"妻妾"主人的痛打。不过，跟能在搏斗中取胜的雄性个体结合的雌性个体能为其基因带来好处，这条原理是站得住脚的。我们已经看到这样一些例子，即一些雌性个体愿意和拥有领地的雄性个体交配，另外一些愿意和在统治集团里地位高的雄性个体交配。

至此本章的内容可以归结为：动物界中各种不同的繁殖制度——一雌一雄、雌雄乱交、"妻妾"等等——都可以理解为雌雄两性间利害冲突所造成的现象。雌雄两性的个体都"想要"在其一生中最大限度地增加它们的全部繁殖成果。由于精子和卵子在大小和数量方面存在根本差别，雄性个体一般来说大多倾向于雌雄乱交，而缺乏对后代的关注。雌性个体有两种可供利用的对抗策略，我在前面曾称之为大丈夫策略和家庭幸福策略。一个物种的生态环境将决定其雌性个体倾向于采取其中的哪一种策略，同时也决定雄性个体如何做出反应。事实上，在大丈夫策略和家庭幸福策略之间还有许多中间策略。我们已经看到，有时候，做父亲的甚至比做母亲的更关心孩子们的生活。本书不打算描述某些具体动物物种的生活细节，因此我不准备讨论是什么促使一个物种倾向于某种繁殖制度而不倾向于另一种繁殖制度。我要探讨的是普遍地存在于雌雄两性之间的差异，并说明如何解释这些差异。因此我不想强调两性间差异不大的那些物种，因为一般来说，这些物种的雌性个体喜欢采取家庭幸福策略。

　　首先，雄性个体往往追求鲜艳的色彩以吸引异性，而雌性个体往往满足于单调的色彩。两性个体都力图避免被捕食者吃掉，因此两性个体都会经受某种进化上的压力，使它们的色彩单调化。鲜艳的色彩吸引捕食者，犹如吸引异性伴侣。用基因语言来说，这意味着使个体色彩变得鲜艳的基因比使个体色彩单调的基因更可能被捕食者吃掉而结束生命。另一方面，促使个体具有单调色彩的基因不像促使个体具有鲜艳色彩的基因那么容易进入下一代的体内，因为色彩单调的个体不吸引异性配偶。这样就存在两种相互矛盾的选择压力：捕食者倾向于消灭基因库里色彩鲜艳的基因，而性配偶倾向于消灭色彩单调的基因。和其他许多情况一样，有效的生存机器可以被认为是两种相互矛盾的选择压力之间的折中物。眼下使我们感兴趣的是，雄性个体的最适折中形式似乎不同于雌性个体的最适折中形式。这种情况当然和我们把雄性个体视为下大赌注以博取巨额赢款的赌徒完全一致，因为雌性个体每生产一个卵子，雄性个体就可以生产数以百万计的精子，因此种群中的精子在数量上远远超过卵子，所以任何一个卵子比任何一个精子实现性融合（sexual fusion）的机会要大得多。相对而言，卵子是有价值的资源。因此，雌性个体不必像雄性个体那样，具有性吸引力就能保证它的卵子有受精的机会。一个雄性个体的生殖能力完全可以使一大群雌性个体受孕，生育出一大批子女。即使一只雄性个体因为有了美丽的长尾巴而引来了捕食者或缠结在丛林中而过早死亡，它在死以前可能已经繁殖了一大群子女。一只没有吸引力的色彩单调的雄性个体，甚至可能和一只雌性个体同样长寿，但它子女却很少，因而它的基因不能世代相传。一个雄性个体如果失去了它不朽的基因，那它即使占有了整个世界又将怎么样呢？

　　另一个带有普遍性的性区别是，雌性个体在和谁交配的问题上比雄性个体更爱挑剔。不管是雌性个体还是雄性个体，为了避免和不同物种的成员交配，这种挑剔还是必要的。从各个方面来看，杂交行为是不好的。有时，像人和羊交配一样，这种行为并不产生胚胎，因此损失不大。

然而，当比较接近的物种如马和驴杂交时，这种损失至少对雌性配偶来说可能是相当大的——一个骡子胚胎可能由此形成，并在它的子宫里待上 11 个月。骡子消耗母体全部亲代投资的很大一部分，不仅包括通过胎盘摄取的食物，以及后来吃掉的母乳，而且最重要的是时间，这些时间本来可用于抚养其他子女的。骡子成年以后却是没有繁殖力的。这可能是因为尽管马和驴的染色体很相像，能使它们合作孕育一个健壮的骡子躯体，但它们又不尽相像，以致不能在减数分裂方面进行适当的合作。不管确切的原因是什么，从母体基因的观点来看，母体为抚育这只骡子而花掉的非常多的资源全部浪费了。雌驴应当十分谨慎，和它交配的必须是一头驴子，不是一匹马。任何一头驴子基因如果说"喂，如果你是雌驴，那就不管它是马还是驴，只要它是成年的雄性个体，你都可以和它交配"，这个基因下次就可能跑到骡子的体内，结果将是死路一条。母体花在这只幼骡身上的亲代投资将大大降低它养育有生殖力的驴子的能力。另一方面，如果雄性个体和其他不同物种的成员交配，它的损失不会太大，尽管它从中也得不到什么好处。但我们却可以认为，在选择配偶的问题上，雄性个体不致过分苛求。凡是对这种情况进行过研究的人都会发现情况确实是如此。

即使在同一物种中，挑剔的情况还是会有的。同一血族之间的交配和杂交一样可能产生不利的遗传后果，因为在这种情况下，致命的或半致命的隐性基因会获得公然活动的机会。这种情况再次使雌性个体的损失比雄性个体大，因为母体花在某一幼儿身上的资源总是要大些。凡是禁忌乱伦的地方，我们都可以认为雌性个体会比雄性个体更严格地遵守这种禁忌。如果我们假定在乱伦关系中，年龄较大的一方相对来说更有可能是主动者的话，那么我们应该看到，雄性个体年龄比雌性个体年龄大的乱伦行为一定较雌性个体年龄比雄性个体年龄大的乱伦行为普遍，譬如说，父-女乱伦应该比母-子乱伦更普遍。兄弟姐妹乱伦行为的普遍性介乎两者之间。

　　一般来说，雄性个体比雌性个体往往具有更大的乱交倾向。雌性个体只能以比较慢的速度生产有限的卵子，因此，它和不同的雄性个体进行频繁的交配不会有什么好处。一方面，雄性个体每天能够生产数以百万计的精子，如果它利用一切机会和尽量多的雌性个体交配，它只会从中得到好处而不会有任何损失。过于频繁的交配行为事实上对雌性个体的害处并不很大，但好处肯定也是没有的。另一方面，雄性个体却能乐此不疲，不管它和多少个不同的雌性个体交配。"过度"这个字眼对雄性个体来说没有实际意义。

　　我没有明确地提到人类，但当我们思考如本章涉及的一些有关进化的论点时，不可避免地要联想到我们自己的物种和我们自己的经验。雌性个体只有在对方在一定程度上表明能够长期忠贞不渝时才肯与之交配，这种做法对我们来说并不陌生。这可能说明，人类的妇女采取的是家庭幸福策略，而不是大丈夫策略。人类社会事实上大多数实行一夫一妻制。在我们自己的社会里，父母双方对子女的亲代投资都是巨额的，而且没有明显的不平衡现象。母亲直接为孩子们操劳，所做的工作比父亲多。但父亲常常以比较间接的方式辛勤工作，为孩子们提供源源不断的物质资源。另一方面，有些人类社会有杂交习俗，有些则实行妻妾制度。这种令人惊讶的多样性说明人的生活方式在很大程度上取决于文化而不是基因。然而，更大的可能性是，男人大多倾向于杂交，女人大多倾向于一夫一妻。根据进化的理论，我们也可以预见到这两种倾向。在一些具体的社会里，哪一种倾向占上风取决于具体的文化环境，正如在不同的动物物种中，要取决于具体的生态环境一样。

　　我们人类自己的社会有一个肯定与众不同的特点，这就是性的炫耀行为。我们已经看到，根据进化的理论，凡有不同性别个体存在的地方，喜欢炫耀的应该是男人，女人则喜欢朴实无华。在这一点上，现代的西方男人无疑是个例外。当然，有些男人衣饰鲜艳，有些女人衣饰朴素，这也是事实。但就大多数情况而言，在我们的社会里，像孔雀展示尾巴一样炫耀自己的毫无疑问是女人而不是男人。

面对这些事实，生物学家不得不感到疑惑，他观察到的社会是一个女人争夺男人而不是男人争夺女人的社会。在极乐鸟的例子里，我们认为雌鸟的色彩之所以朴素是因为它们不需要争夺雄鸟。雄鸟色彩鲜艳华丽，因为雌鸟供不应求，雌鸟可以对雄鸟百般挑剔，因为卵子这种资源比精子稀少。现代的西方男性到底发生了什么变化？男人果真成了被追求的性对象了吗？他们真的因女人供不应求而能对女人百般挑剔吗？如果情况果真如此，那又是为什么呢？

第 10 章

你为我搔痒，
我就骑在你的头上

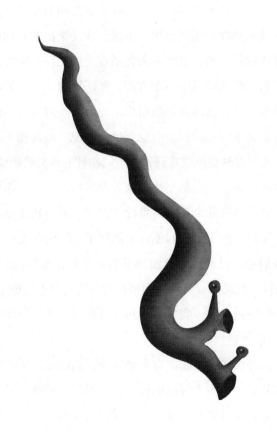

我们已经研究了属于相同物种的生存机器之间的相互作用——亲代的、有性的以及进犯性的相互作用。不过，在动物的相互作用中，似乎还有一些值得注意的方面，显然并未包括在上述三种范围之内。许多动物所具有的群居习性就是其中一个方面。鸟、昆虫、鱼、鲸鱼乃至生活在平原上的哺乳动物，活动总是集结而出，觅食一般成群结队。这些集体中的成员通常属于同一物种，但也有例外情况。斑马和角马就常常混在一起活动，人们有时也可以看到属于不同物种的鸟类聚集成群。

群居生活可以为一个自私个体带来各种各样的好处。在此，我不打算逐一罗列，只准备讲几个带有启发性的例子。其中我还要重提我曾在第1章里列举过的一些明显的利他行为的例子，因为我说过这些例子要留待以后再做解释，这样就必然要涉及对社会性昆虫的讨论。事实上，如果避而不谈社会性昆虫，对动物利他行为的论述就不可能全面。最后，在本章拉拉杂杂的内容中，我将谈到相互利他行为这个重要的概念，即"于人方便，于己方便"的原则。

动物之所以要聚居在一起，肯定是因为它们的基因从群居生活的交往中得到的好处多，而为之付出的代价少。鬣狗成群猎食时能够捕捉到比它们单独活动时大得多的野兽，尽管捉到野兽后要分食，但对参加集体猎食的每一个自私个体来说还是划算的。某些蜘蛛齐心协力织造一张巨大的共有的蜘蛛网，大概也是出于类似的原因。帝企鹅紧紧地挤在一起是为了取暖。这是因为相互挤在一起后，每只企鹅暴露在外界的身体表面要比自己独处时小得多。两条鱼在水中游时，如果一条游在另一条后面，同时保持一定的倾斜度，它就可以从前面的一条鱼所激起的湍流中获得流体动力方面的好处。这可能就是鱼类成群结队一起游的理由之一。利用气流来减轻空气阻力也是自行车竞赛者所熟悉的一种窍门。鸟类在飞翔时组成 V 字形可能也是出于这个缘故。由于飞在最前头的一只鸟处于不利地位，因此这些鸟大概要竞相避免担任这个角色。很可能它们轮流承担这个非自愿的领航员的角色。这是一种延迟的相互利他行为，这种形式的利他行为我们在本章末将加以论述。

群居生活可能带来的好处有很多与避免被捕食者吃掉有关。汉密尔顿在一篇题为"自私兽群的几何学"的论文里精辟地提出了这种理论。为了不引起误会，我要强调，他所谓的"自私兽群"是指由"自私个体组成的兽群"。

让我们再一次从一个简单的"模式"讲起。尽管模式是抽象的，却可以帮助我们理解真实的客观世界。试设想有一群某一物种的动物正受到一只捕食者的追捕。最靠近捕食者的那只动物往往最先受到攻击。对捕食者来说，这种策略是合理的，因为这样可以节约精力。但对被捕食的动物而言，这种策略却产生了一种有趣的后果。就是说，这群争相逃命的动物每一只都力图避免处于最靠近捕食者的位置。如果这些动物老远就发现了这只捕食者，它们只要逃走就行了。即使捕食者不露声色地突然出现，像隐藏在茂密草丛中的猛兽那样，每只动物还是能见机行事，尽量避免处于最接近捕食者的位置。我们可以想象，每一只被追捕的动物周围有一个"危险区"。在这个危险区里，从任何一点到这只动物的距离都短于从该点到其他任何一只动物的距离。譬如说，如果一群被追逐的动物在移动时形成一个规则的几何图形，彼此之间有一定间隔，那么，每一只动物（除非它正好处在边缘上）的危险区大体上是个六边形。如果捕食者正好潜伏在个体 A 的六角形危险区内，个体 A 就有被吃掉的可能。处于兽群边缘上的个体特别容易受到攻击，因为它们的危险区相对来说不是一个小小的六角形，而是有一个开口端，开口端外一片广阔地域都是它们的危险地带。

一个头脑清醒的个体显然是会尽量缩小其危险区的。它尤其尽力避免处于兽群的边缘地位。如果它发觉已处于边缘地位，就会立即采取行动，向中心地区移动。不幸的是，边缘上总得有"人"，但就每一个个体而言，这个"人"最好不是它！因此，一群动物在前进时，处于边缘的个体不停地往中心移动。如果这群动物原来是松散的或者是七零八落的，这种向群体中心移动的结果很快就会使它们挤成一团。即使我们所讲的模式开始时没有任何聚拢的倾向，被追捕的动物开始时也是随意分散的，但自私的动机将会促使每一个个体试图挤到其他个体中间以缩小各自的危险区。这样，集群迅即形成，而且会变得越来越稠密。

在实际生活中，这种聚拢倾向显然受到各种阻力的限制，不然的话，这些动物免不了就要乱作一团，弄得筋疲力尽。但这个模式还是很有意思的，因为它说明了即使是一些极其简单的假说也可以导致动物倾向于聚拢的结论。有人提出一些比较复杂的模式。这些模式虽然具有更大的实际意义，但汉密尔顿提出的比较简单的模式并没有因此而减色。后者有助于我们研究动物聚拢在一起的现象。

自私的兽群这个模式本身并不容许存在合作性的相互作用。这里没有任何利他行为，有的只是每个个体为了私利而利用其他每一个个体。但在实际生活中常有这样的情况：个体似乎为保护群体里的伙伴免遭捕食者的袭击而积极地做出努力。说到这里，我不禁想起鸟类的警报声。这种警报声使其他个体闻声逃命，确实起到了警告的作用。没有人认为发出警报的个体是"想要把捕食者的火力"引到自己身上，它仅仅让伙伴知道出现了捕食者——也就是向它们报警。但乍看起来，这种行为本身似乎是利他性的，因为它的效果是把捕食者的注意力引到了报警者身上。我们可以根据马勒（P. R. Marler）发现的一个事实得出间接的推论。

鸟类的这种警报声似乎具有某种理想的物理特性：捕食者往往难以发现叫声来自何方。如果让一位声学工程师设计一种捕食者难以追踪的声音，这种声音很可能和许多会唱歌的小鸟的天然警报声相似。在自然界里，这种警报声的形成肯定是自然选择的结果。我们知道这意味着什么——这意味着很多个体因为它们的警报声未臻完善而送掉性命。因此，发出警报声似乎总是有危险的。自私基因的理论必须证明，发出警报声具有一种令人信服的优点，足以抵消随之而来的危险。

事实上这并不是十分困难的。在过去，不断有人指出鸟类的警报声其实与达尔文学说"格格不入"，结果是为解释这种现象而挖空心思，虚构各种理由已成为人们的一种游戏，于是我们今日面对如此之多的言之成理的解释而莫衷一是。显而易见，如果鸟群中有些个体是近亲，促使个体发出警报声的基因在基因库中准能兴旺起来，因为得救的一些个体拥有这个基因的可能性很大。即使发出警报声的个体由于引来了捕食者而为这种利他行为付出高昂的代价，这样做还是值得的。

如果你认为这种亲属选择的概念不能令人信服，那么，供你挑选的其他理论有的是：一个对其伙伴报警的个体可以通过各种途径获得私利。特里弗斯为此提出 5 种颇有见识的想法，但下面我要谈的是我自己的两种想法，我认为它们更能使人心悦诚服。

我把第一个想法称之为凯维（Cave）理论。"凯维"源自拉丁文，意思是"当心"。今天，小学生看见老师走近时还在用这个暗号来警告其他同学。这个理论适用于采取伪装策略的鸟类，这些鸟在面临危险时一动不动地蹲伏在矮树丛里。假设有一群这样的鸟在田野上觅食，这时一只老鹰从远处飞过。老鹰还没有瞥见鸟群，因此没有径直飞过来。但它锐利的目光可能随时发现鸟群，那时它将俯冲而下，发动攻击。如果鸟群中一只小鸟首先发现这只老鹰，而其余的鸟都还没有发现，这只眼尖的小鸟本来可以马上蹲下来不动，躲在草丛中，但这样做对它来说并无好处，因为它的伙伴还在周围活动，既触目，又喧闹。它们当中任何一只都可能引起老鹰的注意，使整个鸟群都陷入危险的境地。从纯粹自私的动机出发，这只发现老鹰的小鸟应当立即对它的伙伴发出嘶嘶的警告声，让它们马上安静下来，以减少它们无意中把老鹰引到它自己附近的可能性。对这只小鸟而言，这是最好的策略。

我打算谈的另一个想法可称为"绝对不要脱离队伍"的理论。这个理论适用于某些鸟类物种，它们看见捕食者走近时马上飞走，也许是飞到树上。让我们再设想正在觅食的鸟群中有一只鸟首先发觉这只捕食者，它该怎样行动呢？它可以只顾自己飞走，并不警告伙伴。如果是这样的话，它就要成为一只不合群的动物，不再是一个不那么惹人注目的鸟群中的一员。老鹰喜欢攻击离群的鸽子，这是很多人都知道的事实。就算老鹰没有这样的猎食习惯，我们根据推理可以提出很多理由，说明脱离队伍可能是一种自杀性的策略。就算它的伙伴最终还是会跟它飞走，但第一个飞离地面的个体免不了暂时地扩大了它自己的危险区。不管汉密尔顿的有关理论是否正确，生活在鸟群的集体中总是有一些重要的有利条件，否则鸟类是不会过集体生活的。不论这些有利条件是什么，第一个飞出鸟群的小鸟至少要部分地丧失这些有利条件。如果这只遵守纪律的小鸟不擅离队伍，那它又该怎样办呢？或许它应该依靠集体力量所能提供的掩护，若无其事地继续进行活动。但这样做风险毕竟太大了，无遮无拦很容易遭受袭击，在树上到底安全得多。飞到树上确是上策，但要务必使伙伴们采取一致的行动，只有这样它才不致成为一只脱离鸟群的孤单的小鸟，不致因此丧失集体为它提供的有利条件，同时又能够得到飞到树上躲起来的好处。我们在这里再次看到，发出警报声所得到的是纯粹的自私利益。恰尔诺夫（E. L. Charnov）和克雷布斯提出过一个有点相似的理论，他们直截了当地使用"操纵"这个词来描绘这只发出叫声的小鸟对其他小鸟施加的影响。这种行为已经远远不是纯粹的、无私的利他行为了。

从表面上看，以上种种理论好像与这样的说法有矛盾：发出警报声的个体把自己置于危险的境地。事实上其中并无矛盾的地方。如果它不报警，反而会使它自己面临更大的危险。有些个体因发出警报声而牺牲了，尤其是容易暴露声源的那些个体。其他一些个体则因为没有报警而死去。鸟类在面临危险时为什么会发出警报声？人们提出过很多解释，凯维理论和"绝对不要脱离队伍"理论不过是其中的两个而已。

跳跃的汤姆森氏瞪羚又应如何解释呢？我在第 1 章里曾提到这种现象。瞪羚这种显然是利他性的自杀行为使阿德里感动地断言，只有用类群选择论才能解释这种现象。这个课题向自私基因的理论发起了更严峻的挑战。鸟类的警报声是有效的，但它们发出信号时总是小心翼翼，尽力避免暴露自己的意图。瞪羚的跳跃就不是这样，它们故作姿态甚至达到惹人恼火的程度。看来瞪羚是诚心吸引捕食者的注意的，有时简直像在戏弄这只捕食者。这种现象导致一个既饶有趣味又十分大胆的理论。斯迈思（N. Smythe）最初提出这个理论的轮廓，但最后赋予其逻辑发展的无疑是扎哈维。

我们可以这样阐明扎哈维的理论。这个理论关键的一点在于，瞪羚的跳跃行为绝不是发给其他瞪羚看的信号，其实是做给捕食者看的。当然，其他的瞪羚看到了这种跳跃，而且它们的行为被它影响了，不过这是附带发生的后果。因为瞪羚的这种跳跃行为被选择，主要是作为发给捕食者的信号。这个信号的大意是："你看！我能跳这么高！我显然是一只健壮的瞪羚，你抓不到我。你还是放聪明点，抓我的伙伴吧！它们没有我跳的那么高。"用不那么拟人化的语言来讲，促使个体跳得高而又惹人注目的基因不大可能被捕食者吃掉，因为捕食者往往挑选那些看起来容易捕获的动物，不少哺乳类的捕食者尤其喜欢追捕年老体弱的动物。一个猛劲儿跃起的个体动物就是以夸耀的方式显示它的年轻力壮的。根据这个理论，这种夸耀行为绝非利他性的。我们只能说这种行为是自私性的，因为它的目的在于告诉捕食者，应该去追逐其他动物。从某种意义上说，这好比是一场跳高比赛，看谁跳得最高，而失败者就是捕食者选中的目标。

　　我说过要进一步探讨的另外一个例子是蜜蜂的自杀行为。它在蜇刺蜂蜜掠夺者时几乎肯定要为此付出生命。蜜蜂不过是社会性很高的昆虫的一种，其他有黄蜂、蚂蚁和白蚁。我想探讨的对象是一般的社会性昆虫，不仅仅是蜜蜂的敢死队。社会性昆虫的业绩是脍炙人口的，尤其是它们那种令人惊讶的相互密切配合的行动以及明显的利他行为。自杀性的蜇刺使命体现了它们自我克制的奇迹。在蜜罐蚁（honey-pot ants）的蚁群中，有一种等级的工蚁不做其他工作，整天吊在巢顶上，一动也不动。它们的腹部隆起，大得惊人，像个电灯泡，里边塞满食物。其他的工蚁把它们当作食品库。在我们人类看来，这种工蚁不再是作为个体而存在，它们的个性显然为了集体利益而受到抑制。蚂蚁、蜜蜂或白蚁的群居生活体现了一种更高水平的个性。食物按极其严格的标准分配，我们甚至可以说它们共有一个集体的胃。它们通过化学信号来互通情报，如果是蜜蜂，就通过人所共知的"舞蹈"。这些手段是如此之有效，以至于整个集体行动起来好像是一个单位，具备自己的神经系统和感觉器官。它们好像能够通过类似身体的免疫反应系统产生的选择性来识别并驱逐外来入侵者。尽管蜜蜂不是恒温动物，但蜂房内相当高的温度几乎像人体那样得到精确的调节。最后，同时也是非常重要的一点，这种类比可以引申到生殖方面。在社会性昆虫的群落里，大多数的个体是不育的职虫。"种系"（germ line）——不朽基因的连续线——贯穿在少数个体，即有生殖能力的个体之内，它们和我们睾丸、卵巢里的生殖细胞相似。不育的职虫和我们的肝脏、肌肉和神经细胞相似。

　　只要我们接受了职虫都不能生育这个事实，它们的自杀性行为以及其他形式的利他性或合作性行为就不会那么令人惊讶了。一只正常动物的躯体之所以受到操纵就是为了生育后代以及抚养拥有同样基因的其他个体，以保证其基因得以生存下去。为其他个体的利益而自杀和在今后生育自己的后代两者是不能并存的，因此，自杀性的自我牺牲行为很少进化。但工蜂从不生育自己的后代。它们的全部精力都用于照顾不属于自己后代的亲属，从而保存自己的基因。一只不育工蜂的死亡对它自己基因的影响，宛如秋天一棵树落下一片树叶对树的基因的影响。

说到社会性昆虫，就会使人情不自禁地要故弄玄虚一番，实际上并无此必要。但研究一下自私基因的理论怎样应用于社会性昆虫还是值得的，尤其是如何用这一理论解释职虫不育性这一不平凡现象的进化起源。因为这种现象似乎引起了一系列问题。

一个社会性昆虫的群落就是一个大家庭，其所有成员通常都为一母所生。职虫很少或从不繁殖，一般分成若干明显的等级，包括小职虫、大职虫、兵虫以及一些高度专业化的等级如"蜜罐"蚁等。有生殖力的雌虫叫女王，有生殖力的雄虫有时叫雄虫或王。在一些较高级的群落里，从事繁殖的雌虫不做其他任何事情，但在繁殖后代这方面，它们却干得非常出色。职虫为它们提供食物和保护，也负责照管幼虫。在某些蚂蚁或白蚁的物种中，女王简直成了一座庞大的产卵工厂，其躯体比普通的职虫大几百倍，几乎不能动弹，其外形简直不像一只昆虫。女王经常受到职虫的照料，后者满足女王在日常生活中的需要，包括提供食粮并把女王所产的卵源源不断地运到集体托儿所去。这样一只大得异常的女王如果需要离开内室，就得骑在好几队工蚁背上，被它们庄重堂皇地扛出去。

在第 7 章里，我谈过生育和抚养之间的区别。我曾说，在一般情况下把生育和抚养结合在一起的策略能够得以进化。在第 5 章里，我们看到混合的、进化稳定策略可以分成两大类型：要么种群中每一个个体都采取混合策略，这样个体往往能明智地把生育和抚养结合在一起，要么种群分成两种不同类型的个体，即我们最初设想的鹰与鸽之间取得平衡的情况。按照后一种方式取得生育与抚养两者之间在进化上的稳定平衡，这在理论上是说得通的。就是说，种群可以分为生育者和抚养者两部分。但只有在这样的条件下才能保持这种进化上的稳定状态，即被抚养者必

须是抚养者的近亲，其亲近程度至少要像抚养者自己的后代——假设它
有的话——那样亲。尽管从理论上说，进化可以沿着这个方向进行，但
实际上似乎只有在社会性昆虫中才可以看到这种现象。*

　　社会性昆虫的个体分为两大类：生育者和抚养者。生育者是有生殖
力的雄虫及雌虫。抚养者是职虫——白蚁中的不育雄蚁及雌蚁，其他社
会性昆虫中的不育雌虫。这两类昆虫互不干扰，因此能更有效地完成自
己的任务。但这里所谓的"有效"是指对谁有效呢？"职虫从中究竟可
以得到什么好处？"这个熟悉的问题是对达尔文学说提出的挑战。

　　有人回答说："没有什么好处。"他们认为女王至高无上，平日颐指
气使，通过化学过程操纵职虫来满足私欲，驱使它们抚养其众多的子女。
我们在第8章看到过亚历山大的"亲代操纵"理论，上面讲的其实就是
这种理论的另一种说法。一个与此相反的提法是，职虫"耕耘"有生殖
力的母体，驱使母体提高其繁殖力，以复制职虫的基因。女王制造出来
的生存机器肯定不是职虫的后代，但它们都是职虫的近亲。汉密尔顿有
一个独到的见解，他认为至少在蚂蚁、蜜蜂和黄蜂的群体中，职虫同幼
虫的亲缘关系事实上可能比女王同幼虫的关系更密切！汉密尔顿以及后
来的特里弗斯和黑尔以这种观点为指导继续前进，终于在自私基因理论
方面取得了一项最辉煌的成就。他们的推理过程如下。

　　昆虫中的膜翅目包括蚂蚁、蜜蜂和黄蜂，这一群体具有一种十分
奇特的性取向体系。白蚁不属于这种群体，因而并没有这种特性。在一
个典型的膜翅目昆虫的巢里只有一个成熟的女王。它在年轻时飞出去交
配一次，并把精子储存在体内，以备在漫长的余生中——10年或者更
长——随时取用。它年复一年地把精子分配给自己的卵子，使卵子在通
过输卵管时受精。但并不是所有的卵子都能够受精。没有受精的卵子会
变成雄虫。因此雄虫没有父亲，它体内每一个细胞只有一组染色体（全
部来自母体）而不是像我们体内那样有两组染色体（一组来自父体，一
组来自母体）。按照第3章里的类比说法，一只雄性膜翅目昆虫在它的

每个细胞里都只有每一"卷"的一份拷贝，而不是通常的两份。

在另一方面，膜翅目雌虫却是正常的，因为它有父亲，而且在它的每个体细胞里有两组染色体。一只雌虫成长为职虫还是女王并不取决于它的基因，而是取决于它如何成长。换句话说，每一只雌虫都有一组完整的成为女王的基因和一组完整的成为职虫的基因（或者说，也有好几组分别使之成为各种专职等级的职虫、兵虫等的基因）。到底哪一组基因起决定性作用，取决于它的生活方式，尤其取决于它摄入的食物。

尽管实际情况复杂得多，但基本情况大致如此。我们不知道这种奇特的有性生殖系统是怎么进化而来的。毫无疑问，这种进化现象必然有其原因。但我们只能暂时把它当作膜翅目昆虫的一种难以解释的现象，不管原来的理由是什么，这种奇特的现象打乱了我们在第 6 章里提到的计算亲缘关系指数那套简捷的办法。这说明雄虫的精子不像我们人类的精子那样每一条都不相同，而是完全一样的。雄虫的每一个个体细胞仅有一组基因，而不是两组，因此每一条精子必须接受完整的一组基因，而不是一部分——50%，所以就一只具体的雄虫来说，它的全部精子都是完全一样的。现在让我们计算一下这种昆虫母子之间的亲缘关系指数，如果已知一只雄虫体内有基因 A，那么它母亲体内也有这个基因的可能性是多少呢？答案肯定是 100%，因为雄虫没有父亲，它的全部基因都来自其母亲。现在假定已知一只雌虫体内有基因 B，它儿子也有这个基因的可能性是 50%，因为它只接受了它母亲一半的基因。这种说法听起来好像自相矛盾，而事实上并没有矛盾。雄虫的所有基因都来自母亲，而母亲仅把自己的一半基因传给儿子。这个看似矛盾的答案在于雄虫体内基因的数量仅有通常的一半。那么它们之间"真正的"亲缘关系指数是 $\frac{1}{2}$ 还是 1 呢？我认为没有必要为这个问题去伤脑筋。指数不过是人们为解决问题而设想的计量单位。如果在特殊情况下对它的运用为我们带来困难，我们就干脆放弃它而重新使用基本原则。从雌虫体内基因 A 的观点来看，它儿子也有这个基因的可能性是 $\frac{1}{2}$，和它女儿一样。因此，从雌虫的观点来看，它同其子女的亲缘关系如同我们人类的子女同母亲的亲缘关系一样密切。

但当我们谈到姐妹时，情况就变得复杂了。同胞姐妹不仅出自同一父亲，而且使它们母体受孕的两条精子的每一个基因都是完全相同的。因此，就来自父体的基因而言，姐妹和同卵孪生姐妹一样。如果一只雌虫体内有基因 A，这个基因必然来自父体或母体。如果这个基因来自母体，那么它的姐妹也有这个基因的可能性是 50%。如果这个基因来自父体，那么它的姐妹也有这个基因的可能性是 100%。因此，膜翅目昆虫的同胞姐妹之间的亲缘关系指数不是 $\frac{1}{2}$（正常的有性生殖动物都是 $\frac{1}{2}$），而是 $\frac{3}{4}$。

由于这个缘故，膜翅目雌虫同它的同胞姐妹的亲缘关系比它同自己子女的更密切。*汉密尔顿看到了这一点，尽管他那时并没有如此直截了当地说出来。他认为这种特殊密切的亲缘关系完全可能促使雌虫把它母亲当作一台有效地为它生育姐妹的机器而加以利用。这种为雌虫生育姐妹的基因比直接生育自己子女的基因能更加迅速地复制自己的拷贝。职虫的不育性由此形成。膜翅目昆虫真正的社会性以及随之出现的职虫不育性似乎独立地进化了 11 次以上，而在动物界的其他种群中，只在白蚁身上进化过 1 次。想来这并不是偶然。

不过，这里还有蹊跷。如果职虫要成功地把它们的母亲当作生育姐妹的机器而加以利用，它们就必须遏制其母亲为其生育相同数量的兄弟的自然倾向。从职虫的观点来看，它任何一个兄弟的体内有它某个基因的可能性只有 $\frac{1}{4}$。因此，如果雌虫得以生育同等数量的有生育能力的子女，这未必对职虫有利，因为这样它们就不可能最大限度地繁殖它们的宝贵基因了。

特里弗斯和黑尔认为，职虫必然会努力影响性比例，使之有利于雌虫。他们把费希尔有关最适性比例的计算方法（我们在前面一章里谈到了这个方法）运用到膜翅目昆虫这种特殊情况上，重新进行了计算。结果表明，就母体而言，最适投资比例跟通常一样是 1 : 1，但就姐妹而言，最适比例是 3 : 1，有利于姐妹而不利于兄弟。如果你是一只膜翅目雌虫，你繁殖自己基因的最有效方法是自己不繁殖，而是让母亲为你生育有生殖能力的姐妹和兄弟，两者的比例是 3 : 1。但如果你一定要繁殖自己的后代，那么你就生育数目相同的有生育能力的儿子和女儿，这样对你的基因最有利。

我们在上面已经看到，女王和职虫之间的区别不在于遗传因素。对一只雌虫胚胎的基因而言，它既可以成为职虫也可以成为女王，前者"希望"性比例是 3 : 1，而后者"希望"性比例是 1 : 1。"希望"到底意味着什么？它意味着如果女王生育同等比例的有生育能力的儿子和女儿，那它体内的基因就能最好地繁殖自己。但存在于职虫体内的同一个基因如果能够影响这个职虫的母亲，使之多生育一些女儿，这个基因就能最好地繁殖自己。要知道这种说法并无矛盾之处，因为基因必须充分利用可供其利用的一切力量。如果这个基因能够影响一个日后肯定要变成女王的个体的成长过程，它利用这种控制力量的最佳策略是一种情况；而如果它能够影响一个职虫个体成长的过程，它利用那种力量的最佳策略却是另外一种情况。

这意味着如何利用这台生育机器引起了双方的利害冲突。女王"努力"生育同等比例的雄虫和雌虫，职虫则努力影响这些有生育能力的后代的性比例，使之形成 3 雌 1 雄的比例。如果我们这个有关职虫利用女王作为生育机器的设想正确的话，职虫应该能够使雌雄比例达到 3 : 1。不然，如果女王果真拥有无上的权力，而职虫不过是女王的奴隶和唯命是从的王室托儿所的"保姆"，那我们看到的应该是 1 : 1 的比例，因为这是女王"希望"实现的比例。在这样一场世代之间的特殊争斗中，哪一方能取胜呢？这个问题可以用实验来证明。特里弗斯和黑尔两人就用大量的蚂蚁物种进行过这种实验。

我们感兴趣的性比例是有生殖能力的雄虫同雌虫的比例。它们是一

些体形大、有翅膀的蚂蚁。每隔一段时间，它们就成群结队从蚁穴飞出
进行交配。之后，年轻的女王可能要另外组织新群落。为了估计性比例，
有必要对这些带翅膀的个体进行计数。要知道，在许多物种中，有生殖
能力的雄虫和雌虫大小悬殊。这种情况使问题更加复杂。因为我们在上
一章里已经看到，费希尔有关最适性比例的计算方法只能严格地应用于
对雄虫和雌虫进行的投资额，而不能用来计算雄虫和雌虫的数目。特里
弗斯和黑尔考虑到了这种情况，因此在实验时对蚂蚁进行过磅。他们使
用了 20 个不同的蚂蚁物种，并对有生殖能力的雄虫和雌虫的投资额计算
性比例。他们发现雌雄比例令人信服地接近于 3∶1 的比例*，从而证实
了职虫为其自身利益而实际上操纵一切的理论。

　　这样，在作为研究对象的那几种蚂蚁中，职蚁好像在这种利害冲突
中"取胜"了。这种情况原是不足为奇的，因为职虫个体作为幼虫的守
护者自然比女王个体享有更多的实权。试图通过女王个体操纵整群的基
因敌不过那些通过职虫个体操纵整群的基因。令人饶有兴趣的是，在哪
些特殊情况下女王可以享有比职虫更大的实权呢？特里弗斯和黑尔发现
可以在某种特殊情况下严格地考验一下这个理论。

　　我们知道，某些物种的蚂蚁豢养奴隶。这些役使奴隶的职蚁要么不
做任何日常工作，要么就是干起来也笨手笨脚的。它们善于为捕捉奴隶
而四处出击。两军对垒、相互厮杀的情况只见于人类和社会性昆虫。在
许多蚂蚁物种中有所谓兵蚁的特殊等级，它们具有特别坚硬发达的上下
颚作为搏斗的利器，它们专门为自己群体的利益而进攻其他蚁群。这种
旨在捕捉奴隶的袭击只不过是它们的战争努力中一种特殊的形式。它们
向另一个物种的蚁穴发动攻击，试图杀死对方进行自卫的职蚁或兵蚁，
最后掳走对方尚未孵化的幼虫。这些幼虫在掠夺者的蚁穴里被孵化，它
们并不"知道"自己已变成奴隶，而是按照固有的神经程序开始工作，
完全像在自己的穴里一样履行职责。这些奴隶待在蚁穴里包办了管理蚁
穴、清洁卫生、搜集粮食、照料幼虫等各种日常工作，而那些专门捕捉

奴隶的职蚁或兵蚁继续出征以掳掠更多的奴隶。

这些奴隶当然不知道它们同女王以及它们照料的幼虫完全没有亲缘关系，这是件好事。它们不知不觉地抚养着一批又一批新的捕捉来的奴隶兵蚁。自然选择在影响奴隶物种的基因时，无疑有利于各种反奴隶制度的适应能力。不过，这些适应能力显然并不是十分有效的，因为奴隶制度是一种普遍现象。

从我们目前论题的观点来看，奴隶制度产生了一种有趣的后果。在捕捉奴隶的物种中，女王可以使性比例朝它"喜欢"的方向发展。这是因为它自己所生的子女，即那些专门捕捉奴隶的蚂蚁不再享有管理托儿所的实权，这种实权现在掌握在奴隶手中。这些奴隶"以为"它们在照顾自己的骨肉兄弟或姐妹，它们所做的大抵无异于它们本来在自己穴里也同样要做的一切，以实现它们希望达到的有利于姐妹的 3∶1 比例。但专门掳掠奴隶的物种的女王能够采取种种反措施，成功地扭转这种趋势。对奴隶起作用的自然选择不能抵消这些反措施，因为这些奴隶同幼虫并无亲缘关系。

让我们举个例子来说明这种情况。假定在任何一个蚂蚁物种中，女王"试图"把雄性卵子加以伪装，使其闻起来像雌性的卵子。在正常情况下，自然选择对职蚁"识破"这种伪装的任何倾向都是有利的。我们可以设想一场进化上的斗争情景，女王为实现其目的不断"改变其密码"，而职蚁不断进行"破译"。在这场斗争中，谁通过有生殖能力的个体把自己的基因传递到后代体内的数量越多，谁就能取胜。我们在上面已经看到，在正常情况下，职蚁总是获胜的一方。但在一个豢养奴隶的物种中，女王可以改变其密码，而奴隶职蚁却不能发展其破译的任何能力。这是因为奴隶职蚁体内的任何一个"有破译能力"的基因并不存在于任何有生殖能力的个体体内，因此不能遗传下去。有生殖能力的个体全都是属于豢养奴隶的物种，它们同女王而不是同奴隶有亲缘关系。即使奴隶的基因有可能进入任何有生殖能力的个体体内，这些个体也是来自那些被掳掠的奴隶的老家。因此，这些奴隶最多只能忙于对另一套密码进行破译！由于这个缘故，在一个豢养奴隶的物种中，女王因为可以随心所欲地变更其密码而稳操胜券，绝对没有让任何有破译能力的基因进入下一代的风险。

从上面这段比较复杂的论证中得出的结论是，我们应该估计到在豢养奴隶的物种中，繁殖有生殖能力的雌虫和雄虫的比例是 1：1，而不是 3：1。只有在这种特殊情况下女王才能如愿以偿。这就是特里弗斯和黑尔得出的结论，尽管他们仅仅观察过两个豢养奴隶的物种。

我必须强调，我在上面是按照理想的方式进行叙述的。实际生活并非如此简单。譬如说，最为人所熟知的社会性昆虫物种——蜜蜂——似乎是完全违反"常情"的。雄蜂的数量大大超过雌蜂，无论从职蜂还是从蜂后的观点来看，这种现象都难以解释。汉密尔顿为了揭开这个谜，提出了一个可能的答案。他指出，当一只女王飞离蜂房时，总要带走一大群作为随从的职蜂，它们帮这只女王建立一个新群体。这些职蜂从此不再返回老家，因此抚养这些职蜂的代价应该算是繁殖成本的一部分。这就是说，从蜂房每飞走一只女王就必须培育许多额外的职蜂来补缺。对这些额外职蜂所进行的投资应算作对有生殖能力的雌蜂投资额的一部分。在计算性比例的时候，这些额外的职蜂也应在天平上称分量，以求出雌蜂和雄蜂的比例。如果我们这样理解问题的话，这个理论就还是站得住脚的。

这个精巧的理论还有另外一个更加棘手的问题需要解决。在一些物种中，年轻的女王飞出去交配时，与之交配的雄蜂可能不止一只。这意味着女王所生育的女儿之间的亲缘关系平均指数小于 $\frac{3}{4}$，在一些极端的例子里，甚至可能接近 $\frac{1}{4}$。有人把这种现象解释为女王打击职蜂的一种巧妙的手段！不过这种看法似乎不合逻辑。附带说一句，这似乎意味着女王飞出去交配时，职蜂应伴随在侧，只让女王交配一次。但这样做对于这些职蜂本身的基因并没有任何好处——只对下一代职蜂的基因有好处。每一只职蜂所"念念不忘"的是它自身的基因。有些职蜂本来是"愿意"伴随其母亲的，但它们没有这样的机会，因为它们当时还没有出生。一只飞出去交配的年轻女王是这一代职蜂的姐妹，不是它们的母亲。因此，这一代职蜂是站在女王这一边而不是站在下一代职蜂那一边的。下一代的职蜂是它们的侄女辈。好了，就说到这里，我开始感到有点儿晕头转向了，是结束这个话题的时候了。

　　我在描述膜翅目职虫对其母亲的行为时使用了"耕耘"的比喻。这块田地就是基因田。职虫利用它们的母亲来生产它们自身的基因的拷贝，因为这样比职虫自己从事这项工作更富有成效。源源不断的基因从这条生产流水线上生产出来，包装这些基因的就是有生殖能力的个体。这个"耕耘"的比喻不应与社会性昆虫的另外一种可以被称为"耕耘"的行为混为一谈。社会性昆虫早就发现，在固定的地方耕种粮食作物比狩猎或搜集粮食有效得多，而人类在很久之后才发现这个真理。

　　譬如说，在美洲有好几个蚂蚁物种以及与这些物种完全无关的非洲白蚁都经营菌圃。最有名的是南美洲的阳伞蚁（parasol ants）。这种蚁的繁殖能力特别强，有人发现有的阳伞蚁种群竟有超过 200 万个成员。它们筑穴于地下，复杂的甬道和回廊四通八达，深达 10 英尺（约 3 米）以上，挖出的泥土多达 40 吨。地下室内设有菌圃，这种蚂蚁有意识地在其中播种一种特殊品种的菌类。它们把树叶嚼碎，作为特殊的混合肥料。这样，它们的职蚁不必直接搜寻粮食，只要搜集制肥用的树叶就行了。这种群体的阳伞蚁"吃"树叶的"胃口"大得惊人，因此它们就成为一种主要的经济作物害虫。但树叶不是它们的食粮，而是它们的菌类食粮的食粮。菌类成熟后它们收获食用，并用以饲养幼虫。菌类比蚂蚁的胃更能有效地消化吸收树叶里的物质，蚂蚁就是通过这样的过程受益的。菌类虽然被吃掉，但它们本身可能也得到好处，因为蚂蚁促使它们增殖，比它们自己的孢子分散机制更有效。而且这些蚂蚁也为菌圃"除草"，悉心照料菌类，不让其他品种的菌类混迹于其间。由于没有其他菌类与之竞争，蚂蚁自己培植的菌类得以繁殖。我们可以说，在蚂蚁和菌类之间存在某种利他行为的相互关系。值得注意的是，在与这些蚂蚁完全无关的一些白蚁物种中，独立地形成了一种非常相似的培植菌类的制度。

　　蚂蚁有自己的家畜和自己的农作物。蚜虫——绿蚜虫和类似的昆虫——善于吮吸植物中的汁液。它们非常灵巧地把叶脉中的汁液吮吸干净，但消化这种汁液的效率却远没有吸吮这种汁液的效率高，因此它们会排泄出仍含有部分营养价值的液体。一滴一滴含糖丰富的"蜜汁"从蚜虫的后端泌出，速度非常之快，有时每只蚜虫在 1 小时内就能分泌出超过其自身体重的蜜汁。在一般情况下，蜜汁像雨点一样洒落在地面上，简直和《旧约全书》里提到的天赐"灵粮"一样。但有好几个物种的蚂蚁会等在那里，准备截获蚜虫排出的食粮。有些蚂蚁会用触角或腿抚摩蚜虫的臀部来"挤奶"，蚜虫也做出积极的反应，有时故意不排出汁液，等到蚂蚁抚摩时才让汁液滴下。如果那只蚂蚁还没有准备好接受它的话，有时蚜虫甚至把一滴汁液缩回体内。有人认为，一些蚜虫为了更好地吸引蚂蚁，其臀部经过演化已取得与蚂蚁脸部相像的外形，抚摩起来的感觉也和抚摩蚂蚁的脸部一样。蚜虫从这种关系中得到的好处显然是安全的保障，不受其天然敌人的攻击。像我们牧场里的乳牛一样，它们过着一种受到庇护的生活。由于蚜虫经常受到蚁群的照料，它已丧失其正常的自卫手段。有的蚂蚁把蚜虫的卵带回地下蚁穴妥善照顾，并饲养蚜虫的幼虫。最终，幼虫长大后蚂蚁又轻轻地把它们送到地面上受到蚁群保护的放牧场地里。

　　不同物种成员之间的互利关系叫作互利共生或共生。不同物种的成员往往能相互提供许多帮助，因为它们可以利用各自不同的"技能"为合作关系做出贡献。这种基本不对称性能够导致相互合作的进化稳定策略。蚜虫天生长了一副适宜吮吸植物汁液的口器结构，但这种口器结构不利于自卫。蚂蚁不善于吮吸植物的汁液，但它们善于战斗。照料和庇护蚜虫的蚂蚁基因在基因库中一贯处于有利地位。在蚜虫的基因库中，促进蚜虫与蚂蚁合作的基因也一贯处于有利地位。

互利的共生关系在动植物界中是一种普遍现象。地衣从表面上看同任何其他植物个体一样，而事实上它却是在菌类和绿海藻之间关系密切的共生体。两者相依为命，分离就不能生存。要是它们之间的共生关系再稍微密切那么一点儿的话，我们就不能再说地衣是由两种有机体组成的了。也许世界上存在一些我们还没有辨认出来的，由两个或多个有机体组成的共生体。说不定我们自己就是吧！

我们体内的每个细胞里有许多被称为线粒体的微粒。这些线粒体是化学工厂，负责提供我们所需的大部分能量。如果没有了线粒体，要不了几秒钟我们就会死亡。最近有人提出这样的观点，认为线粒体原来是共生微生物，在进化的早期就同我们这种类型的细胞结合在一起。对我们体内细胞中的其他一些微粒，有人也提出了类似的看法。对诸如此类的革命性论点人们需要有一段认识的过程，但现在已到了认真考虑这种论点的时候了。我估计我们终将接受这样一个更加激进的论点：我们的每一个基因都是一个共生单位。我们自己就是庞大的共生基因的群体。当然现在还谈不上证实这种论点的"证据"，但正如我在前几章中已试图说明的那样，我们对有性物种中基因如何活动的看法，其实就支持了这种论点。这个论点的另一个说法是：病毒可能就是脱离了像我们这种"群体"的基因。病毒纯由 DNA（或与之相似的自我复制因子）组成，外面裹着一层蛋白质。它们都是寄生的。这种说法认为，病毒是由逃离群体的"叛逆"基因演化而来，它们如今通过空气直接从一个个体转移到另一个个体，而不是借助于更寻常的载运工具——精子和卵子。假设这种论点是正确的，我们完全可以把自己看成病毒的群体！有些病毒是共生的，它们相互合作，通过精子和卵子从一个个体转移到另一个个体，这些都是普通的"基因"。其他一些是寄生的，它们通过一切可能的途径从一个个体转到另一个个体。如果寄生的 DNA 通过精子和卵子转移到另一个个体，它也许就是我在第 3 章里提到的那种属于"看似矛盾"的多余的 DNA。如果寄生的 DNA 通过空气或其他直接途径转移到另一个个体，它就是我们通常所说的"病毒"。

但这些都是我们要在以后思考的问题。目前我们正在探讨的问题是发生在更高一级关系上的共生现象，即多细胞有机体之间的而不是它们内部的共生现象。共生现象这个字眼按照传统用法是指不同物种的个体之间的联系（associations）。不过，我们既然已经避开了"物种利益"的进化观点，就没有理由认为不同物种的个体之间的联系和同一物种的个体之间的联系有什么不同。一般来说，如果各方从联系中获得的东西比付出的东西多，这种互利的联系就是能够进化的。不管我们说的是同一群鬣狗中的个体，还是完全不同的生物如蚂蚁和蚜虫，或者蜜蜂和花朵，这一原则都普遍适用。事实上，要把确实是双向的互利关系和纯粹是单方面的利用区别开来可能是困难的。

如果联系的双方，如结合成地衣的两方，在提供有利于对方的东西的同时接受对方提供的有利于自身的东西，那我们对于这种互利的联系的进化在理论上就很容易想象了。但如果一方施惠于另一方之后，另一方却迟迟不报答，那就要发生问题。这是因为对方在接受恩惠之后可能会变卦，到时拒不报答。这个问题的解决办法是耐人寻味的，值得我们详细探讨。我认为，用一个假设的例子来说明问题是最好的办法。

假设有一种非常令人厌恶的蜱寄生在某种小鸟身上，而这种蜱又带有某种危险的病菌，所以必须尽早消灭这些蜱。一般说来，小鸟用嘴梳理自己的羽毛时能够把蜱剔除掉，可是有一个鸟嘴达不到的地方——它的头顶。对我们人类来说这个问题很容易解决。一个个体可能接触不到自己的头顶，但请朋友代劳一下是毫不费事的。如果这个朋友以后也受到寄生虫的折磨，这时你就可以以德报德。事实上，在鸟类和哺乳动物中，相互梳理整饰羽毛的行为是十分普遍的。

这种情况立刻产生一种直观的意义。个体之间做出相互方便的安排是一种明智的办法。任何具有自觉预见能力的人都能看到这一点。但我们已经学会，要对那些凭直觉看起来明智的现象保持警觉。基因没有预见能力。对于相互帮助行为，或"相互利他行为"中，做好事与报答之间相隔一段时间这种现象，自私基因的理论能够解释吗？威廉斯在他1966 年出版的书中扼要地讨论过这个问题，我在前面已经提到。他得出的结论和达尔文的一样，即延迟的相互利他行为在其个体能够相互识别并记忆的物种中是可以进化的。特里弗斯在 1971 年对这个问题做了进一步的探讨。但当他进行有关这方面的写作时，他还没有看到史密斯提出的有关进化稳定策略的概念。如果他那时已经看到的话，我估计他是会加以利用的，因为这个概念很自然地表达了他的思想。他提到"囚徒窘境"——博弈论中一个人们特别喜爱的难题，这说明他当时的思路和史密斯的已不谋而合。

假设 B 头上有一只寄生虫，A 为它剔除掉。不久以后，A 头上也有了寄生虫，A 当然去找 B，希望 B 也为它剔除掉，作为报答。结果 B 嗤之以鼻，掉头就走。B 是个骗子，这种骗子接受了别人的恩惠，但不感恩图报，或者即使有所报答，但做得也不够。和不分青红皂白的利他行为者相比，骗子的收获要大，因为它不花任何代价。当然，别人为我剔除掉危险的寄生虫是件大好事，而我为别人梳理整饰一下头部只不过是小事一桩，但毕竟也要付出一些代价，还是要花费一些宝贵的精力和时间的。

假设种群中的个体采取两种策略中的任何一种。和史密斯所做的分析一样，我们所说的策略不是指有意识的策略，而是指由基因安排的无意识的行为程序。我们姑且把这两种策略分别称为傻瓜和骗子。傻瓜为所有人梳理整饰头部，不问对象，只要对方需要。骗子接受傻瓜的利他行为，但却不为别人梳理整饰头部，即使别人以前为它整饰过也不报答。像鹰和鸽的例子那样，我们随意决定一些计算得失的分数，至于准确的价值是多少，那是无关紧要的，只要被整饰者得到的好处大于整饰者花费的代价就行。在寄生虫猖獗的情况下，一个傻瓜种群中的任何一个傻瓜都可以指望别人为它整饰的次数和它为别人整饰的次数大约相等。因此,在傻瓜种群中,任何一个傻瓜的平均得分是正数。事实上,这些傻瓜都干得很出色,傻瓜这个称号看来似乎对它们不太适合。现在假设种群中出现了一个骗子。由于它是唯一的骗子,它可以指望别人都为它效劳,而它从不报答别人,它的平均得分因而比任何一个傻瓜都高。骗子基因在种群中开始扩散开来,傻瓜基因很快就要被挤掉。这是因为骗子总归胜过傻瓜,不管它们在种群中的比例如何。譬如说,种群里傻瓜和骗子各占一半,在这样的种群里,傻瓜和骗子的平均得分都低于全部由傻瓜组成的种群里任何一个个体。不过,骗子的境遇还是比傻瓜好些,因为骗子只管捞好处而从不付出任何代价,不同的只是这些好处有时多些,有时少些而已。当种群中骗子所占的比例达到90%时,所有个体的平均得分变得很低:不管骗子也好,傻瓜也好,它们很多都因患蜱所带来的传染病而死亡。即使是这样,骗子还是比傻瓜合算。哪怕整个种群濒于灭绝,傻瓜的情况也永远不会比骗子好。因此,如果我们考虑的只限于这两种策略,没有什么东西能够阻止傻瓜的灭绝,而且整个种群大概也难逃覆灭的厄运。

现在让我们假设还有第三种被称为斤斤计较者的策略。斤斤计较者愿意为没有打过交道的个体整饰,而且为它整饰过的个体,它更不忘记报答。可是哪个骗了它,它就要牢记在心,以后不肯再为这个骗子服务。在由斤斤计较者和傻瓜组成的种群中,前者和后者混在一起,难以分辨。两者都为别人做好事,两者的平均得分都同样高。在一个骗子占多数的种群中,一个孤单的斤斤计较者不能取得多大的成功。它会花掉很大的精力去为它遇到的大多数个体整饰一番——由于它愿意为从未打过交道的个体服务,它要等到它为每一个个体都服务过一次才能罢休。因为除它以外都是骗子,因此没有谁愿意为它服务,它也不会上第二次当。如果斤斤计较者少于骗子,斤斤计较者的基因就要灭绝。可是,斤斤计较者一旦能够使自己的队伍扩大到一定的比例,它们遇到自己人的机会就越来越大，甚至足以抵消它们为骗子效劳而浪费掉的精力。在达到这个临界比例之后，它们的平均得分就比骗子高，从而加速骗子的灭亡。在骗子尚未全部灭绝之前，它们灭亡的速度会缓慢下来，在一个相当长的时期内成为少数派。因为对已经为数很少的骗子来说，它们再度碰上同一个斤斤计较者的机会很小。因此，这个种群中对某一个骗子怀恨在心的个体是不多的。

我在描述这几种策略时好像给人以这样的印象：凭直觉就可以预见到情况会如何发展。其实，这一切并不是如此显而易见的。为了避免出差错，我在计算机上模拟了整个事物发展的过程，证实这种直觉是正确的。斤斤计较的策略被证明是一种进化稳定策略，斤斤计较者优越于骗子或傻瓜，因为在斤斤计较者占多数的种群中，骗子或傻瓜都难以逞强。不过骗子也是 ESS，因为在骗子占多数的种群中，斤斤计较者或傻瓜也难以逞强。一个种群可以处于这两个 ESS 中的任何一个状态。在较长的一个时期内，种群中的这两个 ESS 可能交替取得优势。按照得分的确切价值——用于模拟的假定价值当然是随意决定的——这两种稳定状态中的一种具有一个较大的"引力区"，因此这种稳定状态易于实现。值得注意的是，尽管一个骗子的种群可能比一个斤斤计较者的种群更易于灭绝，但这并不影响前者作为 ESS 的地位。如果一个种群所处的 ESS 地位最终还是驱使它走上灭绝的道路，那么抱歉得很，它舍此别无他途。[*]

观看计算机进行模拟是很有意思的。模拟开始时傻瓜占大多数，斤斤计较者占少数，但正好在临界频率之上；骗子也属少数，与斤斤计较者的比例相仿。骗子对傻瓜进行的无情剥削首先在傻瓜种群中触发了剧烈的崩溃。骗子激增，随着最后一个傻瓜的死去而达到高峰。但骗子还要应付斤斤计较者。在傻瓜急剧减少时，斤斤计较者在日益取得优势的骗子的打击下也缓慢地减少，但仍能勉强地维持下去。在最后一个傻瓜死去之后，骗子不再能够跟以前一样那么随心所欲地进行自私的剥削。斤斤计较者在抗拒骗子剥削的情况下开始缓慢地增加，并逐渐取得稳步上升的势头。接着斤斤计较者突然激增，骗子从此处于劣势并逐渐接近灭绝的边缘。由于处于少数派的有利地位时受到斤斤计较者怀恨的机会相对地减少，骗子得以苟延残喘。不过，骗子的覆灭是不可挽回的，它们最终将慢慢地相继死去，留下斤斤计较者独占整个种群。说起来似乎有点自相矛盾，在最初阶段，傻瓜的存在实际上威胁到斤斤计较者的生存，因为傻瓜的存在带来了骗子的短暂繁荣。

附带说一句，我在假设的例子中提到的不相互整饰的危险性并不是虚构的。处于隔离状态的老鼠往往因舌头舔不到头部而长出疮来。有一个试验表明，群居的老鼠没有这种毛病，因为它们相互舔对方的头部。为了证实相互利他行为的理论是正确的，我们可以进行有趣的试验，而老鼠又似乎是适合于这种试验的对象。

特里弗斯讨论过清洁工鱼（cleaner-fish）奇怪的共生现象。已知有50个物种，其中包括小鱼和小虾，靠为其他物种的大鱼清除身上的寄生虫来维持生活。大鱼显然因为有生物为它们做清洁工作而得到好处，而做清洁工的鱼虾同时可以从中获得大量食物。这样的关系就是共生关系。在许多情况下，大鱼张大嘴巴，让清洁工游入嘴内，为自己剔牙，然后让它们通过鱼鳃游出，顺便把鱼鳃也打扫干净。有人认为，狡猾的大鱼完全可以等清洁工打扫完毕之后把它吞掉。不过在一般情况下，大鱼总是让清洁工游出，碰都不碰它一下。这显然是一种难能可贵的利他行为，因为大鱼平日吞食的小鱼小虾就和清洁工鱼一样大小。

清洁工鱼具有特殊的条纹和特殊的舞姿作为标记，大鱼往往不吃具有这种条纹的小鱼，也不吃以这样的舞姿接近它们的小鱼。相反，它们一动不动，像进入了昏睡状态一样，让清洁工无拘无束地打扫它们的外部和内部。出于自私基因的禀性，不择手段的骗子总是乘虚而入。有些物种的小鱼活像清洁工，也学会了清洁工的舞姿以便安全地接近大鱼。当大鱼进入它们预期的昏睡状态之后，骗子不是为大鱼清除寄生虫，而是咬掉一大块鱼鳍，掉头溜之大吉。尽管骗子乘机捣乱，清洁工鱼和它们为之服务的大鱼之间的关系一般来说还是融洽、稳定的。清洁工鱼的活动在珊瑚礁群落的日常生活中起着重要的作用。每一条清洁工鱼都有自己的领地，有人看见过一些大鱼像理发店里排队等候理发的顾客一样排着队，等候清洁工鱼依次为它们搞清洁工作。这种坚持在固定地点活动的习性可能就是延迟的相互利他行为形成的原因。大鱼能够一再惠顾同一所"理发店"而不必每次都要寻找新的清洁工鱼，因此，大鱼肯定感觉到这样做要比吃掉清洁工鱼好处大。清洁工鱼本来都是些小鱼，因此这种情况是不难理解的。当然，模仿清洁工鱼的骗子可能间接地危害到真正的清洁工鱼的利益，因为这种欺骗行为迫使大鱼吃掉一些带有条纹的、具有清洁工鱼那种舞姿的小鱼。然而真正的清洁工鱼坚持在固定地点营业，这样，它们的顾客就能找上门来，同时又可以避开骗子。

　　人类发展出了良好的长期记忆和个体识别能力。因此，我们可以预期利他主义在人类进化中发挥了重要作用。特里弗斯走得更远，他暗示，嫉妒、内疚、感激、同情心等等人类心理特征是人类为了提高欺骗、反欺骗与避免被视为骗子的能力，通过自然选择而形成的。特别有趣的是有一种狡猾的骗子，他们似乎是互惠利他的，但是他们始终得到更多而付出更少。人类肿胀的大脑和精于理性算计的特征，甚至有可能就是随着越来越精致的欺骗和越来越强大的反欺骗机制进化而来的。

　　当我们把相互利他行为的概念运用于我们自己这一物种时，我们对这种概念可能产生的各种后果可以进行无穷无尽的耐人寻味的推测。尽管我也很想谈谈自己的看法，可是我的想象力并不比你们强。还是让读者自己以此自娱吧！

第 11 章

觅母：新的复制因子

行文至此，我还没有对人类做过殊为详尽的论述，尽管我并非故意回避这个论题。我之所以使用"生存机器"这个词，部分原因是"动物"的范围不包括植物，而且在某些人的心目中也不包括人类。我所提出的一些论点应该说确实适用于一切在进化历程中形成的生物。如果有必要把某一物种排除在外，那肯定是因为存在某些充分的具体的理由。我们说我们这个物种是独特的，有没有充分理由呢？我认为是有的。

总而言之，我们人类的独特之处可以归结为一个词——文化。我是作为一个科学工作者使用这个字眼的，它并不带有通常的那种势利的含义。文化的传播有一点和遗传相类似，即它能导致某种形式的进化，尽管从根本上来说，这种传播是有节制的。乔叟（Geoffrey Chaucer）不能够和一个现代英国人进行交谈，尽管他们之间有大约 20 代英国人把他们联结在一起，而其中每代人都能和其上一代或下一代的人交谈：就像儿子同父亲说话一样，能够彼此了解。语言看来是通过非遗传途径"进化"的，而且其速率比遗传进化快几个数量级。

文化传播并非为人类所独有。据我所知，詹金斯（P. F. Jenkins）最近提供的例子最好不过地说明了人类之外的文化传播。新西兰附近一些海岛上栖息着一种叫黑背鸥的鸟，它们善于歌唱。在他工作的那个岛上，这些鸟经常唱的歌包括大约 9 支曲调完全不同的歌曲。任何一只雄鸟只会唱这些歌曲中的一支或少数几支。这些雄鸟可以按鸟语的不同被分为几个群体。譬如说，由 8 只相互毗邻的雄鸟组成的一个群体，它们唱的是一首可以被称为 CC 调的特殊歌曲。其他鸟语群体的鸟唱的是不同的歌曲。有时一个鸟语群体的成员都会唱的歌曲不止一首。詹金斯对父子两代所唱的歌曲进行了比较之后，发现歌的曲式是不遗传的。年轻的雄鸟往往能够通过模仿将邻近地盘的鸟的歌曲学过来。这种情况和我们人类学习语言一样，在詹金斯待在岛上的大部分时间里，岛上的歌曲是固定的几首，它们构成一个"曲库"（song pool）。每一只年轻的雄鸟都可以从这个歌库里选用一两首作为自己演唱的歌曲。詹金斯有时碰巧很走运，他目睹耳闻过这些小鸟是如何"发明"一首新歌的，这种新歌是由于它们模仿老歌时的差错而形成的。他写道："我通过观察发现，新歌的产生是由于音调高低的改变、音调的重复、一些音调的省略以及其他歌曲的一些片段的组合等各种原因……新曲调的歌是突然出现的，它在几年之内可以稳定不变。而且，若干例子表明，这种新曲调的歌可以准确无误地传给新一代的歌手，从而形成唱相同歌曲的明显一致的新群体。"詹金斯把这种新歌的起源称作"文化突变"（cultural mutations）。

　　黑背鸥的歌曲确实是通过非遗传途径进化的。有关鸟类和猴子的文化进化还可以举一些其他的例子，但它们都不过是趣闻而已，只有我们这种物种才能真正表明文化进化的实质。语言仅仅是许多例子中的一个罢了，时装、饮食习惯、仪式和风俗、艺术和建筑、工程和技术等，所有这一切在历史的长河中不断地进化，其方式看起来好像是高速度的遗传进化，但实际上却与遗传进化无关。不过，和遗传进化一样，这种变化可能是渐进的。从某种意义上来说，现代科学事实上比古代科学优越，这是有其道理的。随着时间一个世纪一个世纪地流逝，我们对宇宙的认识不断改变，而且逐步加深。我们应当承认，目前科技不断取得突破的局面只能追溯到文艺复兴时期，在文艺复兴以前人们处在一个蒙昧的停滞不前的时期。在这个时期里，欧洲科学文化静止于希腊人所达到的水平上。但正像我们在第 5 章里所看到的那样，遗传进化也能因存在于一种稳定状态同另一种稳定状态之间的那一连串的突发现象而取得进展。

经常有人提到文化进化与遗传进化之间的相似之处，但有时过分渲染，使之带有完全不必要的神秘色彩。波珀爵士（Sir Karl Popper）专门阐明了科学进步与通过自然选择的遗传进化之间的相似之处。我甚至打算对诸如遗传学家卡瓦利-斯福尔泽（L. L. Cavalli-Sforza）、人类学家克洛克（F. T. Cloak）和动物行为学家卡伦（J. M. Cullen）等人正在探讨的各个方面进行更加深入的研究。

我的一些热心的达尔文主义者同行对人类行为进行了解释，但我作为一个同样热心的达尔文主义者，对他们的解释并不满意。他们试图在人类文明的各种属性中寻找"生物学上的优越性"。例如，部落的宗教信仰一向被认为是旨在巩固群体特征的一种手段，它对成群出猎的物种特别有用，因为这种物种的个体依靠集体力量去捕捉大型的、跑得快的动物。以进化论作为先入之见形成的这些理论常常含有类群选择的性质，不过我们可以根据正统的基因选择观点来重新说明这些理论。在过去的几百万年中，人类很可能大部分时间生活在有亲缘关系的小规模群体中，亲属选择和有利于相互利他行为的选择很可能对人类的基因发生过作用，从而形成了我们的许多基本的心理特征和倾向。这些想法就其本身来说好像是言之成理的，但我总认为它们还不足以解释诸如文化、文化进化以及世界各地人类各种文化之间的巨大差异等这些深刻的、难以解决的问题。它们无法解释特恩布尔（Colin Turnbull）描绘的乌干达的艾克族人（Ik of Uganda）那种极端的自私性或米德（Margaret Mead）的阿拉佩什人（Arapesh）那种温情脉脉的利他主义。我认为，我们必须再度求助于基本原则，重新进行解释。我要提出的论点是，要想了解现代人类的进化，必须首先把基因抛开，不把它作为我们进化理论的唯一根据。前面几章既然出自我的笔下，而现在我又提出这样的论点似乎使人觉得有点意外。我是达尔文主义的热情支持者，但我认为达尔文主义的内容异常广泛，不应局限于基因这样一个狭窄的范畴内。在我的论点里，基因只是起到类比的作用，仅此而已。

那么基因到底有什么地方是如此异乎寻常呢？我们说，它们是复制因子。在人类可即的宇宙里，物理定律应该是无处不适用的。有没有这样一些生物学的原理，它们可能也具有相似的普遍适用的性质？当宇航员飞到遥远的星球去寻找生命时，他们可能发现一些我们难以想象的令人毛骨悚然的怪物。但在一切形式的生命中——不管这些生命出现在哪里，也不管这些生命的化学基础是什么——有没有任何物质是共同一致的？如果说以硅而不是以碳，或以氨而不是以水为其化学基础的生命形式存在的话，如果说发现一些生物在-100℃就被烫死，如果说发现一种生命形式完全没有化学结构而只有一些电子混响电路的话，那么，还有没有对一切形式的生命普遍适用的原则？显而易见，我是不知道的。不过，如果非要我打赌不可的话，我会将赌注押在这样一条基本原则上，即一切生命都通过复制实体的差别性生存而进化的定律。*基因，即DNA 分子，正好就是我们这个星球上普遍存在的复制实体。也可能还有其他实体，如果有的话，只要符合某些其他条件，它们几乎不可避免地要成为一种进化过程的基础。

但是难道我们一定要到遥远的宇宙去才能找到其他种类的复制因子，以及其他种类的随之而来的进化现象吗？我认为就在我们这个星球上，最近出现了一种新型的复制因子。它就在我们眼前，不过它还在幼年期，还在它的原始汤里笨拙地漂流着。但它正在推动进化的进程，速度之快令原来的因子望尘莫及。

这种新汤就是人类文化的汤。我们需要为这个新的复制因子取一个名字。这个名字要能表达作为一种文化传播单位或模仿单位的概念。"mimeme"这个词出自一个恰当的希腊词词根，但我希望有一个单音节的词，听上去有点像"gene"（基因）。如果我把"mimeme"这个词缩短为 meme（觅母）**，切望我的古典派朋友们多加包涵。我们既可以认为meme 与 memory（记忆）有关，也可以认为与法语 Même（同样的）有关，如果这样能使某些人感到一点慰藉的话。这个词念起来应与"cream"合韵。

曲调、概念、妙句、时装、制锅或建造拱廊的方式等都是觅母。正如基因通过精子或卵子从一个个体转移到另一个个体，从而在基因库中进行繁殖一样，觅母通过广义上可以称为模仿的过程从一个大脑转移到另一个大脑，从而在觅母库中进行繁殖。一个科学家如果听到或看到一个精彩的观点，会把这一观点传达给他的同事和学生，他写文章或讲学时也提及这个观点。如果这个观点得以传播，我们就可以说这个观点正在进行繁殖，从一些人的大脑散布到另一些人的大脑。正如我的同事汉弗莱（N. K. Humphrey）对本章初稿的内容进行概括时精辟地指出的那样："觅母应该被看成一种有生命力的结构，这不仅仅是比喻的说法，而是有学术含义的。* 当你把一个有生命力的觅母移植到我的心田上时，事实上你把我的大脑变成了这个觅母的宿主，使之成为传播这个觅母的工具，就像病毒寄生于一个宿主细胞的遗传机制一样。这并非凭空说说而已，可以举个具体的例子，'死后有灵的信念'这一觅母事实上能够变成物质，它作为世界各地人民的神经系统里的一种结构，千百万次地取得物质力量。"

让我们研究一下"上帝"这个概念。我们不知道它最初是怎样在觅母库中产生的，它大概经过许多次独立"突变"过程才出现。不管怎样，"上帝"这个概念确实是非常古老的。它怎样进行自身复制呢？它通过口头的言语和书面的文字，在伟大的音乐和伟大的艺术的协助下，进行复制传播。它为什么会具有这样高的生存价值呢？你应当记住，这里的"生存价值"不是指基因在基因库里的价值，而是指觅母在觅母库里的价值。这个问题的真正含义是，到底是什么东西赋予了"上帝"这一概念在文化环境中的稳定性和渗透性（penetrance）。上帝觅母在觅母库里的生存价值来自它具有的强大的心理号召力。"上帝"这一概念对于有关生存的一些深奥而又使人苦恼的问题提供了一个表面上好像是言之有

理的答案。它暗示今世的种种不公平现象可以在来世中得到改正。上帝
伸出了"永恒的双臂"来承受我们人类的种种缺陷，宛如医生为病人开
的一味安慰剂，由于精神上的作用也会产生一定的效果。上帝这个偶像
之所以为人们所乐于接受，并一代一代地在人们大脑里复制传播，其部
分理由即在于此。我们可以说，在人类文化提供的环境中，上帝这个形
象是存在于具有很高生存价值或感染力的觅母形式中的。

　　我的一些同事对我说，我这种关于上帝觅母的生存价值的说法是以
未经证实的假设作为论据的。归根到底，他们总是希望回到"生物学上
的优越性"上去。对他们而言，光说上帝这个概念具有"强大的心理号
召力"是不够的，他们想知道这个概念为什么会有如此强大的心理号召
力。心理号召力是指对大脑的感召力，而大脑意识的形成又是基因库里
基因自然选择的结果。他们企图找到这种大脑促进基因生存的途径。

　　我对这种态度表示莫大的同情，而且我毫不怀疑，我们现在这个模
样的大脑确实具有种种遗传学上的优越性。但我认为，我的这些同事如
果仔细地研究一下自己的假设所根据的那些基本原则，就会发现，他们
和我一样都在以未经证实的假设作为论据。从根本上说，我们试图以基
因的优越性来解释生物现象是可取的做法，因为基因都能复制。原始汤
分子一具备能够进行自身复制的条件，复制因子就开始繁盛了起来。30
多亿年以来，DNA 始终是我们这个世界上唯一值得一提的复制因子，但
它不一定要永远享有这种垄断权。新型复制因子能够进行自我复制的条
件一旦形成，这些新的复制因子必将开始活动，而且开创自己的崭新类
型的进化进程。这种新进化发轫后，完全没有理由要从属于老的进化。
原来基因选择的进化过程创造了大脑，从而为第一批觅母的出现准备了
"汤"。能够进行自我复制的觅母一问世，它们自己所特有的那种类型的
进化就开始了，而且速度要快得多。遗传进化的概念在我们生物学家的
大脑里已根深蒂固，因此我们往往会忘记，遗传进化只不过是许多可能
发生的进化现象之中的一种而已。

　　广义地说，觅母通过模仿的方式进行自我复制。但正如能够自我复制的基因也并不是都善于自我复制一样，觅母库里有些觅母比另外一些觅母能够取得更大的成功。这种过程和自然选择相似。我已具体列举过一些有助于提高觅母生存价值的特性。但一般地说，这些特性必然和我们在第2章里提到过的复制因子的特性是一样的：长寿、生殖力和精确的复制能力。相对而言，任何一个觅母拷贝是否能够长寿可能并不重要，这对某一个基因拷贝来说也一样。《友谊天长地久》(Auld Lang Syne)*这个曲调拷贝萦绕在我的脑际，但我的生命结束之日，也就是我头脑里的这个曲调终了之时，印在我的一本《苏格兰学生歌曲集》里的这同一首曲调的拷贝会存在得久些，但也不会太久。但我可以预期，萦绕于人们脑际或印在其他出版物上的同一曲调的拷贝就是再过几个世纪也不致湮灭。和基因的情况一样，对某些具体的拷贝而言，生殖力比长寿重要得多。如果说觅母这个概念是一个科学概念，那么它的传播将取决于它在一群科学家中受到多大的欢迎。它的生存价值可以根据它在连续几年的科技刊物中出现的次数来估算。**如果它是一个大众喜爱的调子，我们可以从街上用口哨吹这个调子的行人的多寡来估算这个调子在觅母库中扩散的程度；如果它是女鞋式样，我们可以根据鞋店的销售数字来估计。有些觅母和一些基因一样，在觅母库中只能短期内迅猛地扩散，但不能持久，流行歌曲和高跟鞋就属这种类型。至于其他，如犹太人的宗教律法等可以流传几千年历久不衰，这通常是由于见诸文字记载的东西拥有巨大的潜在永久性。

　　说到这里，我要谈谈成功的复制因子的第三个普遍的特性：精确的复制能力。关于这一点，我承认我的论据不是十分可靠的。乍看起来，觅母好像完全不是能够精确进行复制的复制因子。每当一个科学家听到一个新的概念并把它转告给其他人的时候，他很可能变更其中的某些内容。我在本书中很坦率地承认特里弗斯的观点对我的影响非常之大，然而，我并没有在本书中逐字逐句地照搬他的观点，而是将其内容重新安排糅合以适应我的需要，有时改变其着重点，或把他的观点和我自己的或其他的想法混合在一起。传给你的觅母已经不是原来的模样。这一点看起来和基因传播所具有的那种颗粒性的（particulate）、全有或全无的遗传特性大不相同。看来觅母传播受到连续发生的突变以及相互混合的影响。

不过，这种非颗粒性表面现象也可能是一种假象，因此与基因进行类比还是能站得住脚的。如果我们再看一看诸如人的身高或肤色等许多遗传特征，似乎不像是不可分割和不可混合的基因发挥作用的结果。如果一个黑人和一个白人结婚，这对夫妇所生子女的肤色既不是黑色也不是白色，而是介乎两者之间。这并不是说有关的基因不是颗粒性的，事实是，与肤色有关的基因是如此之多，而且每一个基因的影响又是如此之小，以至于看起来它们是混合在一起了。迄今为止，我对觅母的描述可能给人以这样的印象，即一个觅母单位的组成好像是一清二楚的。当然事实上还远远没有弄清楚。我说过一个调子是一个觅母，那么，一部交响乐又是什么呢？它是由多少觅母组成的呢？是不是每一个乐章都是一个觅母，还是每一个可辨认的旋律、每一小节、每一个和音或其他什么都算一个觅母呢？

在这里，我又要求助于我在第 3 章里使用过的方法。我当时把"基因复合体"（gene complex）分成大的和小的遗传单位，单位之下再分单位。基因的定义不是严格地按全有或全无的方式制定的，而是为方便起见而划定的单位，即染色体的一段，其复制的精确性足以使之成为自然选择的一个独立存在的单位。如果贝多芬的《第九交响曲》中某一小节具有与众不同的特色，使人听后难以忘怀，因此值得把它从整部交响乐中抽出，作为某个令人厌烦的欧洲广播电台的呼号，那么，从这个意义上说，也可被称为一个觅母。附带说一句，这个呼号已大大削弱了我对原来这部交响乐的欣赏能力。

同样，当我们说所有的生物学家如今都笃信达尔文学说的时候，我们并不是说每一个生物学家都有一份达尔文本人说过的话的拷贝原封不动地印在他的脑海中，而是每一个人都有解释达尔文学说的方式。他很可能是从比较近的著作里读到达尔文学说的，而并没有读过达尔文本人在这方面的原著。达尔文说过的东西，就其细节而言，有很多是错误的。如果达尔文能看到拙著，或许辨别不出其中哪些是他原来的理论。不过我倒希望他会喜欢我表达他的理论的方式。尽管如此，每一个理解达尔文学说的人的脑海里都存在一些达尔文主义的精髓，不然的话，所谓两个人看法一致的说法似乎也就毫无意义了。我们不妨把一个"概念觅母"看成一个可以从一个大脑传播到另一个大脑的实体。因此，达尔文学说这一觅母就是一切懂得这一学说的人在大脑中所共有的概念的主要基础。按定义说，人们阐述这个学说的不同方式不是觅母的组成部分。如果达尔文学说能够再被分割成小一些的组成部分，有些人相信 A 部分而不相信 B 部分，另一些人相信 B 部分而不相信 A 部分，这样，A 与 B 两部分应该看成两个独立的觅母。如果相信 A 部分的人大多数同时相信 B 部分——用遗传的术语来说，这些觅母是密切连锁在一起的——那么，为了方便起见，可以把它们当作一个觅母。

让我们把觅母和基因的类比继续进行下去。自始至终，我在这本书中一直强调不能把基因看作自觉的、有目的的行为者，可是，盲目的自然选择使它们的行为好像带有目的性。因此，用带有目的性的语言来描绘基因的活动，正如使用速记一样有其方便之处。例如当我们说"基因试图增加它们在未来基因库中的数量"，我们的真正意思是"凡是由于基因本身的行为而使自己在未来的基因库中的数量增加的，往往就是我们在这个世界上所看到的那些有效基因"。正如我们为了方便把基因看成积极的、为自身生存进行有目的的工作的行为者，我们同样可以把觅母视为具有目的性的行为者。基因也好，觅母也好，都没有任何神秘之处。我们说它们具有目的性不过是一种比喻的说法。我们已经看到，在论述基因的时候，这种比喻的说法是有成效的。我们对基因甚至用了

"自私""无情"这样的词汇。我们清楚地知道，这些说法仅仅是一种修辞方法。我们是否可以本着同样的精神去寻找自私的、无情的觅母呢？

　　这里牵涉有关竞争的性质这样一个问题。凡是存在有性生殖的地方，每一个基因都同它的等位基因进行竞争，这些等位基因就是与它们争夺染色体上同一位置的对手。觅母似乎不具备相当于染色体的东西，也不具备相当于等位基因的东西。我认为从某种微不足道的意义上来说，许多概念可以说是具有"对立面"的。但一般来说，觅母和早期的复制因子相似，它们在原始汤中混混沌沌地自由漂荡，而不像现代基因那样，在染色体的队伍里整齐地配对成双。那么这样说来，觅母究竟在如何相互竞争？如果它们没有等位觅母，我们能说它们"自私"或"无情"吗？回答是——我们可以这么说，因为从某种意义上说，觅母之间可能进行着某种类型的竞争。

　　任何一个使用数字计算机的人都知道计算机的时间和记忆存储空间是非常宝贵的。在许多的大型计算机中心，这些时间和空间事实上是以金额来计算成本的。或者说，每个计算机使用者可以分配到一段以秒计算的时间和一部分以"字数"计算的空间。觅母存在于人的大脑中，大脑就是计算机。*时间可能是一个比存储空间更重要的限制因素，因此是激烈竞争的对象。人的大脑以及由其控制的躯体只能同时进行一件或少数几件工作。如果一个觅母想要控制人脑的注意力，它必须为此排除其他"对手"觅母的影响。成为觅母竞争对象的其他东西是收听广播和看电视的时间、广告面积、报纸版面以及图书馆里的书架面积。

　　我们在第 3 章中已经看到，基因库里可以产生相互适应的基因复合体。与蝴蝶模拟行为有关的一大组基因在同一条染色体上如此紧密相连，以至于我们可以把它们视为一个基因。在第 5 章，我们谈到一组在进化上稳定的基因这个较为复杂的概念。在肉食动物的基因库里，相互配合的牙齿、脚爪、肠胃和感觉器官得以形成，而在草食动物的基因库里，出现了另一组不同的稳定特性。在觅母库里会不会出现类似的情况呢？

譬如说，上帝觅母是否已同其他的觅母结合在一起，而这种结合的形式是否有助于参加这些结合的各个觅母的生存？也许我们可以把一个有组织的教堂，连同它的建筑、仪式、法律、音乐、艺术以及成文的传统等视为一组相互适应的、稳定的、相辅相成的觅母。

让我举一个具体的例子来说明问题。教义中有一点对强迫信徒遵守教规是非常有效的，那就是罪人遭受地狱火惩罚的威胁。很多小孩，甚至有些成年人相信，如果他们违抗神父的规定，他们死后要遭受可怕的折磨。这是一种恶劣透顶的骗取信仰的手段，它在整个中世纪，甚至直至今天，为人们带来心理上的极大痛苦。但这种手段非常有效。这种手段可能是一个受过深刻心理学训练，懂得怎样灌输宗教信仰的马基雅维利[1]式的牧师经过深思熟虑的杰作。然而，我怀疑这些牧师是否有这样的聪明才智。更为可能的是，不具自觉意识的觅母由于具有成功基因所表现出的那种虚假的冷酷性而保证了自身的生存。地狱火的概念只不过是由于具有深远的心理影响而取得其固有的永恒性。它和上帝觅母联结在一起，因为两者互为补充，在觅母库中相互促进对方的生存。

宗教觅母复合体的另一个组成部分被称为信仰。这里指的是盲目的信仰，即在没有确凿证据的情况下，或者甚至在相反的证据面前的信仰。人们讲述多疑的托马斯[2]的故事，并不是为了让我们赞美托马斯，而是让我们通过对比来赞美其他的使徒。托马斯要求看到证据，而对某些种类的觅母来说，没有什么东西比寻求证据的倾向更加危险了。其他使徒并不需要什么证据照样能够笃信无疑，因此这些使徒被捧出来作为值得我们仿效的对象。促使人们盲目信仰的觅母以简单而不自觉的办法阻止人们进行合理的调查研究，从而取得其自身的永恒性。

盲目信仰的人什么事都干得出来。* 如果有人相信另一个上帝，或者即使他也相信同一个上帝，但膜拜的仪式不同，盲目信仰可以驱使人们

---

[1] 马基雅维利（1469—1527），意大利政治家兼历史学家。
[2] 多疑的托马斯，指一贯抱怀疑态度的人。

判处这个人死刑。可以把他钉死在十字架上，可以把他烧死在火刑柱上，可以用十字军战士的利剑刺死他，也可以在贝鲁特的街头枪决他，或者在贝尔法斯特的酒吧间里炸死他。促使人们盲目信仰的觅母有其冷酷无情的繁殖手段。这对爱国主义、政治上的盲目信仰，以及宗教上的盲目信仰都是一样的。

觅母和基因常常相互支持、相互加强，但它们有时也会发生矛盾。例如独身主义大概是不能遗传的。促使个体实行独身主义的基因在基因库里肯定没有出路，除非在十分特殊的情况下，如在社会性昆虫的种群中。然而，促使个体实行独身主义的觅母在觅母库里却是能够取得成功的。譬如说，假使一个觅母的成功严格地取决于人们需要多少时间才能把这个觅母主动地传播给其他人，那么从觅母的观点来看，把时间花在其他工作上而不是试图传播这个觅母的行为都是在浪费时间。牧师在小伙子尚未决定献身于什么事业的时候就把独身主义的觅母传给他们。传播的媒介是各种人与人之间相互影响的方式，口头的言语、书面的文字、人的榜样等等。现在，为了便于把问题辨明，让我们假定这样的情况：某个牧师结了婚，结婚生活削弱了他影响自己教徒的力量，因为结婚生活占据了他一大部分时间和精力。事实上，人们正是以这种情况作为正式的理由要求做牧师的必须奉行独身主义。如果情况果真是这样，那么促使人们实行独身主义的觅母的生存价值要比促使人们结婚的觅母的生存价值大。当然，对促使人们实行独身主义的基因来说，情况恰恰相反。如果牧师是觅母的生存机器，那么，独身主义是他应拥有的一个有效属性。在一个由相互支持的各种宗教觅母组成的巨大复合体中，独身主义不过是一个小伙伴而已。

我猜想，相互适应的觅母复合体和相互适应的基因复合体具有同样的进化方式。自然选择有利于那些能够为其自身利益而利用其文化环境的觅母。这个文化环境包括其他的觅母，它们也是被选择的对象。因此，觅母库逐渐取得一组进化上稳定的属性，这使得新的觅母难以入侵。

　　我在描述觅母的时候可能消极的一面讲得多些，但它们也有欢乐的一面。我们死后可以遗留给后代的东西有两种：基因和觅母。我们是作为基因机器而存在的，我们与生俱来的任务就是把我们的基因一代一代地传下去，但我们在这个方面的功绩隔了三代就被人忘怀。你的儿女，甚至你的孙子或孙女可能和你相像，也许在脸部特征方面，在音乐才能方面，在头发的颜色方面，等等，但每过一代，你传给后代的基因都要减少一半。这样下去不消多久，它们所占的比例会越来越小，直至达到无足轻重的地步。我们的基因可能是不朽的，但体现在我们每一个人身上的基因集体迟早要消亡。伊丽莎白二世是征服者英王威廉一世的直系后裔，然而在她身上非常可能找不到一个来自老国王的基因。我们不应指望生殖能带来永恒性，但如果你能为世界文明做出贡献，如果你有一个精辟的见解或作了一首曲子、发明了一个火花塞、写了一首诗，所有这些都能完整无损地流传下去。即使你的基因在共有的基因库里全部分解后，这些东西仍能长久存在，永不湮灭。苏格拉底在今天的世界上可能还有一两个活着的基因，也可能早就没有了，但正如威廉斯所说的，谁对此感兴趣呢？苏格拉底、达·芬奇、哥白尼、马可尼等人的觅母复合体在今天仍盛行于世，历久而弥坚。

　　不管我提出的觅母理论带有多大的推测性，其中有一点却是非常重要的，在此我想再次强调一下。当我们考虑文化特性的进化以及它们的生存价值时，我们有必要弄清楚，我们所说的生存指的是谁的生存。我们已经看到，生物学家习惯于在基因的水平上（或在个体、群体、物种的水平上，这要看个人的兴趣所在）寻求各种有利条件。我们至今还没有考虑过的一点是，一种文化特性可能是按其特有的方式形成的。理由很简单，因为这种方式对其自身有利。

　　我们无须寻求如宗教、音乐、祭神的舞蹈等种种特性在生物学上的一般生存价值，尽管这些价值也可能存在。基因一旦为其生存机器提供了能够进行快速模仿活动的头脑，觅母就会自动地接管过来。我们甚至不必假定模仿活动具有某种遗传上的优越性，尽管这样做肯定会带来方便。必不可少的条件是，大脑应该能够进行模仿活动：那时就会形成充分利用这种能力的觅母。

现在我就要结束新复制因子这个论题，并以审慎的乐观口吻结束本章。人类的一个非凡的特征——自觉的预见能力——可能归因于觅母的进化，也可能与觅母无关。自私的基因（还有觅母，如果你不反对我在本章所做的推测）没有预见能力，它们都是无意识的、盲目的复制因子。它们进行自我复制，这个事实再加上其他一些条件意味着不管愿意不愿意，它们都将趋向于某些特性的进化过程。这些特性从本书的特殊意义上说，可以称为自私的。

我们不能指望，一个简单的复制实体，不管是基因还是觅母，会放弃其短期的自私利益，即使从长远观点来看，它这样做也是合算的。我们在有关进犯性行为的一章里已看到这种情况。即使一个"鸽子集团"对每一个个体来说比进化稳定策略来得有利，自然选择还是有利于 ESS。

人类可能还有一种非凡的特征——表现真诚无私的利他行为的能力。我唯愿如此，不过我不准备就这一点进行任何形式的辩论，也不打算对这个特征是否可以归因于觅母的进化妄加猜测。我想要说明的一点是，即使我们着眼于阴暗面而假定人基本上是自私的，我们自觉的预见能力——在想象中模拟未来的能力——能够防止自己纵容盲目的复制因子干出那些最坏的、过分的自私行为。我们至少已经具备了精神上的力量去照顾我们的长期自私利益而不仅仅是短期自私利益。我们可以看到参加"鸽子集团"所能带来的长远利益，而且我们可以坐下来讨论用什么方法能够使这个集团取得成功。我们具备足够的力量去抗拒我们那些与生俱来的自私基因。在必要时，我们也可以抗拒那些灌输到我们头脑里的自私觅母。我们甚至可以讨论如何审慎地培植纯粹的、无私的利他主义——这种利他主义在自然界里是没有立足之地的，在整个世界历史上也是前所未有的。我们是作为基因机器而被建造的，是作为觅母机器而被培养的，但我们具备足够的力量去反对我们的缔造者。在这个世界上，只有我们，我们人类，能够反抗自私的复制因子的暴政。*

第 12 章

好人终有好报

"好人垫后。"——这句俗语似乎来自棒球界，不过有些权威人士声称它有其他内涵。美国生物学家加勒特·哈丁（Garrett Hardin）用这句俗语来总结"社会生物学"或者"自私的基因"，其中的贴切不言而喻。在达尔文主义中，"好人"是那些愿意自身付出代价，帮助种群中其他成员个体，以此使他们的基因传到下一代的"人"。这么看来，好人的数目注定要减少，善良在达尔文主义里终将灭亡。这里的"好人"还有另一种专有解释，和俗语中的含义相差并不远。但在这种解释里，好人则能"得好报"。在这一章节里，我将阐释这个相对乐观的结论。

想想第10章里的斤斤计较者。那些鸟儿显然以利他的方式互相帮助，但对那些曾经拒绝帮助他人的鸟，它们却怀恨在心，以牙还牙地拒绝给予帮助。比起傻瓜（那些无私奉献却遭遇剥削的个体）和骗子（那些互相无情剥削而共同毁灭的个体），斤斤计较者在种群中占优势，因为它们可以将更多基因传递给后代。斤斤计较者的故事表达了一个重要原则，罗伯特·特里弗斯将此称为"互惠利他理论"。在清洁工鱼（第10章）的例子里，互惠利他不仅局限于单个物种，还存在于所有共生关系中。类似的例子还有蚂蚁为它们的"奶牛"蚜虫挤"奶"（第10章）。当第10章写就时，美国政治科学家罗伯特·阿克塞尔罗德将互惠利他的概念延伸至更为激动人心的方向。阿克塞尔罗德曾与威廉·唐纳·汉密尔顿合作，后者的名字在这本书里已经出现无数次了。开篇已经暗示过，正是阿克塞尔罗德赋予了"好人"一个专有含义。

如同许多其他政治科学家、经济学家、数学家与心理学家一样，阿克塞尔罗德对"囚徒困境"这一简单的博弈游戏很感兴趣。这个游戏极其简单，但我知道许多聪明人完全误解了游戏，以为其复杂无比。不过，它的简单也带有欺骗性。图书馆里关于这个博弈衍生物的书籍多如牛毛。许多有影响力的人认为它是解决战略防御规划问题的钥匙，这个模型需被仔细研究，以阻止第三次世界大战的发生。而作为一个生物学家，我站在阿克塞尔罗德与汉密尔顿一边。许多野生动物和植物正以其演化进程，精确无误地进行着"囚徒困境"的博弈。

在其原始的人类版本中，"囚徒博弈"是这样的：一个"银行家"判定两位玩家的输赢，并付与赢家报酬。假设我们便是这两位玩家，当我们开始博弈时（虽然我们将看到，"对立"是我们最不应该做的），我们手中各有两张卡，分别为"合作"与"背叛"。我们各自选定一张牌，面朝下摆放在桌子上，这样我们都不知道对方的选择，也不会为对方选择所影响，这便等同于我们同时行动。然后我们等待"银行家"来翻牌。我们的输赢不仅取决于我们出的牌，还取决于对方打出的牌。其悬念在于：虽然我们清楚自己的出牌，却并不知道对方的出牌。我们都只能等"银行家"来揭晓结果。

我们一共有 2×2＝4 张牌，于是也便有 4 种可能的结果。为向这个游戏的发源地——北美致敬，我们以美元来表示这 4 种输赢结果。

结果 1：我们俩都选择了"合作"。"银行家"给我们每个人 300 美元。这个不菲的总数是对相互合作的奖赏。

结果 2：我们俩都选择了"背叛"。"银行家"对每个人罚款 10 美元。这是对相互背叛的惩罚。

结果 3：你选择"合作"，我选择"背叛"。"银行家"付给我 500 美元（这是背叛的诱惑），罚了你（傻瓜）100 美元。

结果 4：你选择"背叛"，我选择"合作"。"银行家"将背叛的诱惑付给了你，而罚了我这个傻瓜 100 美元。

结果 3 与 4 明显互为镜像。一个玩家得到好处，则有另一个玩家将付出代价。在结果 1 与 2 里，我们俩得到相同的结果，而结果 1 对我们俩都有好处。这里金钱的具体数目并不要紧，重要的是这个博弈里"囚徒困境"结果的排列顺序：背叛的诱惑 > 相互合作的奖赏 > 相互背叛的惩罚 > 失败的代价。（严格来说，这个博弈还有另一个条件：背叛的诱惑与失败的代价的平均值不可高于相互合作的奖赏。我们将在后边附加条件里提到这个原因。）这四种结果总结于表 12-1 里。

表 12-1　我在囚徒困境博弈里各种结果的输赢状况

		你的出牌	
		合作	背叛
我的出牌	合作	比较好 **相互合作的奖赏** 300 美元	很坏 **失败的代价** 100 美元罚款
	背叛	很好 **背叛的诱惑** 500 美元	比较坏 **相互背叛的惩罚** 10 美元罚款

那么，为什么这是一个"困境"？看看这张输赢状况的表格，想象一下我在与你博弈时脑海中盘旋着的想法。我知道你只有两张牌，"合作"或者"背叛"。让我们按次序来想想。如果你打出"背叛"（这表示我们将看向表格中的右边一列），我能打出最好的牌也只能是"背叛"。虽然我也将接受相互背叛的惩罚，但我知道，如果选择了"合作"，失败者的代价只会更高。而如果你选择了"合作"（看向左边一列），我最好的结果也只能是选择"背叛"。如果我们合作了，我们都能得到 300 美元；但如果我选择背叛，我将得到更多——500 美元。这里的结论是：无论你选择哪张牌，我最好的选择是永远背叛。

　　我已经运用我无懈可击的逻辑算出，无论你如何选择，我都必须"背叛"。而你，也将算出同样的结果。于是当两个理性的对手相对时，他们将同时背叛，也将同时被罚款，获得一个较低的分数。虽然每个人都心知肚明，如果他们彼此选择"合作"，两人都将得到较高的相互合作的奖赏（我们的例子里是 300 美元）。这就是为什么这个博弈被称为困境，自相矛盾得令人恼火。这也就是为什么人们开始提出必须有一个法律来对付这个问题。

　　"囚徒"来自一个特殊的、想象中的例子，上述例子中的现金被监狱的刑罚取代。两个在监狱中的囚徒——姑且称他们为彼得森与莫里亚蒂，有共同犯罪的嫌疑。囚徒们各自被关押在单独的牢房里，并各自被劝诱背叛他的同伙，将所有犯罪证据栽赃对方。他们的判决结果将取决于两个囚徒的行为，而双方都不知道对方的选择。如果彼得森将所有罪过都推向莫里亚蒂，而莫里亚蒂始终保持沉默（与他从前的朋友、现在的叛徒合作），莫里亚蒂将接受重罚，而彼得森得以无罪释放，享受背叛的诱惑。如果两人互相背叛，便都将获罪，但可以因为供认不讳而得到轻判，这便是互相背叛的惩罚。如果两人互相与对方而不是当局合作，闭口不谈过往，所得证据将不足以把两人判以重罪，则两人也都将得到轻判，得到互相合作的奖赏。虽然将牢狱刑罚称为"奖赏"有点儿奇怪，但比起漫长的铁窗生涯，犯人们肯定会将此看作奖赏。你可以发现，虽然这里的回报不是美元而是牢狱刑罚，博弈的主要特征依然保存着（看看四个结果可取性的排列顺序）。如果你将自己放在任何一个囚徒的位置上，假设两人都以理性的自我利益为动机，你将看到两人都只能背叛对方，而同样接受沉重的刑罚。

　　有没有逃离困境的方法呢？双方都知道，无论对方如何选择，他们能做出的最好的选择都是"背叛"。但他们也都知道，如果双方都选择合作，任何一方都可以得到更多的好处。如果……如果……如果能有一个办法让他们达成共识，能有一个办法让双方都坚信对方可以被信任，不至于奔向那个自私的奖赏，能有一个方法来维持双方共识……

在"囚徒困境"这个简单博弈里，没有任何方法可以达成信任。除非其中一方是一个虔诚的傻瓜，善良得根本不可能适应这个世界，这个博弈注定将以相互背叛、相互损伤告终。然而，这个博弈还有另一个版本："重复博弈"的"囚徒困境"。这个"重复博弈"更为复杂，但复杂性里孕育着希望。

"重复博弈"只是简单将上述博弈与同一个对手无限次重复。你我再次在"银行家"面前左右相对，再次拥有手中的两张牌——"合作"与"背叛"，我们再次各自打出一张牌，由"银行家"根据上述规则给出奖赏与惩罚。但这一次对弈不再是博弈的终结，我们捡起手中的牌，准备着下一轮。下一轮的游戏给予我们机会来重新建立信任与怀疑，实施对抗或和解，给予报复或宽恕。在这无限长的博弈里，我们最重要的任务是：赢了"银行家"，而不是对方。

在 10 次博弈后，理论上我也许可以获得最多 5 000 美元，但只有在你完全愚不可及，或者大公无私地每次都打出"合作"的时候，我才有可能每次都得到最高奖赏"背叛的诱惑"。在更实际一点儿的情况里，我们各自都在 10 次对弈中打出"合作"，并各自从"银行家"里得到 3 000 美元。这样，我们并不需要特别大公无私，因为我们彼此都能从对方过往的行为中，知道对方可以信任。我们事实上也在监管着对方的行为。还有另一个也可能发生的结果，我们彼此不信任对方，在 10 次对弈中都打出了"背叛"，"银行家"则从每个人处得到了 100 美元。最可能发生的是，我们并不完全信任对方，打出了各种次序的"合作"与"背叛"，双方都得到了并不多的金钱。

在第 10 章中，那些互相从对方羽毛中捉出蜱虫的鸟，正是进行一场"囚徒困境"的重复博弈。这怎么进行呢？你应该还记得，对于鸟来说，从自己身上清除蜱虫非常重要，但它无法自己清除头部的蜱虫，只能依靠同伴来帮助它，而让它同样报答对方也是公平的。但这项工作耗费了许多时间精力，鸟类在这方面并不宽裕。如果某只鸟能以欺骗方式从这个小圈子中逃出来，让别人清除自己的蜱虫，而拒绝互惠互利，它则能得到所有实惠，而不需支付任何代价。如果你将这些回报结果排列一下次序，你将发现这正是真实的"囚徒困境"博弈。互相合作以清除彼此的蜱虫固然是好事，但还有着更好的诱惑促使你拒绝支付互惠的代价。互相背叛以拒绝清除蜱虫固然不是好事，但也没有比花精力帮别人除虫而自己无人理睬更不好。表 12-2 展示了这个回报结果。

表 12-2　鸟类清除蜱虫的博弈：我从各种结果中得到的回报

		你的出牌	
		合作	背叛
我的出牌	合作	比较好 **相互合作的奖赏** 我清除了自己的蜱虫，也付出代价清除了你的蜱虫。	很坏 **失败的代价** 我的蜱虫没被去除，还付出了代价去除你的蜱虫。
	背叛	很好 **背叛的诱惑** 我自己的蜱虫被清除了，也没有付出代价清除你的蜱虫。	比较坏 **相互背叛的惩罚** 我的蜱虫没被清除，但你的也没有，我从中得到了心理安慰。

但这只是一个例子。如果你继续思考，你更会发现，从人类到动植物，生活中充满了"囚徒困境"的重复博弈。植物？是的。记得我们谈到策略时，我们没有提到有意识的策略（但我们之后可能会提及），但我们提及了"梅纳德·史密斯"的意识，这便是一种预定基因的策略。我们之后还会提到植物、动物甚至细菌，它们都在进行着"囚徒困境"的重复博弈。现在，先让我们详细探索一下，为何重复博弈如此重要。

在简单博弈里，我们可以预见"背叛"是唯一的理性策略。但重复博弈并不相同，它提供了许多选择范围。简单博弈里只有两种策略，合作或是背叛。但重复博弈可以有很多我们想象得到的策略，并没有任何一个是绝对的最佳方案。比如"大部分时间合作，而在随机的$\frac{1}{10}$时间里背叛"这个策略，便是成千上万的策略里中的一个。也可以基于过往历史来选择策略，我的"斤斤计较者"正是一个例子。这种鸟对脸部有很好的记忆力，尽管它基本采取合作策略，但它也会背叛那些曾经背叛过它的对手。还有一些其他策略可能更为宽容，或者有更短期的记忆。

显然，重复博弈里可用的策略之多取决于我们的创造力。但我们能够算出哪个是最佳方案吗？阿克塞尔罗德也这么问自己。他想出了一个很具娱乐性的方案：举行一场竞赛。他广发通知，让博弈论的专家们来提交策略。在这里，策略指的是事先确定的行动规则，所以竞争者可以用计算机语言编程加入博弈。阿克塞尔罗德总共收到了 14 个策略。为了得到更好的结果，他还加了第 15 个策略，取名为"随机"。这个策略只是简单地随机出"合作"或"背叛"牌，基本等于"无策略"。如果任何一个其他策略比"随机策略"的结果更坏，这一定是个非常差的策略。

阿克塞尔罗德将这 15 个策略翻译成一种常用的计算机语言，在一台大型计算机中设定这些策略互相博弈。每个策略轮流与其他策略（包括它自己）进行重复博弈。15 个策略总共组成 15 × 15=225 个排列组合，在计算机上轮番进行。每一个组合需要进行 200 回合的博弈，所有输赢累积计算，以得出最终的赢家。

这里，我们不关心某一个策略是否优于另一个策略，我们只关心哪个策略在与 15 个对手博弈后，最终赢得最多的"钱"。在这里，"钱"指的是赢得的分数。相互合作的奖赏为 3 分，背叛的诱惑为 5 分，互相背叛的惩罚为 1 分（相当于我们早先例子中的轻判），失败的代价为 0 分（等同于之前例子中的重罚）。

表 12-3　阿克塞尔罗德的计算机竞赛：我在各种结果中所得的回报

		你的出牌	
		合作	背叛
我的出牌	合作	比较好 **相互合作的奖赏** 3 分	很坏 **失败的代价** 0 分
	背叛	很好 **背叛的诱惑** 5 分	比较坏 **相互背叛的惩罚** 1 分

　　无论是哪一种策略，理论上它们能得到的最高总分都是 15 000 分（每一回合 5 分，15 个对手共有 200 回合），最低分则是 0 分。不用说，这两个极端都没有实现。实际上，一个策略如果能超过 15 个对手中的平均水平，最多也只能获得比 600 分高出一些的分数。因为如果双方决定持续合作，每人在 200 场博弈中都能得到 3 分，总共便是 600 分。我们可以将 600 分作为基准分，将所有分数表达为 600 分的百分比。这么算来，理论上面对一个对手的最高分将是 166%（1 000 分）。但事实上，没有任何一个策略的平均分超过 600 分。

　　要知道，竞赛中的博弈者并不是人类，而是计算机事先设定好的程序。而基因在这些程序的作者里事先设定了"程序"，使得它们身体力行地扮演同样的角色（想想第 4 章中的计算机对弈与"仙女座"超级计算机）。你可以将这些策略想象成这些作者的微型代理。虽然一个作者原本可以提交一个以上的策略，但这其实是作弊，这表示作者将在竞争本身中加入策略，使得其中一个角色从另一个角色的牺牲中得到合作的好处。阿克塞尔罗德应该不会接受这一点。

　　有一些交上来的策略很聪明，当然它们远没有其作者聪明。然而，最后胜出的策略却是一个最简单的，而且看起来最不聪明的一个。这个策略被称为"针锋相对"（Tit for Tat），它来自多伦多一位著名心理学家和博弈学家阿纳托尔·拉波波特（Anatol Rapoport）教授。这个策略在第一回合时采取合作行动，然后在接下来的所有步骤里，只是简单复制对手上一步的行动。

有了"针锋相对"策略的博弈将如何进行呢？一如寻常，下一步的出牌完全取决于对手。假设另一对手也选择了"针锋相对"的策略（每一个策略不止与其他14个对手竞争，也与自己博弈），双方都选择以"合作"开场，第二步中，双方都复制对方上一步的策略，仍然采取"合作"。这样，博弈双方持续合作，直到游戏结束，双方都能获得100%的600分基准分。

那么，假设"针锋相对"与另一个策略"老实人探测器"（Naive Prober）开始博弈。事实上，"老实人探测器"并没有出现在阿克塞尔罗德的博弈竞赛中，但它依然是一个富有指导性的策略。这个策略基本等同于"针锋相对"，但每隔一会儿，比如在每十步中任意选择一步，这个策略会打出恶意的"背叛"牌，而获得最高的分数"背叛的诱惑"。如果"老实人探测器"不打出其试探的"背叛"牌，博弈双方便是两个"针锋相对"，打出一场漫长且互利的"合作"牌，彼此安稳地获得100%的基准分。但突然间（假设在第8回合），"老实人探测器"出其不意地"背叛"了，"针锋相对"却依然不知情地坚持"合作"，也便只能付出"失败者的代价"，得到0分，而"老实人探测器"能得到最高成绩5分。但在下一步里，"针锋相对"开始报复，复制了对手上一步的行动，打出了"背叛"牌，而"老实人探测器"盲目地继续原本设定的程序，复制对手上一步的"合作"牌，于是它只能获得0分，而"针锋相对"得到5分。再下一步，"老实人探测器"极其不公正地又开始了报复，"背叛"了"针锋相对"。反之亦然。在每一轮交替报复的回合里，双方各自平均获得2.5分（5分与0分的平均值）。这依然低于双方持续双向合作所能轻而易举获得的3分（这也是本章前文中尚未解释的"特殊情况"的原因）。于是，当"老实人探测器"与"针锋相对"

开始博弈，双方都未能获得两个"针锋相对"博弈时所得的分数。而如果"老实人探测器"互相对弈，其结果只可能更坏，因为这种以牙还牙的冤冤相报可能开始得更早。

让我们再来考虑另一个叫"愧疚探测器"（Remorseful Prober）的策略。这个策略有点类似于"老实人探测器"，但它可以主动终止循环于双方间的交互背叛。这便需要一种比"针锋相对"或"老实人探测器"更长的记忆。"愧疚探测器"能记住自己是否刚刚主动"背叛"，或者只是为了报复。如果是后者，它便"愧疚地"让对手得到一次反击的机会，而不加以报复。这便将此循环报复行为终结在萌芽状态。如果你在想象中旁观"愧疚探测器"与"针锋相对"的博弈，你会发现可能的循环报复行动不攻自破。博弈中大部分时间都采取互相合作，使得双方都能获得相应的高分。在与"针锋相对"的博弈中，"愧疚探测器"能获得比"老实人探测器"更高的分数，但依然没有"针锋相对"与自己对弈的分数高。

阿克塞尔罗德的竞赛里还有一些比"老实人探测器"与"愧疚探测器"更为复杂的策略，但它们平均分都比"针锋相对"低。事实上最失败的策略（除了随机）是最复杂的那一个，作者为"匿名"。这个作者的身份引发了一些饶有兴趣的猜测：五角大楼的高层？中央情报局的首脑？国务卿基辛格？阿克塞尔罗德自己？我们也许永远也不会知道。

不是每个策略的细节都值得研究，这本书也不谈计算机程序员的创造力，但我们可以给这些策略归类，并检验这些类别的成功率。阿克塞尔罗德认为，最重要的类别是"善良"。"善良"类别指的是那些从不率先"背叛"的策略。"针锋相对"便是其中一个例子。它虽然也采取"背叛"的行动，但它只在报复中这么做。"老实人探测器"与"愧疚探测器"也偶尔采取"背叛"，但这种行为是主动起意挑衅的，属于恶意的策略。这场竞赛中的 15 个策略中，有 8 个属于"善良"策略。令人吃惊的是，策略中的前 8 名也是这 8 个善意的策略。"针锋相对"的平均分504.5分，达到我们600分基准分的84%，是一个很好的分数。其他"善良"策略所得分数要比"针锋相对"少一些，从83.4%到78.6%不等。排名中接下来的则是由格雷斯卡普（Graaskamp）所获得的66.8%，与高分们有很大差距，而这已经是所有恶意策略中的最高分了。令人信服的结果表明，好人在这个博弈中可以胜出。

阿克塞尔罗德提出的另一个术语则是"宽容"。一个宽容的策略只有短期记忆。虽然它也采取报复行为，但它会很快遗忘对手的劣迹。"针锋相对"便是一个宽容的策略，面对"背叛"时它毫不手软，但之后则"过去的让它过去"。第10章中的"斤斤计较者"则是一个完全相反的例子，它的记忆持续了整个博弈，永不宽恕曾经背叛过它的对手。在阿克塞尔罗德的竞赛中，有一个策略与"斤斤计较者"完全相同，由一位名叫弗里德曼（Friedman）的选手提供。这一个"善良"而绝不宽恕的策略结果并不算佳，成绩在所有"善良"策略里排倒数第二。即便对手已经有悔改之意，它也不愿意打破相互背叛的恶性循环，因此无法取得很高的分数。

"针锋相对"并不是最宽容的策略。我们还可以设计一个"两报还一报"（Tit for Two Tats）的策略，允许对手连续两次背叛后才开始报复，这似乎显得过分大度坦荡了。阿克塞尔罗德算出，只要在竞赛中有"两报还一报"策略的存在，它便一定会获得冠军，因为它可以有效避免长期的互相伤害。

于是，我们算出了赢家策略的两个特点：善良与宽容。这几乎是一个乌托邦式的结论：善良与宽容能得到好报。许多专家曾试图在恶意策略里要点儿花招，认为这可能得到高分。即使那些提交"善良"策略的专家，也未曾敢如"针锋相对"一般宽容。所有人都对这个结论十分惊讶。

阿克塞尔罗德又举办了第二次竞赛。这次他收到了62个策略，再加上随机策略，总共便有了63个策略。这一次，博弈中的回合数不再固定

为 200，而改为开放式的不定数（我之后会解释这么做的理由）。我们依
然将得分评判为基准分"永远合作"分数的百分比，不过现在基准分需
要更为复杂的计算，并不再是固定的 600 分。

第二次竞赛的程序员们都得到了第一次竞赛的结果，还收到了阿克
塞尔罗德对"针锋相对"与善良、宽容策略获胜的分析。这么做是为了
让参赛者们能从某种方向上了解比赛的背景信息，来权衡自己的判断。
事实上，这些参赛者分成两种思路。第一种参赛者认为，已经有足够证
据证明善良与宽容确实是获胜因素，他们便随即提交了善良与宽容的策
略。参赛者约翰·梅纳德·史密斯提交了一个最为宽容的"三报还一报"
（Tit for Three Tats）的策略。另一组参赛者则认为，既然对手们已经读过
了阿克塞尔罗德的分析，估计都会提交善良宽容的策略。他们于是便提
交了恶意的策略，以期在善意对手中占到便宜。

然而，恶意再一次没有得到好报。阿纳托尔提交的"针锋相对"策
略再一次成为赢家，获得了满分的 96%。善意策略再一次赢了恶意策略。
前 15 名中只有一个策略是恶意策略，而倒数 15 名中只有一个是善意策
略。然而，最为宽容的、可以在第一次竞赛中胜出的"两报还一报"策
略，这次却没有成功。这是因为本次竞赛中有了一些更为狡猾的恶意策
略，它们善于伪装自己，无情地抛弃那些善良的人。

这揭晓了这些竞赛中非常重要的一点：成功的策略取决于你的对手
的策略。这是唯一能解释两次竞赛中的不同结果的理由。然而，就像我
之前说过的那样。这本书并不是关于计算机程序员的创造力的，那么，
是否有一个广泛客观的标准来让我们判断，哪些是真正好的策略？前几
章的读者们估计已经开始准备从生物进化稳定策略理论中寻找答案了。

当时的我也是阿克塞尔罗德传播早期结果的小圈子中的一员，我也
被邀请在第二次竞赛中提交策略。我并没有参赛，但我给阿克塞尔罗德
提了一个建议。阿克塞尔罗德已经开始考虑进化稳定策略这个理论了，
但我觉得这个想法太重要了，于是写信给他建议，让他与汉密尔顿联系

一下。虽然当时阿克塞尔罗德并不认识汉密尔顿，但汉密尔顿正与阿克塞尔罗德在同一所大学——密歇根大学的另一个系里。阿克塞尔罗德迅速联系了汉密尔顿。最终，他们合作的结果是一篇卓越的论文，发表在1981年的《科学》杂志上，也获得了美国科学促进会（AAAS）的纽科姆·克里夫兰奖（Newcomb Cleveland Prize）。阿克塞尔罗德和汉密尔顿除了讨论重复"囚徒困境"在生物学上有趣的例子外，我还觉得他们给予了进化稳定策略方法应有的认可。

让我们来比较一下进化稳定策略与阿克塞尔罗德两次竞赛中的"循环赛"机制。循环赛好比足球联盟中的比赛，每一个策略都与其他策略对战同等次数。策略的最后得分则是它与所有其他策略对弈后的所得总分。如果一个策略想要在竞争中成功，它必须在所有提交的策略中最富有竞争力。阿克塞尔罗德将胜过其他对手的策略定义为"强劲"。"针锋相对"便是一个强劲的策略。但参与竞赛的策略对手们则相当主观，只取决于参赛者所提交的策略水平，这一点使我们相当头疼。阿克塞尔罗德的第一个竞赛里，刚好参赛的策略基本都是善意策略，所以"针锋相对"赢得了竞赛，而如果"两报还一报"参赛了，则会赢了"针锋相对"。但如果几乎所有参赛策略都为恶意策略，情况就不同了。这个假设发生的概率还是很大的，毕竟人们提交的14个策略中有6个是恶意策略。假如13个策略全为恶意策略，"针锋相对"则不可能成功，因为"环境"太差了。提交策略的不同，决定了策略所赢得的金钱和它们的排名位置。也就是说，竞赛结果将取决于参赛者的心血来潮。那么，我们如何减少竞赛的主观性呢？答案是：进化稳定策略。

你也许还记得，进化稳定策略在众多的种群策略中占有许多席位，也一直得到不错的结果。如果说"针锋相对"是一种进化稳定策略，这便是说，"针锋相对"策略在充满"针锋相对"策略的大环境下能得到不错的结果。这便是一种特殊的"强劲"。作为进化论者，我们一直很想找到一种唯一的、可以直接决定结果的"强劲"。为什么这很重要呢？

因为在达尔文主义的世界里，成功并不是赢得金钱，而是获得后裔。对于一个达尔文主义者，一个成功的策略将是一个在策略种群中数量众多的策略。如果这个策略要保持成功，它必须在同类众多时——也就是充满了自身拷贝的大环境中得到特别好的结果。

阿克塞尔罗德又模仿自然选择，进行了第三场竞赛来寻找进化稳定策略。事实上，他并没有称之为第三次竞赛，因为他并没有邀请新的参赛者，而只是使用了第二次竞赛中的 63 个策略。但我觉得称它为第三次竞赛比较合适，因为它和前两次"循环赛"有根本性的不同。

阿克塞尔罗德将这 63 个策略再次丢给计算机，来制造进化演替的"第一代"。"第一代"的大环境中由这 63 个策略组成。结束后，赢家不再得到"金钱"或者"分数"，而是与其完全相同的"后代"。世世代代如此传递，一些策略逐渐变得数目稀少，甚至完全绝迹，另一些策略则数目众多。当环境中策略的比例出现变化，博弈中策略的出牌也在随之变化。

最终在 1 000 代之后，种群不再变化，环境也没有再改变，稳定的状态已经形成。在此之前，各种策略的命运起伏不定，正如我模拟的"骗子""傻瓜"和"斤斤计较者"的命运一样。一些策略在博弈开始便已经灭绝，大多数则在 200 代之后彻底灭绝。在那些恶意策略中，有一两个一开始蓬勃发展，但它们的繁荣正如我的模拟预测一样，只是昙花一现。唯一活过 200 代的一个策略叫作"哈灵顿"（Harrington），它的数目在前 150 代中直线上升，而后逐渐减少，在 1 000 代之后终于完全灭绝。"哈灵顿"短期繁荣的原因跟我的"骗子"是一样的。当那些如"两报还一报"之类的老实人（过于宽容）还在世时，它欺负它们以获得发展。但在这些老实人消失之后，"哈灵顿"失去了猎物，也跟随着它们的命运而灭绝。剩下的策略都类似于"针锋相对"，既善良又容易被煽动报复。

"针锋相对"本身在第三轮竞赛中，6 次中有 5 次得了第一，重复其在第一、二次竞赛时的好运。另外 5 个虽善良但容易报复的策略则几乎和"针锋相对"一样成功（在种群数目上），还有一个策略甚至赢了第 6 次博弈。当所有恶意策略都灭绝后，所有的善良策略与"针锋相对"都无法辨认彼此了，因为它们都很善良，只是简单地与所有对手"合作"到底。

这种"无法辨认"的情况使得"针锋相对"在严格意义上不是一个真正的进化稳定策略，即使它看起来确实很像。一个策略要成为进化稳定策略，意味着当它是常见策略时，它不可被少数变异策略同化。虽然"针锋相对"不会被任何恶意策略同化，但另一个善良策略可能做到。正如我们所看到的，在善意策略的群体里，它们面目模糊，行为相同，始终"合作"。因此，有一些其他善良策略，比如"永远合作"这种选择优势不如"针锋相对"的策略，也可以溜进种群里而不被发现。所以严格地说，"针锋相对"并不是进化稳定策略。

你也许会认为，如果世界充满善良，我们便可以认为"针锋相对"是一个进化稳定策略了。但即使如此，接下来的故事也并不如意。"永远合作"与"针锋相对"不同，它并不能抵挡一些恶意策略的入侵。比如，"永远背叛"的攻击便可以打败"永远合作"，它可以每次都得到"背叛诱惑"的最高分。类似"永远背叛"这样的恶意策略会减少过分善良策略的数目，比如"永远合作"。

虽然严格来说，"针锋相对"并不是一个真正的进化稳定策略，但在实际操作中，将这一类基本善意又宽容、与"针锋相对"类似的策略近似看作进化稳定策略，也是可行的。这一类策略里甚至可以包括一小部分恶意策略。阿克塞尔罗德的研究后继有人，罗伯特·博伊德与杰弗里·洛伯鲍姆的研究成果是这些后续研究中最为有趣的。他们将"两报还一报"与另一个"针锋相对多疑版"（Suspicious Tit for Tat）的策略组合到一块儿。"针锋相对多疑版"近似于"针锋相对"，但本质上是一个恶意策略，虽然恶意程度不高。它只在第一回合采取"背叛"行动，

之后的所有出牌与"针锋相对"完全相同。在一个"针锋相对"占主要
地位的环境中，"针锋相对多疑版"并不走运，因为它的先行背叛导致
了互相背叛的恶性循环。但当它遇上了"两报还一报"时，这场冤冤相
报因对方的慈爱宽恕化解了，双方都能至少得到满分，而"针锋相对多
疑版"还会因为其最初的背叛而获得更高的分数。博伊德和洛伯鲍姆的
研究结果表明，"针锋相对"的群体可以被"两报还一报"与"针锋相
对多疑版"的组合入侵影响。从进化论角度上说，则是"两报还一报"
与"针锋相对多疑版"共生繁荣，进而影响了"针锋相对"的种群。几
乎可以肯定，这种组合不仅不会消亡，还会以这种方式入侵相对稳定的
种群。事实上，也许还有很多其他稍微恶意与极度圣洁策略的组合可以
入侵种群。有人也许可以从这里看到人类生活的对照。

　　阿克塞尔罗德意识到"针锋相对"并不是严格意义上的进化稳定策
略。于是他又创造了一个术语：集体稳定策略。由于在真正的进化稳定
策略中，可以有不止一个策略同时达成集体稳定，另一方面，决定一个
策略是否可以控制种群更取决于其运气，因此"永远背叛"的策略也可
以和"针锋相对"一样稳定。在一个被"永远背叛"控制了的种群中，
没有任何其他策略可以取胜。我们也可以将这种系统称为"双稳态"，
而将"永远背叛"作为其中一个稳定点，"针锋相对"（或者其他最善良
宽容策略的组合）为另一个稳定点。无论哪一方首先在种群中达到数量
优势，都将继续保持稳定。

　　然而，这个数量优势如何量化？一个群体中，究竟需要多少"针锋
相对"来保证其战胜"永远背叛"？这取决于"银行家"愿意在这场博
弈中付出的具体数额。我们可以将此概括为一个决胜点。如果"针锋相
对"可以超过这个决胜点，自然选择便会愈加偏爱"针锋相对"。另一
方面，如果"永远背叛"超出了这个决胜点，自然选择则会更加偏爱它。
你也许还记得，我们在第 10 章斤斤计较者与骗子的故事里，也曾与这个
决胜点相遇过。

于是，获胜的关键显然取决于哪一方首先超过决胜点，而且我们还需要知道，有时主导种群还会变化，从一方变成另一方。我们假设现有的种群已经由"永远背叛"主导了，少数派的"针锋相对"难以互相碰面以获得共享利益。自然选择于是将该种群推向了"永远背叛"的极致。只有该种群通过随机转换，使主导的一方变为"针锋相对"，它才能继续推进"针锋相对"的发展，使得所有人都能从"银行家"（或者自然）处得到利益。然而，种群没有集体意愿，也没有集体意识或目的，它们不能控制发展走向。主导方的转换只能发生在自然界间接力量的作用下。

这种情况如何发生呢？一种回答是"运气"。但这个单词只能显示无知。它表示"由一些尚未知道、未能分辨的方式来决定"。我们可以比"运气"做得更好一些。我们可以想象少数派的"针锋相对"个体如何通过一个实际方法来增加其关键数目，探索"针锋相对"个体如何集合成足够的数量，使它们都可以从"银行家"处得到回报。

这种想法貌似可行，但实际上机会渺茫。这些相似的个体如何在小范围内集合到一起？在自然界中，最明显的方式是因基因关系——亲属而集合。大多数动物喜欢同自己的兄弟姐妹与表亲们，而不是种群中其他成员居住在一起。这并不一定是出于选择，而是自动跟随种群中的"黏性"。这里的"黏性"指的是任何使个体持续居住于出生地的趋势。比如在人类历史上，大部分地区的人都只居住在出生地以外几英里的地方（虽然现代社会已经不再如此）。因此，以亲属关系为线索的小团体逐渐形成。我曾经到访过爱尔兰西海岸一个偏远的岛，令我吃惊的是，那里几乎所有人都拥有巨大的耳朵。其中的原因很难解释为大耳朵适应当地天气（那里岸边的风特别大），这只能是因为岛上大多数居民都是亲缘相近的亲属。

基因相近的亲属们不仅面部特征相似，其他方面也有相近之处。比如，他们会因其基因趋势而互相模仿着采用（或不采用）"针锋相对"。于是，即使"针锋相对"在种群整体中已经稀少，它依然可能在局部广泛使用。在这个小圈子里，"针锋相对"的个体可以互相博弈，采取互相合作的方式来达到数目繁荣，即使在总体计算里它们依然处于弱势地位。

由此，最初仅占领小片地区的"针锋相对"个体，将随着小团体的逐渐扩大，逐渐向其他地区分散，甚至包括"永远背叛"群体占主导的地区。如果用区域地理的方式思考，我举的爱尔兰岛的例子则有些误导，因为那里的人被自然地理隔绝了。想象另一个例子：在迁入人口不多的人群中，即使这片地区的人们已经有了广泛持续的亲缘关系，所有人也只复制近邻（而不是远邻）的行为。

回头看看，"针锋相对"是可以超越决胜点的，它所需的只是这些个体的聚合，这一点在自然选择里可以很自然地发生。这个与生俱来的优点使得"针锋相对"即使在数目稀少的时候，也可以成功跨越决胜点而获得成功。但这个跨越只是单向的。"永远背叛"作为一个真正的进化稳定策略，并不可以使用个体聚合来跨越决胜点。相反的是，"永远背叛"个体的聚合，不仅不能彼此互助而获得群体繁荣，还会使各自的生存环境更加恶劣。它们无法暗自帮助对方获得"银行家"的奖赏，而只能把对方也拖下水。于是与"针锋相对"相反，"永远背叛"在亲属或种群聚合中得不到任何帮助。

所以，即使"针锋相对"并非真正的进化稳定策略，它却拥有更高的稳定性。这意味着什么？如果我们用长远的目光来看，"永远背叛"可以在相当长的一段时间内抵制其他策略的影响，但如果我们等上很长一段时间，也许是几千年后，"针锋相对"将最终聚集到足够的数目，跨越决胜点，其数量终将反弹。而反方向的发展并不可能，"永远背叛"无法在个体聚集中获得好处，因此也无法得到这种更高的稳定性。

如我们之前所见，"针锋相对"是一个善良的策略，这表示它永远不会首先背叛。它又是一个宽容的策略，表示它对过往的恩怨只有短期记忆。阿克塞尔罗德对"针锋相对"还有另一个令人回味的定义：不嫉妒。在阿克塞尔罗德的定义中，嫉妒是希望获得比对手更多的金钱，而不是追求从"银行家"手中得到绝对数量较大的收获。"不嫉妒"表示当对手获得与你一样的金钱时，只要大家都能从"银行家"处获得更大收获，你也同样高兴。"针锋相对"从没有"赢得"比赛，它从未从其对手处获得更多的利益，因为它除了报复之外从未背叛。它能得到的最好结果是与对手分享平局，但它尽量争取在每一场对弈中都能获得尽量高的共享分数。当我们考虑"针锋相对"与其他策略时，"对手"一词其实并不准确。然而，令人失望的是，当心理学家在人群中实验重复囚徒困境的博弈时，几乎所有选手都会嫉妒，于是获得的金钱也并不多。这表示许多人在潜意识中更倾向于击败对手，而不是与他人一同合作击败"银行家"。阿克塞尔罗德的实验表明，这是一个多么严重的错误。

但在所有博弈里并不都是错误。博弈理论家将博弈分为"零和"与"非零和"两种。"零和博弈"指一方的胜出即是对方的损失。棋类游戏便是一种"零和博弈"，因为博弈双方的目标是胜过对方，使对方产生损失。囚徒困境则是一种"非零和博弈"，在这里，"银行家"支付了金钱，博弈双方可以携手合作，一起笑到最后。

这让我想起了莎士比亚写过的一句精彩的台词：

　　　　"我们要做的第一件事，就是把所有律师都先杀了。"

　　　　　　　　　　　　　　　　　　　　　　　　　——《亨利六世》

在所谓"民事争议"中，事实上经常有很大空间可以合作。一个看似"零和博弈"的争议也许只要加入少许善意，便可以转化为双方互利的"非零和博弈"。下面拿离婚作为例子。一段好的婚姻明显是一个"非零和博弈"，充满了互助合作的空间。即使它瓦解，夫妻依然可以继续合作，以"非零和博弈"来看待离婚，并从中得到好处。如果孩子抚养权的判决问题并不是一个足够劝服夫妻合作的理由，双方律师的高昂费用也许更有说服力，因为它将给家庭财政造成巨大创伤。那么，如果一对理性文明的夫妻从一开始便一起雇用同一个律师，这是不是更合理呢？

答案却是否定的。至少在英格兰，还有今天美国几乎 50 个州中，法律——或者更严格地说，律师本身的职业规范并不允许他们这么做。律师只能接受夫妻双方中的一位作为客户，而拒绝另一方，迫使对方去寻找另一个律师，或者完全失去法律服务。这便是乐趣的开始。在另一个房间里，律师们开始谈"我们"和"他们"。这里的"我们"指的不是我和我的妻子，而是我和我的律师对抗她与她的律师。法庭上陈述的则是"史密斯诉史密斯"！（英国妻子多用夫姓。）无论夫妻双方是否感觉抗拒对方，或者他们是否愿意和睦解决问题，法庭已经假设他们之间存在对抗关系。谁能在这场"我赢你便输"的游戏里胜出呢？只有律师。

倒霉的夫妻被拖进了这么一场"零和博弈"中，律师们则可以享有油水肥厚的"非零和博弈"——因为史密斯夫妇提供了回报，而律师们专业剥削顾客的方式已经通过行业合作精细地被规范了。他们合作的一种方式是提出知道对方完全不会接受的提议，这可以激发对方提出另一个明知双方都不会接受的提议，循环往复。这些事实合作的"对手"所发的每一封律师函、每一个电话都在账单上多加一笔数目。运气不好的话，这个过程将持续几个月甚至几年，双方的花费越来越多。律师们并不需要坐在一起计算这些事情，相反，他们严格的独立性正是他们合作的主要方式，以此消耗着顾客的腰包。律师们甚至都没有感觉到他们所做的一切正是一个"非零和博弈"。就像我们有时见到的吸血蝙蝠一样，他们以一种精心设计的仪式进行着这场游戏。这个系统无须任何有意识的计划或者组织，已然自成一体。它逼迫我们走进一场"零和博弈"，顾客们得到了零，律师们得到了丰厚的非零。

我们该怎么做呢？莎士比亚的方法太过残酷，单单改变法律就简单多了。但大多数国会议员有法律背景，只有"零和博弈"心理。很难想象哪里存在比英国下议院更具对抗性的氛围了。（法庭至少还保持了辩论的斯文，因为律师们可以抱着"我博学的朋友将和我合作而笑到最后"的心理。）也许那些用心良苦的立法者和良心发现的律师需要学一点博弈论。只要律师以完全相反的方式工作，劝说顾客们放弃零和博弈的厮杀，就可以从庭外和解的非零和博弈中得到更多好处。

那么人类生活中的其他博弈呢？哪些是零和，哪些又是非零和？它们并不相同。我们应该在生活的哪些方面追求零和博弈，又在哪些方面追求非零和博弈呢？生活中哪些方面值得"嫉妒"，哪些又值得合作并打败"银行家"呢？举个例子，当我们和老板对工资讨价还价时，我们是被"嫉妒"驱使，还是通过合作让我们的真实收入最大化呢？在现实生活中，我们是否把"非零和博弈"误会为"零和博弈"，正如我们在那个心理实验中一样呢？我只能简单提出这些复杂的问题，因为他们的答案已经超出本书涵盖的范围了。

足球就是一场零和博弈。至少它一般是这样。少数情况下它能变成一个非零和博弈（英式橄榄球、澳大利亚橄榄球、美式橄榄球、爱尔兰橄榄球则一直是非零和博弈），这在1977年的英格兰足球联赛中发生过。联赛中的队伍被分为四级。俱乐部在比赛中互相对抗，以积分决定它们的晋级或降级。甲级联赛声名远扬，俱乐部可以趁机从巨大观众群中捞得丰厚利润。在赛季结束时，甲级中排名最后的3个俱乐部降级，进入下一赛季的乙级联赛。降级是一个惨痛的命运，值得不惜一切去避免。

1977年5月8日是本赛季的最后一天。甲级联赛中3个保级名额中的2个已经被确定，第三个正等待揭晓，它将从桑德兰队、布里斯托队与考文垂队中诞生。如果桑德兰队输了这场比赛，布里斯托与考文垂只要打成平手，便可以共同留在甲级联赛。但如果桑德兰赢了，布里斯托与考文垂比赛中的输家就会被降级。这两场关键比赛理论上是同时进行的。但事实上，布里斯托对考文垂的比赛刚好推迟了5分钟开始。这种情况下，桑德兰队的结果在布里斯托对考文垂的比赛结束前便为两队所知晓了。这便埋下了这个复杂故事的伏笔。

布里斯托与考文垂间的大部分比赛时间，用当时一份新闻报道来说，是"迅猛激烈"的，激动人心。赛前双方各自定下的 2 个进球的目标，在比赛 80 分钟时已经达到。比赛结束前 2 分钟时，桑德兰输了的消息迅速传了过来。考文垂的经理迅速让场边的巨大电子信息屏放出了这条消息。所有 22 名队员显然都看到并且意识到无须多事了，一个平局足以让双方都能逃避保级的命运。而如果试图进球会使情况更糟，这意味着把球员从防守转向进攻，将承担战败而降级的风险。我们还是引用那份新闻报道吧。"在唐·吉利斯（Don Gillies）80 分钟时的进球帮助球队和布里斯托战成平手时，双方的支持者 1 秒钟前还是分外眼红的仇人，1 秒钟后却迅速加入一场共同的狂欢庆祝中。裁判查利斯（Ron Challis）无奈地看着球员们把球传来传去，于对手完全没有任何威胁。"之前的零和博弈在外界新闻的影响下迅速变成一场非零和博弈。在我们早先的讨论情况下，就好比外部的"银行家"奇迹般地出现了，使得布里斯托和考文垂从平局结果中得到好处。

类似足球这种观赏运动通常是零和博弈，理由是观看双方的剧烈对抗比友好比赛更为激动人心。但现实生活——无论是人类生活或者是植物、动物的生活中——并非为观众所设计。事实上，现实生活中的大部分情况都是非零和博弈，社会扮演了"银行家"的角色，个人则可以从对方的成功中获益。我们可以看到，在自私的基因的基本原理的指导下，即使在自私的人类世界里，合作与互助同样促使社会兴旺发展。我们现在可以从阿克塞尔罗德的定义出发去理解，好人确实有好报。

但这只能在博弈重复进行下才能发生。博弈者必须清楚这并不是他们之间最后一场博弈。用阿克塞尔罗德艰涩的用语来说，"未来的阴影"还很长。但这需要有多长？它不可以无限长。理论上说，博弈的长度并不重要，重要的是博弈双方必须都不清楚博弈结束的时间。假设你我正在进行一场博弈，我们都知道博弈的重复次数为 100 回合，那么我们彼此清楚，第 100 回合将等同于一场简单的一次性"囚徒困境"。这种情况下，最理性的决策是我们双方各自在最后一轮打出"背叛"。自然，我们也彼此能预测对方也会"背叛"，这使得最后一轮的结果毫无悬念。既已如此，第 99 轮则相当于一次性博弈，而双方能做出的唯一理性决策则是"背叛"。第 98 轮同理。在两个完全理性并假设对方同样理性的博弈者处，如果他们知道比赛的回合数，他们只能彼此不停"背叛"。于是当博弈理论家谈论"重复囚徒困境"时，他们经常假设博弈的终点不可知，或者只有"银行家"知道。

即使博弈的重复次数不得而知，在现实生活中，我们经常可以采用统计方法来预测博弈的持续时间长度。这种预测则成了博弈策略中很重要的一部分。如果我注意到"银行家"开始坐立不安，不停地看他的手表，我可以猜到此游戏即将结束，那么我便可以尝试背叛。如果我发现你也注意到银行家的坐立不安，我也会开始担心你背叛的可能性。我也许会过于紧张，而提前让自己先背叛，即使我开始担心你也许会担心我……

在一次性与重复囚徒困境博弈中，数学家简单的直觉也许太过于简单。每一个选手都可以持续预测博弈进行的长度。他的估计越长，他的选择就会越接近数学家在重复博弈中的预测，更善良，更宽容，更不嫉妒。反之，他的选择就会更接近数学家在一次性博弈中的预测，更恶劣、更不宽容。

阿克塞尔罗德对"未来的阴影"的重要性的阐述来自第一次世界大战时形成的"自己活，也让别人活"的现象。他的研究资源来自历史学家与社会学家托尼·阿什沃思（Tony Ashworth）。"一战"时的圣诞节，英军与德军有时会友好相处，在无人区一起喝酒。这种现象早已为世人所知。但事实上，更为有趣的是，这种非正式非官方，甚至没有口头协定的友好协议，这种"自己活，也让别人活"的系统，早在 1914 年便在前线上下流行，持续了至少 2 年。一个英国高级将领在巡视战壕时，曾提及他看到德国士兵在英军前线来复枪射程内散步时的惊讶："我们的士兵好像并没有注意。我私下决定当我们接手它时，应该阻止这种事情的发生，决不能允许这种事情出现。这些人似乎并不知道这是一场战争。显然双方都相信'自己活，也让别人活'的想法。"

博弈论与囚徒困境在当时还未出现，但如今在事后，我们可以清楚地理解当时的情况。阿克塞尔罗德提供了一个精彩的分析。在当时的壕堑战中，每个野战排的"未来的阴影"都很长。这便表示，每支英军的挖掘队伍都可能需要与同一支德军队伍对峙好几个月。另外，普通士兵永远不知道他们是否，或何时会离开，因为大家都知道军队的决策专断随意，变化无常。在这里"未来的阴影"长而不定，促使了"针锋相对"式合作的开始。这种情况已经类似于一场囚徒困境的博弈了。

我们还记得，要成为一场真正的"囚徒困境"，回报必须有特定的次序规则。双方必须同时认为共同合作优于互相背叛。在对方合作时背叛则为更佳，在对方背叛时合作为最劣。彼此背叛则是将军们所喜的，他们想看到他们的士兵在机会到来之时将对方捏得粉身碎骨。

将军们并不愿意看到互助合作的场面，这对于赢得战争毫无帮助。但这对于双方的普通士兵而言却是求之不得的好事，他们并不愿意付出生命的代价。必须承认，他们也许认可将军的观点，希望己方能获得胜利，这便是形成囚徒困境的第二层回报，但获得战争胜利并不是每个普通士兵的选择。战争的最终结果并不太可能从物质上极大地惠于个人。虽然无论是出自爱国主义抑或是遵守纪律，你可能觉得从背叛循环中逃出去也是不错的。但与你穿越无人区后的某些敌军士兵互助合作，则很可能影响你本人的命运，而且这大大优于互相背叛。这便使整个情况形成一个真正的囚徒困境。类似"针锋相对"的行为注定要发生，也确实发生了。

在任何战壕前线上的局部稳定策略并不一定是"针锋相对"，后者是属于善良，虽报复但宽容的策略家族中的一员。这些策略即使在理论上也并不完全稳定，至少很难在兴起时被改变。比如，根据一份当时的记录，三次"针锋相对"在一个区域同时形成。

> 我们走出深夜的战壕……德国人也走了出来，所以出于礼貌，我们不该开枪。最恶劣的事情是枪榴弹……它们如果落入战壕，就会杀死大概9~10个人……但除非德国人特别吵，否则我们不应该使用这些武器。因为他们也可以采取报复，我们也许没有一个人可以回去。

"针锋相对"家族中这些策略有一个很重要的共同点：背叛的选手将得到惩罚。复仇的威胁必须始终在此。在"自己活，也让别人活"系统中，报复能力的展示通常引人注目。双方不断攻击敌军不远处的虚拟目标——一种如今也在西方电影中使用的技巧，比如射灭蜡烛火焰，而不是敌军本身，以展示其百发百中、极具威胁的攻击。在另一个问题上——为什么美国罔顾顶尖物理学家们的愿望，使用了两颗原子弹来毁灭两座城市，而不是用类似攻击蜡烛的策略——这一机制也能圆满地回答。

与"针锋相对"类似的策略都有一个重要的特征：它们都很宽容。这有助于减少长期报复恶性循环的产生。这位英国军官再次戏剧化地描述这种平息报复的重要性：

> 当我正在与某连的人喝茶时，我们听到许多喊叫声，于是出来查看。我们看见我们的人与德国人各自站在战壕前的矮墙上。突然炮声骤响，却无人受伤。双方很自然地卧倒，我们的人开始咒骂德国人。这时一个勇敢的德国人站起身来大喊："我们很抱歉，我们希望没有人受伤。我们不是故意的，都是那个该死的普鲁士大炮！"

阿克塞尔罗德对这个道歉的评价是："仅将责任推卸给机械，有效阻止了报复。它表达了道德上对于辜负信任的歉意，也表达了对有人可能受伤的关切。这确实是一个令人钦佩的勇敢的德国人。"

阿克塞尔罗德还也强调，在保持互相信任的稳定状况时，预见性与仪式感十分重要。一个愉快的例子是：一个德国士兵提到，英国大炮每天晚上会根据钟点有规律地在前线一些地方开火：

> 七点钟到了，英国人开炮了。他们十分准时，你都可以据此来校正手表……他们永远有着相同的目标，非常准确，从未在前后左右偏移过标志……甚至有一些好奇的同伴……会在七点前一点爬出去看英国人开炮。

根据英军的记录，德国大炮也在做同样的事情：

> （德国人）选择的目标、射击的时间与回合都十分规律……琼斯上校知道每一炮发出的时间。他的计算十分准确。他甚至敢于做一些初生牛犊式的行为，冒险去到炮击的地点。因为他知道炮击将在他到达前停止。

阿克塞尔罗德对此的评注是："这种仪式性的炮击与规律性的开火表达了双重信息。于上级军官，它们表达了抗争，而对于敌军，它们传递了和平。"

这种"自己活，也让别人活"的系统本可以通过口头沟通获得，由理性的策略家在圆桌上讨价还价得到。事实上它无法这么做。它通过人们回应对方行为的方式传递，在一系列的局部约定中形成。阿克塞尔罗德计算机中的策略完全没有意识。它们的善意或恶意、宽容或记仇、嫉妒或大气，仅由其行为定义。程序员也许有其他的想法，但这并不相关。

一个策略是否善良，仅通过行为确认，而并非通过其动机（因为它没有）或作者的性格（当程序运行时这已经成为历史了）。一个计算机程序可以以其策略方式来施为，它并不需要知道自己的策略如何，或者任何其他事情。

我们当然知道策略家是否有意识并不相关。这本书已经提到许多无意识的策略家。阿克塞尔罗德的程序便是我们在这本书里用以思考动植物，甚至基因的优秀模型。我们现在可以问问，他那些关于宽容善良不嫉妒的成功例子与优化结论是否可以用于自然世界？答案是肯定的，自然界一向如此。唯一条件是自然优势需要设定未来的阴影很长的囚徒困境，而且是非零和博弈。这些条件在生物王国中一直成立。

没有人会认为细菌是一个有意识的策略家，但寄生菌们天衣无缝地与它们的寄主演绎着囚徒困境。我们没有理由不采用阿克塞尔罗德的理论——善良、宽容、不嫉妒等等，来研究它们的策略。阿克塞尔罗德和汉密尔顿指出，那些无害且有益的细菌可以在人们受伤时，变成有害甚至致命的败血症。医生会说人体的"自然抵抗能力"在受伤时会下降。但也许真实的原因正是囚徒困境的博弈。在人体内，细菌是否有所收获，同时也不停检验其回报呢？在人体和细菌的博弈中，"未来的阴影"通常很长，因为一个普通人可以在任何起始点活上很多年。然而，一个严重伤者则可能给其寄生菌带来较短的未来。"背叛的诱惑"突然比"互相合作的奖赏"更有诱惑力。当然，细菌在它们邪恶的小头脑里可没有计算这些东西！代代细菌的自然选择已经将它们培养成一个无意识的生物，首要任务是以生物化学来维系生命。

根据阿克塞尔罗德和汉密尔顿的分析，虽然植物明显没有意识，但它们懂得复仇。无花果树和榕小蜂享有紧密合作的关系。我们所吃的无花果其实不是果实，无花果顶端有一个小洞，如果你可以缩小成榕小蜂的尺寸，进入这个小洞（榕小蜂非常小，小得当我们吃无花果时都不会注意到它），就可以看见无花果壁上有许许多多小花。无花果其实是花朵们的阴暗温室与授粉房间，而授粉过程要靠榕小蜂来完成。无花果树为榕小蜂提供栖息地，而榕小蜂在这些小花里产卵。对于榕小蜂来说，"背叛"指的是在无花果内的许多花朵中产卵，使得它们无法互相授粉。无花果树如何"报复"呢？阿克塞尔罗德和汉密尔顿说："许多情况下，如果榕小蜂进入一棵年轻的无花果，却不为花朵授粉，而是在大部分花朵中产卵，无花果树将除去这颗还处于生长中的无花果，使得所有榕小蜂的后代都走向死亡。"

艾瑞克·费希尔则在海鲈鱼——一种雌雄同体的鱼身上发现了一个奇怪的现象，正好说明了自然界的"针锋相对"。与我们不同，这种鱼的性别不是由生命孕育时的染色体决定的。每一条鱼都有雄性与雌性的功能，交配时可以选择产生卵子或精子。他们双双缔结一夫一妻的组合，轮流交换性别分饰雌雄角色。我们也许可以推测，由于雄性角色相对方便，海鲈鱼也许更愿意饰演雄性角色，而逃离合作关系。也就是说，如果其中一条鱼可以成功劝服伴侣持续饰演雌性角色，它就可以逃离其对孵卵生产的责任，而将资源投入其他事情，比如和其他鱼交配等。

事实上，费希尔却发现海鲈鱼以一种严格的轮换机制进行其繁衍过程。这就是我们所预料的"针锋相对"。这个博弈正是一个真正的囚徒博弈，虽然有些复杂，但这说明了鲈鱼们为何采取这个策略。在这里，"合作"表示在轮到其产卵时扮演雌性角色，"背叛"则是在轮到时试图扮演雄性角色。这种"背叛"很容易引起报复，伴侣可能会在下一次拒绝扮演雌性角色，或者"她"可以直接中断伴侣关系。费希尔确实也发现了，那些性别角色担当次数不等的伴侣容易分手。

社会学家和心理学家会提出一个问题：为什么有人会愿意捐赠血液（在英国等国家，血液捐赠为无偿）？我不觉得这个答案在互惠或伪装的自私下有那么简单。当这些长期血液捐赠者需要输血时，他们并未得到任何优先次序，也没有人给他们颁发金星奖章。也许我过于天真了，但我觉得这是一种真正的、纯粹的无私利他主义。这是因为吸血蝠蝠之间的血液共享刚好符合阿克塞尔罗德的模型。G. S. 威尔金森（G. S. Wilkinson）的研究表明了这一点。

吸血蝙蝠以在夜里吸血为生。它们要得到食物并不容易，但每每得到的都是大餐。当黎明降临，一些不走运的蝙蝠可能会空着肚子回家，另一些则可能找到一个受害者，吸了充足的血液。第二天晚上，同样的故事又在上演。在这种情况下，一个互助的利他主义是可能产生的。威尔金森发现那些在夜里吸饱血液的幸运儿确实会将一些血液返流，捐赠给不走运的同伴。威尔金森观察了 110 例血液捐赠，其中有 77 次是母亲喂养孩子，而大部分其他的血液捐赠发生在近亲中。在完全没有血缘的蝙蝠中，一些血液捐赠的例子依然存在，"血浓于水"的说法看来并不完全符合事实。但是，这些共享血液的蝙蝠也经常是室友，它们有许多机会与对方持续打交道，这正是重复囚徒博弈所必须满足的条件。但囚徒博弈的其他条件呢？表 12-4 的回报表格显示了我们对此的预期。

表 12-4 吸血蝙蝠的血液捐赠：在各种情况下我的回报

		你的出牌	
		合作	背叛
我的出牌	合作	比较好 **相互合作的奖赏** 在我不走运的夜晚里我能得到血液，这可以拯救我的生命。在我幸运的那些夜晚里，我需要捐出我的一些血液，这对我来说并不是什么大问题。	很坏 **失败者的代价** 我在运气好的时候用我的血液救了你的性命。但当我不幸时你却不帮助我，我有饿死的巨大风险。
	背叛	很好 **背叛的诱惑** 在我不走运的夜里你用血液救了我，但下次我走运时我却不用血液救助你，我得到更多好处。	比较坏 **相互背叛的惩罚** 在我幸运时我不花费自身任何代价来帮助你，但当我不幸时，我也有饿死的巨大风险。

　　吸血蝙蝠的情况真的和这张表格一样吗？威尔金森对那些饿肚子的蝙蝠的体重下降速率进行计算。通过对饱食、饥肠与处于中间段的蝙蝠饿死速率进行分别计算，他算得血液得以维持生命的时间。他发现了一个并不惊奇的结论：这些速率并不相等，取决于蝙蝠的饥饿程度。比起吃饱喝足的蝙蝠，相同的血液量可以为饥肠辘辘的生命维持更多的时间。也就是说，虽然捐血可以增加捐赠者饿死的速率，但救助濒死生命的意义要大得多。这似乎表示蝙蝠的情况确实符合囚徒困境的规则。将血液捐赠给同伴中的所需者，比留着自用更为珍贵。在雌蝙蝠（吸血蝙蝠的社交范围为雌性）饥肠辘辘的夜里，可以从伙伴的捐赠中获益良多。当然，如果雌蝙蝠选择"背叛"，拒绝给同伴捐赠血液，逃离互助的责任，雌蝙蝠可以受益更多。在这里，"逃离互助责任"只在蝙蝠确实采取"针锋相对"策略时才有意义。那么，"针锋相对"在演化中的其他条件是否能满足呢？

　　重要的是，这些蝙蝠是否能够互相辨别呢？威尔金森的实验结果是肯定的。他俘虏了一只蝙蝠，将其与同伴隔离，并饿了雌蝙蝠一夜，其他同伴则得以饱食。当这只不幸的俘虏返回巢穴时，威尔金森就观察是否有任何蝙蝠给予其食物。这个实验重复了许多次，不同的蝙蝠轮流作为饥饿的俘虏又被送返。俘虏的蝙蝠们来自相隔数英里的两个巢穴，两个独立的组织。如果蝙蝠可以辨别它们的朋友，这只饥饿的蝙蝠将可以从也只能从自己的巢穴中获得帮助。

　　这正是事实。在观察到的 13 个血液捐赠者中，12 个捐赠者是饥饿者的"老朋友"，来自同一个巢穴。来自不同巢穴的"新朋友"只喂养了 1 次饥饿的蝙蝠。这也许是个巧合，但当我们计算这个范例时，它发生的概率只小于 $\frac{1}{500}$。我们可以信心十足地总结，蝙蝠确实更偏爱帮助老朋友，而不是另一个巢穴的陌生人。

　　吸血蝙蝠是神秘的。对于维多利亚哥特小说的迷恋者来说，它们经常是在夜里恐吓他人、吸食血液、牺牲无辜生命以满足私欲的黑暗力量，再加上其他维多利亚时期的神秘事件，以及蝙蝠天生鲜红的牙齿和爪子，吸血鬼蝙蝠不正是自然界自私基因的最令人恐惧的力量的化身吗？我对于这些神秘事件嗤之以鼻。如果我们想知道一个事件背后的真相，就需要研究。达尔文主义赋予我们的并不是对一个特定生物的详细描述，而是一个更微妙，却更有价值的工具：对原理的理解。如果我们一定要加进一个神秘事件，那便是真相——关于吸血蝙蝠高尚品格的故事。对于蝙蝠自身，血并不浓于水。它们超越亲属关系，在忠诚的朋友间形成它们长久坚实的纽带。吸血蝙蝠可以讲述一个新的神秘故事，一个关于共享、互助、合作的故事。它们昭示这一个善良的思想：即使我们都由自私的基因掌舵，好人终有好报。

第 13 章

基因的延伸

自私基因的理论核心中有个矛盾很令人不安，这个矛盾存在于基因与生命的载体——生命体之间。一方面，我们已经得到一个漂亮的故事：独立的DNA复制因子如羚羊般灵活，它们自由奔放地世代相传，在一次性的生物容器中临时组合，不朽的双螺旋则不停改组演替，在形成终将腐朽的肉体时磨炼，最终走向各自的永恒。另一方面，如果我们只观察生命个体本身，每一个生命都是一台自成一体的仪器，它完美无缺，复杂精密，却又统一结合，组织紧密。生命体并非只是一个松散临时的基因组合所构成的产品。在精子与卵子即将开启一个新的基因混杂过程时，这些"交战"的基因载体并非刚刚认识彼此。生命体凭借专注的大脑协调着肢体与感觉器官进行合作，以完成各种生物目的。作为载体，它的工作已臻极致。

　　在本书的一些章节里，我们已经考虑过将个体生物看作一个载体，这个载体的任务是努力扩大传递基因的成功率。我们想象个体动物进行着复杂的思考，计算着各种行为的基因优势。但在另一些章节里，这些基础的理性思维则是从基因角度出发考虑的。如果失去了基因的角度，生命体便失去"关照"其繁衍成功率与亲属的理由，会转而考虑其他因素，比如它自身的寿命。

　　这两种对生命的思考方式之间的矛盾如何解决？我曾经在《延伸的表型》一书中尝试回答这个问题。这本书是我职业生涯中最高的成就，是我的骄傲与乐趣。本章节是该书几个主题的简要概括，但我更希望你们合上现在手中这本书，打开《延伸的表型》开始阅读。

达尔文主义的自然选择一般不直接作用于基因本身。DNA 隐藏于蛋白质中，包裹于细胞膜里，与世隔绝，不为自然选择所见。即使自然选择试图直接选择 DNA 分子，它也找不到任何选择规则。所有基因看似相同，就像所有磁带从外表看都无甚区别一样。它们的不同之处在于其在胚胎发育过程中发挥的作用，还有进而对生物体的不同外表与行为的塑造作用。成功的基因对胚胎有良性影响，即使环境中还有许多其他基因也同时作用于同一个胚胎。这里的良性影响指的是它们让胚胎有可能成功发育为健康的成人，而此成人有可能制造后代，将相同的基因传递给子孙。有一个专业词汇"表型"，专指基因的生物表征，也就是一个基因相对于其等位基因在发育中对生物体的作用。举个例子，一些基因的表型为绿颜色的眼珠。不过事实上，大部分基因都有超过一个以上的表型：比如绿眼和卷发。自然选择会偏爱某一些基因而摈弃另一些基因，这取决于基因的作用结果——表型，而不是基因本身。

达尔文主义者通常只选择那些表型有助于或有害于生物体生存或繁殖的基因予以讨论，他们倾向于不考虑基因本身的利害，部分原因是这个理论核心的矛盾。比如，某个基因也许有助于提高捕食者的奔跑速度。捕食者的身体——包括所有基因——都会因其较快的奔跑速度而获得成功，它的速度有助于其生存、繁衍后代，更多地传递自身基因，包括那个加快奔跑速度的基因。理论的矛盾迎刃而解，于基因有利者亦有利于整个生命体。

但如果这个基因的表型只对其有利，却对整个身体的其他基因有害呢？这个问题并非异想天开。有一个意味深长的现象便是既存实例：减数分裂驱动。你也许还记得，减数分裂是一种特殊的细胞分裂，染色体的数目减半，产生精子和卵子。正常的减数分裂是一个绝对公平的抽奖项目。在每一对等位基因中，只有幸运的那个可以进入给定的精子或卵子。但它分配的概率相当平均，如果拿许多精子（或卵子）取平均数以计算一对等位基因的不同数目，你将发现，其中的一半将得到一个等位基因，另一半则得到另一个等位基因，如同掷硬币一般公正。事实上，掷硬币看似随机，也有许多物理因素叠加式地影响着这个过程，比如环境中的风速、掷硬币的力度等等。减数分裂也是一个物理过程，受基因影响。如果存在一个基因，它并不作用于那些类似于眼睛颜色或头发之类明显的形状，而作用于减数分裂本身呢？比如说，这个基因可以促使自身在减数分裂中进入卵子。事实上，这种基因确实存在，名为分离变相因子。它们的工作原理简单而无情：在减数分裂时，分离变相因子广泛取代其等位基因以进入精子（卵子）。这种过程便是减数分裂驱动，甚至在该基因将对整个身体的形状，也就是全部基因产生致命的效果时，减数分裂驱动也可能发生。

在本书中我们已知道，生物可以用巧妙的方式"欺骗"它的社交同伴。而现在，我们讨论单个基因欺骗与它们共享同一身体的其他基因。遗传学家詹姆斯·克罗（James Crow）称他们为"破坏系统的基因"。有一个著名的分离变相因子为老鼠的 t 基因。当老鼠有一对 t 基因时，它们便会幼年夭折，或者胎死腹中。因此 t 基因在纯合子状态时，对生物体是致命的。如果一只雄性鼠只有一个 t 基因，可以正常健康地生活。然而，如果你检验一下这只雄鼠的精子，你将发现它有近 95% 的精子含有 t 基因，只有 5% 为正常的等位基因。这比我们通常想象的 50% 的概率要高出许多。如果在野生群体中，一个 t 基因由变异产生，它将立即星火燎原般地遍布整个种群。既然这个减数分裂的分配如此不公，t 基因又怎能不占尽天机？由于它传播迅速，种群中的大量老鼠会从父母处遗传得一对 t 基因，使得整个族群很快趋向灭绝。已有证据表明，t 基因传染病式的疯狂传播曾使野鼠彻底灭绝。

并非所有分离变相因子都如 t 基因一般具有极强的毁灭性，大部分只会导致一些不良的后果（几乎所有基因的副作用都是不良结果，一些新变异只会在优不敌劣时才会传播。如果良性作用与不良作用同时发生于生物体中，其结果依然有助于整个身体。但如果对身体只有不良作用，而基因独享好处，其结果对于生物体则是灾难）。除去这些有害的副作用外，如果变异产生了分离变相因子，它则一定倾向于在种群中传播。自然选择（最终毕竟还是发生于基因层面）偏爱分离变相因子，即使这对于生物体本身可能是灭顶之灾。

虽然分离变相因子存在于世间，但它们并不常见，可我们要追问：它们为何不常见？这其实也相当于问：为什么减数分裂通常如掷骰子般公平分配可能性？只有我们理解为什么生物存在时，这个答案才会水落石出。

许多生物学家认为生物的存在理所当然，这可能是因为它的构成部件完整无缺，浑然一体。生命的问题通常集中在生物层面。生物学家不停地问：为什么生物这么做？为什么生物那么做？他们会问：为什么生物聚集成社会群体？却不问（虽然他们更应该问）：为什么有生命的物质们最初组成了生物？为什么海洋不能如原始状态一般，自由漂浮着独立的复制因子？为什么古老的复制因子要聚集定居于肉体里？为什么这些肉体——正如你我般的个体生物——如此庞大，又如此复杂？

许多生物学家甚至很难发现这其实是一个问题，因为他们自然而然地在个体生物层面提出问题。一些生物学家走进微观，将 DNA 看作生物体用以复制自身的工具，就像眼睛是生物体观察世界的工具一样。这本书的读者们会发现这种错误的荒谬，认识非凡的真相，他们也将会认识到另一种态度：自私基因角度的生命层面也有许多问题。这个问题——几乎与前者完全相反——则是：为什么生物体会存在于世间，如此天然庞大，浑然一体，目的明确，迷惑了生物学家，使他们完全把问题搞错了次序？为了解决我们的问题，我们需要从清除大脑中的旧思想开始，不再把生物作为理所当然的事物。这种用以改变思想的工具，我把它称为"延伸的表型"。在这里，我开始做出改变。

在传统的定义里，基因的表型可见诸其对身体的作用，但我们将看到，基因的表型需要从其对整个世界的作用这一角度去思考。一个基因也许只能局限于其代代相传的生物体内，但这只是部分事实，不是我们的定义。要记住，基因的表型是用以在下一代中撬动自身的工具。我还要补充，这个工具也许不只限于此生物个体。这是什么意思？生物制造的工具便是一个例子，比如海狸的河坝、鸟巢与石蚕蛾的房子。

石蚕蛾是一种其貌不扬的棕色昆虫，当它们笨拙地在河面上飞舞时，一般不会引起我们的注意力。在化蛹前，它们需要经历一个很长的幼虫期，在河底闲庭信步。而石蚕蛾的幼虫与成虫截然不同，是地球上最神奇的生物之一。它们在河床上收集各种材料，利用自身制造的黏合剂，技艺精湛地为自己建造了一座管状房屋。这个房屋是可移动的，随着石蚕蛾一同行走。与蜗牛壳和寄居蟹的房子不同的是，石蚕蛾的房子是自己亲手建造的，而不是靠天资生长或觅得的。石蚕蛾会用树枝、枯叶的残片、小蜗牛壳等作为建筑材料。最神奇的要数那些建于石头上的房子。石蚕蛾仔细挑选石头，抛弃那些相较墙缝过大或过小的石头。它甚至会旋转石头，以寻求最合适的拼接角度。

为什么石蚕蛾的行为让我们如此惊讶？从另一个角度来说，我们应该会更欣赏石蚕蛾的眼睛或肘关节的结构，而不是它相对简单的石头房子。无论如何，眼睛和肘关节要比房子更复杂，更有"设计"感。然而，因为石蚕蛾与我们一样，眼睛与肘关节都是在娘胎中发育而成的，所以虽然听似不合逻辑，但我们对这些房子印象更加深刻。

虽然我已经越讲越远了，但我还是忍不住要继续讲下去。虽然我们被石蚕蛾的房子吸引，我们却自相矛盾地对那些与我们更接近的动物的类似成就更感兴趣。想象一下，这样的新闻可以很容易成为报纸头条：海洋生物学家发现一种海豚可以编制巨大而复杂、有20条海豚长的渔网！但我们对蜘蛛网却习以为常，视之为屋子里的垃圾而不是世界奇观。再想想珍妮·古道尔从贡贝河带回的那些轰动照片，野猩猩不厌其烦地选择可以粘连上浆的石头，以建造有屋顶、能保暖的房屋。而石蚕蛾也做着同样的事情，却只能吸引昙花一现的注意力。虽然你可以以双重标准的视角说蜘蛛和石蚕蛾只是基于本能去建造建筑，但那又怎样？这表示它们更值得叹服。

让我们先回到主题吧。没有人会怀疑石蚕蛾的房子是为了适应环境，由达尔文主义的自然选择而进化成的。它一定曾经受自然选择的偏爱，正像自然选择偏爱龙虾的硬壳一般，它们都是身体的保护层。于生物体与其全部基因而言，石蚕蛾的房子都是有益处的。然而，现在我们已经知道，当我们考虑自然选择时，某些对生物体的益处只是附带条件。只有对那些给予外壳保护性能的基因有益的性能，才适应自然选择。这便是龙虾的故事了，因为龙虾的壳确实是身体的一部分。那么石蚕蛾的房子呢？

自然选择钟爱石蚕蛾体内可以建造好房子的基因。这些基因作用于行为学，大约在胚胎的神经系统发育阶段起作用。实际上，遗传学家还可以看到基因对房子形状与其他性能的作用，他甚至可以辨认出那些作用于房子形状的基因，正如他辨认作用于大腿形状的基因一样。必须承认，没有人实际研究过指导石蚕蛾建房子的基因。如果要这么做，你需要单独饲养石蚕蛾，并仔细记录其家族历史。但养殖石蚕蛾十分困难。然而，你并不需要研究石蚕蛾的基因，便已可以确定基因曾经——至少一次——造就了不同的石蚕蛾的房子。你只需要相信石蚕蛾的房子来自达尔文主义的适者生存，因为如果没有遗传的差异可供选择，自然选择无法产生适者生存，所以，控制石蚕蛾房子差异的基因一定存在。

于是，我们便可以将基因们称为"控制石头形状的基因""控制石头尺寸的基因""控制石头硬度的基因"等等，尽管遗传学家会觉得这也许不是一个好主意。任何反对这种称谓的人，也会反对诸如"控制眼睛颜色的基因""控制豌豆皱褶的基因"等说法。反对的理由有：石头并非生物，而且基因不直接作用于石头的形状。遗传学家可能会说："基因直接影响了神经系统，调节石头选择行为，而不是石头本身。"但是，我会叫这个遗传学家来好好研究：基因作用于神经系统究竟是什么意思？所有基因可以直接影响的只有蛋白质合成。说基因作用于神经系统，进而影响眼睛颜色、豌豆皱褶等，都是基因的间接作用。基因决定了蛋白质序列，而后影响了 X，进而影响了 Y，又接着影响了 Z，最终导致豌豆表面出现皱褶，或者说神经系统细胞接线。石蚕蛾的房子只是这种次序的进一步延伸，石头的硬度受石蚕蛾基因的延伸表型的影响。如果我们可以说基因影响了豌豆的皱褶或动物的神经系统（所有遗传学家都认可这一点），那么我们也可以说，基因影响了石蚕蛾房子的石头硬度。这听起来可能有点惊世骇俗，但其推理无懈可击。

我们可以进一步推理：一个生物体内的基因可以对另一个生物体有延伸表型影响。石蚕蛾的房子帮助我们理解了上一步，下一步我们则需要蜗牛壳来帮忙。蜗牛壳的作用与石蚕蛾的房子很相似，它由蜗牛自身的细胞分泌而成。一个传统的遗传学家应该会高兴地说："基因控制了蜗牛壳的性能，比如壳的厚度。"但研究发现，被某种吸虫（扁虫）寄生的蜗牛有特别厚的壳。这是什么意思呢？如果被寄生的蜗牛壳特别薄，我们可以解释为蜗牛体质衰弱所致，但厚壳可以更好地保护蜗牛，似乎这些寄生吸虫用增强蜗牛壳来保护宿主。这可能吗？

我们需要更仔细地想想了。如果厚壳对蜗牛有益，为什么不是所有蜗牛都拥有厚壳呢？答案也许在于成本效益。蜗牛造壳花费巨大，它们需要从难得的食物中吸取钙和其他化学物质来完成这一过程。如果这些资源不用于制造蜗牛壳，则完全可以用于其他用途，比如制造更多的后代等。蜗牛辛苦耗资建造厚壳，只为了让自己安全度日。虽然它可以延年益寿，却付出了繁衍后代减少与无法传递基因的风险代价，这些被淘汰的基因里就有制造厚壳的基因。也就是说，蜗牛壳是可厚可薄（后者原因显而易见）的。如果吸虫使得蜗牛分泌厚壳，它并没有让蜗牛得到好处，除非它承担了制造厚壳的代价。另一方面，我们也可以有把握地说：吸虫不可能如此慷慨。它分泌的一些秘密化学物质作用于蜗牛，使其抛弃进化偏爱的蜗牛壳厚度。这也许有助于蜗牛长寿，但它对蜗牛的基因无甚好处。

吸虫是怎么做到的呢？它又为什么要这么做？我的猜想是：在其他条件相同的情况下，蜗牛基因与吸虫基因都可从蜗牛的生存中得到好处。但生存并非繁衍，蜗牛基因自然可从蜗牛的繁衍中得到收获，但吸虫的基因不能，因为吸虫无法将其基因转移到蜗牛的后代中，但吸虫的天敌们也许可以。蜗牛的长寿固然将耗费其繁衍的效率，蜗牛的基因不会愿意付出这个代价，因为它们的未来完全寄托于蜗牛的繁衍上。因此，我认为吸虫的基因对蜗牛分泌细胞产生影响，这种影响对双方都有益，而只耗费蜗牛基因。这种理论尚未经过实验，尽管实验结果可以轻易确定这个猜想。

我们现在可以总结一下石蚕蛾教给我们的事情了。如果我对于吸虫基因的推测是正确的话，我们便可以有把握地说，吸虫基因与蜗牛基因对于蜗牛身体的作用是相似的。基因从其自身身体中逃逸出，操纵着外部世界，而石蚕蛾仅满足于基因作用被限制于其体内。虽然这句话可能会使遗传学家觉得不舒服，但如果仔细研究遗传学家所说的"基因作用"，他们的不舒服只是不在点上。我们需要接受的只是吸虫适应了蜗牛壳的变化。若果真如此，它便是通过吸虫基因的自然选择实现的。表型可以延伸的对象不只是无生命的石头，还有其他生命体。

蜗牛与吸虫的故事只是个开始。大家都知道，所有寄生虫都对其宿主有巨大而隐秘的影响。有一种原生寄生生物叫微孢子虫，可以侵入面粉甲虫的幼虫体内。研究发现微孢子虫可以制造一种对甲虫特别特殊的化学物质。如同其他昆虫一样，面粉甲虫能产生一种保幼激素，当甲虫幼虫停止分泌保幼激素时，身体内其他要素便被"触发"而发育成成虫。微孢子虫则可以合成这种保幼激素。成千上万的微孢子虫聚集一处，在甲虫幼虫体内产生大量的保幼激素，阻止其变成成虫。幼虫持续发育，体形逐渐长大，体重可以超过正常成虫的两倍。这对甲虫基因的传播没有好处，但却是微孢子虫生长的聚宝盆。甲虫的巨型幼虫便是原生动物基因的一种延伸表型。

"寄生去势"的故事可能会让你得到更多弗洛伊德式的忧虑，而不是幼虫们彼得·潘式的浪漫。一种叫蟹奴的生物寄居于螃蟹身上，它看起来像是一种寄居生物，但与藤壶亲缘相近。它可以将其细密的足部系统深深扎入螃蟹的组织中，从这只不幸的螃蟹体内吸取营养。也许并非偶然，螃蟹第一个受攻击的地方是其睾丸或卵巢，其他生存所需（而非繁衍所需）的器官则得以暂保安全。螃蟹由此被寄生的蟹奴去势。正如被阉割以育肉的牛犊一样，被去势的螃蟹将能量与资源转向自身身体，以失去繁衍的代价喂肥了寄生生物。这个故事和我之前关于微孢子虫与面粉甲虫、吸虫与蜗牛的故事非常相似。在这三个例子中，如果我们接受寄主的改变是为满足寄生生物利益的达尔文主义的适者生存，它们便可看作寄生生物基因的延伸表型。在这里基因离开某一个体身体，影响了其他个体的表型。

在很大程度上，寄生生物和宿主的基因利益可能重合。从自私基因的角度看，我们可以认为吸虫基因与蜗牛基因都是蜗牛体内的"寄生虫"。它们都从相同的保护壳中得到益处，尽管它们对具体保护壳厚度有分歧。这种分歧从根本上来自它们离开蜗牛身体的方式、进入另一个身体的方式的不同。对于蜗牛基因而言，离开身体的方式是通过蜗牛的精子或卵子，而吸虫基因非常不同，具体方式非常复杂，我们就不多说细节了，重要的是它们的基因并不通过蜗牛的精子或卵子离开蜗牛的身体。

我认为对于任何寄生生物而言，最重要的问题是：它将基因传递给后代的方式是否和宿主的基因相同。如果不同，我便认为它通过各种方式损害了宿主。但如果相同，寄生生物可以做的便是帮助其宿主生存并繁衍。随着演化的进行，它将不再是一个寄生生物，而将与宿主合作，甚至最终融入宿主组织，完全无法辨认其原为寄生虫。我在第 10 章曾提出过，我们的细胞已经走过这种演化过程，我们实际上是所有古代寄生生物合成的遗物。如果寄生生物与宿主的基因共享一种离开方式，会是怎样的情况？有一种细菌寄生于擅长钻木的豚草甲虫（属于 *Xyleborus ferrugineus* 一种）中，它不仅居住于宿主体内，还会利用其卵作为交通工具，以寻得另一个新宿主。这种寄生细菌基因的得益方式与其寄宿基因几乎完全相同，可以预料，这两组基因由于相同的原因被绑在一起，正如一个生物体的全部基因一样，哪些是"甲虫基因"，哪些是"细菌基因"已经无关紧要了。两组基因都寄希望于甲虫的生存与甲虫卵的传播，因为甲虫卵是它们共同抵达未来的方式。于是，细菌基因与宿主基因共享一个命运，在我的解释中，我们可以预计细菌将在生活中的各个方面与甲虫共同合作。

事实上，"合作"一词还不足以形容它们之间的关系，这些细菌与甲虫简直是亲密无间的。这种甲虫和蜜蜂、蚂蚁一样，都是单倍体生物（见第 10 章），受精卵始终发育为雌性，而未受精卵永远为雄性。这也就是说，雄性昆虫并没有父亲，而是由卵子未经受精发育而成。但和蜜蜂、蚂蚁的卵子不同，豚草甲虫的卵子需要被刺破才能发育为雄性。细菌便应召而到，刺破未受精的卵子，使它们成为雄性甲虫。这些细菌便是我说的那些停止寄生而与宿主共生的"寄生生物"，它们随着宿主的卵子、宿主本身的基因一起传播。最终，它们的身体很有可能消失殆尽，完全融入宿主的身体中。

这种神奇的现象如今依然能在水螅身上找到。水螅是一种静止不动、有触手的微小动物，是淡水中的海葵，水藻可以寄居于它们的组织中。在两种水螅庶民水螅（*Hydra vulgaris*）与薄细水螅（*Hydra attenuata*）中，水藻是真正的寄生生物，可以损害水螅的健康。而在绿色水螅（*Chlorohydra viridissima*）中，水藻则始终存在于水螅的组织中，并供予其氧气，帮助水螅维持健康。这里开始有趣了，正如我们所预料的，在绿色水螅中，水藻通过水螅卵子将其传递到下一代，而在另两种水螅中，水藻并没有这么做。水藻与绿色水螅的基因利益重合，它们都愿意尽其所能来制造水螅卵子。但另两种水螅的基因与水藻基因不合，它们也许在水螅生存上有共同利益，但由于只有水螅基因关系水螅的繁衍，水藻于是成为有害寄生物，而不是通过合作与水螅一同演化。再重复一次，这里的要点是：寄生生物的基因需要与宿主基因追求共同命运，享有共同利益，这样寄生生物最终会停止寄生行为。

命运在这里指的是未来的后代。绿色水螅与水藻的基因、甲虫与细菌的基因都只能通过寄主的卵子而拥有未来，因此，无论寄生基因如何"计算"其最佳策略，它们都会精确，或者接近精确地得到与宿主基因计算所得的相同最佳策略。在蜗牛和吸虫寄生中，我们认为它们偏好的蜗牛壳厚度并不一致。在豚草甲虫与细菌的例子中，寄主和寄生动物可能对甲虫翅膀长度等身体的各个特征都有相同的偏好。我们不用具体知道甲虫如何使用其翅膀或者其他身体特征的细节，就能通过推理预测到：甲虫与细菌的基因都会竭尽所能，使甲虫得到相同的宿命——任何有利于传递甲虫卵子的宿命。

我们可以将这个推理推至一个逻辑性的结论，再用以分析正常的"自体的"基因。我们自己的基因互相合作，这不是因为它们都属于一个身体，而是因为它们共享一条未来的出路——精子或卵子。任何生物（比如人）的基因如果可以找到一条非常规的、不依赖精子或卵子的出路，它们就会选择这个新方向，并表现得不再合作。这是因为它们可以比其他体内的基因得到更好的未来。我们已经发现在一些例子中，基因因其自身利益而偏向减数分裂。也许还有其他基因可以从精子或卵子的"正常通道"中逃逸，另辟蹊径。

有些 DNA 片段并不在染色体中，而是在细胞液（特别是细菌细胞）中自由漂浮复制。它们的名字各异，比如类病毒或质粒等。质粒比细菌还要小，它通常只包含少数一些基因。一些质粒可以天衣无缝地将自身拼接为染色体，你甚至都不能发现它是拼接而成的，因为它的拼接极其自然，无法与染色体其他部分分辨开来。质粒还可以将自身分割。这种DNA 的分割和拼接、从染色体中进出的能力，是本书第一版出版后发现的最激动人心的科学事实之一。这些近来关于质粒的证据可支持本书第10 章的猜想（当时它还被认为有点荒谬）。从某些方面来说，这些片段是否来自入侵的寄生动物或者异己生物，其实并不重要，它们的行为可能是相同的。我会多讨论一点入侵片段，以阐释我的观点。

　　想想一个"叛逆"的人类 DNA，可以从自身染色体中逃出，自由漂浮于细胞中，甚至可以将其自身复制无数遍，再自己拼接成另一个染色体。这种"叛逆"的复制因子能找到怎样非常规的未来路径呢？我们的皮肤不断失去细胞，房子里的灰尘很多都是我们脱落的细胞，我们又呼吸着别人的细胞。如果你用指甲在嘴里划一圈，数以千计的活细胞将跟着你的指甲离开。情人之间的亲吻和爱抚也交换着无数的细胞。"叛逆"的 DNA 可以随着任何一个这种细胞搭上便车。如果基因发现进入另一个身体的非常规路径（或者非常规的精子／卵子途径），我们可以预测到，自然选择将促使并推动它们进行机会主义行为。对于一个自私的基因／延伸表型的理论学家而言，它们具体运用的方法则毫无疑义地与任何病毒诡计一模一样。

　　当我们感冒咳嗽时，我们通常认为这些惹人心烦的症状是病毒行为的副作用。但在某些情况下，它们更可能是病毒精心策划控制的方法，以帮助其寻得下一个宿主。病毒会使我们打喷嚏或剧烈咳嗽，从而使自己被呼出，进入大气。狂犬病病毒则由动物撕咬时的唾液传播。狂犬病是发生在狗身上的一种症状，它使得原本和善友好的动物变得凶猛，爱咬其他动物，口中始终充满唾液。更令人不安的是，正常的狗只在离家1 英里（约 1.6 千米）的范围内待着，得狂犬病的狗则不眠不休地奔跑，使病毒可以散播得更远。甚至有人认为，狂犬病的恐水症状使病犬不停将唾沫从口中喷出，同时也传播着病毒。我没听说任何直接证据表明性传播疾病可以增加患者性欲，但我觉得这值得研究。有一种叫"西班牙苍蝇水"的春药据说是在让人发痒的时候发挥作用的，而发痒通常是一些病毒的拿手好戏。

如果比较一下叛逆的人类DNA与入侵的寄生病毒，可以发现它们之间没有什么重要的不同。实际上，病毒很可能是由一些入侵基因的集合演化而成的。如果我们一定要提出一些不同，那便是基因通过常规的精子／卵子途径在人体之间传播，而病毒另辟蹊径地通过非常规手段传播于人体之间。它们都可能包括来自自身染色体的基因，还有来自外来入侵的寄生生物的基因。或者就像我在第10章中推测的那样，也许所有"自身"染色体基因都可以被看成互相共生、寄生于彼此的。这两类基因最重要的不同处是它们的未来。一个感冒病毒基因与一个外来人类染色体基因都"希望"宿主打喷嚏，一个常规的染色体基因和一个性传播病毒都"希望"宿主交配。这样看来，耐人寻味的是，后两个基因也许都会希望宿主有性吸引力。而一个常规的染色体基因与传播进入宿主卵子的病毒，不仅都会希望宿主求欢成功，还会对其生活各个细节寄予厚望，甚至希望其成为忠诚的关爱孩子的父母，甚至祖父母。

石蚕蛾住在其房子中，而我一直在讨论的寄生动物居住于其宿主体内，这些基因则与它们的延伸表型在地理上非常接近，其接近程度不逊于基因本身的常规表型。但基因可以在一定距离外产生作用，延伸表型可以延伸至很远。我可以想到的最长的距离可以跨越一个湖。正如蜘蛛网和石蚕蛾的房子一样，海狸的河坝是真正的世界奇观之一。它肯定有其达尔文主义的目的，尽管现在尚不清楚。海狸建的"人工湖"可能用以保护海狸的住所不受捕食者侵害，也提供了方便的水路交通用以出行和运输货物。它的方法与加拿大木材公司的河流运输、18世纪煤炭商人的运河运输出于完全相同的理由。无论谁受益，海狸的"人工湖"都是自然环境中引人注目的奇观。它如海狸的牙齿和尾巴一样，是一种表型，受达尔文主义的自然选择影响演化而成。自然选择需要基因差异，这里的差异则是功能优异的"人工湖"和不那么优异的"人工湖"。正如自然选择偏爱的基因能制造锋利的牙齿一样,它偏爱的基因也可以造出适合运输树木的"人工湖"。海狸的"人工湖"是海狸基因的延伸表型,它们可以延伸至上百码。多么长的地理延伸啊!

寄生动物也不一定要居住在其宿主身体中,它们的基因可以与宿主保持一定距离时发挥作用。布谷鸟的雏鸟并不在知更鸟或苇莺体内,它们并不需要吸血或者吞噬身体组织,但我们也毫不犹豫地将之标注为寄生动物。布谷鸟的自然适应性表现在控制养父母的行为上,这也可以看作布谷鸟基因在一定距离开外的延伸表现行为。

这些养父母被欺骗而帮助孵化布谷鸟蛋的行为很好解释。即使拾鸟蛋的人类也会被布谷鸟蛋迷惑,它们与草地鹨或苇莺蛋实在太相像了,不同的雌性布谷鸟还有与之对应的不同宿主。但之后,养父母对于成熟的小布谷鸟的态度比较难以理解。布谷鸟通常比其养父母体形都大,有时甚至巨大得十分怪异。我此时正看着成年岩鹨的照片。相比起庞然大物的"养子",它的体形如此娇小,给养子喂食时只能攀上它的背部才能够得着。我们并不十分同情这些宿主,它们的愚蠢和轻信实在令人轻蔑。任何傻瓜都能轻易看出这种孩子肯定有问题。

我觉得布谷幼鸟肯定不止在外表上"欺骗"它们的宿主,它们似乎给宿主的神经系统"施了魔法",作用类似那些容易上瘾的药。即便你对上瘾药物没有经验,也能够理解、同情宿主们的境遇。给一个男人看女性身体的图片,便可以唤起其性冲动,甚至勃起。他并没有被"欺骗"而认为这张图片其实是真实的女人,虽然他知道他只是对着铅墨打印的图片,他的神经系统依然有着和面对真实女性时相同的反应。我们可能会对某位异性无法抗拒,即使理智告诉我们他/她并不可能是长期的约会对象。这种感觉同样适用于对垃圾食品的无法抗拒。岩鹨也许对最佳长期利益并没有意识,它便更容易任其神经系统摆布,无法抗拒某些外界刺激。

　　布谷雏鸟的红色大嘴有着挡不住的诱惑力，鸟类学家甚至经常发现宿主鸟给另一只宿主巢内的布谷雏鸟喂食！这只鸟也许正带着喂养自己孩子的食物回家，但当它飞过另一只完全不同的宿主鸟巢边时，布谷雏鸟的红色大嘴突然出现于它的眼底，它便不由自主地停留，将原本留给自己孩子的食物投进布谷鸟的嘴中。这种"不可抗理论"与早期德国鸟类学家的理论不谋而合，这些鸟类学家认为养父母的行为如同"上瘾"，而布谷雏鸟是它们的"软肋"。尽管这种理论在现代实验学家处不是很受欢迎，但毫无疑问，如果我们假设布谷鸟的大嘴是一种超级刺激，类似于容易上瘾的强劲药物，我们就更容易解释事情的经过，也更容易同情这些站在庞大孩子背上的娇小父母了。它们并不愚蠢，"欺骗"也不是一个合适的词汇。它们的神经系统受到控制，正如一个不可救药的瘾君子一般不可抗拒药瘾，布谷鸟则好像一个科学家一样，将"电极"插进养父母的大脑。

　　但即使我们对这些受控制的养父母有了更多的同情，我们依然会问：为什么布谷鸟得以逃脱自然选择？为什么这些宿主的神经系统无法演化得更为坚强，从而抵挡住红色大嘴药物的诱惑？也许自然选择还没来得及完成这项工作，也许布谷鸟只是在最近几个世纪才开始寄生于现在这些宿主中的，也会在接下来几个世纪里被迫放弃而加害于其他种类的鸟。这个理论已经有一些证据了，但我还是觉得事情不这么简单。

　　在布谷鸟和其宿主们的进化"军备竞赛"中根植着不公，这是因为双方失败的代价并不等同。每一只布谷雏鸟都是经过一连串古代布谷鸟进化而得的后代，其中任何一只古布谷鸟都曾成功操纵了养父母，而那些无法操纵宿主，甚至只是暂时失去控制的布谷鸟都已在繁衍前死亡了。但对于每一只宿主鸟而言，它们的许多祖先都从未见过布谷鸟。那些被布谷鸟寄居的祖先也许短暂屈服了，但下一季依然有机会生养自己的后代。在这里，失败的代价并不等同。知更鸟或岩鹨的"无法抵抗布谷鸟"的基因可以轻易传给下一代，布谷鸟的"无法操纵养父母"的基因则无法传递给自身后代，这就是我所说的"根植不公"和"失败的代价不等同"。《伊索寓言》中有一句话可以概括这个故事："兔子跑得比狐狸快，因为狐狸奔跑是为了晚餐，而兔子奔跑是为了活命。"我和我的同事约翰·克雷布斯将此概括为"生命与晚餐的原则"。

由于"生命与晚餐的原则"，动物们有时并不追求其最佳利益，而受到其他动物的操纵。事实上，它们确实是在追求其最佳利益。"生命与晚餐的原则"表示，它们理论上可以抗拒被操纵，但代价巨大。也许你需要更大的眼睛或大脑来抵挡布谷鸟的操纵，这是个不小的代价。因此，这种基因趋势实际上在传递基因时并不成功。

但我们再一次回到原先的观点：从生物体个体的角度去思考，而不是基因。当我们讨论吸虫和蜗牛时，我们已经习惯于认为，正如动物基因可以在自身身体产生表型影响一样，寄生生物的基因也可以在宿主身体中产生表型影响。我们所谓"自身身体"这个概念只是加重语气的假设。在某种意义上，身体内所有基因都是"寄生"基因，无论我们是否愿意称之为"自身"的基因，或者是其他。布谷鸟基因是作为不居住于寄主身体的一个例子出现在我们的讨论中的，它们操纵宿主的方式正如寄生的动物一样，也如其他体内药物或激素一样强大而不可抗拒。那么正如寄生生物的例子一样，我们现在需要把这个故事以基因和延伸表型的概念再讲一遍。

在布谷鸟和宿主的进化"军备竞赛"中，双方的进度均以基因变异产生与被自然选择选中的方式来决定。无论布谷鸟的大嘴是以怎样的方式如药物般作用于宿主的神经系统的，它都来自基因变异。这种变异通过其作用表现出来，比如作用于布谷鸟鸟嘴的颜色和形状，但这依然不是其最直接的影响。最直接的影响其实是细胞内肉眼不可见的化学变化，间接影响则是鸟嘴颜色和形状。现在我们来分析最重要的一点，只有一部分间接影响是这些布谷鸟基因作用于被迷惑的宿主。正如我们说布谷鸟基因对鸟嘴颜色和形状有表型作用一样，布谷鸟基因对宿主行为也有

（延伸性）表型作用。寄生生物基因对宿主身体产生作用的方式并不限于寄生生物居住于宿主身体中，直接以化学作用操纵宿主，还包括当寄生虫离开宿主身体后，依然在一定距离外操纵着宿主。事实上，我们还将看到，即使化学作用也能在体外进行。

布谷鸟是一种神奇的、引人深思的生物，但昆虫的成就可以超过任何脊椎动物，它们的优势在于数量。我的同事罗伯特·梅（Robert May）正好有个结论："可以说所有生物都是昆虫，这是一个生物数量的好的近似。"昆虫中的"布谷鸟"数不胜数。它们数量众多，习性经常改变。我们将看到的一些例子已经超越了我们熟悉的"布谷鸟模式"，而抵达"延伸表型"所能启发的最荒诞的想象。

布谷鸟将鸟蛋寄居于宿主处，而后消失不见，而一些雌性蚂蚁"布谷鸟"将它们的献身演绎成一场更戏剧性的演出。我不经常在书中给出动物的拉丁名，但这两个拉丁名 *Bothriomyrmex regicidus*（弑君者）和 *B. decapitans*（斩首者）本身已经讲述了一个故事。这两种蚂蚁都是寄居于其他蚂蚁种群中的寄生生物。当然，所有的小蚂蚁通常都由工蚁喂养，而不是父母，工蚁被这些"布谷鸟"操纵愚弄。它们第一步是设法使目标工蚁的母亲产下另一种蚂蚁。这两种蚂蚁的寄生蚁后都可以偷偷进入另一种蚂蚁的巢穴，找到宿主蚁后，爬上其背部，而后的故事且让我直接引用爱德华·威尔逊（Edward Wilson）轻描淡写却令人毛骨悚然的语句："（它安静地）进行一项它独特而擅长的工作：慢慢砍下受害者的头部。"然后，这个凶手收养了已成孤儿的工蚁们，而后者依然毫不知情地照料凶手的卵和幼虫。其中一些也被培养成工蚁，并逐渐取代巢穴中原来的蚂蚁。其他后代则成长为蚁后，离开巢穴去寻找新的空缺王位。

但砍头的工作量毕竟不小。如果刚好有替身可以被要挟，寄生生物并不愿意展现自我。在威尔逊的《昆虫社会》一书中，我最喜欢的角色是另一种蚂蚁 *Monomorium santschii*。这种蚂蚁在进化中失去了它们的工蚁。寄主中的工蚁们为其寄生蚂蚁做所有事情，包括最恐怖的任务——

谋杀。在入侵的寄生蚁后的命令下，它们可以谋杀自己的母亲。篡位者运用意念控制宿主，根本不需要动用自己的颚。它是怎么做到的？这至今依然是个谜。也许它用了一种化学物质，可以高度控制蚂蚁的神经系统。如果它的武器确实是化学物质，这可是科学至今所知道的最阴险的药物。想想它是怎么完成任务的：它流经工蚁的大脑，紧握住它肌肉的缰绳，驾驶着它偏离其最根深蒂固的责任，使它转而攻击自己的母亲。弑母对于蚂蚁而言，是一种特殊的基因失常。这种如此强大的力量只能来源于药物，使它们不顾一切地走向毁灭。在延伸表型的世界里，不要问动物的行为如何使自己的基因受益，要问的是谁的基因能够受益。

蚂蚁被寄生动物利用的故事并不奇怪。寄生于蚂蚁的生物除了其他种类的蚂蚁，还有一连串专业的"食客"。工蚁们在各处寻得食物，大量集中囤积，这对于不劳而获者是一个唾手可得的诱惑。但蚂蚁们也有很好的自我保护机制，它们"装备"完善，数目巨大。第 10 章的蚜虫便用自产的蜜汁来换取蚂蚁保镖。多种蝴蝶在幼虫时都住在蚂蚁的巢穴里，有一些是赤裸裸的掠夺者，另一些则付出代价来换取蚂蚁的保护，后者通常拥有许多操纵保护者的设备。有一种蝴蝶叫 *Thisbe irenea*，它的头部有一个制造声音的器官，用以召唤蚂蚁，尾端还有一对伸缩嘴，用以生产诱惑蚂蚁的蜜汁。它肩膀上的一对喷嘴更可以施展更为微妙的魔法，其分泌的蜜汁并不像是蚂蚁的食物，而是一种挥发性的药水，对蚂蚁的行为影响巨大。受蛊惑的蚂蚁会在空中跳跃，其颚大张，行为也变得更具攻击性，比往常更渴望进攻、撕咬或蜇伤任何运动中的物体——幼虫显然给蚂蚁下了药。更有甚者，被这些幼虫"药贩子"蛊惑的蚂蚁最终进入"结合"（binding）的状态，在很多天内无法离开蝴蝶幼虫。这些幼虫则像蚜虫一般，利用蚂蚁作为保镖。但蚜虫只是利用蚂蚁正常的攻击行为来保护其不被捕食者侵害，而蝴蝶幼虫棋高一着，可以使用药物让蚂蚁变得更具攻击性，还能使蚂蚁对此上瘾，与其"结合"而不离不弃。

我选择的例子过于极端了，但自然界中动植物控制自身或其他物种的例子比比皆是。在这些例子中，自然选择偏爱于控制他人的基因，我们便可以合情合理地说，这些基因对受控制的生物体有"延伸表型"的作用。这个基因实际存在于哪个身体并不重要，它控制的对象也许是自己的身体，也可以是其他生物。对那些通过控制世界而得以繁衍传播的基因，自然选择并不吝啬其偏爱。这便是我所说的"延伸表型"的中心法则：动物行为倾向于最大化指导此行为的基因的生存，无论这些基因是否在做出此行为的动物体内。这里我讲的是动物行为，但这个中心法则当然可以用在其他方面：颜色、尺寸、形状，所有一切。

我们终于可以回到最初的问题，来谈谈个体生物与基因在自然选择中竞争中心位置的矛盾关系。在前边的章节里，我假设这里没什么问题，因为个体繁殖等同于基因存活，你可以说"生物体为了传播其基因而工作"或者"基因迫使个体繁衍从而传播基因自身"。它们似乎是一件事情的两种说法，无论你选择哪一个说法，只是个人偏好问题。但这里的矛盾依然存在。

解决这个问题的一个方法是使用"复制因子"和"载体"。复制因子是自然选择的基础单位，生死存亡的根本个体，联系了代代本质相同或随机变异的复制血脉。DNA 分子便是复制因子，它们通常连接一起，形成较大的公共基因存留机器——"载体"，这里的原理我们等会儿再讲。我们了解最多的"载体"便是我们的身体。因此，身体并不是复制因子，而是载体。我必须反复强调一下这一点，因为它经常被误解。载体并不复制其本身，它们只传播复制因子。复制因子并不作为，不观察世界，不捕食也不从捕食者处逃离，它们只让载体来做这些事情。出于许多原因，生物学家只集中所有注意力于载体水平上，因为这更为方便。但出于另一些原因，他们更应该将注意力集中到复制因子上。基因与个体生物在达尔文主义的戏剧里并不主演着对手戏，它们分别以复制因子与载体的角色饰演着不同角色，互相补充，同等重要。

　　"复制因子"和"载体"这些术语在许多方面都很有帮助，比如，它帮助清除了那个长久不衰的争议——自然选择在哪一个层次起作用。表面上看，将"个体选择"放在"基因选择"（第 3 章拥护的理论）之下、"类群选择"（第 7 章批判的理论）之上的阶梯选择层次里，似乎很符合逻辑。"个体选择"似乎可以模糊地处于两个极端之间，许多生物学家和哲学家因此被引诱上了这条不归路。但我们现在可以看到，事情并不是这么回事。我们可以看到在这个故事里，生物个体与群体是载体角色的真正对手，但两者都根本无法扮演"复制因子"的角色。"个体选择"和"类群选择"之间的争议是两种载体间的争议，而"个体选择"和"基因选择"间根本不存在争议，因为在这个故事里，基因与生物体分饰着复制因子与载体这两个完全不同却又互相补充的角色。

　　生物个体与群体在载体角色中的竞争——真正的竞争，也是可以解决的。在我看来，因为其结果是个体生物决定性的胜利，群体作为竞争实体显得软弱无力。鹿群、狮群和狼群都拥有整齐的一致性与共同目标，但与单独一只鹿、狮子或狼身体中的一致性与共同目标相比，前者显得极其微不足道。这个正确观点已被广泛接受，但为什么它是正确的呢？延伸表型与寄生动物在这里可以再次帮助我们。我们看到寄生动物的基因相互合作，与宿主的基因对立（宿主的基因也同时相互合作），这是因为这两组基因离开共同载体——宿主身体的方式确实不同。蜗牛的基因以蜗牛的精子和卵子的形式离开蜗牛身体这一载体，因为它们参与了相同的减数分裂，它们为了共同目标一起奋斗，这便使蜗牛的身体成为一个一致的、有共同目标的载体。寄生的吸虫不被认为是蜗牛身体的一部分，不将其目标和身份与寄主的目标和身份统一，是因为吸虫的基因并不以蜗牛基因的方式离开它们共同的载体，它也不参与蜗牛的减数分裂——它们有自己的减数分裂。因此，两个载体因蜗牛与蜗牛体中的吸虫而保持距离。如果吸虫的基因经过蜗牛的卵子和精子，这两个身体将会演化成为同一个肉躯，我们将不再能够分辨这两个载体。

生物"个体"——正如你我的身体，是许多这种融合的化身，而生物群体——如鸟群、狼群，则无法融合为一个单独的载体，因为群体中的基因并不共享离开现有载体的共同渠道。更确切地说，母狼可以产出小狼，但父母的基因却不会与子女基因同享一个载体出口。狼群中的基因并不在同一个未来事件得到相同的回报。一个基因可以通过偏爱自身个体，而利用其他狼付出代价，使自身得到未来的好处。个体狼因此只是自身的载体，狼群则不可能是载体。从基因角度上讲，这是因为一只狼身上的细胞（除了性细胞）都有相同的基因，而所有基因都有相同的概率成为性细胞基因的一部分。但狼群中的细胞并不相同，它们也没有相同概率成为后代细胞。它们必须通过与其他狼身体中的细胞竞争来获得未来（虽然事实上狼群更可能作为一个整体来求得生存）。

个体如果想要成为有效的基因载体，必须具备以下条件：对所有其中的基因提供相同概率的、通往未来的出口通道。这对于个体狼是成立的，这里的通道是由减数分裂制造的精子或卵子，而这对于狼群不成立。基因需要自私地争取其身体的所得，牺牲狼群中其他基因来取得收获。蜂群类似狼群，也是通过大量繁殖得以生存的。但如果我们更仔细地观察，我们会发现，从基因角度看，它们的命运在很大程度上是共享的。蜂群的基因未来至少很大一部分依赖于那唯一一只蜂后的卵巢。这便是为什么蜂群看起来，甚至在行为上表现为一个真正的有机结合的独立载体——这只是表达我们前面章节信息的另一种说法。

事实上我们处处可以发现，这些独立、有个体追求的载体经常组成群体，个体生命被紧紧捆绑于其中，正如狼群和蜂群一般。但延伸表型的理论告诉我们，这并没有必要。根本上讲，我们从理论中所看到的是复制因子的战场，它们互相摩擦、争夺、战斗，以争取基因的未来。它们用以作战的武器则是表型。基因对细胞有直接的化学作用，从而表现在羽毛、尖牙，甚至其他更遥远的作用。这个现象毫无疑异地表现在以下情景中：当这些表型组成独立的载体时，每一个基因都井然有序地朝着未来前进——千军万马地挤向那个为大家共享的精子或卵子的"瓶颈"通道。但这个情况不可以被想当然地信服，而应该被质问或挑战：为什么基因走到一起组成大型载体，而这些载体都有自身的基因出口？为什么基因选择聚集，为自身制造大型的身体以供居住？在《延伸的表型》里我试图回答这个困难的问题。在这里我只讲讲一部分答案——当然在写作此书 7 年之后，我现在还可以试着回答得更深入些。

　　我要把这个问题分成 3 个小问题：为什么基因要组成细胞？为什么细胞们要组成多细胞生物？为什么生物采纳"瓶颈"般的生命循环？

　　首先，为什么基因要组成细胞？为什么那些原始复制因子放弃在"原始汤"中享受自由自在的骑士生活，而选择在巨大群落里举步维艰地生存？为什么它们选择了合作？我们可以从观察现代 DNA 分子在活细胞的"化学工厂"里的合作方式找到部分答案。DNA 分子制造蛋白质，后者则以酶的作用方式催化特定的化学反应。通常，单独一个化学反应并不足以合成有用的人体最终产品，人体的"制药工厂"需要生产线。最初的化学物质并不直接转化为所需的最终产品，这中间需要经过一系列有严格次序的合成步骤。化学研究者的聪明才智大多花费在为起始化学物质与最终产品间设计合理的中间步骤。同样，活细胞中一个单独的酶也无法凭自身力量将最初给定的化学物质合成为有用的最终产品。这个过程需要一整套蛋白酶，由第一种酶将原材料催化转化为第一个中间产品，第二种酶将第一个中间产品催化转化为第二个中间产品，以此接力继续。

　　每种蛋白酶都由一个基因制造而成。如果一个合成过程需要 6 种系列蛋白酶，则必须有 6 个基因存在以制造它们。这样就有可能出现两条都可以制得相同产品的不同合成路线，每条路线分别需要 6 种不同蛋白酶，两条路线之间无法混合选择，这种事情在化学工厂里经常发生。大家可能会因为历史偶然原因而选择某一条路线，或者化学家会对某一条路线有更精心的设计。在自然界的化学工厂中，这种选择从来不会被

"精心设计"。相反，它完全由自然选择决定。这两个路线并不混合，每一路线中的基因互相合作，彼此适应。自然选择如何看待这个问题呢？这跟我在第5章做的比喻"德国与英国的桨手"很是类似。最重要的是第一路线的基因可以在其路线中其他基因存在的前提下繁荣生长，而对第二路线的基因视而不见。如第一路线的基因已经占据了群体中的大多数位子，自然选择便会偏向第一路线，而惩罚第二路线的基因，反之亦然。如果说第二路线中的6种蛋白酶是以"群体"而被选择，则大错特错，虽然这种说法很是诱人。每一种蛋白酶都作为一个单独的、自私的基因被选择，但它只能在其他同组基因存在的情况下才能生长繁荣。

现在这种基因间的合作可以延伸到细胞之间。这一定始于"原始汤"中（或者其他什么原始媒介中）自我复制因子间的基本合作。细胞膜也许是作为保持有效化学物质、防止它们渗漏的介质而出现的。细胞中的许多化学反应事实上发生在细胞膜内，细胞膜起到传输带和试管架的作用。但基因间的合作并不止于细胞生化。细胞们走到一起（或者在结合后无法分离），形成了多细胞生物。

这便将我们带到第二个问题：为什么细胞们组合到一起？这是合作的另一个问题，这将我们的讨论从分子世界带到一个更大的范围里。多细胞生物已经不适用于显微镜的范围了，我们这里讲的对象甚至可以是大象或蓝鲸。大并不一定是好事，细菌在生物界中的数目比大象要多得多。但当小型生物用尽其所能的生活方式，尺寸大一些的生物可能还有繁荣的空间。比如，体形大的生物可以吃小动物，还可以防止被它们吃。

细胞结合的好处并不止于体形上的优势。这些细胞结合可以发挥其专有特长，每一个部件在处理其特定任务时就可以更有效率。有专长的细胞在群体里为其他细胞服务，同时也可以从其他有专长的细胞的高工作效率中得益。如果群体中有许多细胞，有一些可以成为感觉器官以发现猎物，一些可以成为神经以传递信息，还有一些可以成为刺细胞以麻醉猎物，成为肌肉细胞移动触须以捕捉猎物，成为分泌细胞消化猎物，还有其他细胞可以吸收汁水。我们不能忘记，至少在像你我这样的现代生物中，细胞其实是克隆所得的，它们都拥有相同的基因。但不同的基因可以成为不同的专长细胞，每一种细胞中的基因都可以从少数专长复制的细胞中得到直接利益，形成不朽的生殖细胞系。

那么，第三个问题：为什么生物体参与"瓶颈"般的生命循环？

先解释一下我对"瓶颈"的定义。无论大象体内有多少细胞，大象的生命都始于一个单独的细胞——一个受精卵。这个受精卵便是一条狭窄的"瓶颈"，在胚胎发育中逐渐变宽，成为拥有成千上万细胞的成年大象。而无论成年大象需要多少细胞，或者多少种专长细胞来合作完成极其复杂的生物任务，所有这些细胞的艰苦工作都会汇聚成最终目标——再次制造单细胞：精子或卵子。大象不仅始于受精卵这一单细胞，它的最终目标也是为下一代制造受精卵这一单细胞。这只巨大笨重的大象，生命循环的起始都在于狭窄的"瓶颈"。这个瓶颈是所有多细胞动植物在生命循环中的共同特征。这是为什么呢？它的重要性在哪里？在回答这个问题前，我们必须考虑一下，如果生命没有这个"瓶颈"，会是怎样的情况。

让我们先想象两种虚拟的海藻，姑且称它们为"瓶藻"和"散藻"。海里的散藻有杂乱无章的枝叶，这些枝叶时不时断落并漂浮离去。这种断落可以发生在植物的任何部位，碎片可大可小。正如我们在花园里剪去植物的枝叶一样，散藻可以像断枝的正常植物一样重新生长。掉落枝叶其实是一种繁殖的方法。你将会注意到，这其实和生长并不是特别不同，只是生长的部位并不与原来的植物相连接而已。

瓶藻和散藻看起来同样杂乱无章，但却有着一个重要的不同处：它繁殖的方式是释放单细胞孢子，由其在海里漂浮离去并成长为新的植物。这些孢子只是植物的细胞，和其他植物细胞没有区别。瓶藻没有性生活，子女所含的细胞只是父母植物细胞的克隆。这两种海藻的唯一不同是：从散藻处独立的生物有许多细胞，而瓶藻释放的永远是单细胞。

这两种植物让我们看到"瓶颈"生命循环和非瓶颈循环的根本不同。瓶藻的每一个后代都是通过挤压自己，经过单细胞瓶颈繁殖而成的。散藻则在生长之后分成两截，很难说是传递单独的"后代"，还是其已包含了许多单独的"生物"。而瓶藻呢？我马上会解释，但我们已经可以看到答案的痕迹了。难道感觉上瓶颈不是已经更像一个更独立的生物吗？

我们已经看到，散藻繁殖与生长的方式是相同的，事实上它基本不繁殖。而瓶藻在生长和繁殖间划分了清晰的界限。我们已经来到了这个不同处了，接下来呢？它的重要性是什么？为什么它很重要？我对这个问题已经想了很长时间，现在我觉得我已经知道答案了。（顺便说一句，提出问题比找到答案要难得多！）这个答案可以分成三个部分，前两个部分和演化与胚胎发育间的关系有关。

首先想想这个问题：简单器官如何演化为复杂器官？我们不必局限于植物，而且在这个讨论阶段里，转向讨论动物可能更好些，因为它们明显有更复杂的器官。我们也没有必要考虑性。有性和无性繁殖在这里只会造成误解。我们可以想象动物以发送无性孢子的方式繁殖。孢子为单细胞，如果不考虑变异，它们在基因上与体内其他细胞完全相同。

在类似人或土鳖虫这种高等动物中，复杂的器官是由祖先的简单器官逐渐演化而成的。但祖先的器官并不像刀剑被打成铧一般，它们并不直接转变为后代器官。这不是做不做的问题，我要指出，在大多数情况下，它们根本做不到。"从剑到铧"的直接转化方式只能获得很小的一部分改变。真正彻底的变化只能由"回到绘图板"的方式完成，抛弃之前的设计，重新开始。当工程师们回到绘图板前，重新创造一个新设计时，他们并不需要完全抛弃旧设计的灵感，但他们也不是将旧的物件改造成新的，旧物件承载着太多历史。也许你可以将剑打成铧，但将一个螺旋桨发动机"打成"喷气式发动机呢？你做不到。你必须抛弃螺旋桨发动机，回到绘图板重新再来。

　　自然，生物从来不曾在绘图板前设计而成，但它们也愿意回到最初的开始，在每一代有一个干净的起点。每一个新生物由单细胞开始成长，它在 DNA 程序中遗传祖先设计的灵感，但并不遗传祖先自身的器官。它们并不遗传父母的心脏，并重制为改进过的新心脏。它们只愿意从头以单细胞开始，利用与其父母心脏相同的设计程序，长成一个新的心脏，也许还加入一些改进。你现在可以看到我接下来的结论了。"瓶颈"般的生命循环的重要性在于它使"回到绘图板"成为可能。

　　"瓶颈"生命循环还有第二个相关的结果：它为调节胚胎发育过程提供了一个"日历"。在"瓶颈"生命循环中，每一个崭新的世代需经过几乎相同的旅程。生物体以单细胞为始，细胞分裂以生长，传输性细胞以繁殖。它想必会走向死亡，但更重要的是，它看起来更像是不朽的。对我们的讨论而言，只要现存的生物已经繁殖，而新一代的循环再次开始，那么前一次循环也就可以结束了。虽然理论上生物可以在其成长过程中任何时间进行繁殖，但我们可以预料到，繁殖的最佳时间最终将会被发现。生物在过于幼小或老迈时，只能释放少量孢子，这将使其不敌那些积蓄能量以在生命重要时间中释放大量孢子的对手。

　　我们的讨论方向已经转向了那些定型的、有规律重复的生命循环，每一个世代的生物都从单细胞的"瓶颈"开始。另外，生物还有相对固定时长的生长期，或者说"童年"。这个固定时长的生长阶段使得胚胎发育可以在特定时间里发生特定变化，正像有一个严格遵守的日历一样。在不同的生物中，发育中的细胞分裂以不同规律的次序进行，这个规律则在生命循环的每一个循环中持续发生。当细胞分裂时，每一个新细胞都有其出现的特定时间与地点。巧合的是有时这个规律如此精确，胚胎学家可以以此给每个细胞命名，而每一个生物体中的细胞都有在另一生物体中相对应的细胞。

　　所以，这个定型的成长循环提供了一个时刻表或是日历，定点激发胚胎发育事件。想想我们自己如何轻而易举地运用地球的每日自转与每年围绕太阳公转，以规划与指导我们的日常生活。同样，这些来自"瓶颈"生命无限循环的生长规律也几乎不可避免地被用以规划和指导胚胎发育。特定的基因在特定的时间被打开或关闭，因为"瓶颈"生命循环日历确保了这些事件发生的特定时间。基因这种精确的行为规划是胚胎得以进化形成复杂组织与器官的先决条件。鹰的眼睛、燕子的翅膀，这些精确与复杂的奇观无法在没有时间规则的情况下出现。

"瓶颈"生命历史的第三个结果关乎基因。在这里，我们可以再次使用瓶藻和散藻的例子。我们再次简单假设两种藻类都是无性繁殖，再想想它们将怎样演化。演化需要基因的变异，而变异可以在任何细胞分裂中产生。与瓶藻相反的是，散藻的细胞生命谱系相当广泛，每一个断裂而漂离的枝条都是多细胞，这便可能使得后代植物体内细胞之间的亲缘较其与母植物细胞间的亲缘关系更远（这里的"亲缘"指的是表亲、孙辈等。细胞有明确的直系后代，这些亲缘关系盘根错节，所以同一个身体里的细胞可以用"第二代表亲"这种词汇来表达）。瓶藻在这一点上和散藻十分不同，一株后代植物的全部细胞都来自同一个孢子，所以一棵植物中所有细胞的亲缘关系都比另一株植物要亲近得多。

这两种藻类的不同可以产生非常重要的不同基因结果。想想一个刚刚变异的基因在散藻和瓶藻中的命运。在散藻中，植物的任何枝条上的任何细胞都可以产生变异。由于子植物为发芽生长所得，变异细胞的直系后代将和子植物、祖母植物等的无变异基因共享一个身体，而这些无变异基因相对亲缘较远。而在瓶藻中，所有细胞在植物上最近的共同亲属也不会比孢子更老，因为孢子提供了这个生命的开端。如果孢子里包含着变异基因，新植物里的所有细胞都将包含这个变异基因。如果孢子没有变异，则所有细胞都无变异。瓶藻里的细胞比散藻中的在基因上更为统一（即使有偶尔的回复突变）。瓶藻作为单独的植物是一个基因身份的整体，是实际意义上的"独立"。而散藻植物的基因身份相对模糊，"独立"意义较瓶藻弱了许多。

这不仅是一个术语定义的问题。散藻植物的细胞如果有了突变，便不再从"心底"与其他细胞享有共同的基因兴趣。散藻细胞中的基因可以通过促使细胞繁殖而得到优势，而并不需要促使"独立"植物的繁殖。基因突变使得植物中的细胞不再完全相同，也便使细胞不再全心全意互相合作，来制造器官与后代。自然选择选中了细胞，而不是"植物"。瓶藻则不一样。植物中的所有细胞很有可能拥有相同的基因，只有时间上非常临近的突变才可能使基因不同。因此，这些细胞可以为制造有效的生存"机器"而快乐合作。不同植物上的细胞更倾向于有不同基因，于是，通过不同"瓶颈"的细胞可以有显著不同（除了最近的突变），这便是大多数植物的情况。自然因此选择以对手植物为单位，而不是散藻中的对手细胞。于是我们可以看到植物器官与其策略的演化，都服务于整株植物的利益。

顺便说一下，单单对那些有专业兴趣的人来说，这里其实可以拿类群选择打个比方。我们可以把一个单独生物看作一"群"细胞。类群选择的理论在这里也可以使用，只要能找到增加群体间差异对群体内差异的比例数目的方法。瓶藻的繁殖正是增加这个比例数目达到的效果，而散藻完全相反。在这里，关于这章里"瓶颈"理论与其他两个理论的相似之处也已经呼之欲出了，但我还是先不揭晓。这两个理论分别是：1.寄生生物与宿主在某种程度合作，已使得它们的基因在相同的繁殖细胞中一同传递到下一代，因为寄生生物和宿主的基因需要经过相同的"瓶颈"。2.有性繁殖生物的细胞只与自身互相合作，因为减数分裂公正得不差毫厘。

总结一下，我们已经可以看到，"瓶颈"生命历史倾向使生物演化为独立而统一的载体，这个理论的三个支持理由可以分别称为"回到绘图板""准时的时间循环"和"细胞统一"。是先有"瓶颈"生命循环，还是先有独立的生物体？我倾向于认为它们是一同进化而成的。事实上，我猜想独立生物体不可或缺的、决定性的特点，便是其作为一个整体，以单细胞"瓶颈"开始与结束生命历程。如果生命循环成为"瓶颈状"，有生命的材料会逐渐聚集一起，形成独立与统一的生物体。有越多的生命材料聚集形成独立的生存载体，则有更多的载体细胞凝结其努力，作用于特殊种类的细胞，使得它们可以承载其共同的基因，通过瓶颈走向下一代。瓶颈生命循环与独立的生物体，两种现象密不可分。每一个现象的进化都在加强对方的进化，它们互相增强，正如爱情中的男女不断互相加深的情感一般。

《延伸的表型》这本书很长，它的理论也无法轻易塞进一个章节。我被迫在这里采用了浓缩版本，直观性与趣味性不免少了许多。我希望无论如何，我已经成功将这个理论的感觉传递给你们了。

让我以一个简短的宣言，一个自私基因与延伸表型眼中的生命总结来回顾前面的章节。我坚持，这是一个可以用以看待宇宙中任何地方、任何生命的观点。所有生命的基本单位与最初动力都是复制因子，它制造了宇宙中所有的复制。复制因子最终因机缘巧合，由小颗粒随机聚合而形成。当复制因子来到世间，便为自身制造了大量无限的复制品。没有任何复制过程是完美的，复制因子也因此有了许多不同的种类变异。一些变异失去了其自我复制的能力，它们的种类则随着其自身消亡而灰飞烟灭。但许多变异还是在这过程中找到新的窍门：它们逐渐变成更好的自我复制者，比其祖先和同类都要更好地复制着自身。

它们的后代最终成了大多数。时间流逝，世界逐渐被大多数强大而聪明的复制因子占领。复制因子逐渐发现越来越多巧妙的方法，它们并不只是因其本质性能而生存，而是由其对世界的改变结果而存在。这些改变可以是非常间接的，它们只需要最终反馈并影响复制因子，使其成功复制自己，无论过程多么艰难和曲折。

复制因子的成功最终取决于其所处的世界——先存条件，其中最重要的条件是其他复制因子与它们已造成的改变。正像英国与德国桨手一般，互相受惠的复制因子可以帮助对方生存。从地球生命演化的某一点开始，这种互相合作的复制因子聚集一处，形成了独立载体——细胞，以及之后形成的多细胞生命。由"瓶颈"生命循环进化而成的载体繁荣发展，逐渐变成愈加独立的载体。

这种将有生命的材料聚集为单独载体的方法，成为个体生命突出与决定性的特点。当生物学家来到这里，开始询问关于生命的问题，他们的问题大多数是关于载体的。这些个体生命体最初得到生物学家的注意力，而复制因子——我们现在知道它们叫基因，则被看作个体生命中的部分零件。我们需要刻意的脑力劳动来将这种生物的思维方式调个头，并时刻提醒自己，复制因子在历史上来得更早，也更为重要。

提醒我们的一个方法是：即使在今天，不是所有基因的表型作用都只限制在其所在的个体生物里。在理论上，也在实际中，基因跨越个体生物的界限，操纵体外世界的物体，包括无生命的事物、有生命的生物体、距离遥远的事物。我们只需要一点想象力，就可以看见基因端坐于延伸表型放射网的中心位置。世界上任何一个物体都处于这张影响力网中的节点上，这些影响力来自许多生物体内的许多基因。基因的触及范围没有明显的界线。整个世界是一个十字，是由聚集的基因指向表型作用的因果箭头，或远或近。

还有另一个现象：这些十字正在逐渐聚集。这个现象事实上非常重要，难以被忽视为附带现象，但在理论上又不足以彻底立足。复制因子不再自由徜徉于海洋，而是聚集成巨大的群体——个体生物。而表型的改变也不再均匀分布于实际中，许多情况下聚合在相同的身体中。我们熟悉地球上的个体生物，但是它们曾经都不存在于地球上。无论在宇宙中哪一个地方，生命出现唯一需要的，只有不朽的复制因子。

第 14 章

基因决定论与基因选择论

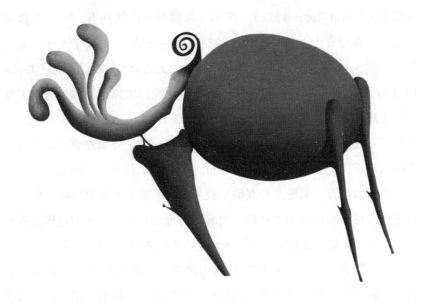

阿道夫·希特勒死后很久，仍有一些谣言流传不息，坚持说有人看到他好端端地生活在南美地区或是丹麦。多少年来，还是有不少对希特勒并无热爱之心的人不愿接受这个人已然毙亡的事实，其人数之众令人惊异（Trevor-Roper 1972）。在第一次世界大战期间有一个广为散布的传言，说是有十万俄军士兵已经在苏格兰登陆了，"靴子上还覆盖着雪"。显然，这则传言来自那场难以忘却的大雪留下的鲜活记忆（Taylor 1963）。我们这个时代也有它自己的都市传说，比如有计算机持续不断地给住户发去百万英镑的电子账单（Evans 1979），或是领着救济金的乞丐却衣着光鲜，住着政府救助性质的公租房，房子外面停着两辆价值不菲的汽车。类似这样的传闻已经听得人耳朵起了茧子。有些谎言，或是半真半假的传言，似乎会令我们积极主动地想要去相信并传播它们，哪怕这些消息令我们感到不舒服。而有悖常理之处在于，我们这样去做的原因之一，可能恰恰就是因为这些消息令我们感到不舒服。

　　在这类流言之中，有相当高的比例是与计算机和电子"芯片"有关的，或许是因为计算机技术的发展速度真的有如闪电一般。我就认识一位老人，言之凿凿地宣称"芯片"正在越俎代庖，代行人类之职，从"开拖拉机"到"让女人怀孕"，不一而足。正如我后面会向大家展示的那样，基因则是另外一大批流言的源头所在，甚至比计算机相关的流言还要多。想象一下吧，要是我们把基因和计算机这两类影响力巨大的流言结合在一起会怎么样？我觉得我很可能不小心做出了这样的事情，在我前一本书的读者心中完成了这一不幸的组合，而其后果是可笑的误解。好在，这样的误解并未广泛传播，但是仍然值得吸取教训，避免在此再犯同样的错误——这正是写作本章的目的之一。我将会揭穿基因决定论的迷思，并为大家解释：为什么有些说法会被不幸地被误解为基因决定论，可我们还是不得不使用这样的说法。

曾有一位书评人针对威尔逊 1978 年出版的《论人的天性》（*On Human Nature*）评论道："虽然他并未像理查德·道金斯在《自私的基因》里那般激进，将与性有联系的基因都认为是'薄情'的，但是威尔逊还是认为人类男性有着遗传而来的一种天性，倾向于实行一夫多妻制，而女性倾向于忠贞的两性关系。他的潜台词无非是：女士们，别责怪你的丈夫出去乱搞了，他们在遗传上就是如此编程设置的，那可不是他们的错。基因决定论一直就徘徊在后门外，想要偷偷潜入进来。"（Rose 1978）。这位书评人的暗示很明确：他批评该书的作者相信存在一些会迫使男人们不可救药地成为玩弄女性的人的基因，别人却还不能因此指责他们婚内出轨。看到这篇书评，读者就会产生这样的印象：那些书的作者在"天性与教化"的争论[1]中支持前者，甚至是彻头彻尾的遗传论者，有着男性沙文主义的倾向。

实际上，我的书中关于"薄情的雄性"那一段，原本并非是关于人类的。那只不过是一个数学模型，对象不是任何一种确定的动物（我写的时候心里想的是某种鸟，不过也无所谓啦）。很明确的一点是，那不是关于基因的数学模型（下文会谈到这一点），要真是关于基因的模型，那它们就不是与性有联系的了，而是受到性的限制。在梅纳德·史密斯（Maynard Smith 1974）看来，那是关于"策略"的数学模型。之所以设定"薄情"的策略，不是因为这是雄性们的行为方式之一，而是因为它

---

[1] 原文为 "the 'nature or nurture' debate"，主要是关于人类行为主导因素的争论，一说是先天的天性使然，一说是后天的教育在起作用，有点类似于我国文化中关于"人性本善"还是"人性本恶"的讨论。

是两种假设出来的可选策略之一——与之相对的是"忠诚"的策略。这个非常简略的模型是为了描绘某些特定条件而存在的：处在一些条件之下，薄情的策略会为自然选择所青睐；而处在另一些条件之下，得到青睐的则是忠诚的策略。在这样的研究中，并没有预先假定雄性会更有可能拈花惹草，而非忠诚。事实上，在我发表的一项模拟运行中，最精彩的就是一个混合型的雄性群体，其中采取忠诚策略的比例还略微占优一些（Dawkins 1976a, p.165，还可以参见 Schuster & Sigmund 1981）。罗斯评论中的误解还不止这一处，而是多处混合式的误解，体现了一种毫无节制地急于去误解的冲动。这与覆雪的俄军军靴，或是正渐渐取代男人的角色、夺走拖拉机驾驶员工作的小小黑色芯片本质上是一回事，它们都是某类有着强大影响力的迷思的表现形式。具体到我们要谈的问题上，那就是关于基因的巨大迷思。

基因的迷思集中体现在了罗斯的评论里插入的那段小幽默中，说女士们不应该责怪丈夫们出去乱搞。这正是关于"基因决定论"的迷思。显然，对于罗斯而言，基因决定论的"决定"有着全然哲学意味上的不可逆转的必然性。他毫无根据地认定，如果存在一个基因以实现目标 X 为目标，那就意味着 X 将是不可避免的结果。如另一位"基因决定论"的批评者古尔德[1]（Gould 1978, p.238）所说："要是有什么编好了的程序决定着我们成为什么样的人，那我们的这些特征就是不可抗拒的。我们最多也就能引导这些特征，但绝不可能通过我们的意志、教育或文化来改变它们。"

若干个世纪以来，哲学家们和神学家们一直都在争论决定论观点是否正确，以及它与一个人为自身行为所需承担的道德责任之间是否有关联性。毫无疑问，这样的争论还将持续若干个世纪。我猜罗斯和古尔

---

[1] 指史蒂芬·杰伊·古尔德（Stephan Jay Gould），美国古生物学家、进化生物学家，是进化论方面的著名科普作家。

德 [1] 都是决定论者，因为他们都相信我们的所有行为都有着物质的、唯物的基础。我也相信这一点，我们三个人可能也全都认同：人类的神经系统太复杂了，所以在实际处理问题时，我们大可以忘了决定论，就当作是我们真的有自由意志一样。神经元或许能够放大在根本上具有不确定性的物理事件。我唯一希望在此说明的观点是：无论一个人在决定论的问题上持何种立场，前面再多加上"基因"二字并不会导致任何改变。如果你是一个纯粹的决定论者，你会相信你的所有行为都是由之前的物质因素预先决定好的，而且你或许会相信或不相信，你因此不能够为自己肉体上的不忠负责。但是，倘若真是如此，那些物质因素是否是基因的因素，又能导致什么不同呢？为什么基因的决定因素就会被认为比"环境的"因素更加不可抗拒，更能够让我们免于被指责呢？

　　有些人虽然没有任何理由，却还是相信：与环境的因素相比，基因才具有超级决定性。这种想法就是一种迷思，并且有着非比寻常的顽固性，还能够带来真实的痛苦情绪。本来，我并没有明确地认识到最后这一点，直到 1978 年美国科学促进会某次会议上的提问环节，我才因一件事情受到触动，有了这样的认识。当时，一位年轻的女士向演讲者——一位著名的"社会生物学家"——发问：在人类心理学上，有没有任何基因证据支持两性差异？我几乎没太听清演讲者的回答，因为我被这个问题所夹带的强烈情绪震惊了。那位女士似乎认为这个问题的答案非常重要，几乎都要哭出来了。有那么一小会儿，我是真的犯傻了，对她的表现备感迷惑，但是我马上就意识到了她这种表现的原因所在。之前有什么事情或是什么人——当然不会是那位令人尊敬的社会生物学家——误导了她，令她以为基因的决定力是永久性的。她一定是当真相信，如果她提的问题真要有个"肯定"的答案，那么她作为一名女性就注定无法逃避一辈子围着孩子和厨房打转的家庭妇女式生活。但是如果她与我

---

[1]　指詹姆斯·古尔德（James Gould），美国动物行为专家。

们大多数人不同，是一位特别加尔文主义[1]式的决定论者，那么无论那些决定因素是基因的还是"环境的"，她苦恼的程度应该会是一样的。

当我们说一样事物决定另一样事物时，到底意味着什么？哲学家更多考虑的是因果关系，可能还会给出证明。但是对于专业的生物学家而言，因果关系只不过是简单的统计学概念而已。从实践上来讲，我们永远不可能证明一个特定的观察到的事件 C 导致了一个特定的结果 R，尽管我们常常会认为这是极有可能发生的。生物学家在工作中往往会从统计角度来证明：R 类事件总接着 C 类事件发生。要得出这样的结论，他们需要这两类事件的若干对实例才行，一则传闻可远远不够。

即便是观察到事件 R 很可靠地趋向于发生在事件 C 之后，并总是间隔一个相对固定的时间，那也只能得出一个可能会成立的假说，认为事件 C 会导致事件 R。在统计学方法的限制之下，只有当事件 C 由实验者来实现，而非仅仅由观察者记录到，并且仍能可靠地导致随之而来的事件 R 发生时，这个假说才算是被证实了。并非每个事件 C 都必须跟着一个事件 R，也并非每个事件 R 都必须接在一个事件 C 之后。（谁还没面对过这样的争辩——"吸烟不可能导致肺癌，因为我就认识一个不吸烟的人死于肺癌，还认识一个烟瘾很大的人活到九十多岁，身体还很硬朗。"）统计学方法本就是用以帮助我们去评估，在任意确定的概然性置信度水平上，我们所得到的结果是否确实意味着一种因果关系的方法。

那么，如果拥有一条 Y 染色体真的能够造成一些因果性的影响，比如音乐能力或者对编织的喜爱，这将意味着什么？那就意味着，在某些确定的人群内，在某些特定的环境下，一个观察者如果掌握了某个人的性别信息，那么相对于不掌握这些信息的观察者，前者就将能够对这个

---

[1] 加尔文主义是 16 世纪法国宗教改革家约翰·加尔文的宗教主张的统称。在本章中谈到加尔文主义时，作者指的应是加尔文主义的中心理论"预定论"，即上帝在创世前已经预定好了每一个人究竟会是有罪的，还是会被救赎。作者以此类比基因决定论者，强调其相信基因决定性力量的强烈程度和无理程度。但实际上加尔文本人认为他的预定论与人的自由意志并不矛盾。

人的音乐能力做出统计学上更为准确的预测。重点在于"统计学上"。
另外，为了更便于评价，让我们再加入"其他一些让两者相同的条件"。
观察者可能会得到一些附加的信息，比如说这个人的受教育程度，或是
家庭教养情况。这些信息可能会让观察者调整甚至反转自己先前基于性
别做出的预测。如果女性在统计学意义上比男性更享受编织的乐趣，这
并不意味着所有女性都享受编织的乐趣，甚至都不意味着女性中的大多
数会享受这种乐趣。

　　这样的结论也并不会排斥另一种观点：女性享受编织的乐趣是因为
社会教育她们去享受编织。如果社会系统性地训练没有阴茎的孩子去编
织和玩娃娃，训练有阴茎的孩子玩枪和士兵模型，那么在喜好问题上，
男性与女性之间得出的任何差异严格来讲都是基因决定的差异！它们是
通过社会习惯这种介质来决定的，基于是否拥有阴茎这样一个事实。在
一个没有精妙的整形手术或激素治疗的正常的社会环境中，上述这种情
况就是由性染色体决定的。

　　显然，以这种观点来看，如果我们做一个实验，教育一小部分男孩
玩娃娃，教育一小部分女孩玩枪，那么我们应该期待这样的结果：正常
的兴趣喜好很容易就被反转。这或许是个做起来很有趣的实验，因为它
的结果很可能会是：女孩还是喜欢娃娃，而男孩还是喜欢枪。如果的确
如此，这或许能让我们对于基因差异面对特定的环境操纵时所体现出来
的顽固性多一些了解。但是，所有的基因因素起作用的时候，都要处在
某一种环境中。如果一个由基因带来的性别差异通过依据性别区别对待
的教育系统而得以体现，那么它仍是一种基因的差异。如果它能通过其
他一些体系得以体现，以至于教育系统的操纵不会扰乱它，那么在理论
上，它也是一种基因的差异，与之前对于教育体系敏感的情况没什么差
别——因为毫无疑问还可以找到能够扰乱它的其他环境因素。

　　人类的心理学特性几乎会根据心理学家所能检测的每一方面条件的
变化而变化。以下要做的事情在实践上很难操作（Kempthorne 1978），

但是在理论上的确可以把这种心理学特性的变化分隔到不同的推定因素上去，比如年龄、身高、教育年限、以多种不同方式划分的教育形式、同胞兄弟姐妹的数量、在兄弟姐妹中的排行、母亲眼睛的颜色、父亲给马打马掌的水平，当然还有性染色体。我们还可以检查这些因素中的两者或多者之间的相互作用。对于当前的目标来说，最重要的是我们想要为之寻找解释的那个变化量有着众多的原因，它们以复杂的方式相互作用着。无疑，对于人群中观察到的很多表型的差异而言，基因的差异是一个重要的原因，但是它的效果可能会被其他原因压制、改变、增强，或是反转。基因可能会改变其他基因的效果，可能会改变环境起的作用。内部以及外部的环境事件可能会改变基因的效果，也可能会改变其他环境事件的效果。

人们在接受以下观点时似乎没什么困难："环境"在一个人的成长过程中所发挥的影响作用是可以被改变的。如果一个孩子有过一个糟糕的数学老师，那么人们可以接受这样的场景：由这位糟糕老师所引发的数学知识匮乏可以通过接下来一年好老师的教学加以弥补。可要是说这孩子的数学问题可能有着基因上的根源，那就会让听者的想法向着"没希望了"那个方向发展：如果是基因的原因，"那就是写在基因里的"，是"确定性的"，无论做什么也挽救不了了。你可能还会放弃继续教授这个孩子数学的打算。这根本就是有毒的垃圾思想，恶劣程度几乎与占星术差不多。理论上来讲，基因的原因和环境的原因是彼此没有差别的，两者造成的某些影响都是很难逆转的，而另一些影响很容易逆转。有些影响可能通常是难以逆转的，但只要用对了方法就会变得很容易。重点在于，没有什么一般性的原因令我们可以去期望：基因的影响会比环境的影响更难以逆转。

基因到底干了些什么，才会有了如此邪恶而又势不可当的名声？为什么我们没有把托儿所教育或是坚信礼课程[1]妖魔化成类似的怪物？为什么相对于电视、修女或是书籍，只有基因被认为有着更确定的效果，更不可抗拒？女士们，不要责怪你们的丈夫出去乱搞，受到了色情文化的刺激可不是他们的错！所谓的耶稣会会士常常自夸："把你孩子的头七年给我，我就会还给你一个男人。"这话或许有点道理。在某些条件下，教育或是其他一些文化上的影响可能会像基因的影响一样无法改变，难以逆转，而更多的人相信"星辰"才有这样的影响力。

我猜想，基因之所以变成了决定论的怪物，部分原因在于一个广为人知的事实所造成的混乱，那就是习得性特征的不可遗传性。在这个世纪[2]之前，人们广泛相信一个人一生的经验以及其他知识收获都能够通过某种方式印记在遗传物质上，从而传递给孩子。后来人们抛弃了这一认知，将其替换为魏斯曼关于种质连续性的学说，以及其在分子层面的对应学说"中心法则"，这是现代生物学的伟大成就之一。如果我们置身于魏斯曼遗传学派正统学说的推论之中，那么基因看来似乎的确有些不可改变，难以抗拒。它们一代又一代地流传下去，在形式和行为两方面影响着一代又一代难逃一死的躯体。但是，除了那些罕见的非特异性的突变效应以外，基因从不会受到这具躯体的经验或所处环境的影响[3]。我身体里的基因来自我的四位祖辈。这些基因从他们那里直接流经我的父母，到达了我这里。而我父母所取得、获得、习得或体验到的一切，都不会在这些基因流经他们时对基因本身产生任何影响。关于这一点，或许是有一些邪恶的意味。但是，无论这些基因在它们一代代流传时有多么不可改变和坚定不移，在它们流经的身体上所展现出来的表型的性

---

[1] 坚信礼是基督教部分教派的圣礼之一，通常是为青少年施礼，标志着受礼者正式成为教会的一员，从精神上坚定信仰。坚信礼课程则是一些教会专门为青少年提供的课程，令他们做好宗教知识和信仰上的准备，在精神上达到受坚信礼的标准。

[2] 原书出版于 20 世纪。

[3] 就基因而言，这一观点是正确的。但是基因以及组蛋白的化学修饰还导致了表观遗传现象的存在，而可遗传的表观遗传信息是会受到环境因素影响的。表观遗传是近 20 年来最前沿的遗传学研究，所以是作者在写作此书时不可能了解的。

状却一点都说不上不可改变和坚定不移。如果我是基因 G 的纯合体，除了突变以外没有什么能够阻挡我把基因 G 传给我的所有孩子。但是不可改变之处也就这么多了。至于我，或者我的孩子是否能展现出一般来说与拥有基因 G 相关联的表型特征，往往更多地取决于我们是如何被抚养长大的，吃着什么样的餐食，经历过怎样的教育，以及我们恰好拥有哪些其他基因。所以，在基因的两大效应——制造自身更多的拷贝，以及影响表型——当中，第一个效应的确是不会轻易改变的（如果抛开罕见的突变不谈的话），而另一个效应是高度可变的。我想，将进化与发育混为一谈也对基因决定论的迷思负有部分的责任。

但是，还有另一个迷思让事情变得更复杂了，而我在本章的开始部分已经提到过它了。在现代人的思想中，关于计算机的迷思几乎与基因的迷思一样根深蒂固。请注意，我在本章开始部分引用的两段表述中都包含"编程"的说法，所以罗斯用讥讽的语调说拈花惹草的男人们应该免于被指责，因为他们在基因上已经编好了程序，古尔德则说如果我们已经被编好了程序去成为怎样的人，那么这些性状就将是必然的结果。的确，我们通常会用"编程"这种说法来表示与思考无关的僵化性，与之相对的是自由行动。计算机和"机器人"一直都是众所周知的僵化的东西，按照一个一个字母去执行指令，哪怕结果明显是荒谬的也要坚持去做。要不然的话，它们怎么会寄出那些广为人知的百万英镑的账单呢？每个人都有个朋友的朋友的表哥的熟人一直都会收到那种账单。我以前忘记了还有伟大的计算机迷思这回事儿，当然也没意识到伟大的基因迷思，否则的话，我写下基因聚集在"庞大的步履蹒跚的'机器人'体内"，或是写下我们自己就是"生存机器——作为运载工具的机器人，其程序是盲目编制的，为的是永久保存所谓基因这种禀性自私的分子"（Dawkins 1976a）这些话的时候，就会更小心一些了。这些语言已经被成功地引用为偏激的基因决定论的例证，有时还是从二手甚至三手的来源进行的再引用［例如《先知》（Nabi），1981）］。我并不准备为使用了机器人等说法而道歉，我会毫不犹豫地再次使用这样的语言，但是现在我意识到有必要做出更多的解释。

有了 13 年教授自然选择理论的经验之后，我已经知道，使用"让自私的基因得以存续的机器"这种方式来看待自然选择的主要问题在于，它存在着特定的被误解的风险。其中最有影响力也最有启发性的一个误解就是，针对基因的拟人手法似乎意味着基因总在算计如何才能最大化地确保自己的存续（Hamilton 1972）。但是，只是让基因自己干活，让假定有着意识和智慧的基因预见性地计划它们的"策略"，这也太省事儿了吧。在十二个有关近亲选择的误解（Dawkins 1979）之中，至少有三个可以归咎于这个基本的错误。一次又一次地，总有非生物学家试图向我证明类群选择的正确性，而他们所用的方式实际上就是赋予基因预见性："基因的长期利益需要物种的持续存在，因此，你难道不应该期望适应性去阻止物种灭绝的发生吗？就算以短期内的个体生殖成功率为代价也在所不惜。"正是为了试图预先阻止这类错误的发生，我才使用了自动化和机器人这样的说法，并用了"盲目地"这个词来修饰基因编程。但是，基因当然是盲目的，而它们所编程的动物却不是盲目的。神经系统像人造的计算机一样，能够复杂到足以展现出智能和预见性。

西蒙斯[1]（Symons 1979）明确地阐述了计算机迷思的问题：

> 我希望指出的是，认为道金斯通过使用像"机器人"和"盲目地"这些词汇来暗示进化论是认同决定论的，是全然没有根据的……一个机器人是没有思想的自动机器。或许有的动物是机器人（我们没有办法确切知晓），但是道金斯所指的不是"某些"动物，而是指全体动物，并在这件事上特指人类。现在，要想解释清楚斯戴宾（Stebbing）的意思，"机器人"可以是"有思想的东西"的对

---

[1]　指唐纳德·西蒙斯（Donald Symons），美国人类学家，进化心理学奠基人之一。

立面，或者也可以用来形象地指称一个看起来像机器一样行动的人类，但就是没有一种日常生活中的语言会赋予"机器人"这个词一种含义，让"所有活着的生命都是机器人"这句话可以成立。（第41页）

西蒙斯从斯戴宾的观点展开的这段话所阐述的观点是有道理的：只有当非 X 的事物存在时，X 才是一个有用的词汇。如果所有一切都是机器人，那么机器人这个词就没有任何有用的含义了。但是，机器人还有着其他的引申含义，而僵化的不可变通性并不是我使用它时所想到的那个含义。一个机器人是一台编好了程序的机器，而对于编程来说，一件重要的事情就是：它区别于行为本身的实施，而且要在行为实施之前完成。试想有一台计算机被编好程序去执行计算平方根或下国际象棋的任务。这台下象棋的计算机与为它编制程序的人之间的关系并非是显而易见的，实际上很容易令人产生误解。可能有人会认为，编程者关注着棋局的进程，并且对于每一步该如何下都向计算机发出指令。然而实际上，编程是在棋局开始之前就已经完成的。编程者尽量只是作为处理意外情况的后备力量参与到棋局中，并且为计算机编写了有着巨大复杂度的条件性指令，但只要棋局开始，他就得放手不管。在棋局进行过程中，他被禁止给计算机任何新的提示。如果他违反了这些规则，他就不是在编程了，而是在执行，并且他的参赛资格也会被取消。在西蒙斯所评论的那部作品中，我大量使用了关于计算机下国际象棋的类比来解释一个观点：基因不会以干预行为实施过程的方式来直接地控制行为。唯一的控制来自在实施行为之前对机器的编程。与机器人这个词之间的上述这种联系才是我想要引用的，而非与没有思想的僵化性之间的联系。

至于说与没有思想的僵化性之间的联系，在另一个历史时期可能会找到证明。彼时，最高级的自动化就是用连杆和凸轮控制船只引擎的系统。对此，吉卜林 [1] 在诗作《麦坎德鲁的赞美诗》（'McAndrew's Hymn'）中写道：

> 从成对的法兰盘到锥轴导轨，我所见是你的手，我的神！
> 在彼处连杆的步伐中是预言。
> 约翰·加尔文或许铸造过相同的一切。

　　但那是 1893 年，蒸汽时代的巅峰时期。我们现在则处于电气时代的黄金时期 [2]。如果机器曾经与僵化的不变性有关联的话——我承认它们曾经有过这样的关联——现在也正是时候该忘掉这种关联了。现在，编制好的程序能够让计算机的国际象棋水平达到国际大师级（Levy 1978），使用准确的、语法无比复杂的英语进行交流和推理（Winograd 1972），对数学定理给出简洁而优美的证明（Hofstadter 1979），或作曲和诊断疾病。而且，这个领域的前进步伐没有显现出任何减慢的趋势（Evans 1979）。先进的计算机编程领域被称为人工智能，目前正处于信心满满的上升阶段（Boden 1977）。只要是研究这个领域的人，没有谁现在敢打赌说：计算机程序无法在未来 10 年内战胜国际象棋的特级大师。过去在大众的认知中，"机器人"是弱智、僵硬、呆头呆脑的僵尸的同义词，但它有一天会成为灵巧、敏捷的智能体的代名词。

　　糟糕的是，前面引用那段有点跑题了。我写这部分的时候刚刚参加完一个令人目瞪口呆的关于人工智能程序技术水平的会议。当时我心中满怀热情，完全忘记了机器人总是被人们普遍地认为应该是僵硬的呆瓜模样。我还必须要为一件事致歉：在我不知情的情况下，《自私的基因》的德语版封面是一个人偶吊在几根从"基因"这个词下面伸出来的线

---

[1] 指鲁德亚德·吉卜林（Rudyard Kipling），英国文学家，迄今为止最年轻的诺贝尔文学奖获得者，创作了大量描写殖民扩张时代的文学作品。

[2]《延伸的表型》出版于 1982 年，个人计算机仍未完全普及，互联网时代也未到来，所以是电气时代的鼎盛时期。也正因为如此，才会有前文关于计算机的各种流言。

上；法语版的封面是一群小人，戴着圆顶高帽，背上露着上发条用的钥匙。我曾经用这两个封面做成了幻灯片，用以描述什么是我不想要表达的意思。

所以，给西蒙斯的回应是：他对于自己自以为是地认定的我想要表达的观点提出了批评，这当然是正确的；但问题在于，我说的根本不是他所以为的那个意思（Ridley 1980）。毫无疑问，这最初的误解中也有我的一部分责任，但我现在只能做如下主张：让我们都把从词语的日常用法中得来的先入为主的理解放到一边（"很多人对于计算机丝毫不理解"——Weizenbaum 1976, p.9），实实在在地去阅读一些时下关于机器人技术和计算机智能的精彩文献（例如：Boden 1977; Evans 1979; Hofstadter 1979）。

当然，像之前讨论的争议一样，哲学家们或许对于那些通过编程来做出人工智能式的行为的计算机所具备的终极决定性也有争议，但是如果我们要在哲学上走到那一步的话，很多人也会把同样的争论用在人类自己的智能上（Turing 1950）。他们会问：什么才是脑，而不是计算机？什么才是教育，而不是某种形式的编程？如果我们不把脑看作编好程序的、自动控制的机器，那么对于人类的情绪、感觉，以及表象上的自由意志，我们很难找到"超自然"解释之外的其他解释。我们所有的进化生物学家应该如何去看待神经系统？我觉得似乎天文学家弗雷德·霍伊尔爵士（Sir Fred Hoyle 1964）给出了一个无比生动的表述：

回过头来看（进化论），令我印象极其深刻的是化学逐步让位于电子系统的方式。把最初的生命描述为整体都是化学性的，这并非没有道理。虽然电化学过程在植物中是重要的，但是能够处理数据的有序的电子信号却没有进入植物的世界。不过，当世界上有了到处活动的生物之后，原始的电子信号就开始承担重要职责了。……原始的动物所拥有的最初的电子系统本质上是制导系统，逻辑上讲近似于声呐或雷达。如果我们看看进一步进化出来的动物，就会发现电子系统不仅仅被用于制导，还被用于把动物导向食物。……

这幅场景类似于制导导弹，它的任务是拦截并摧毁另一枚导弹。正如现代世界的进攻与防御在方式上变得越来越精细一样，动物的处境也如是。精细的程度越来越高，就必须要有越来越好的电子系统。自然界中发生的情况与现代军事应用中电子设备的发展历程近乎一致。……在一个充满尖牙与利爪的丛林中，我们不应该能够拥有我们进行智慧思考的能力，不应该能够探索宇宙的结构，不应该能够欣赏贝多芬的交响乐。我发现这样的想法很令人警醒。……虑及于此，有时总会被问到的一个问题"计算机能思考吗？"就多多少少显得令人啼笑皆非了。我这里说的计算机当然是指我们自己用无机材料制造出来的那种。问这个问题的那些人到底以为他们自己又是什么呢？简单来说就是计算机，但比我们目前的知识所能制造出来的都要复杂得多。要知道，我们的人造计算机工业只有二三十年的历史，而我们自己却是一个进化过程持续操作数亿年的产物。（第 24—26 页）

别人或许不赞同这样的结论，然而我怀疑唯一能替代这一结论的就是宗教的解释了。让我们回到基因以及本章的主要论点上来，无论上述争论的结果如何，都不能改变以下这一点：你恰好认同基因是因果性的因素也好，环境性的决定因素也罢，根本就不会对决定论与自由意志的讨论产生任何正面或负面的影响。

不过，要说世上没有空穴来风的事，这话也有些道理。功能行为学家[1]和"社会生物学家"肯定是说过某些话，活该被贴上基因决定论的标签。或者说，如果这只是误解罢了，那就一定要有一个合理的解释，因

---

[1] 这一说法主要见于道金斯的著作中，他认为自己即是一名功能行为学家，指从适应性的角度来研究生物的一种特定行为是如何进化而来的的学者。

为就算有像基因迷思和计算机迷思的邪恶联盟这样强大的文化迷思在旁助阵，一个传播如此广泛的误解也不可能是毫无缘由的。仅代表我自己来说，我认为自己知道其中的原因。这是个有趣的原因，而且会占据本章的剩余部分。这种误解起源于我们讨论另一个不太一样的话题时所采用的方式，这个话题就是自然选择。作为一种表述进化论的方式，基因选择论由于基因决定论而被人们误解了，而基因决定论其实是关于成长发育的一种观点。像我一样的很多人不断地在讨论时首先假定基因是"为了"这个目的或"为了"那个目的而存在的。我们给了别人一种印象，认为我们着迷于基因，以及"由基因编程"的行为。如果把这一点再和两种流行的迷思联系起来，一是基因所具有的加尔文主义式的决定性，二是像迪士尼乐园里标志性木偶一样的"编好程序"的行为，那么别人指责我们是基因决定论者还有什么可奇怪的呢？

那为什么功能行为学家总是在谈论基因呢？因为我们对于自然选择很感兴趣，而自然选择就是众多基因的差异化存活。如果我们特别想要讨论自然选择所驱动的进化过程中的一种行为模式的可能性，那我们就必须预先假定存在一种基因变化与执行这一行为模式的趋向和能力有关。这并不是说对于任何特定的行为模式都一定要有这样的基因变化，而只是说必须要先有基因的改变，我们才能把行为模式当成一种达尔文主义适应性来加以对待。当然一种行为模式也可能不是达尔文主义适应性，那么此时上述讨论就不再适用了。

附带地，我应该为自己使用"达尔文主义适应性"来等价表述"通过自然选择产生的适应性"做一番辩护，因为古尔德和莱文廷[1]（Gould & Lewontin 1979）近来就强调过，有证据表明，达尔文自己的进化论思想是具有多元化特性的。的确存在的一个事实是：达尔文在批评者的压力之下——这些批评者的观点如今看来都是错误的——向"多元主

---

[1] 指理查德·莱文廷（Richard Lewontin），美国进化生物学家、数学家、遗传学家。

义"做出了妥协，尤其是在他晚年时期。也就是说，达尔文并不认为自然选择是进化唯一的重要驱动力。正如历史学家 R. M. 扬 [1]（R. M. Young 1971）所做的讽刺性评述："到了第六版的时候，这书 [2] 的名字大概是印错了，应该叫作'通过自然选择及其他所有方式实现的物种起源'才合适。"因此，事实证明使用"达尔文主义的进化"来等价表述"通过自然选择实现的进化"是不正确的。但是达尔文主义适应性是另一码事。适应性不可能从随机漂移或是其他任何现实的进化动力之中获得——除了自然选择之外。的确，达尔文的多元主义曾经短暂地允许另一种驱动力或许在理论上可以导致适应性，但是与那种驱动力不可分割的名字是拉马克 [3]，而非达尔文。"达尔文主义适应性"不可能有"由自然选择产生的适应性"之外的任何其他含义，我使用的也正是这个含义。在本书中的其他几处，我们要解决显而易见的争论时，就要在整体而言的进化与特别而言的适应性进化之间加以区分。比如说，中性突变的固定能够被认为是进化，但不是适应性进化。如果一位研究基因替换的分子遗传学家与一位研究主要趋势的古生物学家，或是一位研究适应性的生态学家发生争论的话，他们很可能发现自己仿佛是鸡同鸭讲，因为他们每个人所强调的都是进化论含义的不同侧面。

　　"令人类可以顺从、憎恶外族、具有攻击性的基因都只不过是预先假定出来的，因为理论需要它们的存在，而非有确凿的证据证明它们的存在。"（Lewontin 1979b）。对于爱德华·威尔逊来说，这是一个还算公道的评论，并非十分刻薄。除了可能会导致不幸的政治后果之外，谨慎地推断"憎恶外族"或其他人类性状可能具有的达尔文主义的存续价值，这并没有什么错。然而无论你多么谨慎，如果没有预先假定一项性状发生变化的基因基础，那么你就无法着手推断它的存续价值。对于

[1]　指罗伯特·麦克斯韦尔·扬（Robert Maxwell Young），美国科学史学家。
[2]　指达尔文的《物种起源》。
[3]　指让-巴蒂斯特·拉马克（Jean-Baptiste Lamarck），法国博物学家，用进废退理论的主要主张者。

外族的憎恶当然可能不是基于基因来变化的，而且它也当然可能不是一个达尔文主义适应性，但是如果我们不给它假定一个基因基础，那么我们甚至都无法去讨论它是达尔文主义适应性的一个可能性。莱文廷自己也曾如其他人一样表达过这样的观点："要让一个性状通过自然选择获得进化，那么种群中就必须要有为了这样一个性状而发生的基因改变。"（Lewontin 1979b）此处所说的为了性状 X 的"种群中的基因改变"恰恰等同于我们以简洁的方式所谈论的"为了"X 而存在的基因。

把"憎恶外族"视为性状是有争议的，所以让我们来考虑一种没有人会害怕将之视为达尔文主义适应性的行为模式。挖坑对于蚁狮而言显然是一种为了捕捉猎物而存在的适应性。蚁狮是脉翅目昆虫的幼虫，有着如同外太空怪兽一样的外观和行为方式。它们是守株待兔式的捕猎者，会在松软的沙地上挖一个坑，陷住蚂蚁或其他小型的爬行昆虫。这种坑是一个几乎完美的圆锥形，侧壁非常陡，以至于猎物一旦掉进去就不可能爬出来。蚁狮就藏在坑底的沙子下面，向着任何掉进坑里的猎物猛地刺出它的巨颚，这件武器的可怕程度恐怕只有在恐怖电影里才见得到。

挖坑是一种复杂的行为模式，它要花费时间和能量，并且非常符合可以视之为适应性的确切标准（Williams 1966; Curio 1973）。它肯定是通过自然选择进化而来的，那么又是如何进化而来的呢？这个问题答案之中的细节并不影响我在此想要讨论的深意。可能曾经存在一只蚁狮祖先，它并不挖坑，而只是潜伏在表层的沙子之下，等待倒霉的猎物走到它头顶上。实际上，的确有些种类的蚁狮还在这么干。后来，在沙地上制造一个浅浅洼地的行为可能会为自然选择所青睐，因为这个洼地稍稍地阻碍了猎物的逃脱。通过许多代之后，这种行为逐渐发生了程度上的改变，以至于曾经浅浅的洼地变得越来越深，越来越宽。这不仅仅妨碍了猎物的逃脱，也增加了捕捉行为可以覆盖的面积，让更多的猎物可能在一开始就陷进去。后来挖坑的行为继续发生着改变，以至于得到的坑变成了一个侧壁陡峭的圆锥状，并且铺有一层光滑的细沙，让猎物不可能爬出去。

上面这个段落中没有任何可争议或值得争议之处。它会被视为关于我们无法直接观察到的历史事件的合乎逻辑的推断，或许还会被认为是有可能成立的。它之所以会被人们视为无争议的历史推断而接受，其中的一个原因是它没有提到基因。但我要说的是，在进化过程的每一步中，要是行为的背后没有基因的改变，那么上述历史或是任何类似的历史都不可能发生。蚁狮的挖坑行为只是可供我选择的成千上万个例子中的一个。除非自然选择有遗传变异的作用，否则就不可能产生进化上的改变。由此可以得出结论：无论你在哪儿找到达尔文主义适应性，那儿就一定会有基因的改变存在于你所考察的那种性状中。

还没有人做过蚁狮挖坑行为的基因研究（J. Lucas，私人通信）。如果我们想要的只是为了找到行为模式背后有时会存在的基因变化，从而让我们自己感到满意的话，那也没必要去寻找了。只要论证过程能让我们相信这是达尔文主义适应性，那就足够了。要是你对于挖坑行为是这样一种适应性感到无法信服，那就换一个你能信服的例子好了。

我刚才说的是"有时"会存在的基因变化，这是因为，就算今天有一项关于蚁狮的基因研究，也很有可能无法发现任何与挖坑行为有关的基因变化。一般来说，我们可以预期存在这样一种状况：当存在着青睐某些性状的强烈选择作用时，最初让选择作用施加其上，从而导引这一性状的进化历程的基因变化，也将变得枯竭了。这就是人们熟知的"悖论"（这一点如果仔细去想的话，也并非真的悖论）：强选择作用下的性状倾向于有着低的可遗传性（Falconer 1960）；"自然选择实现的进化会摧毁滋养它的基因变化。"（Lewontin 1979b）功能性的假说常常考虑表型的性状，例如拥有眼睛已经是种群里全体性的性状了，因此就没有与之同时期的基因改变了。当我们对于一种适应性的进化过程做出推断或建立模型时，我们有必要去谈论还存在着适当的基因改变的时间点。在这样的讨论中，我们就必定要预先假定"为了"所要讨论的适应性而存在的基因，无论是以含蓄的还是明确的方式。

有些人可能不敢把"在 X 变化中基因所做的贡献"等价表述为"为了 X 而存在的基因"，但这是一种常规的遗传学做法，仔细想一想就会发现这是无可避免的。在分子层面上，一个基因能够直接编码一条蛋白质链的生产，但是遗传学家的做法却不一样，他们从不会去统一表型的数量。事实上，他们总是在处理差异。当一位遗传学家谈论果蝇的一个"为了"产生红眼而存在的基因时，他不是在谈论为红色素分子的合成提供模板作用的顺反子，他是在含蓄地说：在这个果蝇种群中有眼睛颜色的变化；在其他性状相同的情况下，拥有这个基因的果蝇比没有这个基因的果蝇更有可能长出红色的眼睛来。这就是我们表述一个"为了"产生红眼而存在的基因时所要讲的意思。这个例子刚好是个形态方面的例子而非行为方面的，但应用于行为方面也是一模一样的。一个"为了"行为 X 而存在的基因，就是一个"为了"能够产生这种行为所需要的形态方面或生理方面的状态而存在的基因。

与此相关的一个问题是：使用单基因位点的模型只是为了概念上的简洁方便，对于适应性的假说是如此，对于普通的种群遗传模型也是如此。当我们在讨论适应性假说时使用单基因的说法，并非是要有意表示这是单基因模型，不是多基因模型。我们通常用基因模型来说明论点，是相对于非基因模型而言的，比如说相对于"为了物种的利益"这样的模型。人们应该完全以基因的角度来考虑这些问题，而不是以物种的利益等其他的角度。要说服大家去相信这一点已经是很困难的事情了，实在没有理由一开始就让人们去接触多基因的复杂性，这只会让事情变得更困难。劳埃德[1]（Lloyd 1979）所说的 OGAM（单基因分析模型）当然不是遗传学精确性方面的什么新创造。我们最终当然应该面对多基因的复杂性。但是 OGAM 比那些完全抛弃了基因分析出来的适应性模型要可取

---

[1] 指詹姆斯·劳埃德（James Lloyd），美国进化生物学家。

得多——这才是我在此所要说明的唯一问题。

与此类似，我们或许会发现有人强烈地质疑我们，要我们拿出证据来证明我们所"声称"的"为了"实现他们感兴趣的某些适应性的基因的确存在。但是，如果这真的就是质疑而已的话，这样的质疑应该被导向整个新达尔文主义"现代综合论"以及整个种群遗传学。用基因的方式来表述一个功能方面的假说，根本就不是做出了一个关于基因的强有力的论断——那只不过是做了个明确的假设，它也是现代综合论不可分割的内在组成部分。不过，它有时的确比较含蓄，不那么明确。

少数研究者的确已经向整个新达尔文主义的现代综合论抛出了这样的质疑，并声明自己不是新达尔文主义者。古德温[1]（Goodwin 1979）在与底波拉·查尔斯沃思[2]和其他一些人的公开论战中说过："新达尔文主义的内在有着不可自洽之处……在新达尔文主义中没有任何方式能够让我们从基因型得到表型。因而该理论在这个方面是有缺陷的。"当然，古德温有一点是非常正确的，那就是发育是个极其复杂的过程，我们还不太清楚表型是如何产生的。但是，它们的确产生出来了，基因的确对于它们的变化有着重大的贡献，这些都是无可争议的事实。这些事实对于我们而言就足够了，足以让新达尔文主义自洽。依古德温的逻辑，他可能也会说：在霍奇金和赫胥黎[3]研究清楚神经冲动是如何激发的之前，我们就不能够相信神经冲动控制着行为。要是知道表型是如何形成的，那当然好了，但是当胚胎学家还忙着研究这个问题时，我们其他人还是可以利用已知的遗传学事实继续当我们的新达尔文主义者，把胚胎发育看作一个黑箱就好。也没有一个与之竞争的理论中含有什么论断能够算得上是跟"自洽的"沾点边儿。

之所以会有上述质疑，可能来自以下这样的事实：遗传学家常常在

---

[1] 指布雷恩·古德温（Brian Goodwin），加拿大数学家、生物学家。

[2] 底波拉·查尔斯沃思（Deborah Charlesworth）英国进化生物学家。

[3] 指艾伦·劳埃德·霍奇金（Alan Lloyd Hodgkin）和安德鲁·赫胥黎（Andrew Huxley），两人都是英国生物物理学家，因为在神经动作电位方面的研究获得了 1963 年的诺贝尔生理及医学奖。

思考的那些表型的差异都不会特别复杂，令我们在预先假定相应基因时不必担心要对应无比复杂的表型效应，或是担心这种表型效应只有在高度复杂的发育条件下才会显现出来。最近，我和约翰·梅纳德·史密斯教授一起参加了一场公开辩论，对手是两位"社会生物学"的激进批评者，而听众是一群学生。辩论过程中的某一时刻，我们竭力想要说明：谈论一个"为了"X 的基因时并不是要做出什么神奇的论断，即便 X 是一个复杂的习得的行为模式也如是。梅纳德·史密斯提及了一个假设性的例子，即一个"与系鞋带的技能相对应的基因"。这个"猖狂的"基因决定论表述一石激起千层浪，让听众立刻喧嚣起来！他们最糟糕的怀疑终于得以证实了！他们为此而发出的鼓噪无疑是兴高采烈的，充斥在空气当中。他们兴奋地喊出心中的怀疑，不仅打破了平静，也淹没了我们的耐心解释。我们只是想告诉他们，当我们预先假定有一个基因是为了让我们具备系鞋带的技能时，那只是一个适度的表述而已。接下来让我通过一个实验来说明这一点吧，而这个实验是一个听起来甚至更为激进，但实际上不会招致反驳的思想实验（Dawkins 1981）。

阅读是一种后天习得的技能，有着惊人的复杂性。但是这种技能本身并没有给人们以理由去怀疑这样一种可能性，即存在着一个阅读基因。要证明阅读基因的存在，我们所需要做的只是去寻找一个不阅读的基因，也就是说一个会诱发脑损伤，导致特定的阅读障碍的基因。这样的阅读障碍人士可能在所有其他方面都是正常的、有智能的，唯独无法阅读。如果这类阅读障碍表现出孟德尔式的遗传特征，没有任何遗传学家会对此感到特别惊讶。显然，这个例子中的基因将只会在包含有正常教育的环境中才能展现其效应。在史前环境中，这个基因不会有着能被检测到的效应，或者它可能有着一些不同的效应——比如一位穴居人的遗传学家可能会称之为无法分辨动物脚印的基因。在我们存在教育的环境中，它被称为阅读障碍的基因是很合适的，因为阅读障碍是其最为主要的后果。类似的，一个导致全盲的基因也会妨碍阅读，但是要把它视为一个无法阅读的基因，显然是无意义的。原因很简单，因为阻碍阅读并不是它最为显著的，或给人带来最大麻烦的表型效应。

回到咱们关于特定阅读障碍的基因上来，根据一个关于基因命名的通常惯例，同一基因座上的野生型基因——也就是所有其他人群都有双份的正常基因——应该被称为"阅读基因"才是恰当的。如果你对此表示反对，你肯定也会反对我们说孟德尔的豌豆中有对应于高植株的基因，因为这两件事情上的命名背后的逻辑是完全一致的。在这两个例子中，我们感兴趣的都是差异，而且两个例子中的差异都只能在某些特定的环境下才会显现出来。为什么像一个基因这样简单的东西却能有着如此复杂的效应，比如决定一个人能否学会阅读，或是他会不会系鞋带？其中的原因基本上可以这样解释：这个世界某个给定的状态无论有多么复杂，这个状态与世界的另一个状态之间的差异却可能是由某些极为简单的事物导致的[1]。

我在前文中用蚁狮来说明的观点是一种一般情况。我当然也可以用任何真实的或传说的达尔文主义适应性来进行说明，结果都是一样。为了进一步强调，我要再引用另外一个例子。廷贝亨等人（Tinbergen 1962）曾经研究过红嘴鸥（*Larus ridibundus*[2]）的一种特别行为模式在适应性上的重要意义，那就是移除蛋壳。当一只雏鸟孵化之后不久，它的父母就会把空的蛋壳叼在嘴里，移到远离鸟巢的地方去。廷贝亨和他的同事考虑过若干种可能的假说，来解释这一行为模式对于生存的价值。比如他们提出，空的蛋壳可能会成为滋生有害细菌的温床，或者锐利的蛋壳边缘可能会划伤雏鸟。但是他们最终发现有证据可以证明的一种假

---

[1] 得益于基因组测序和比较分析技术的发展，现已经鉴定出了几个与阅读障碍有关的基因，包括 *ROBO1*、*DCDC2*、*KIAA0319*、*DYX1C1* 和 *PCDH11* 等。虽然不是一个基因，但它们之中有一些在单独发生突变时即可造成阅读障碍。不可思议的是，这些基因的突变都不会影响其他方面的认知能力，正如道金斯的思想实验所说。无论如何，书中所说的"阅读基因"是确有其物的。

[2] 原文如此。但是 *Larus* 其实是鸥科下面鸥属的属名。此处动物俗名的原文是 Black-headed gull，即我国所称的红嘴鸥，别名黑头鸥、水鸽子，拉丁双名法命名为 *Chroicocephalus ridibundus*，其中 *Chroicocephalus* 就源自古希腊语"着色"和"头"这两个词。

说却是：空的蛋壳是一种显眼的视觉标志，会把乌鸦以及其他以雏鸟或蛋为食的捕食者吸引到鸟巢里来。他们做了一些巧妙的实验，人工搭建了一些有空蛋壳或没空蛋壳的鸟巢，结果表明：有空蛋壳在旁的鸟蛋的确比没有空蛋壳的鸟蛋更有可能被乌鸦攻击。他们得出结论：自然选择青睐于具有移除蛋壳行为的成年鸥，是因为以前那些没有这种行为的成年鸥养育成活的后代要相对少一些。

如同蚁狮挖坑的例子一样，还没有人研究过红嘴鸥移除蛋壳行为背后的基因，也没有直接的证据表明趋向于移除蛋壳的变化是通过交配遗传的。不过显然，假定它是这样的或者曾经是这样的，对于廷贝亨的假说是根本性的重要条件。廷贝亨的假说如果用不带基因的说法来表述的话，不会特别有争议。但是这个假说与其他被廷贝亨排除掉的关于这一行为的假说一样，都是居于一个假设的基础之上。这个假设就是：在久远的过去，一定曾经有一些红嘴鸥具有基因上的去移除蛋壳的倾向，而另一些红嘴鸥有着基因上的不移除蛋壳的倾向，或是不太可能移除的倾向。所以一定有过移除蛋壳的基因。

在此，我必须要提醒读者注意，假设我们真去研究一下现在的红嘴鸥蛋壳移除行为的背后到底是什么基因，要是能发现一个简单的孟德尔式的突变就会彻底改变行为模式，或许还会完全消除这种行为，那将是一位行为遗传学家梦寐以求的事情。根据前面给出的讨论，这个突变就是一个真正的"为了"不移除蛋壳的基因。而且根据定义，它的野生型等位基因就要被称为"为了"移除蛋壳的基因。但是，这里就是要读者注意的关键点了。非常肯定的一点是，不能由此就得出结论说：这个为了移除蛋壳的基因位点是自然选择在该适应性进化过程中施加选择作用的那些基因之一。实际上，似乎更有可能的情况是：像蛋壳移除这样一个复杂的行为模式肯定是通过对于大量基因位点的选择才建立起来的，其中每一个基因都通过与其他基因的相互作用发挥着一点小的效用。一旦有关于这个行为的复杂体系建立起来之后，不难想象，一个关键性的单点突变就会毁了它。遗传学家们是受限的，只能应用他们所知道的那些基因变化去开展研究。他们还相信，自然选择必定曾经在类似的基因变化上施加过作用，才实现了进化改变。但是他们没有理由相信，那些控制着现代的适应性变化的基因位点，就是最初建立适应性时选择作用施加其上的同一个基因位点。

让我们来看看单个基因控制复杂行为的最著名的例子——罗森布勒（Rothenbuhler 1964）的卫生蜂。之所以要用这个例子，是因为它很好地阐明了一个高度复杂的行为差异是如何从单个基因的差异中产生的。布朗（Brown）品系的蜜蜂所具有的卫生行为牵涉到一整套的神经肌肉系统，但是根据罗森布勒的模型，之所以它们有这种行为而凡斯哥伊（Van Scoy）品系的蜜蜂没有，仅仅是由于两个基因位点上的差异。其中一个基因位点决定着揭开含有染病幼虫的巢室[1]的行为，另一个位点决定着揭开之后扔幼虫的行为。因此，完全可以想象有一个自然选择的过程青睐于揭开巢室的行为，还有一个自然选择过程青睐于扔幼虫的行为。这就意味着，这两个选择过程是对于上述两个基因与各自相对应的等位基因的选择。不过，我在此想要说明的关键点是，虽然这有可能发生，但可能从进化的意义上来看并没有什么意思。现在的揭开巢室基因和现在的扔幼虫基因，完全有可能并未参与到最初引领进化实现这一复杂行为的自然选择进程中[2]。

罗森布勒观察到，就连凡斯哥伊蜜蜂有时也会出现卫生行为，它们只是在实施行为的次数上远远少于布朗蜜蜂而已。因此，很可能布朗蜜蜂和凡斯哥伊蜜蜂都有着具有卫生行为的祖先，在它们各自的神经系统中都有着揭开巢室行为和扔幼虫行为的机制。只不过，凡斯哥伊蜜蜂具

---

[1]　社会性蜜蜂的蜂后会把卵产在一个一个的巢室内，卵孵化成幼虫之后不会离开其巢室，直至化蛹阶段才将所在巢室口封闭。研究表明，卫生蜂所针对的疾病是由一种瓦螨寄生虫造成的，但它们不会揭开单纯带有瓦螨的幼虫巢室，而只会打开瓦螨在其中产卵繁殖的幼虫巢室。

[2]　近年的研究表明，卫生蜂这一复杂行为所依赖的基因可能不只是罗森布勒模型中的两个，而是七个，甚至还有可能更多。

有某些能够阻止这些机制开启的基因。假设我们能够回溯到更为久远的历史中去，我们应该能够发现一位所有现代蜜蜂的祖先，它自己不具备卫生行为，也没有任何具备卫生行为的祖先。一定曾经有过某种进化过程，从零开始建立了揭开巢室和扔幼虫的行为，而这一进化过程包括了对于众多基因的选择，其中就有如今已经固定在布朗蜜蜂和凡斯哥伊蜜蜂身上的基因。所以，虽然布朗蜜蜂的揭开巢室基因和扔幼虫基因的确应该如此指称，但是这样定义它们纯粹只是因为它们恰好有着能够阻止这些行为实施的等位基因。这些等位基因起作用的模式可能会非常无聊，只是粗暴地施行破坏而已——可能只是在神经机制中切断了某个关键环节。我想起了格雷戈里 [1]（Gregory 1961）有关通过脑的切除实验来推断其机制时可能遭遇的严重误区的一段生动描述："在一个收音机里移除几个彼此远离的电阻之中的任意一个，都可能造成收音机里发出噪声般的啸叫，但是并不能由此就得出结论说，啸叫是与那些电阻紧密联系在一起的，抑或由此得出那个正确的结论，认为两者之间不可能没有任何因果关系。我们尤其不应该就此认为这些电阻在正常电路中的作用就是抑制啸叫。神经生理学家面对与此具有可比性的情形时，已经假设出了'抑制区'的概念。"

对我而言，这一顾虑似乎是个值得注意的问题，却不是拒绝自然选择全部的基因理论的理由！如果现今的遗传学家们研究某个有趣的适应性时无法研究过去导致该适应性进化起源的那个基因位点，你也不要对此感到介意。如果遗传学家们常常被迫关注方便研究的基因位点，而不是具有进化重要性的位点，那就太糟糕了。进化把复杂和有趣的适应性组合到了一起，靠的是对等位基因进行替换，这一点仍是事实。

以上讨论对于解决另一个时下非常流行的争论也会有侧面的帮助，能让人们以正确的方式来看待这个问题。这个问题目前的争议很大，其

---

[1] 指理查德·格雷戈里（Richard Gregory），美国心理学家、神经科学家。

至有点情绪化，那就是人类的各种精神能力的背后是否有着显著的基因变化作为基础。我们之中的某些人是否从基因上就比别人更有脑子呢？我们用"有脑子"这个说法想要表达的意义也有着很大的争议，并且的确应该有这样的争议。不过我主张，无论这个说法在此处取什么样的含义，以下的论点是不能被否认的：（1）曾经的某个时间点上，我们的祖先不如我们有脑子；（2）在所有我们祖先的谱系中，一定有过"有脑子程度"方面的增长；（3）这种增长是通过进化来实现的，可能还是由自然选择推动的；（4）无论是否是自然选择推动的，至少表型方面的部分进化改变反映了深层次的基因改变——发生了等位基因的替换，结果代际的精神能力平均水平提高了；（5）因此根据定义，人类群体一定曾经在"有脑子程度"方面有过显著的基因变化，至少在远古时期是这样的。当时，有的人与同时代的人相比，基因上来讲更聪明一些，另一些人从基因上来讲则相对要傻一些。

上面最后这一句话可能会引起人们思想上的不安，甚至是恐惧，然而我前面的五条论点中没有一条能够被人们真正质疑，它们的逻辑顺序也无法被质疑。这部分讨论是针对脑子尺寸的，但也同样可以应用于针对聪明程度的任何你想要去研究的行为性状的测量。这并非是基于一种对人类智能的简化认知，把人类智能视为一维可度量的量值，事实是，智能不是一个简单的可以度量的量值。这个事实很重要，但是与我们在此讨论的问题压根儿没有关系。同样的，在实践上对于智能进行测量的困难性也是与我们的讨论无关的。前面一个段落的结论是无可避免的，它只是在说：我们这些进化生物学家认同这样一个论点——很久以前，我们的祖先曾经不如现在的我们聪明（无论以任何标准来考量）。不过，尽管有这一切讨论，我们也无法就此得出结论说：在今天的人类群体中还留存着任何与精神能力相对应的基因变化——那些基因变化可能都被自然选择消耗掉了。从另一方面来看，也可能没有完全消耗掉，很有可能存在着人类精神能力的基因变化。而我的思想实验表明，对于这一可能性的教条的、武断的反对至少是不可取的。不过有必要说明一下，我自己的观点是，就算在现在的人类群体中真有这样的基因变化，任何以之为基础的政策也是不合逻辑、邪恶无耻的。

存在着一种达尔文主义适应性，就意味着有时存在着产生这种适应性的基因。这一点并非总是很明确的。对于一种行为模式的自然选择，总有两种讨论的方式。一种方式是，我们可以谈谈生物个体倾向于实施某种行为模式，这让它们比没有那么强烈的发展倾向的个体"更适应"。这是当前流行的表述方式，处于"自私的生物"与"社会生物学中心原理"的范式之中。另一种方式是，我们可以等价地直接去谈论实施这种行为模式的基因比其等位基因存续得更好。在任何关于达尔文主义适应性的讨论中，预先假定相应基因的存在总是合理的，而这将是我在这本书中的中心观点之一，因为这会对本书的表述有正向的助益。我曾听到过一种反对声音，反对在功能性行为学的表述中使用"不必要的基因化"的表述，但是这种反对其实暴露了反对者一种最基本的缺陷——他们无法正视达尔文主义选择所蕴含的真实含义。

对此，请让我用另一件逸事加以说明。我最近听了一位人类学家的一场学术报告。他的工作是试着用一种亲属选择理论去解释不同人类部落中采取一种特别婚姻体系的比率，而这种婚姻体系刚好是一妻多夫制。一位持亲属选择论的专家能够用模型来预测：在何种条件下我们将预期观察到一妻多夫制的出现。因此，在一种应用于绿水鸡的模型中（Maynard Smith & Ridpath 1972），种群中的性别比例需要是雄性偏多的，而且配偶需要是近亲才行，而后生物学家才能预测说可能会出现一妻多夫制。这位人类学家想方设法想要说明他这些一妻多夫的人类部落也生活在这样的条件之下，并且暗示其他采取了更为常见的一夫一妻制或一夫多妻制的部落都生活在不同的条件之下。

虽然我对他所展示的信息感到着迷，但还是试着提醒他，在他的理论中存在一些棘手的问题。我指出，亲属选择理论从根本上来讲是一种基因理论，而亲属选择所产生的对于当地环境的适应性，必须是通过一代又一代的遗传过程中等位基因替换等位基因来实现的。于是我问：他这些一妻多夫的部落是否曾经生存于他们目前所处的独特环境中，并且在其中存在了足够长的时间，足够多的代际，足以让必要的基因替换得以完成？是否确实有任何理由让我们相信人类婚姻体系的变化真的是由基因来控制的？

报告人反对我把基因拽到这场讨论中，而他在场的人类学同行们也都对他表示支持。他说，他并不是在谈论基因，而是在谈论一种社会行为模式。他的一些同行似乎对于仅仅是提到"基因"二字就感到很不自在。我试图说服报告人，其实正是他"把基因拽到"这场讨论中，虽然他的确并未在他的报告中提到过基因这个词。而这正是我要说明的观点：你不可能谈论着亲属选择或其他任何形式的达尔文主义选择，却不把基因拽进来，只不过你提到基因的方式可能是明确的也可能是隐含的。仅仅是猜测部落婚姻体系的差异可以由亲属选择来解释，我的人类学家朋友就已经以隐含的形式把基因拽进了这场讨论之中。很遗憾他没有明确指出来，因为如果他那样做了，就会意识到在他的亲属选择假说面前横亘着多么可怕的困难：要么他的一妻多夫部落得在不完全生殖隔离的状态下在那种独特的环境条件中生活成百上千个世纪之久，要么自然选择就必须曾经青睐于普遍产生的某一些基因，它们编程控制着某些复杂的"有条件策略"。讽刺的是，在那场关于一妻多夫制的学术报告会上，是我一直在试图证明我们所讨论的这种行为不应以"基因决定论"的视角来看待。然而因为我坚持要把亲属选择假说的基因本质明确化，我估计自己的形象就是一个着迷于基因的人，一个"典型的基因决定论者"：这个故事很好地说明了本章的主要观点：坦率地面对达尔文主义选择作用最基本的基因本质，这很容易被人误解为一种不健康的、先入为主的观点——用遗传论去解读个体的成长发育过程。

相同的偏见还会在另一种情况下普遍出现在生物学家心中，那就是：

如果本来能够用生物个体这个层级的语言绕过基因的问题，却还是明确地使用带有基因的说法。"实施行为 X 的基因比不实施行为 X 的基因更受青睐"，这样一个表述有着近乎幼稚的、不专业的意味。有证据表明存在这样的基因吗？你怎么能只为了方便你的假说而凭空捏造出一个专门的基因来！"实施行为 X 的生物个体比不实施行为 X 的个体更适应"，这听起来就体面多了。就算不知道这是不是真的，这种说法可能也会被当作可以容许的推断而被接受，但是这两个句子在意思上是完完全全等价的。第二种说法并未说出什么第一种说法没说清楚的事情。然而，如果我们承认这种等价性，明确地谈论"为了"某种适应性而存在的基因，我们就是以身犯险了——因为"基因决定论"而备受指责的风险。我希望我已经在前文中成功地说明了：这种风险不是别的原因造成的，而纯粹是误解造成的。对于自然选择，一种明智的、无懈可击的方式是把它视为"基因选择论"，但是这个概念却被误解为强烈相信个体生长发育遵循"基因决定论"。任何人，只要能想明白适应性产生的过程细节，几乎一定就会以或明确或隐晦的方式想到基因——不过它们可能只是假设的基因。我们应以明确的方式而非隐晦的方式来表明基因是达尔文主义功能推断的基础，对此有很多值得说的，而这正是我在本书中将要展示的内容。因为这是一种好的表述方式，可以避免一些容易诱人上当的推理错误（Lloyd 1979）。在这么做的过程中，我们可能会给人以一种印象，觉得我们执着于基因，并执着于在当代传媒意识中基因所应背负的迷思包袱——然而这样的错误印象完全是出于人们自身的错误理由。但是，僵化的、按部就班的个体发育所代表的决定论是，或者说应该是离我们的想法十万八千里的。当然，就某一个社会生物学家而言，他可能是，也可能不是基因决定论者。他们可能是拉斯特法里派[1]教徒、震教[2]徒，或是马克思主义者，但是他们个人对于基因决定论的认识就如同他

---

[1] 拉斯特法里派，源于牙买加的宗教运动，坚信黑人终将返回非洲故土。
[2] 震教，起源于英格兰的宗教派别，贵格会支派，相信基督会再次现世。

们个人对于信仰的认识一样，都与以下这个事实无关，即他们谈论自然选择时使用的是"为了某种行为的基因"这样的表述。

　　本章的大部分都建立在一个假设之上，即一位生物学家可能会想要推断某种行为模式在达尔文主义框架内的"功能"。这并不是说所有的行为模式都必须要有一种达尔文主义的功能。可能会有一大类行为模式在选择中对于其生物个体是中性的，甚至有害的，不可能被视为是自然选择的产物。如果的确是这种情况，那么本章中的讨论就不适用于它们。不过，有一种表述是很合理的："我对适应性很感兴趣。我不必把所有行为模式看作适应性，但我想要去研究那些是适应性的行为模式。"类似地，表达更喜欢研究脊椎动物而不是无脊椎动物，并不代表我们就相信所有动物都是脊椎动物。考虑到我们感兴趣的领域是适应性行为，那么当我们谈论感兴趣的研究对象的达尔文主义进化时，就不可能不预先为之假定一个基因基础。而用"为了 X 的基因"作为一种简洁的方式来谈论"为了实现 X 所需要的基因基础"，这是群体遗传学在半个多世纪以来的一种标准操作。

　　如果要问能够被认为是适应性的行为模式到底有多少，那就完全是另一个不同的问题了。它将是我们下一章的主题。

第 15 章

对于完美化的制约

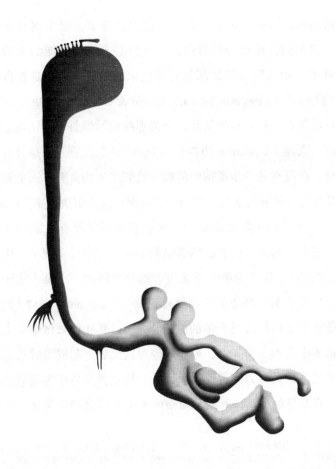

无论如何，这本书都会包含大量的以达尔文主义来解释生物功能的逻辑。以前的苦涩经历提醒我，一名醉心于解释功能的生物学家很可能会被指责相信所有动物都是完美优化的结果，也就是被指责为一名"适应论者"（Lewontin 1979a,b; Gould & Lewontin 1979）——有时这种指责还带有一种强烈的情绪，会把那些更习惯科学争论而非观念争论的人吓一大跳（Lewontin 1977）。适应论的定义是"它探讨有关于进化的研究，在没有进一步证据的前提下就假定生物所有方面的形态、生理，以及行为都是通过适应产生的对于问题的最优解决方案"（Lewontin 1979b）。在本章的第一版草稿中，我说我想可能没有人能够真正成为一名极端意义上的适应论者，然而讽刺的是，我最近发现了一段莱文廷自己所说的话："我认为所有进化论者都会赞同的一点是：实际上，不会有谁比生存在某一环境的生物做得更好。"（Lewontin 1967）似乎莱文廷此后就走上了前往大马士革的旅程[1]，所以要让他来做适应论者的代言人恐怕不太公平。实际上，近年来他与古尔德一起成为针对适应论的最有文采的、最强有力的批评者。那么我将选择凯恩作为适应论者的代表，他一直坚持他那篇犀利而又简洁的论文《动物的完美化》中的观点

---

[1] 根据《圣经》中《使徒行传》的记载，十二使徒之一的圣保罗最初信仰犹太教，并极力迫害基督徒，在他一次前往大马士革加害耶稣门徒时，突然在城外被强光笼罩，听到了复活的耶稣的声音，之后失明长达三天，得教徒引领入城，并在神的治疗下恢复了视力，就此受浸，皈依了基督教。作者用此典故比喻莱文廷对于适应论态度的突然转变。

（Cain 1979）。

作为一名分类学者，凯恩攻击了对于"功能的"性状和"祖传的"性状之间的区分，前者的用词暗示着它不是可靠的分类指标，后者则暗示是可靠的（Cain 1964）。凯恩有力地反驳称：远古"设计图"上的那些性状，比如四足动物长有五指的四肢和两栖动物在水中生活的阶段，之所以会存在是因为它们在功能上是有用处的，而不是因为它们如人们常常所暗示的那样是无可逃避的历史遗迹。如果两组生物中的一组"在任何方面都比另一组更原始，那么它的原始性本身一定是对某种不那么特化的生活模式的适应，而它也的确能够成功地生活在这一模式之下；它不会仅仅只是一个表明效率低下的标志。"（Cain, p.57）凯恩对所谓的无用性状也持类似的观点，批评达尔文受到理查德·欧文[1]的影响，总是准备着去承认那些乍见之下感到吃惊的性状的无功能性："没有人会认为幼狮身上的条纹或年轻黑鸟身上的斑点应该对这些动物有任何用处。"即便对适应论最极端的批评者来说，达尔文的这句评论在今天听起来也一定很是草率。事实上，历史似乎是站在适应论者一边的，因为在一些特定的案例中，他们已经一次又一次地击败了嘲笑者们。凯恩自己有一项与谢泼德[2]和其他选择论者合作的著名研究项目，他们研究了维持一种丛林蜗牛（*Cepaea nemoralis*）壳上条带形态多样性的选择压力。这项研究的开展，部分原因可能是受到了一件事的刺激："人们自信满满地断言，对于一只蜗牛而言，壳上有着一条带状条纹还是两条带状条纹是一件无关紧要的事。"（Cain, p.48）"但是，最为引人注目的对于'无用'性状的功能性解释或许来自曼顿[3]在倍足纲动物土线（*Polyxenus*）方面所做的工作，她的研究表明一种此前被形容为'小饰品'（还有比这听起来更没用的吗？）的性状却几乎是这种动物生活的

---

[1]　理查德·欧文，与达尔文同时代的英国比较解剖学家和古生物学家，对达尔文的进化论深恶痛绝，长年利用自己所拥有的博物学资源不遗余力地攻击达尔文的进化论。

[2]　指菲利普·麦克唐纳德·谢泼德（Philip MacDonald Sheppard），英国遗传学家。

[3]　指席德妮·曼顿（Sidnie Manton），英国昆虫学家。

重心所在。"（Cain, p.51）

作为一种很有用的假说，甚至几乎是一种信仰，适应论无疑鼓舞了一些研究者做出了杰出的科学发现。冯·弗里希[1]（von Frisch 1967）对有威望的冯·赫斯[2]（von Hess）秉持的正统观念不屑一顾，通过对照实验令人信服地证明了鱼类和蜜蜂的彩色视觉。驱动他去做这些实验的原因，是他拒绝相信以下这类观念，比如说花朵的颜色是没有形成原因的，或者它只是为了取悦人们的眼睛。这些研究成果当然不能作为证据来支持适应论信仰的普遍正当性。每一个问题都应该根据其真相来逐一加以解决。

温纳[3]（Wenner 1971）对于冯·弗里希关于蜜蜂舞蹈语言的假说提出了质疑，这是件有价值的事情，因为他激发了 J. L. 古尔德（J. L. Gould 1976）的灵感，令后者以一种非常聪明的方式确证了冯·弗里希的理论。如果温纳更倾向于适应论者的话，古尔德的研究可能永远也不会进行了，但是温纳也就不会让自己错得如此离谱了。任何一个适应论者或许会承认温纳暴露了冯·弗里希最初实验设计中的缺陷是件很有助益的事情，但是也会如林道尔[4]（Lindauer 1971）所指出的那样，立即就想到一个基础性的问题：蜜蜂到底为什么要跳舞？温纳从未否认过蜜蜂会跳舞，也没有否认过这些舞蹈中包含着所有冯·弗里希所宣称的方向与距离方面的信息，他所否认的只是其他蜜蜂懂得去利用舞蹈中的信息。如果有某种动物实施的一种行为是如此消耗时间，如此复杂，纯靠概率几乎不可能实现，但结果却没有任何用处，那么这样的想法会让一名适应论者寝食难安。不过，适应论有利也有弊。我现在感到很高兴的是，古尔德做了他那些一锤定音的实验，至于原因则比较让我丢脸：即便我足够聪明，能够设计出这样的实验（这是件不太可能的事情），但我也会因为太过

---

[1]　指卡尔·冯·弗里希（Karl von Frisch），奥地利动物行为学家。
[2]　指卡尔·冯·赫斯（Carl von Hess），德国眼科医生，在彩色视觉原理等方面的研究中做出了贡献。
[3]　指阿德里安·温纳（Adrian Wenner），美国昆虫学家。
[4]　指马丁·林道尔（Martin Lindauer），德国动物行为学家。

倾向于适应论，而不会为温纳的问题所困扰。我早就知道温纳肯定是错的（Dawkins 1969）。

　　适应论者的那些想法，如果不是盲目确信的话，还是会成为一种有价值的激励，产生在生理学上可以验证的假说的。巴洛[1]（Barlow 1961）意识到感官系统对于减少输入冗余的问题有着压倒性的功能需求，这令他对感官生理学中的一大批现象有了一种和谐的独特理解。关于功能的类似推理也可以应用于运动系统，或整体上应用于组织体系的等级系统（Dawkins 1976b; Hailman 1977）。适应论者坚定的信仰并不能告诉我们生理学上的机制是什么，唯有生理实验才能做到这一点。不过谨慎的适应论者的推理能够为我们提供建议，告诉我们在众多可能的生理学假说之中，哪些才是最有可能为真的，最应该优先予以研究。

　　前面我一直试着展示适应论有利也有弊，但是这章的主要目的还是要为对完美化的各种制约开列一张清单并予以分类，还要列出学生们在学习适应性的过程中应该谨慎前行的主要原因。在讨论我关于完美化的六大制约之前，先要来说说别人已经提出来的另外三个制约，不过我发现它们不是很有说服力。先说第一个吧，当代生物化学遗传学家当中关于"中性突变"的论战，不断在关于适应论的批评中被引用，但实际上两者毫不相关。如果存在生物化学家所说的中性突变，那就意味着，这些突变所引发的蛋白质结构上的任何改变对于蛋白质的酶活性没有影响。这就意味着，这些中性突变将不会改变胚胎发育的进程，也根本不会有任何表型上的效应——生物学家就生物整体而言所理解的表型效应。对于中性论的生物化学争论主要关心的是一个有趣而重要的问题：是否所有的基因替换都会有表型上的效应。关于适应论的争论则颇为不同，它关心的主要问题是：既然我们所研究的表型效应大到足以被观察到，并且就此提出问题，那么我们应该假设它是自然选择的产

---

[1]　指赫拉斯·巴洛（Horace Barlow），英国生理学家、视觉神经科学家。

物。生物化学家的"中性突变"可不只是中性而已。只要我们这些研究粗陋的形态学、生理学以及行为学的生物学家去考虑这个问题，它们在我们眼中就根本不再是突变了。正是有着这样的思想，梅纳德·史密斯（Maynard Smith 1976）写道："我把'进化速率'解释为适应性改变的速率。在这种意义上，对一个中性等位基因的替换不会构成进化。"如果一位研究生物个体的生物学家看到一个由基因决定的表型差异，他就已经知道了自己不可能是在研究一个当代生物化学遗传学家所争论的"中性"。

然而，这位生物学家可能是在研究一种中性的性状，这在更早的一场论战中曾经被讨论过（Fisher & Ford 1950; Wright 1951）。一个基因差异有可能在表型层面来显露自己，然而在选择问题上仍是中性的。但是像费希尔（Fisher 1930b）和霍尔丹（Haldane 1932a）等人所做的数学计算表明，人类对于某些生物学性状做出的"明显无用"的性质判断是主观的，不可靠的。例如，霍尔丹的研究表明，对于一个典型的种群做出一些合理的假设之后，弱到千分之一的一个选择压力只需几千代就可以让一个最初很罕见的突变被固定下来。这从地质学的标准来看是很短的时间。在前文提到的争论中，莱特[1]似乎被误解了（见下文）。虽然莱特建立了通过遗传漂变实现非适应性性状的进化这一思想，并被称为"休厄尔·莱特效应"，但他感到很尴尬（Wright 1980），"不仅仅因为别人在我之前就提出过一样的想法，还因为我自己最初是强烈拒绝这一想法的（Wright 1929），曾经说纯粹的随机漂变将'不可避免地导致退化和灭绝'。我曾经把明显的非适应性分类学差异归因于基因多效性，不仅仅只是忽视了适应性上的重要性而已"。事实上，莱特曾经展示了漂变与选择的精巧融合将如何产生更优秀的适应性，超过了仅仅通过选择所产生的适应性。（pp.39—40）

---

[1] 指休厄尔·莱特（Sewall Wright），美国遗传学家。

第二种被提出来的针对完美化的制约，考虑的是异速生长的问题（Huxley 1932）："对于真鹿亚科的鹿来说，鹿角尺寸增长的速度远超身体尺寸增长的速度……以至于更大的鹿就有着大得不成比例的鹿角。于是也就没必要给大鹿头上那极其巨大的鹿角找一个明确的适应性理由了。"（Lewontin 1979b）当然，莱文廷这段话说明了一些问题，不过我更愿意重新来表述一番。按照他这段话来看，异速生长速率应该是个常数，就好像这是上帝指定的不可改变的东西。但是，一个时间尺度上的常数也可能在另一个时间尺度上发生变化。异速生长常数是一个胚胎发育上的参数。与任何其他这样的参数一样，它可能受到基因改变的支配，并因此可能在进化过程中发生改变（Clutton-Brock & Harvey 1979）。这样来看，莱文廷的说法原来跟下面的说法相似：所有的灵长类都有牙，这只不过是个关于灵长类的事实，因此没有必要对于灵长类长着牙这件事给出一个明确的适应性理由。不过，他真正想要表达的可能是类似于下文的某种意思。

鹿已经进化出了一种发育机制，让鹿角的生长与身体尺寸的生长异速，两者之间有一个特定的异速生长常数。这个发育上的异速生长体系的进化很可能是在与鹿角的社会功能无关的选择压力下形成的：它可能刚好与已经存在的发育过程相协调，其中的方式我们还不清楚，除非我们能够对胚胎学中生物化学和细胞的细节有更多的了解。也许体形大的鹿有超大的鹿角在行为学上的后果施加了一个选择效应，但是这种选择压力很可能会在重要性上被其他尚不知道内在胚胎学细节的选择压力所淹没。

威廉斯（Williams 1966, p.16）将异速生长用于推断导致人脑容量增加的选择压力。他提出，在这个问题上，选择的首要重点是儿童早期对于他人所传授的相当于小学水平技能和知识的可接受性。"由此导致的选择作用针对的是尽早获得语言的能力，或许就会产生一个有可能诞生达·芬奇的人群，这是一种在脑发育方面的异速生长效应。"不过威廉斯并未把异速生长视为一种对抗适应性解释的武器。有人觉得他有一点是正确的，那就是不太忠诚于他那个关于脑过度生长的理论，而更忠诚于以下这个结论性的设问句中所阐述出来的普遍性原理："通过了解人类心智被设计出来的目的，能够极大地帮助我们理解人类的心智。对此有所期待难道不是一件合理的事情吗？"

对于异速生长所说的这些话，对于基因多效性也同样适用，也就是一个基因占据多个表型效应的现象。这是我在讨论我自己的列表之前想要排除在外的第三个关于完美化的制约。这一条在我前面引述莱特的话时已经提到过了。在此导致困扰的一个可能原因是，基因多效性在这场辩论中被双方都拿来当作武器了——如果那的确是一场真正的辩论的话。费希尔（Fisher 1930b）得出结论，一个基因的表型效应当中不可能任何一个都是中性的，所以说，一个基因的所有多效性效应都是中性的就更不可能了。另一方面，莱文廷（Lewontin 1979b）则评论说："性状的很多改变是多效性基因行为的结果，而不是对于性状本身的选择作用的直接结果。昆虫马氏管[1]的黄色本身不可能是自然选择的对象，因为那个颜色永远不可能被任何生物看到。而它实际上是红眼色素代谢的多效性后果，有可能是适应性的。"我对此没有什么实质性的不同意见。费希尔谈论的是对于一个基因突变的选择性效应，而莱文廷谈论的是一个表型性状的选择性效应。实际上，我之前讨论生物化学遗传学家对于中性的观点时所说的也正是这样的区分。

莱文廷对于基因多效性的观点与另一个问题有关，我应该在此先行讨论一下。这个问题是对于他所谓自然"缝线"——进化的"表型单位"的定义。有时一个基因的双重效应在理论上是无法分割的，它们是同一事物的不同侧面，正如珠穆朗玛峰曾有两个名字[2]，取决于你是从哪一侧

---

[1] 马氏管，昆虫体内与中后肠相通的细长盲管，最早由意大利显微解剖学家马尔切洛·马尔比基发现，相当于哺乳动物肾和膀胱的功能，可以从循环系统中产生含氮的原尿。
[2] 原文是 Everest，即埃佛勒斯峰，为英国皇家地理学会对珠穆朗玛峰的命名，为西方世界广泛采用。

去看它。一位生物化学家眼中的携氧分子在行为学家眼中可能就是红的生物色。但是也有一种更为有趣的基因多效性，其中的两种表型效应是可以分割开来的。任何基因的表型效应（相对其等位基因而言）并不是这个基因自己的私有物，而是要在它所起作用的胚胎环境共同帮助之下才能显现。这就有了充分的机会让一个突变的表型效应被其他的效应改变，也为一些出色的思想提供了基础，比如费希尔（Fisher 1930a）关于显性进化的理论，梅达沃（Medawar 1952）和威廉斯（Williams 1957）关于衰老的理论，以及汉密尔顿（Hamilton 1967）关于 Y 染色体嵌入的理论。在这样的联系之下，如果一个突变有一个有利的效应和一个有害的效应，选择作用没有理由不青睐于一个改造者基因，能够把这两个表型效应剥离开来，或者减弱有害的效应，同时增强有益的效应。正如在异速生长的例子中，莱文廷对于基因行为的观点太过静态了，将多效性当作基因自己的私有物来看待，而没有把它看作基因与其可被修改的胚胎环境之间的互动的结果。

所以，我要对幼稚的适应论做出我自己的评论，列出一个对于完美化的制约条件的列表。它的大部分与已有列表是相同的，包括莱文廷和凯恩的列表，以及梅纳德·史密斯（1978b）的，奥斯特和威尔逊（1978）的，威廉斯（1966）的，库里奥（1973）的，等等。实际上，我们这些观点之间更多的是一致性，而非近来的各种评论之中所显现的争辩意味。我不应该纠结于特定的个案，除非是例证。正如凯恩和莱文廷都强调的，我们总体的兴趣不在于挑战自己的聪明才智，去为动物的某种特定的奇怪特性想象出一种可能的优势来。我们在这件事上的兴趣在于探究一个更加具有普遍性的问题：自然选择的理论能让我们去期待些什么？我的第一个对于完美化的制约是一个很明显的制约，大多数写作过适应性相关问题论文的人都对此有所提及。

时间滞后

我们今天所看到的动物很有可能是"过时的",影响其建立过程的那些基因是在某个更早的时期为了应对与今天不同的条件而被选择出来的。梅纳德·史密斯(1976)对于这种效应给出了一种定量的测量,称为"滞后负荷"。他(1978b)引用了尼尔森的一项研究,证明塘鹅虽然正常情况下只下一个蛋,但当实验中加入额外的一个蛋时,它们仍然有相当的能力去成功地孵化两个蛋并养育这两只雏鸟。显然,对于拉克关于一窝雏鸟最优数量的假说而言,这个案例的出现有些尴尬。而拉克本人(1966)并不迟钝,想到了将"时间滞后"当作自己的出路。他提出,完全合理的一种可能性是:一窝塘鹅只有一只雏鸟的现象是在一个食物没那么充足的时期进化出现的,而至今还没有足够的时间让它们进化到去适应又一次发生了改变的条件。

对一个出了毛病的假说进行事后诸葛亮式的补救,这样的行为很容易引发别人的指责,被扣上不可证实的罪名,但是我发现这样的指责不仅仅是缺乏建设性的,简直就是虚无主义的。我们不是在国会,也不是在法庭上,不是在为达尔文主义进行辩护以获得针对反对者的辩论积分,或是站在辩论的另一方。除了少数一些真心反对达尔文主义的人以外——他们也不太可能读到这些——我们所有达尔文主义者在此所做的讨论从本质上都是为了探讨,我们应如何去说明当我们必须要解释生命的复杂性时,到底什么才是唯一有用的理论。我们所有人应该是发自内心地想要知道为什么当塘鹅明明可以下两个蛋时却只下一个,而非把这个事实仅仅当成一个争论点。拉克对于"时间滞后"假说的运用可能是事后诸葛亮,但是这仍旧是完全有可能合理的,而且也是可以被检验的。毫无疑问,如果走运的话,或许还有别的可能性也能被检验。梅纳德·史密斯的以下观点肯定是正确的:我们应该不去考虑"失败主义者"(Tinbergen,1965)以及无法检验的"自然选择又一次没把工作做完"这种解释，不能把它们当成最后的救命稻草，当成没有其他选择时的一种简单的研究策略。莱文廷（1979b）说过极为类似的话："那么在某种意义上，生物学家被迫采用了极端适应论者的论调，因为其他的选择虽然在许多案例中无疑是可操作的，但是在特定的案例中却是无法检验的。"

回到时间滞后效应上来，由于现代人类已经急剧改变了许多动物和植物所处的环境，改变所用的时间跨度按照通常的进化标准几乎可以忽略不计，所以我们完全能够预期这样一种可能性，即过时的适应性相当常见。刺猬应对捕食者的反应是蜷成一个刺球，然而可悲的是，这种行为在机动车面前只能是螳臂当车。

外行的批评常常会提到一些现代人类行为中明显的不适应性状，比如收养或避孕，并且扔下一句质疑："要是你能用你自私基因的理论来解释一下的话，就来解释解释吧。"显然，正如莱文廷、古尔德和其他人已经正确地强调过的那样，要是有足够的创造力的话就完全有可能像变戏法一样搞出一个"社会生物学"的解释、一个"有条理的故事"，但是我同意他们以及凯恩的意见，对于此类质疑的回答是一种无用处的练习，实际上甚至可能是有害的。收养与避孕就像阅读、数学，以及压力诱发的疾病一样，是一种动物的生活环境发生极端改变的产物，这个环境与其基因被自然选择出来的时候所面对的环境已经大不相同。质疑一个人造世界中的某种行为在适应性上的意义，这种问题压根就不应该被提出来。虽然一个傻问题只配得到一个傻答案，但是更明智的方式是根本不予回答，并解释清楚为什么不予回答。

关于这一点，我从 R. D. 亚历山大那里听到过一个有用的类比——飞蛾扑火，这对它们的广义适合度都是没有帮助的。但是在蜡烛被发明以前，暗夜之中小而明亮的光源要么是天体从光学意义上的无穷远处发出的光，要么就是在洞穴或其他封闭的空间中，透过小孔或缝隙射入的光线。后者立刻就让人想到了接近光源的一种生存价值，前者也暗示着一种生存价值，但是要间接得多（Fraenkel & Gunn 1940）。许多昆虫利用天体作为导向罗盘。由于这些光线来自光学上的无穷远处，所以是平行光，而一只昆虫只要与之保持一个固定的交角，比如说 30º，就能够在一条直线上前进。但如果光线不是从无穷远处发出的，就不是平行光，而一只仍以这样方式行动的昆虫就会飞出一条落向光源的螺旋线（如果飞行方向是锐角的话）或是离开光源的螺旋线（如果飞行方向是钝角的话），或是沿着环形轨道绕圈（如果飞行方向恰好与光线成 90º 的话）。那么，昆虫在烛火上的自我牺牲行为本身就没有了生存价值，因为根据上述理论，这不过是一个副产品，源自通过"假定"无穷远的光源来保持航向的有用习性。这个建立在假设上的推断曾经是没问题的，但是现在已经有问题了，因为选择作用有可能现在仍在起作用，改变着昆虫的行为。（不过也不是必然的。为了实现必要的改进所要付出的间接成本可能超出它们所能带来的益处。那些为了分辨烛火与星光而付出成本的蛾子，就平均而言可能不如那些从未试图付出成本去分辨的蛾子成功，不过后者也接受了自焚的低风险。）

但是现在我们已经在面对一个比简单的时间滞后假说更为微妙的问题。这是之前已经提到过的一个问题，即我们应该选择把动物的什么特性看作需要得到解释的单位？如莱文廷（1979b）所说："进化动态过程中的'自然'缝线是什么？进化之中表型的拓扑是什么？进化的表型单位是什么？"之所以会有烛火悖论，只不过是由于我们选择去界定蛾子行为特征的方式不同。我们问的是"为什么蛾子飞向了烛火？"于是被难住了。如果我们对这种行为的界定不同，改成问"为什么蛾子要保持与光线之间的固定角度（如果光线恰好不平行的话，就会附带着导致它们以螺旋线飞向光源的习性）？"那么我们就不会被难住了。

我们可以把人类男性同性恋现象当成一个更严肃的例子。表面来看，确实有少数男人更愿意与他们同性别的人而不是异性发生性关系，这一现象的存在对于任何简单的达尔文主义理论都构成了一个问题。有作者好心寄给了我一本同性恋内部流传的小册子，它那论述式的标题总结了这个问题："到底为什么会有同性恋？为什么进化没有在几百万年前消灭'同性恋习性'？"不经意间，那位作者发现这个问题太重要了，它真的动摇了达尔文主义关于生命的整套认识。特里弗斯（1974），威尔逊（1975, 1978），特别是温里克[1]（1976）已经考虑过不同的可能性，认为同性恋行为可能在历史上的某个时期从功能上讲等同于无法生育的工蜂、工蚁，对他们来说，比个人的生育繁殖更有益处的是照顾别的亲人。我不觉得这个想法特别有可能是合理的（Ridley & Dawkins 1981），至少不会比"鬼祟男性"的假说更有合理的可能。后一种假说是，同性恋代表了一种"可供替代的男性策略"，用于获得与女性交配的机会。在一个居于统治地位的男性会保护他的配偶的社会里，一个被认为是同性恋者的男性将比众所周知的异性恋男性更有可能被居于统治地位的男性容忍，那么得益于此，低级别的男性或许就能够获得与女性秘密交媾的机会。

不过，我在此提出"鬼祟男性"的假说可不是将它当作一个有合理可能性的观点，而是为了让人印象深刻地意识到，要空想出一个此类解释是多么容易，又多么于事无补［Lewontin 1979b，莱文廷在讨论果蝇（*Drosophila*）表现的同性恋行为时用过同样的招数］。我想要说明的主要观点与此完全不同，也重要得多。这个观点又是与我们如何界定我们所想要解释的表型性状的特性有关的。

对于达尔文主义来说，同性恋当然是一个问题，但前提是有着基因元件来对应同性恋与异性恋个体之间的差异。由于这方面的证据还有一定的争议（Weinrich 1976），让我们暂且假设有这样的基因元件，以便我们的讨论。现在问题来了，存在一个基因元件对应于这种差异，或者用更普通说法，有一个基因（或几个基因）是为了同性恋的目的而存在

---

[1]　指詹姆斯·温里克（James Weinrich），美国心理学家、性研究专家。

的，那究竟意味着什么？这是一个基础性的老生常谈的问题，更多的在于逻辑层面而非基因层面，即一个基因的表型"效应"是一个概念，它只有在环境的影响被确定之后才能有意义，而此处的环境要理解为包含了基因组中所有的其他基因。在环境 X 中"为了"A 的基因完全可能在环境 Y 中成为一个"为了"B 的基因。谈论一个给定基因与环境无关的绝对化的表型效应，根本就没有意义。

即便存在这样的基因，在今天的环境之中还能产生同性恋的表型，并不意味着在另一种环境下，比如我们更新世祖先的环境，它们还会有同样的表型效应。在现代环境中对应于同性恋的基因可能是一个在更新世为了实现某些完全不同的目的的基因，所以，我们有可能在这个问题上面对着一类特殊的"时间滞后效应"。一种有可能的情况是，我们试图去解释的这种表型可能在更早期的环境中根本就不存在，虽然这个基因当时是存在的。我们在这一节一开始所讨论的普通的时间滞后效应中，考虑的环境改变表现为选择压力的改变，我们现在加上了更为微妙的一点，即环境的改变有可能改变我们想要解释的那个表型特征的本性。

历史性制约

喷气发动机取代螺旋桨发动机的原因在于，前者在多数方面都更优秀。第一台喷气发动机的设计者是从一张干净的绘图板开始设计的。想象一下，如果限制他们要从一台已经存在的螺旋桨发动机上"进化"出喷气发动机来，每次只能更换一个零件，一个螺母一个螺母地换，一个螺钉一个螺钉地换，一个铆钉一个铆钉地换，那他们会搞出一台什么东西来？照此组装出来的一台喷气发动机将肯定是一台古怪的诡异装置。几乎无法想象一架用进化的方法来设计的飞行器有可能飞离地面。然而为了完成生物学意义上的类比，我们还要再加上一条制约条件——不仅仅最终的产品要能飞离地面，过程中的每一个中间状态的产品也必须要能飞起来，而且每一个中间状态都要比它的前一个中间状态更优秀。这样来看的话，别说期待着动物能够成为完美的，我们或许都要怀疑它们身上到底有没有任何东西可以正常工作。

　　上面这一段让我们联想到的场景是令人难以相信的，但是动物身上有些特性还要更加令人难以相信，这些特性就像是希思·罗宾逊[1]（或是古尔德文中提到的鲁布·戈德堡[2]，1978）笔下的那类漫画一样。我特别喜欢的一个例子是由约翰·柯里[3]教授向我提供的，有关喉返神经。对于哺乳动物，特别是长颈鹿而言，从脑到喉的最短距离断然不会绕过主动脉[4]后侧，然而喉返神经走的就是这条路。假设曾经有一个时期，在哺乳动物的远古祖先身上，这条神经起点与终点器官之间的直接路径就是要绕过主动脉的后侧。不久之后，当脖子开始延长的时候，这条神经绕过主动脉后侧的路径也要延长，但是为了绕路而导致的每一次长度延长都只造成了微小的代价。一个重大突变或许能够彻底重新布置这条神经的路径，但是其代价就是早期胚胎发育过程中的巨大动荡。如果回到泥盆纪，能有一位先知，一位像神一样的设计师，或许能够预见到长颈鹿的出现，并且把最初的胚胎中的那条神经设计成不同的路径，但是自然选择没有这样的预见性。正如悉尼·布伦纳[5]所评论的：不可能期望自然选择在寒武纪就青睐于某些无用的突变，只因为"它们可能会在白垩纪很有用处"。

　　比目鱼长着一张如同出自毕加索笔下的脸，它通过一种怪诞的方式把两边的眼睛扭转到了头的同一侧，形成一种独特的样貌。这是关于完

---

[1]　希思·罗宾逊（Heath Robinson）是英国著名卡通画家，经常描绘一类通过复杂系统来实现简单功能的装置。
[2]　鲁布·戈德堡（Rube Goldberg）是美国著名卡通画家，经常描绘一类通过复杂系统来实现简单功能的装置。
[3]　约翰·柯里（John Currey），英国生理学家。
[4]　指心脏泵出携氧血液的血管，发自左心室，沿脊椎向下延伸。所以当连接脑与喉部的喉返神经要穿过它后方时，就一定会导致绕远的情况。
[5]　悉尼·布伦纳（Sydney Brenner）是南非著名生物学家，在遗传密码和模式生物秀丽隐杆线虫的研究方面做出了开创性贡献，并因为后一方面的研究成果获得了 2002 年的诺贝尔生理及医学奖。

美化的历史性制约的另一个惊人的证明。这种鱼的进化过程清清楚楚地写在了它们的解剖构造之中，以至于它成了一个绝佳的例子，可以塞到原教旨主义者的喉咙里，噎得他们说不出话来。同样的话也可以用到另一个奇妙的现象上，那就是脊椎动物眼睛里的视网膜似乎都被装反了。对光线敏感的"视细胞"都在视网膜的背面，而光线必须穿过连接"电路"，遭受不可避免的衰减之后才能抵达视细胞。假设有可能写下一段很长的突变序列，最终能够让眼睛的视网膜像头足纲动物[1] 那样建构在"翻过来的正确一面"上，那么这种眼睛最终会稍稍有效一些。但是在胚胎期的重大动荡意味着巨大的成本，那么与修修补补得到的毕竟用着还不错的眼睛相比，此中间态阶段的眼睛将会很难得到自然选择的青睐。皮腾德里赫[2]（1958）曾经就适应性的生物组织形式评论说它们是"用替代品修修补补拼凑出来的东西，是用可以拿得到的东西拼凑出来的，而当机会来敲门的时候被自然选择后知后觉地接受了，而非先知先觉"（也可见雅各布 1977 年发表的论文关于"修补"的内容）。

休厄尔·莱特（1932）对此提出了一个比喻，现在已经被称为"适应性景观"，表达了与前文同样的想法，认为青睐于局部最优的选择作用阻碍了进化向着终极优化或更为整体优化的方向前进。他所强调的一个重点多多少少有些被人误解了（Wright 1980），即遗传漂变起到了一定的作用，从而让物种的种系可以从局部最优的吸引力中逃脱出来，进而实现更为接近人类所认为的"那个"最佳解决方案。有意思的是，这与莱文廷（1979b）将漂变视为"适应性之外的替代方案"恰好相反。至于在多效性的讨论中，就没有这方面的悖论。莱文廷正确的地方在于，"真实种群的有限性导致了基因频率方面的随机变化，以至于有一定的可能性让有着较低繁育适应性的基因的组合也能在种群中被固定下来"。但从另一方面来看，同样正确的是，如果局部最优已经构成了实现完美

---

[1] 头足纲动物，比如章鱼。

[2] 指科林·皮腾德里赫（Colin Pittendrigh），英国生物学家。

设计的一个限制，那么这种程度下的漂变就倾向于提供一条逃脱的道路（Lande 1976）。于是，讽刺的结论出现了：一个自然选择中的弱点，理论上可能会增强一个种系实现最优设计的可能性。由于缺乏远见性，真正的自然选择是一种反完美化的机制，只会在莱特的景观之中拥抱那些小山包，而实际上也的确如此。强选择作用中间穿插一些松弛的选择作用以及漂变的时期，这样的混合体可能才是穿越山谷达到高地的正确配置。显然，如果"适应论"会成为一个辩论得分点，那么辩论双方从相反方向上都有得分的机会！

我自己的体会是，在此可能蕴含着历史性制约这部分真正悖论的解决方案。喷气发动机这个类比暗示着，动物应该是在鞭策之下随便凑合出来的滑稽的庞然大物，不稳定的形体中有着修修补补的老古董所留下的奇形怪状的遗迹。我们如何才能让这合理的推测与以下事实相协调，比如非洲猎豹令人赞叹的优雅体形，雨燕在空气动力学上的优美，以及竹节虫对于欺骗性细节一丝不苟的专注？甚至还有更令人印象深刻的，那就是对于同样的问题，不同的趋同进化给出的解决方案有着细节上的一致性，例如在澳大利亚、南非，以及旧世界上，哺乳动物的辐射进化存在着多重平行性。凯恩（1964）评论道："到目前为止，达尔文和其他一些人常常会推断认为趋同进化永远不会一致到误导我们的程度。"但是，他接下来就给出了一些称职的分类学家也看走了眼的例证。越来越多目前还被视为应该是单起源的若干生物种类，现在正被怀疑具有多个不同的起源。

引用正面或反面的例证只不过是无意义地堆砌事实，我们需要的是有建设性的工作，在进化的背景下阐明局部最优与全局最优之间的关系。我们对于自然选择本身的理解需要得到一些补充，这是一项被称为"逃脱特异化"的研究，借由它我们就能使用哈迪[1]（1954）的表述了。哈迪

---

[1]　指阿利斯特·哈迪（Alister Hardy），英国海洋生物学家。

曾经提出，幼态延续是一种对于特异化的逃脱。而在这一章中，在引述莱特的观点之后，我曾经强调了漂变在"逃脱特异化"中所扮演的角色。

在此，蝴蝶的米勒拟态或许是一个有用的案例研究。特纳[1]（1977）评论道："在美洲热带雨林里的长翅蝴蝶当中（包括绡蝶、袖蝶、斑蝶、粉蝶，以及虎蛾），有六种迥异的警示图案。虽然所有带有警示图案的蝴蝶都属于这六种拟态'环'中的一个，但这些环却是在美洲热带雨林的栖息地中一直共存的，并且始终保持着较大的差异。……一旦两种图案之间的差异太大了，大到靠一个单点突变无法从一个图案变到另一个图案去，那么趋同进化[2]实质上就变得不可能了，于是这些拟态环就会永远共存下去。"这是唯一一个可能在基因细节上已经快要全部研究清楚的"历史性制约"案例。它或许也能为"跨越峡谷"[3]在基因细节上的研究提供一个很有价值的机会。具体到蝴蝶米勒拟态的例子上来，包括一种蝴蝶从一个拟态环中脱离，然后被另一个拟态环的"吸引力"最终"捕捉"到。虽然特纳没有在这个例子中使用漂变作为一种解释，但是他做了一个颇为诱人的暗示："欧洲南部的九斑蛾[4]（*Amata phegea*）……已经……把厄菲阿尔特[5]斑蛾（*Zygenea ephialtes*）从斑蛾、同翅目昆虫等等组成的米勒拟态环中抓了出来，而在九斑蛾生活地域之外的欧洲北部地区，厄菲阿尔特斑蛾仍然从属于斑蛾的拟态环。"

在更为普遍性的理论层面，莱文廷（1978）评论道："即便自然选择的力量是一样的，基因可能还是常常会有几种不同的稳定平衡状态。一个种群最终在不同基因构成的空间中选择哪一个适应性的峰值，这完全取决于在选择过程一开始的偶然性事件。……比如说印度犀牛只有一只

---

[1] 指约翰·特纳（John Turner），英国生物学家。
[2] 严格来讲，形成米勒拟态的过程是趋向进化（advergent evolution），而非趋同进化（convergent evolution）。虽然在两种进化中，各物种都没有直接的亲缘关系，但是趋同进化中的物种没有任何关联，甚至都不生活在同一块栖息地，是由于环境形成一样的性状。而趋向进化的各物种共享栖息地和捕猎者，形成米勒拟态能实现互相利用，往往是一个物种向着另一个物种的外观去进化。
[3] 指跨越"适应性景观"中高峰之间的峡谷，即从局部最优前往全局最优。
[4] 名为斑蛾，实际属于夜蛾总科。
[5] 厄菲阿尔特（Ephialtes）是古希腊激进民主派政治家，以廉洁著称。

角，而非洲犀牛有两只。角是适应性的结果，是为了对抗捕食者的保护措施，但是并非独角是专门适应印度环境条件的，而两只角是适应非洲平原的。由于起始时的发育系统多多少少有些不同，这两个物种在对同样的选择压力做出响应的时候才会采用些许不同的方式。"这个观点基本上是不错的，不过最好还要补充一点，即莱文廷对于犀牛角功能的重要性有着非典型性的"适应论者"的错误认识，这对于此处的讨论并非无关紧要的问题。如果犀牛角真的是一种对抗捕食者的适应性，那实际上很难想象为什么独角在对付亚洲的捕食者时更有用，而双角在对付非洲的捕食者时更有用。然而，如果犀牛角是一种对于物种内竞争和威吓的适应性，事实似乎也的确如此，那么完全有可能一只独角犀会在一块大陆上处于劣势，而一只双角犀在另一块大陆上遭罪。只要游戏是以威吓之名继续的（或是如费希尔在很久以前教导我们的，称为性吸引），那么无论种群中大多数采取的方式是什么，只需与其一致就能具备优势。具体的威吓展示及其相关的器官可能是任意的，但是任何个体如果由于突变而偏离了已经建立起来的习惯，那就只能承受悲伤了（Maynard Smith & Parker 1976）。

可用的基因变化

一个潜在的选择压力无论有多么强大也不一定会导致进化的发生，除非具备一个基因变化让这个选择压力可以发挥作用。"因此，虽然我可以争辩说在胳膊和腿之外再拥有翅膀对于某些脊椎动物来说可能会是一种优势，但是没有什么动物进化出了第三对附肢，大概是因为从来没有可用的基因变化。"（Lewontin 1979b）人们有理由不同意这样的观点，比如说，猪没有翅膀的唯一原因是选择作用从未青睐过这样的进化。当然了，我们在做如下这种建立在以人类为中心的常识基础上的假设时必须要特别小心：对于任何动物而言，长一对翅膀显然挺有用，即便不怎么经常会用到也是如此，所以在一个给定的种系中没有出现翅膀时，原因一定在于缺乏可用的突变。雌性蚂蚁如果恰好被培养为蚁后的话，就会长出翅膀来，但如果被培养成工蚁，它们就不会展现出生长翅膀这种能力来。更为惊人的是，很多昆虫物种的皇后都只会使用一次自己的翅膀，就是在婚飞中，然后就会采取极端的措施，把翅膀从根部咬断或折断，为它们在地下的余生做好准备。这证明，翅膀有成本，也有收益。

查尔斯·达尔文思想的精妙在他的一段讨论中有着令人印象极为深刻的展现，这段讨论是有关于海岛昆虫的无翅性与有翅成本。他的讨论与我们此处的内容相关的一个观点是，有翅的昆虫或许会有被吹到海上去的风险，于是达尔文（1859，p.177）提出，这就是为什么许多岛屿上的昆虫都有着缩小的翅膀。但是，他也注意到有一些岛屿昆虫却与无翅背道而驰，反而有着超大号的翅膀。

> 这与自然选择的作用是相当协调的。因为当一只新的昆虫来到岛屿上的时候，自然选择会让翅膀变大还是变小，这取决于能否有更多的个体在与海风的对抗中成功存活下去，或是通过放弃对抗海风，同时以很少甚至不再飞翔的代价存活下去。这就好像在海岸附近遭遇海难的船员所面临的情况一样：对于很会游泳的船员来说，如果他们有能力游得更远一些，那一定会更好；对于不太会游泳的船员来说，如果他们根本就游不了泳，只能困在遇险船只上，也算是好一些的结果。

虽然几乎可以听到人们齐声低吼"根本证明不了！同义反复[1]！只是有条理的故事而已！"，但是也很难找到更为干净利落的进化推导过

---

[1] 同义反复的本义是指用不同的形式来重复表达同一个含义的修辞手法，在此处指一种不科学的定义或阐述概念的方式，即用一个与概念不同形式的表述来定义这个概念本身。

程了。

回到猪是否曾经有可能进化出翅膀这个问题上来，莱文廷无疑正确的一点是，对于适应性感兴趣的生物学家没有余地去忽略突变性变化的可用性这个问题。诚然，事实是我们中的许多人虽然没有梅纳德·史密斯和莱文廷的那些关于遗传学的权威性知识，但与梅纳德·史密斯一样倾向于假设"某种适当类型的基因变化通常是会存在的"。梅纳德·史密斯做此假设的基础在于"除了个别的特例以外，人工选择总被证明是有效的，无论被选择物种是什么，被选择的性状是什么"。为梅纳德·史密斯所彻底接受的一个众所周知的案例是费希尔（1930a）关于性别比例的理论，而这样的案例中似乎常常缺乏最优理论所需要的基因变化。养牛者要培育出高产奶量的、高产肉量的、体形大的、体形小的、无角的、抵抗不同疾病的、以及凶猛的头牛种系，这都是毫无问题的。对于乳品业来说，要是还能培育出有着性别偏差，雌性牛犊比雄性牛犊多的种系，那显然会有巨大的好处。所有就此进行的尝试无一例外都失败了，显然是因为所需要的基因变化并不存在。我知道这个现象时相当吃惊，甚至有些担忧。这大概反映了我自己的生物学直觉已经被误导到了什么程度。我更愿意把这种情况视为一个例外，但是莱文廷认为我们需要更多地去关注可用基因变化造成的限制问题，而这一点当然是对的。从这个观点来看，把人工选择作用在许多不同性状上时所遭遇的顺从或反抗的情况汇编到一起，那一定会很有意思。

与此同时，还是有一些常识性的东西可以说一说。首先，利用可用突变的缺乏来解释某种动物为什么没有我们认为合理的某种适应性，这是合理的。但是这种讨论不能反其道而行之，例如，我们或许确实认为猪要是有翅膀的话会更好，并且认为它们没有翅膀只是因为它们的祖先从未产生过必要的突变。但是如果我们看到一种动物有一个复杂的器官，或者有一个复杂而耗时的行为模式，我们似乎会有强烈的理由去猜测这复杂度必定是由自然选择组装出来的。像我们已经讨论过的蜜蜂的舞蹈，或是鸟类"蓄蚁[1]"，竹节虫"摇动[2]"，鸥类移除蛋壳等习性，都是消耗时间、消耗能量的，而且颇为复杂。可行的假说认为它们必定有着达尔文主义的生存价值，这样的假说是极其有力的。在少数案例中，事实证明的确有可能找到其生存价值（Tinbergen，1963）。

第二个常识性的论点是，"没有可用的突变"这一假说在以下情况下会失去说服力，即当该物种的一个亲缘物种，或是该物种自身处于不同的环境中时，表现出了能够产生必需的基因变化的能力。我会在后面介绍一个案例，案例中一种叫平原爱沙蜂（*Ammophila campestris*）的掘土蜂的已知能力被用于阐明其亲缘物种大金掘土蜂（*Sphex ichneumoneus*）类似能力的缺乏。同样的讨论如果更精细的话，就可以用于任何一个物种身上。例如梅纳德·史密斯（1977，也可参见 Daly 1979）就总结出了一篇论文，提出了一个很欢乐的问题：为什么雄性哺乳动物不分泌乳汁？我们不必去了解他为什么认为雄性哺乳动物应该有此功能的细节，他有可能是错的，他的模型也有可能建错了，这个问题的真正答案可能只不过是雄性哺乳动物这样做的话没有回报。但这里的关键在于，这个问题与"为什么猪没有翅膀？"不属于同一类问题。我们知道雄性哺乳动物具备分泌乳汁所需的全部基因，因为一个雌性哺乳动物的全部基因是从雄性祖先那里继承来的，也有可能再传给雄性的后代。基因上是雄性的哺乳动物通过激素处理实际上也能发育成为分泌乳汁的雌性。这就让下面这个论述不太可能成立了：从突变的角度来讲，雄性哺乳动物不分泌乳汁的原因只是在于它们从没"想过要去那么做"。（实际上，我打赌我能够培育出一个能够自发分泌乳汁的雄性品种，只要选择那些对于逐渐减少的激素注射有着越来越强的敏感性的个体就行。这将是对于鲍德温／沃丁顿效应的一次有趣实践。）

---

[1] 指一些鸟类把蚂蚁蓄于羽间的习性，被认为有助于驱除身上的寄生虫。
[2] 指一部分竹节虫行进时有节奏地左右摇动身体的习性，被认为是为了模拟树叶的晃动，以增强拟态的真实性。

　　第三个常识性的论点是，如果我们所假定的基因变化主要是一个已经存在的变化的简单数量性扩展，这比一种激进的创新要更有可能成真。假定一只突变的猪有翅膀的残留物不太可能成立，但是如果假定一只突变的猪比现在的猪有着更卷曲的尾巴，这就不是什么不可能成立的事情了。我曾经在别的文章中详细说明过这个问题（Dawkins 1980）。

　　无论如何，我们需要一种更精巧的方式来处理这样一个问题：可突变程度上的差异化对进化带来的冲击到底是什么？对于一个给定的选择压力，到底有或没有可用的基因变化来做出回应。这样一个非此即彼的提问方式是不够好的，正如莱文廷（1979a）所做的正确表述："不仅仅适应性进化的质的改变的可能性受到了可用基因变化的制约，而且不同性状进化的相对速率也与各自基因变化的数量成正比。"我认为这一观点与前一节中所讨论的历史性制约结合在一起，就为我们的想法开启了一个重要的方向。这个观点可以用一个相当有意思的例子加以阐明。

　　鸟类用羽毛做的翅膀飞翔，蝙蝠用成片的皮肤做的翅膀飞翔。为什么它们不用同样的方式来生成翅膀呢？哪种方式是"最优的"？一名坚定的适应论者可能会回应说：鸟类必然是用羽毛更好，而蝙蝠用翼膜更好。一名适应论的极端反对者可能会说：对于鸟类和蝙蝠来说，很有可能羽毛的确都是比翼膜更好的，但是蝙蝠从未如此幸运，能够产生正确的突变。但是，还有一种介于两者之间的观点，我发现它比两种极端的观点更有说服力。让我们姑且向适应论者做出让步，承认如果有足够长的时间，蝙蝠的祖先可能也能够产生一系列的基因突变，足以让它们生出羽毛来。这句话的关键之处在于"有足够长的时间"。我们不是在不可能和可能的突变变化中做一个有或无的区分，而只不过是表述一个不可否认的事实：有些突变就数量而言比其他的突变更有可能发生。在这个例子中，哺乳动物的祖先或许已经同时产生了初级羽毛的突变和初级翼膜的突变。但是羽毛雏形的突变体（它们可能必须要经过尺寸较小的中间阶段）要显现出飞行的效应来会比较慢，翼膜的突变体则会相对快一些，于是翼膜翅膀早早就出现了，导致进化最终出现了蝙蝠那种还算有效的翅膀。

　　这里体现的普遍性的观点与在适应性景观里已经论述过的很接近。在那个讨论中，我们考虑的问题是：选择作用阻止了种系从局部最优的魔爪中逃脱出来。而在此，我们让一个种系面临着两条可选的进化路径，比如说一条导向羽毛翅膀，另一条导向翼膜翅膀。带羽毛的设计可能不仅仅是全局最优的方案，而且也是目前的局部最优方案。也就是说，这个种系可能恰好就坐在休厄尔·莱特那幅景观中羽毛之峰的山坡下，只要取得必要的突变，它就将轻松爬上山。最终，根据这个有意思的寓言故事，这些突变可能已经出现了，但是也已经晚了——而这才是重点所在。翼膜突变来得比它们更早，而这个种系已经在翼膜适应性的斜坡上向上爬太久了，已经无法回头了。就像河流选择阻力最小的下山路线，因此总是蜿蜒流向大海，但绝对不会走一条直线，一个种系也是如此，其进化的历程总是根据任何一个给定时刻可用的基因变化来选择出某种效应来。一旦一个种系已经开始在一个给定的方向上进化，这本身可能就会关闭此前其他可用的选项，截断了去往全局最优的可能路径。我想要说明的是，缺乏可用的基因变化并不一定要到非常绝对的程度，才会成为完美化的重要制约，只需要数量上的一点阻碍就能产生显著的性质上的效应。那么，我在精神上对于古尔德和凯洛威（Gould & Calloway 1980）以下的表述是赞同的，他们引用了弗尔迈伊[1]（Vermeij 1973）一篇令人极其兴奋的关于形态多能性的数学研究论文，称："有些形态能够被扭曲、弯折，并用不同的方式加以替换，另一些形态则不可能。"不过我更愿意弱化这个"不可能"，把它表述为一种定量的制约，而非绝对性的壁垒。

　　麦基奇（McCleery 1978）在用令人愉悦的通俗易懂的方式介绍麦法

---

[1]　指海尔特·弗尔迈伊（Geerat Vermeij），荷兰盲人古生物学家。

兰（McFarland）学派的动物行为最优性理论时，提到了司马贺[1]关于"满足最低需求"[2]的概念可以作为优化方案的一种替代方案。如果优化系统的重点在于最大化某件事情，那么满足最低需求的系统只需做够即可。在我们这里，做够意味着做到足够活下去。对于这种"足够性"的概念，麦基奇仅满足于抱怨它并没有产生太多实验性的工作成果。我认为进化论令我们得以对此持更为负面的先验[3]性观点。活着的生命被选择出来，并不只是单纯因为其能够存活的能力，它们是在与其他活着的生命进行的竞争之中存活下来的。作为一个概念，"满足最低需求"的问题在于它完全把竞争因素给排除在外了，而这个因素对于所有生命都是基础性的。用戈尔·维达尔（Gore Vidal）的话来说："成功尚不足够，必要他人失败才可。"

另一方面，"优化"又是一个不走运的词，因为它暗示其实现了工程师眼中的一种总体上的最优设计。它倾向于无视关于完美化的制约，而这正是本章的主题。从很多角度来讲，"改善化"这个词都表达了一种合理的中间路线，介于优化与满足最低需求之间。在此，优化意味着最好，改善意味着更好。在前文中，关于历史性制约，关于莱特的适应性景观，关于河流沿着最小阻力的路线前进，我们所考虑的那些论点都与一个事实有关，那就是自然选择总是在当前可用的选项中挑选更好的那一个。大自然不具备那样的远见，能够把一系列的突变组合在一起，让一个种系走上通往终极全局最优之路——哪怕它们可能会导致暂时的缺点。大自然无法克制自己不去青睐那些当前能够带来小小优势的可用突变，哪怕能够在以后才会出现的最优突变中获得更大的好处也是如此。

---

[1]　司马贺（Herbert Alexander Simon），美国科学杂家、图灵奖得主、诺贝尔经济学奖得主，在认知心理学、计算机科学、经济学、科学哲学等诸多领域都有重要贡献，对于我国的计算机科学和心理学发展都有影响。他在 70 多岁时开始自学汉语。

[2]　司马贺提出的一种决策方法，指在最优方案无法确定时，对可选方案一一筛查，直到可接受的最低目标得以满足。他认为这种决策方法对于由于缺少知识而无法对真实世界计算出最优方案时，可以有效地解决决策困境。

[3]　先验的拉丁文 a priori 常用于逻辑、哲学及数学中，用以表示"在经验之前"就已经形成或存在的概念，即与经验无关的。此处指无须对"满足最低需求"做实际的实验或研究，即可以得出的结论。

就像一条河流，自然选择沿着遭遇最小阻碍的立即可选的连续路线来盲目地改善它向下流的路径。可以想象，由此得到的动物不是最完美的设计，甚至只是勉强度日而已。它是一系列历史改变的产物，每一次改变最多也就是代表着当时恰好是更好的那一个可选项。

成本与材料的制约

"如果对于可能性没有任何制约，那么最好的表型就将永远生存下去，对于捕食者而言将会是不可战胜的，在生育方面将会以无限的速率产卵，等等。"（Maynard Smith 1978b）"一位工程师面前的绘图板上如果放着一张白纸，那么他可能会为鸟类设计出一副'理想的'翅膀，但是他会要求知道自己必须要在什么样的制约下工作。他是否被限制只能用羽毛和骨头？或者他是否可以用钛合金来设计骨架？他被允许在翅膀上花费多少成本？可用的经济投资中有多少必须被花到其他事情上，比如产卵？"（Dawkins & Brockmann 1980）在实际情况下，一位工程师通常会得到一份对于性能最低要求的明确指标，比如"这座桥必须能够承受10吨的负荷。……机翼在比最糟糕的湍流还要严重两倍的气流中也必须不被折断。现在去做你的设计吧，要尽可能节省"。最好的设计是以最低的成本满足指标要求（"满足最低需求"）的方案。任何设计如果能够获得比指定的标准还要"更好"的性能，那它很有可能会被退回，因为那就说明这个指定的标准有可能会以更低的成本来达到。

特定的指标规格是一种没理由的工作标准。安全裕量为什么是可能出现的最糟条件的三倍？这里面没什么神奇的原理。军用飞机的设计可能会比民用飞机有着更为冒险的安全裕量。事实上，工程师需要优化的事项能够汇总成对于一系列问题的金钱化衡量，包括人身安全、速度、便利性、大气污染等等，对每一个项目投放的资金量都要做出判断，也常常意味着争论。

在动物和植物的进化设计方面，没有判断，也没有争论，唯有这场演出的人类观察者们会争吵不休。不过，自然选择也必须要有在某种程度上与这些判断相等价的东西：被捕食的风险必须要相对饿肚子的风险以及与额外一个雌性交配的益处来权衡。对于一只鸟来说，用于制造振翅所需的胸肌的资源，也可能本可花在制造蛋上。无论过去还是现在，一个加大的脑都会让行为调控变得更为精细，以应对环境的细微改变，但是付出的代价就是在身体前端增加额外的重量，结果必然需要一条更大的尾巴来保持空气动力学的平衡，结果又……有翼的蚜虫不如同一物种中无翼的蚜虫多产（语出肯尼迪[1]与我的私人通信）。每一种进化的适应性都要有其成本，成本可以体现为失去了完成其他事情的机会。这一点的正确性就如同一句传统的经济学至理名言一样："天下没有免费的午餐。"

生物学货币的转化就是以某种像"生殖等价物"一样的通用货币来评估振翅肌肉、歌唱时间、对捕食者的警惕时间等问题的成本。当然，研究这种转化的数学问题可能会是非常复杂的学问。尽管一个工程师所面临的数学问题可以被简化（只要满足了那个无理由选定的最低阈值即可），但是生物学家却没有可能这么轻松。有极少数生物学家试图去努力解决此类问题的细枝末节（例如 Oster & Wilson 1978；McFarland & Houston 1981），他们应该得到我们的同情与赞赏。

另一方面，虽然这其中的数学问题是令人望而却步的，但我们并不需要数学就能推导出最重要的一点：任何对于生物优化的观点，如果否认了成本以及交易的存在，那就必然是错的。一名适应论者只看到了一种动物的身体或是行为的一个方面，比如只看到了翅膀的空气动力学性能，却忘记了翅膀的效率只有通过成本才能换取，而这个成本只有在这

---

[1]　指约翰·斯多达特·肯尼迪（John Stodart Kennedy），英国昆虫学家。

种动物的经济的其他某个方面才能感受得到。显然，这样的认识理应受
到批评。不得不承认，我们之中有太多人虽然从未实际否认过成本的重
要性，却忘记了提及它们，或许甚至还忘了在我们讨论生物功能的时候
考虑这些因素。这可能已经招致了一些针对我们的批评。在前面的一节
中，我引用了皮腾德里赫的评论，称靠适应性形成的组织体系是"用替
代品修修补补拼凑出来的东西"。我们一定也不要忘了，那还是一次又
一次妥协之后的玩意儿（Tinbergen 1965）。

理论上讲，以下过程会是非常有价值、有启发性的：首先假设一种
动物要在一组给定的制约条件下优化某样特性，然后努力去搞明白这些
制约条件分别是什么。这是麦法兰和他的同事所称的"逆向最优"方法
的一个受限制的版本（例如 McCleery 1978）。作为一个案例研究，我应
该花些工夫来说说我恰好熟悉的例子。

道金斯和布洛克曼（1980）发现，布洛克曼研究的一种叫作大金掘
土蜂的黄蜂有一种行为，连最幼稚的人类经济学家也可能会因此批评它
是不适应环境的。掘土蜂个体似乎会犯一种"协和式谬误"，即对于一
种资源价值的评估取决于它们已经在上面花了多少成本，而非它们未来
能从其中得到多少。简要来说，有如下证据。独居的雌性掘土蜂用螯针
挖掘好洞穴，再捕捉蝈蝈使其瘫痪，当作自己幼虫的食物。偶尔，两只
雌性会发现它们正在用同一个洞穴做准备，它们通常会打一架来决定洞
的归属。每一场战斗都要进行到失败者逃离这个区域，留下获胜者控制
着洞穴，并占有双方所抓获的所有蝈蝈为止。我们定义一个洞穴的"真
实价值"在于其中所含有的蝈蝈的数量。两只掘土蜂对于这个洞穴各自
所做的"前期投资"以其放进去的蝈蝈的数量来做度量。证据表明，每
只掘土蜂在一场战斗中持续的时间与其所做的投资成正比，而不是与这
个洞的"真实价值"成正比。

这样的对策在人类心理学上也有很明显的体现。我们也是倾向于为
了自己通过巨大努力才收获的私有物进行坚决的斗争。这一谬误的名字

来源于一个真实的事件。每当有一个头脑清醒的关照未来前景的经济学家劝告人们放弃对于协和式超音速客机的开发时，一种支持这个完成了一半的项目继续下去的声音就会通过回顾的方式争辩说："我们已经在这上面花了这么多钱，现在已经无路可退了。"一种更常见的支持继续打仗的争辩给了这个谬误另一个名字——"我们的孩子不应该死得毫无价值"之谬误。

当布洛克曼博士和我第一次意识到掘土蜂有着类似的行为方式的时候，我必须要坦承，当时自己有一些不安，可能是因为我自己在过去的一些"投资"努力（Dawkins & Carlisle 1976；Dawkins 1976a）就是为了说服我的同事们相信一件事：心理学上表现出来的协和式谬误本身就是一个谬误！但是接下来，我们就开始更严肃地思考成本制约的问题。如果考虑成本制约的话，这种看似不适应的行为是否就可以成为一种优化从而得到更好的解释呢？于是问题变成了：是否有一种制约能够让掘土蜂的协和式行为成为它们在这种制约之下所能达到的最佳选择？

事实上，当时面对的问题远比这个还要复杂，因为还有必要将简单的最优性概念替换成梅纳德·史密斯的进化稳定策略概念，但是原则仍然是：采用逆向最优性方法可能还是有启发性价值的。如果我们能够证明一种动物的行为是一个优化体系在制约条件 X 下工作时所能产生的，可能我们就能用这种方法来了解动物实际上必须遵从的这种制约了。

在当前这个案例中，似乎相关的制约条件只有一个——感官能力。如果掘土蜂出于某种原因并不能数清楚洞穴里的蝈蝈数量，但是能够在某些方面给它们自己的捕猎努力进行计数，那么两个竞争对手就有了信息不对等的情况。每一只都只"知道"洞穴里至少包含有 b 只蝈蝈，其中 b 是它自己已经捕捉到的数量。它可能会"估计"洞里的实际数目要比 b 多，但是它并不知道具体多了多少。在这样的条件下，格拉芬证明可期待的 ESS 大概近似于最初由毕晓普[1]和坎宁斯[2]（1978）计算得到的那个所谓的"全面化的消耗战"。这里面的数学细节可以放到一边，就我们目前讨论的目的来说，关键在于一个扩展的消耗战模型所估计的行为，看起来将会非常像掘土蜂实际展示出来的协和式行为。

如果我们对于检验"动物会优化"这样一个普遍性的假说感兴趣，那么上述这种事后诸葛亮的推理就很值得怀疑了。通过对假说细节方面的事后修正，一个人总能找到一个与事实相符合的假说版本。梅纳德·史密斯（1978）对于这类批评的回应就与此有关："在测试一个模型时，我们不是在测试'大自然会优化'这样一个普遍性的观点，而是关于制约条件、优化标准，以及遗传性的特定假说。"在当前这个案例中，我们要做一个普遍性的假设，即大自然的确在制约之下优化，并且对于那些可能的制约条件的相应的特定模型进行测试。

之前提出的具体的制约条件是，掘土蜂的感官系统没有能力评估洞穴内所容纳的物品。这一点与同一种群的其他独立研究所呈现的证据是一致的（Brockmann，Grafen & Dawkins 1979；Brockmann & Dawkins 1979）。不过也没有理由将之视为一个永远不变、不可反转的固定限制。可能掘土蜂能够进化出来评估巢内所含物品的能力，但是需要付出成本。人们长久以来就知道与大金掘土蜂有亲缘关系的平原爱沙蜂有能力每天对它们的每个巢穴的内含物都做出评估（Baerends 1941）。大金掘土蜂每次只准备一个洞穴，产一枚卵，然后用土壤把洞填好，让幼虫自己去吃洞里准备好的食物。与之不同的是，平原爱沙蜂是一种渐次式的积累者，同时为多个洞穴做准备。一只雌虫要同时照顾两到三只成长中的幼虫，每一只都处于一个彼此分开的洞穴中。它的几只不同幼虫的年龄是错开的，对于食物的需求也是不同的。每天早上，它要在一次特别的"巡视"中查看每个洞穴目前的存货。通过在实验中人为改变洞穴里的

---

[1] 指蒂姆·毕晓普（Tim Bishop），英国进化生物学家。
[2] 指克里斯·坎宁斯（Chris Cannings），英国进化生物学家。

存货，巴兰兹[1]的研究表明雌虫会就此调整它一整天为每个洞穴补充食物的量，以应对它在早间巡查中发现的情况。尽管这种补充的行为要持续一整天，但是洞穴中的食物在一天中其他时间内的改变则对雌虫的行为没有影响。所以，雌虫在使用它的评估技能时似乎很吝啬，在早间巡查之后的其他时间里就把这技能给关上了，几乎就像是使用着一台价值不菲又非常耗能的设备。可能与这个有意思的类比一样，这种评估技能无论具体是什么，都有可能需要一定的间接运营成本，即便（据巴兰兹，私人通信）那只涉及了时间方面的消耗而已。

大金掘土蜂不是一种渐次积累者，倾向于一次准备一个洞穴的食物，那么它似乎应该比平原爱沙蜂要有着更少的洞穴评估需要。如果不去试图搞清楚洞穴里食物的数量，它不仅能节省一些运营成本——平原爱沙蜂似乎需要非常小心地去分配这样的运营成本，还能把自己从最初的制造成本中解脱出来，不用去制造那些必要的神经和感官器件。或许，它能够从具备评估洞穴内含物的能力中获得一些微小的优势，但是只有在一种相对罕见的情况下才有用，那就是当它发现自己要与另一只掘土蜂竞争一个洞穴时。很容易想明白的就是，这个成本要大过收益，而选择作用也因此从未青睐过评估器官的进化。我认为，相对于"必要的突变变化从未出现"这样的假说，上面这个假说要更有建设性，也更为有趣。当然，我们得承认，前一类假说也有可能是真实情况，但是我更愿意只把它当成最后的救命稻草。

在一个层次上由于另一个层次的选择作用所造成的不完美

这本书所要解决的一个主要问题就是自然选择究竟在哪个层次上发挥作用。选择作用在生物群体的层次上时我们所应看到的适应性，会

---

[1] 指杰拉德·巴兰兹（Gerard Baerends），荷兰生物学家。

与选择作用在生物个体的层次上时我们所期待看到的适应性存在相当的差异。由此就可以得出结论，一名个体选择论者视为适应性的东西，可能在另一名类群选择论者看来不完美。这就是我认为古尔德和莱文廷（1979）的下述观点不太公平的主要原因：他们把现代适应论与霍尔丹用伏尔泰笔下的潘格罗士博士[1]命名的幼稚的完美论画上了等号。由于不认同存在对完美化的制约条件，一名适应论者便有了资本去相信一种生物的所有方面都是"通过适应而产生的对于问题的最优解决方案"，或者"对于一种生物在其环境中所做的事情，实际上不可能有谁会做得比它更好"。然而这样一名适应论者会极其在意他所使用的像"最优"和"更好"这样的词汇的含义。实际上有许多种类的适应性解释，的确也有潘格罗士式的，而像大多数类群选择论的适应性已经被现代适应论者彻底抛弃了。

对于潘格罗士论者来说，证明某事是"有益的"（到底对谁或对什么有益却常常未加指明）就是对其存在性的充分解释。而另一方面，新达尔文主义的适应论者坚持要搞清楚选择进程的确切本质——如果它能导致进化出一种推定的适应性的话，尤其是，他会坚持用精确的语言来说明自然选择应该起作用的层次是什么。潘格罗士论者看到一种一比一的性别比例时，会认为这很好，因为这难道不是对于种群资源浪费的最小化吗？新达尔文主义的适应论者则会从细节上去考虑基因的命运（这些基因在父代身上发挥的作用导致了它们后代的性别比例的偏差），并且会去计算这个种群的进化稳定状态（Fisher 1930a）。潘格罗士理论在一夫多妻制的种群中就不再那么融洽了，在这样的种群中，雄性中的一小部分掌管着"后宫佳丽"，而其他的雄性只能坐在一群单身汉中间，消耗着整个种群几乎一半的食物资源，然而却对种群的繁衍根本做不出任何贡献。新达尔文主义的适应论者自有他的办法来跨过这道难题。这

---

[1]　在法国著名哲学家、有着"法兰西思想之父"之称的伏尔泰所创作的讽刺小说《憨第德》中，潘格罗士博士是主人公在城里过着贵族生活时的老师，代表了一种莱布尼茨式的乐观主义。

个系统的效率可能从种群的角度来看有着丑陋的低效率，但是从影响性状的基因的角度来看则是和谐融洽的，没有什么突变体可以在这件事上做得更好了。我的观点则是，新达尔文主义的适应论并非全能的、全面的信仰，并非对所有问题都是最佳的解释，它只是把易于发生在潘格罗士理论中的大多数适应性解释都排除掉了。

若干年以前，一位同行收到了一位想要读研究生的学生发来的申请，希望能够从事适应性方面的研究。这名学生是作为有神论者成长起来的，当时并不相信进化论。不过他相信适应性，但认为适应性是由上帝设计的，设计目的是为了将益处给予……啊，说不出来了，不过这恰恰就是问题所在！或许人们会认为，这个学生相信适应性是由自然选择的还是由上帝产生的无关紧要，毕竟无论是因为自然选择，还是因为上帝，反正适应性都是"有益的"，难道就不能招收一位有能力的有神论学生来探索生物从中受益的具体方式吗？对此，我的观点是否定的，因为在生命的层级体系中，对于一个实体有益的事情可能对于另一个实体来说是有害的，而创造论没有给我们任何基础让我们可以去假设一个实体会愿意让另一个实体得到繁荣。顺带一说，这位信仰有神论的学生可能会在工作时突然停下来，奇怪上帝为什么花了很大的力气来为捕食者提供优美的适应性以捕捉猎物的同时，还要在另一方面给猎物以优美的适应性来妨碍捕猎行为。或许上帝就是喜欢观看这样的竞赛。回到主题上来，如果适应性是由上帝设计的，他可能是为了让动物个体受益（它的存活或是广义适合度，当然这两者不是一码事）而进行设计的，也可能是为了让物种受益，甚至让其他物种，比如让人类受益（有神论者常见的观点），还可能是为了让"大自然的平衡"受益，或是其他某些只有他自己才清楚的神秘莫测的目的。以上这些目的常常是互不相容的，互为替代关系的。所以适应性究竟对谁有益，这真的是一个至关紧要的问题。那些多配制的哺乳动物中的性别比例偏差现象，在一些特定的假说中是无法解释的，而在另一些假说中可能很好解释。一位适应论者如果在对于自然选择的基因理论有着恰当理解的框架之下工作，那么对于潘格罗士论者或许会认可的可能的功能方面的假说，这位适应论者只会赞同其中非常有限的一部分。

本书所要传达的一个主要信息是，出于许多目的，最好不要把选择发挥作用的层次认定为生物个体或是群体，或是任何更大的单位，而要选择基因，或是更小的基因片段。这个困难的话题要在后面的章节中进行讨论。在此，只要知道以下这一点就足够了，即在基因层次上的选择，能够产生在个体层次上明显的不完美。一个经典的例子是杂合体优势现象。哪怕一个基因在纯合体中会显示有害的效应，它在杂合体中由于有益的效应也肯定会被选择。作为结果，种群中的生物个体就会有一个可以预测出来的比例，必然会带着纯合体所造成的缺陷。普遍性的关键之处就在于此。在一个有性的种群中，生物个体的基因组是种群中所有基因几乎随机组合的产物。基因相对于其等位基因而接受选择，标准就是基因的表型。基因分布在种群之中的个体的身体里，遍布整个种群，传了一代又一代，而所有个体中的基因也因此被平均化。一个给定基因所具有的效应通常取决于与它共享身体的其他一些基因——杂合体优势只不过是这之中的一个特例。要选择好的基因，那么群体中存在一定比例的糟糕个体似乎是一个几乎无可避免的结果，这里的"好"指的是一个基因在统计学的身体样本中的平均效应，而这个好的基因在这些身体样本中取代了其他的基因。

只要我们还接受孟德尔式的随机重组作为给定和不可避免的条件，那么上述结果也将是必然的。威廉斯（1979）无法找到证据来证明性别比例是适应性进行精心调制的结果，他对此感到很失望，得出了一个很有洞察力的观点：

> 性别只是后代身上许许多多似乎由父母来控制的适应性中的一员。比如说，在受到镰状细胞贫血影响的人类群体中，一个杂合

体女性的带有显性 A 基因的卵子如果能够由带有隐性 a 基因的精子授精，或者反之，都会是有益处的，甚至终止纯合体胚胎的妊娠也是有益的。然而如果配偶也是杂合体，那么她就肯定要来一场孟德尔式的抽奖，即便这将意味着她一半的孩子会有显著降低的适应性。……在进化之中真正基础的问题可能只有在下述情况下才是可以回答的，那就是把每一个基因都视为与其他每一个基因有着终极的冲突性，甚至是同一个细胞里其他位点上的那些基因。对于自然选择，一个真正合理的理论最终必定还是基于自私的复制单元、基因，以及所有其他有能力偏差性地积累不同的变化形式的实体。

阿门！

由环境的不可预测性或"恶意性"造成的错误

无论一种动物对环境适应得多么好，这些环境条件也必须要看作一种统计意义上的平均水平。我们通常不可能在细节上应对每一个可以想象得到的意外事故，于是任何给定的动物将会因此常常被观察到犯下了"错误"——很容易就是致命的错误。这与已经提到的时间滞后问题不是一回事。时间滞后问题的出现是因为环境统计学特性的不固定性：现在的平均条件与动物的祖先所经历的平均条件是不同的。而这里要说的问题更加无可避免。现代的动物可能是生活在与祖先相一致的平均条件之下，但是两者面对的环境中每时每刻可能发生的事情在每一天中也是不同的，这些情况太复杂了，不可能进行精确的预测。

这种错误尤其是在行为方面常常会见到。一种动物更为静态的那些特性，比如它的解剖结构，显然是对长期平均条件适应的结果。一个动物个体的体形要么大，要么小，即便有需求也不可能眨眼间就发生改变。行为作为一种快速的肌肉运动，是动物全套适应性本领中的一部分，专门与高速调节有关。动物可以时而在这儿，时而在那儿，一会上树，一会入地，快速响应环境中的意外情况。这类意外情况的数量如果以其细节来界定，将会像国际象棋棋局数量一样，实际上是无穷的。就像下国际象棋的计算机（以及棋手）学会了把棋局分成一些具有普遍性的局面分类，那么这个数字就成为可以处理得了的数目了，那么一名适应论者所能期望的最佳结果就是：一种动物已经被编制好了程序，面对普遍性的意外情况的分类，相应地执行合适的行为，而这个数字将是一个可以处理得了的数目。实际的意外情况只能与这些普遍性的分类大致吻合，因此一定会有明显的错误发生。

我们看到的上树的动物，可能是来自一个很久以前的树居祖先的种系。那些祖先经历自然选择时所爬的那些树总体来说与今天的树差不多是一样的，那么那些当时有用的普遍性行为准则，比如"永远不要去一根太细的树枝上"仍然是有效的。但是任何单独一棵树在细节上必然与另一棵树不同。树叶的位置稍有不同，树枝折断的应力只能从其直径上做一个大致的预测，诸如此类。无论我们在信仰上是多么坚定的适应论者，我们只能期望动物是统计平均意义上的优化者，永远不可能对所有细节做出完美的预计与准备。

到此为止，我们已经考虑了环境在统计学意义上的复杂性，并因此而难于预测。我们还没有考虑它从动物的角度来看所具有的主动性的恶意。当猴子们在粗壮的树枝上胡闹的时候，树枝当然不可能突然显露出蓄意的恶意。但是"粗壮的树枝"也可能其实是一条伪装的巨蟒，那么我们的猴子所犯的最后一个错误就不是意外了，而是在某种意义上成为蓄意设计好的"阴谋"。猴子所处的部分环境是死的，或者至少对于猴子是否存在没什么区别，而猴子的错误就可以被归因于统计学上的不可预测性。但是环境的另一部分由活的东西构成，它们自己也适应了从猴子的牺牲中获取利益。猴子所处环境的这一部分就可以被称为有恶意的。

恶意环境造成的影响本身可能是难以预测的，其原因与前面一样，但是它们还引入了额外的危险，让受害者有更多的机会犯下"错误"。一只知更鸟喂养其巢中的杜鹃时就犯下了错误，这个错误从某种意义上大概可以说是一个不适应的错误。这并非如同环境中的非恶意部分在统计上的不可预测性所导致的那种孤立的、不可预知的事件，这是一种反复出现的错误，折磨着一代又一代的知更鸟，甚至在同一只知更鸟的生命中会发生好几次。这类案例总是让我们感到奇怪，为什么这些生物在进化的时间尺度上仍旧顺从于这些有悖于它们最佳利益的操控？为什么选择作用不干脆抹除掉知更鸟易受杜鹃欺骗的特性？我相信，这类问题以及其他许许多多问题终有一天将会成为基础，从中产生出生物学的一个新的分支——专门研究操控、军备竞赛，以及表型的科学。

尾 注

下面的注解对应最初的 11 个章节。每一个注解都对应原文中的一个星号。

第 1 章　为什么会有人呢？

第 2 页：……1859 年之前试图回答这一问题的一切尝试都是徒劳无益的……

　　一些人，甚至是那些无神论者，都对辛普森这段引文有着抵触情绪。我承认，当你第一次读到这里时，一定觉得这段话听上去是那么庸俗、粗鲁与狭隘，有点像亨利·福特的名句"历史或多或少都是废话"。但是，抛开宗教性答案不谈（我很熟悉这些答案，所以请节省你们的邮票），当你真正开始回想前达尔文时代对诸如"人是什么？""生命有意义吗？""人生目的何在？"等问题的答案时，你所能想到的任何一个答案，除开其本身（一定的）历史价值以外，不都是一文不值吗？有些东西是完全错误的，而所有 1859 年之前对此类问题的答案都属此列。

第 4 页：我并不提倡以进化论为基础的道德观……

　　批评者们时常误以为《自私的基因》是在鼓吹自私乃是我们的生活准则！其他人，可能是因为他们仅仅读了标题或书的前两页，会认为无论我们喜欢与否，自私和其他一些阴暗面是我们天性中不可避免的一部分。如果你像其他很多人那样毫无道理地去认为基因的"决定性"是永远的——绝对而且不可逆，那么你就很容易落入这个错误当中。事实上，基因的决定性仅有统计学的意义（参见 41—45 页），"晚霞行千里"这句众所周知的谚语是一个很好的类比。从统计上来说，晚霞预示着次日是个晴天，但是我们不会为此下太大的赌注。我们很清楚地知道天气变化多端，会受到很多因素的影响。任何一次天气预报都可能被证明是错误的。那仅仅是一个统计学预报而已。我们并不会认为晚霞就一定代表第二天天气晴朗，那么我们同样也不应该认为基因真能确定些什么。没有任何理由能让我们相信基因的效果不能被其他因素影响甚至逆转。对于遗传决定论的详细讨论，以及为什么会有这些误解，请阅读《延伸的表型》第 2 章，以及我的论文《社会学：茶杯里的新风暴》（'Sociobiology: The New Storm in a Teacup'）。我还曾因为声称人类从本质上来说都是芝加哥匪徒而被谴责！但是芝加哥匪徒这个比喻的关键点在于：

　　了解一个人成功的环境能够告诉你一些关于这个人的事情。这和芝加哥匪徒的哪个具体的品质没有任何关系。我同样也可以用一些其他的类比，例如一个已在英国国教会取得高位的人，或者一个被选入雅典娜神庙的人。在任何一个例子中，我比喻的主体都是基因而不是人。

我在《捍卫自私的基因》（'In Defence of Selfish Genes'）这篇文章里讨论了这一点以及一些其他字面上的误解。上面那段话就是从其中摘录的。

我必须补充一句，那些本章偶尔出现的政治性对白让我在1989年重新阅读的时候很不舒服。"最近几年里，还需要把这（需要克制自私的贪婪以防止整个组织的灭亡）给不列颠的工人们说多少次呢？"这句话让我听起来就像一名托利党党员。1975年，在我写这句话时，我投票支持的社会主义党政府正尽全力与23%的通胀做斗争，很显然他们会很关注有关高工资的要求。像我这样的评论可以在当时任何一位工党大臣的演讲中找到。现在的英国拥有了一个新右派政府，它将吝啬与自私抬高到了意识形态的高度，我的话因此被联想到带有一些龌龊的意味，对此我表示歉意。但这并不意味着我会收回我说过的话。自私的短见仍然会带来我所提及的那些不想要的后果，但是在现在，如果有人想要在英国找寻关于自私的短见的例子，他不应该将目光瞄准工人阶级。实际上，我也许根本不应该把政治评论这个担子压在科学作品上，因为它们过时得是如此之快。20世纪30年代那些关注政治的科学家的作品在今天都被他们那些过时的讥讽毁掉了，例如那些来自约翰·伯顿·桑德森·霍尔丹及兰斯洛特·霍格本（Lancelot Hogben）的作品。

第7页：……把头吃掉可能反而会改善雄性的性活动。

我是在一个同事所做的关于石蛾的研究讲座中第一次听说这种雄性昆虫的古怪事实的。他提到他希望能在人工饲养环境中使石蛾繁殖，但竭其所能，他始终不能让它们交配。这时候，坐在第一排的昆虫学教授咆哮着说道："你没有将它们的头去掉？"就像这是一件如此浅显而不应该被忽略的事情一样。

第12页：……选择的基本单位，也就是自我利益的基本单位，既不是物种，也不是群体，严格说来，甚至也不是个体，而是遗传单位基因。

从我写下遗传选择性的宣言开始，我就在重新思考在长期进化的过程中，是否会偶尔出现一种更高层次的选择性。我得赶紧指出，我所谓的"更高层次"和"类群选择性"没有哪怕一丁点儿的关系。我指的是一些更微妙、更有趣的东西。我现在的感觉是，不仅仅某些个体对其他个体有着存活的优势，整个有机体的组合可能也会比其他的组合更容易进化。当然，我们这里提到的进化依然是老版本的进化，通过选择特定基因来完成。因为变异能影响个体的存活率和繁殖率，所以它们仍然受到欢迎。但一个新的在基本胚胎层面的关键变异却可能为今后数百万年的发散变异打开方便之门。一种在胚胎层面的更高层次的选择性使其本身更适合进化：一种朝向可进化性的选择。这种类型的选择性甚至可能积累并发展，而类群选择性达不到这一点。这些观点在我的论文《可进化性的进化》（'The Evolution of Evolvability'）里有详细论述，它们大部分是当我玩"盲眼钟表匠"时受到的启发，这个计算机程序能够模拟进化的很多方面。

第 2 章 复制因子

第 16 页：我的概括性叙述大概与事实不会相去太远。

我们有很多关于生命起源的学说。在《自私的基因》里，我只选择其中之一来阐述我的主要观点，而不是不厌其烦地全都过一遍。但我并不想留下诸如这是唯一严肃的答案或这是最佳答案这样的印象。事实上，在《盲眼钟表匠》中，我刻意挑选了另一种学说来解释同样的问题，那是凯恩斯-史密斯的黏土学说。在两本书里，我都没有认同所选择的理论假说。如果我再写另一本书，我可能会利用机会尝试从另一个角度来解说，比如德国数学化学家曼弗雷德·艾根（Manfred Eigen）及其同事的理论。我一直以来试图强调的是学说里的那些基本要素。每一个成功的关于任意星球上生命起源的理论都需要有这些基本要素，特别是要有能自我复制的遗传实体这个概念。

第 19 页："看哪！一个处女将要受孕……"

一些愤怒的读者致函质问我关于那部神圣的预言书把"年轻妇女"误译为"处女"的事情，并要求我给出答复。伤害宗教感情在现在是一件很危险的行为，所以我最好还是给出一个答复。其实对于那些不能经常在真正学术的脚注中得到满足的科学家来说，这是一件好事。事实上，这一点是研究《圣经》的学者都知道的，也并不会受到他们的反驳。《以赛亚书》中的希伯来词是עלמה（almah），这个词的含义肯定是年轻妇女，没有任何关于处女的暗示。如果想要表达处女，则应该使用בתולה（bethulah，模棱两可的英文单词"maiden"就展示了混淆这两个含义是多么容易）。这个"突变"发生于基督教以前的希腊文《旧约全书》，其中 almah 被译为παρθένος（parthenos），而后者的含义通常是处女。当马太（当然不是那位与耶稣同一时代的使徒，而是福音记录者在其后很久写作而成的）说"这一切的成就，是要应验主借先知所说的话：必有童女怀孕生子，人要称他的名为以马内利"（译自正统英译本）时，他引用了看起来是由希腊文《旧约全书》衍生而来的《以赛亚书》（因为 15 个希腊单词中只有两个不同）。在基督教学者中，大家广泛接受耶稣以处女所生这个故事是后来篡改的。这大概是由一些说希腊语的信徒带来的，以使这个（误译的）预言看起来是实现过的。在一些现代《圣经》版本中，《以赛亚书》里已经将这个词译为了"年轻妇女"（young woman），例如《圣经》英语新译本。在《马太福音》中，"处女"则被正确地保留了，因为在这里它们是由希腊原文翻译而来的。

第 22 页：在今天，它们群集相处，安稳地寄居在庞大的步履蹒跚的"机器人"体内……

这段华美的语言（一个罕见的，好吧，比较罕见的溺爱）被幸灾乐祸般地不断引用再引用，用来证明我狂热的"基因决定论"。其部分原因隐藏在对"机器人"一词流行却错误的理解中。我们正处于一个电子学的黄金时代，机器人不再是僵直死板与低能的，恰恰相反，它们已经有了学习能力、智力与创造力。讽刺的是，在 1920 年卡雷尔·卡佩克（Karel Capek）创造这个单词时，"机器人"其实就是指一个能有人类情感的机器，例如能够坠入爱河。那些认为机器人从定义上就比人类更加"确定"的人都有些思维混乱（除非他们是有宗教信仰的，在那种情况下他们可能会坚持认为比起机器，人类收到了来自神明的关于自由意愿的馈赠）。就像很多对我"步履蹒跚的'机器人'"这段的批评者一样，如果你也不信教，那么你就该直面接下来这个问题。如果不是一个机器人（尽管这个机器人十分复杂），那么你究竟认为自己是一个什么？我在《延伸的表型》第15—17页讨论了所有这些内容。

这些错误被另一种有效的"变异"积累。正如从神学来看，耶稣由处女所生有其必要性，从恶魔学的角度来看，任何一个称职的"基因决定论者"都必须相信基因"控制"了我们行为的每一个方面也有着相同的必要性。那些基因复制者"创造了我们，创造了我们的肉体和心灵"（22页），这句话像意料中的一样被误引用［例如在由罗斯、卡明（Kamin）和莱文廷所著的《不在我们的基因里》（Not in Our Genes）里，以及之前的一篇莱文廷的学术论文中］，"**它们**控制着我们，身体以及思想"（强调是我加的）。结合我章节的上下文来看，我认为我想表达的显然是"创造"，而这与"控制"风马牛不相及。任何一个人都能看出这点来，这是一个事实，基因并没有像被批评为"决定论"那样强烈地控制着它们的创造物。每一次我们使用避孕措施的时候，我们都轻易地（好吧，相对轻易地）藐视着它们。

第3章　不朽的双螺线

第27页：……某一个基因做出的贡献和另一个基因做出的贡献几乎是分不开的。

这就是我对基因"原子论"的批评者的回答，同样的回答也能在93—96页上找到。严格地说这只是一个预言而非答案，因为其存在早于那些批评！非常抱歉我必须如此完整地引用我自己的文字，但是《自私的基因》中相关的段落似乎太容易被错过了！例如，在《照看团队与自私的基因》（'Caring Groups and Selfish Genes'，《熊猫的拇指》中的章节）中，史蒂芬·杰·古尔德论述道：

> 没有基因来"定义"那些毫不含糊的形体特征，例如你的左膝盖骨或手指甲。身体不可能被细分为部件，而每个部件由一个单独的基因负责建造。成百的基因为制造大部分的身体组件做出了贡献……

古尔德在一篇对《自私的基因》的批评中写了这些话。但现在我们来看看我实际的文字（27页）：

> 制造人体是一种相互配合的、错综复杂的冒险事业，为了共同的事业，某一个基因做出的贡献和另一个基因做出的贡献几乎是分不开的。一个基因对人体的不同部分会产生许多不同的影响。人体的某一部分会受到许多基因的影响，而任何一个基因所起的作用都依赖于同许多其他基因的相互作用。

还有（40页）：

> 不论基因在世世代代的旅程中多么独立和自由，但它们在控制胚胎发育方面并

不是非常自由和独立的行为者。它们以极其错综复杂的方式相互配合和相互作用，同时又和外部环境相互配合和相互作用。诸如"长腿基因"或者"利他行为基因"这类表达方式是一种简便的形象化说法，但理解它们的含义是重要的。一个基因，不可能单枪匹马地建造一条腿，不论是长腿或是短腿。构造一条腿是多基因的一种联合行动，外部环境的影响也是不可或缺的，因为腿毕竟是由食物铸造出来的！但很可能有这样的一个基因，它在其他条件不变的情况下，往往使腿生长得比在它的等位基因的影响下生长的腿长一些。

在之后一段里我又强调了这一点，拿化肥对于小麦生产的影响类比。这似乎正是古尔德那么确定我是一个天真的原子论者的原因，但是他忽略了我的大段文字，而这些文字正是引出他后来坚持的那种相互作用主义的观点。

古尔德接下来写道：

> 道金斯将需要另外一个隐喻：基因核心小组，形成同盟，为加入一个盟约的机会而服从，找出大概的环境。

在赛艇的比喻中（42—44 页），我已经精确完成了古尔德后来推荐的内容。尽管我们持有如此多的相同观点，但看看这个赛艇的段落，再想想为什么古尔德关于自然选择的主张是错误的吧。他认为自然选择"接受或拒绝整个生物体就是因为所有部件的集合是以一种很复杂的方式相互作用而产生了优势"。而真正关于"合作的"基因的解释应该是这样的：

> 基因被选择，不是因为它在孤立状态下的"好"，而是由于它在基因库中的其他基因这一背景下工作得好。好的基因必须能够和与之长期共同生活于一系列个体内的其他基因和谐共存，相互补充。（96 页）

对基因原子论的批评者，我也在《延伸的表型》书中的第 116—117 页及 239—247 页写了一个更加完善的回应。

第 32 页：我采用的定义来源于威廉斯。

威廉斯在《适应性与自然选择》中的原话是：

> 我用基因这个词来表达"那个能够以可察觉的频率分离又重组的东西"……一个基因可以被定义为任何一种遗传信息，该遗传信息存在一个数倍于其内部变化速率的有利或不利的选择偏好。

威廉斯的书已经广泛传播，并且被正确地奉为经典，受到许多"社会生物学家"和社会生物学的批评者的重视。我认为很显然，威廉斯从没有认为他自己的"基因选择论"是在支持一些新的或革命性的东西，而我在 1976 年也同样没有那么做过。我们两个人都认为我们只是又一次地重复那些前人提出的基本原理，例如费希尔、霍尔丹和赖特这些 20 世纪 30 年代的新达尔文理论之父所提出的理论。尽管如此，可能是由于我们强硬的措辞，一些人还是很明显地对我们关于"基因是选择的基本单位"这个观点持反对意见，这包括休厄尔·赖特本人。他们最基本的理由是自然选择只能看到整个生物体，而不是它们体内的每个基因。我把对诸如赖特这种观点的回复写进了《延伸的表型》一书中，特别是该书的 238—247 页。威廉斯最新的关于基因是选择的基本单位这一问题的想法可以在《捍卫进化生物学中的还原论》（'Defense of Reductionism in Evolutionary Biology'）里找到，新的想法比以往都更加犀利。一些哲学家，例如赫尔（D. L. Hull）、斯特尼（K. Sterelny）和金切尔（P. Kitcher），以及汉普（M. Hampe）和摩尔根（S. R. Morgan）等，最近也对澄清选择的基本单位这一问题做出了有益的贡献。不幸的是，另外的一些哲学家却使其变得更迷惑了。

第 38 页：……作为遗传单位的个体因为体积太大、寿命太短，而不能成为有意义的自然选择单位……

效仿威廉斯，在我的主张，即一个单独的有机体不能够扮演复制因子在自然选择中的角色中，我在减数分裂上付出了很多琐碎的努力。我现在发现这只是事实的一半，另一半可以在《延伸的表型》的 97—99 页以及我的论文《复制因子和载体》（'Replicators and Vehicles'）中找到。如果那些琐碎的努力就是全部的话，一个无性繁殖的个体，例如一只雌性的竹节虫就会是一个真实的复制因子，一种巨型的基因。但是当一只竹节虫发生变化时，比方说少了一条腿，这样的变化是不会传递到后代的。基因则能够世代传递下去，无论是有性还是无性生殖。因此，基因才是真正的复制因子。以无性繁殖的竹节虫为例，整个基因组（它所有基因的组合）是一个复制因子，但竹节虫本身不是。一只竹节虫的躯体并不是前代的复制品。任何一代的躯体都是由卵开始，在其基因组的指挥下全新形成的。而这个基因组才是一个前代基因组的复制品。

所有本书的印刷本都会是一模一样的。它们都是复制品而非复制因子。之所以是复制品，不是因为它们互相复制，而是因为它们都复制于同样一块印版。它们并没有形成一个复制品的世系，没有哪些书是另一些书的祖先。但如果我们复印了一本书的一页，接下来又复印那个复印件，再复印那个复印件的复印件，这样一直下去就创造了一个复制品的世系。在这个书页的世系中，真实地存在着祖先和后代的关系。在这个世系中出现的任何一个新的污点，都会在其后代而非祖先中出现。一个这样的祖先/后代的世系就有着进化的可能。

从表面上来看，连续数代的竹节虫的躯体看上去像是组成了一个复制品的世系，但是如果你实验性地改变该世系中的一员（例如除掉一只腿），该变化不会在世系中传递下去。作为对比，如果你实验性地改变基因组世系中的一员（例如使用 X 光），该改变则会在世系中传递下去。这些改变，而非那些关于减数分裂的琐碎努力，才是单独个体并不是"选择的基本单位"，也不是一个真正复制因子这一说法的根本原因。大家早已公认拉马克主义遗传理论是错误的这一事实，恰好也是这个事实的重要结论之一。

第 44 页：另外一种理论为梅达沃爵士首创……

　　我被指责为什么将这个关于衰老的理论归功于梅达沃，而不是威廉斯（当然，这种指责并不是来自威廉斯本人或他指使的人）。的确，很多生物学家，尤其是在美国，大都是从威廉斯 1957 年的论文《多效性、自然选择，以及衰老的进化》（'Pleiotropy Natural Selection and the Evolution of Senescence'）中了解到这个理论的。同样，威廉斯也确实是在梅达沃之前详尽阐述了该理论。尽管如此，我自己的判断是基于梅达沃在 1952 年的《生物学中一个未解决的问题》（*An Unsolved Problem in Biology*）及 1957 年的《个体的独特性》（*The Uniqueness of the Individual*）中已经提出了该想法的核心概念。需要补充的是，我认为威廉斯对该理论的发展非常有助益，因为他为梅达沃没有明确强调的论断（"多效性"或"多基因影响"的重要性）做出了不可或缺的贡献。汉密尔顿最近在其论文《由自然选择形成的衰老》（'The Moulding of Senescence by Natural Selection'）中更进一步发展了这类理论。顺便说一句，我收到过很多来自医生的有意思的信件，但我发现没有任何一封来信评论了我关于"愚弄"基因对它们所在躯体的年纪的推测（46—47 页）。我仍然不认为这个想法非常肤浅，并且如果这是对的，难道不会很重要吗，比如在医学上？

第 47 页：性到底有什么益处？

　　性究竟有什么益处这一问题依然十分的诱人，尽管我们已经有了一些令人深思的答案，比如由盖斯林、威廉斯、梅纳德·史密斯和贝尔（G. Bell）所著的书，以及米肯德（R. Michod）和列文（B. Levin）编辑的一卷书。对于我来说，最激动人心的新想法来自汉密尔顿的寄生虫理论，杰里米·切法斯（Jeremy Cherfas）和约翰·格里宾（John Gribbin）在《多余的雄性》（*The Redundant Male*）一书中用非技术性的语言解释了该理论。

第 49 页：……多余的 DNA……看作一个寄生虫，或者最多是一个无害但也无用的乘客……（也见 184 页）

　　我认为多余的、未转译的 DNA 可能是自私的寄生虫。一些分子生物学家接受并发扬了这一观点［参见奥格尔与克里克以及杜利特尔（Doolittle）与萨皮恩扎（Sapienza）的论文］，而且用了一个吸引眼球的词语"自私的 DNA"。在《母鸡的牙齿和骏马的脚趾》（*Hen's Teeth and Horse's Toes*）一书中，古尔德提出了一个挑衅的（对我！）观点，他认为，不管自私的 DNA 这一概念的历史源头在哪，"自私的基因和自私的 DNA 在关于它们的解释的结构上几乎是一样的"。我找到了他在推理上的错误，但有趣的是他也善良地告诉我他是怎么找到我的错误的。在一段关于"还原论"与"等级制度"的开场白之后（和往常一样，我并不觉得这个是错或是有趣的），他继续道：

　　　　道金斯的自私的基因在比例上增多是因为它们能够对身体起作用，协助身体应付生存问题。自私的 DNA 在比例上增多则是出于完全相反的原因——因为它对身体没有任何作用……

我注意到古尔德提到的区别，但我并不认同这就是根本。恰恰相反，我还是认为自私的 DNA 只是自私的基因整个理论中的一个特例，这也正是自私的 DNA 这一概念是如何发源的。（比起杜利特尔与萨皮恩扎，奥格尔与克里克引用的第 49 页那一段，自私的 DNA 是一个特例这一点，可能在本书的 206 页更加清晰。顺带说一句，杜利特尔与萨皮恩扎在他们的标题中使用的是"自私的基因"而不是"自私的 DNA"）。让我用如下的类比来回应古尔德。那些赋予黄蜂黄黑条带的基因在频率上的增加是因为这种（警告性的）色彩样式强力地刺激了其他动物的大脑。而赋予老虎黄黑色条纹的基因在频率上的升高则是"出于恰恰相反的原因"——因为按理说这种（隐秘的）色彩样式根本不会刺激其他动物的大脑。这实际上是有区别的，与古尔德的区别（在一个不同层面上）很类似。但这是一个关于细节的微妙区别。我们不可能想要去宣称这两个例子"在关于它们的解释的结构上几乎是一样的"。奥格尔和克里克在将自私的 DNA 与杜鹃的蛋类比时一举击中要害：杜鹃的蛋最终逃脱了检查，因为它们和宿主的蛋看上去几乎是一样的。

另外，最新版的《牛津英语词典》列出了"自私"的一个新的定义，即"对于一个基因或遗传物质，尽管对表型没有任何影响，仍然能够存在或传播"。这是对"自私的 DNA"的一个非常简洁的定义，其第二个支持引证也确实关注了自私的 DNA。然而在我看来，中间一部分，也就是"尽管对表型没有任何影响"，并不是很好。自私的基因可能对表型没有影响，但很多实际上会有影响。当然词典编纂者也可以说是为了将其含义限制在只用于表示那些不影响表型的"自私的 DNA"。但是，他们的第一个支持引证来自《自私的基因》，包含了那些确实影响表型的自私的基因。当然，我也许不应该对被《牛津英语词典》引用这种荣誉吹毛求疵！

我在《延伸的表型》中进一步讨论了自私的 DNA（156—164 页）。

第 4 章　基因机器

第 55 页：就功能而言，我们可以认为大脑和计算机是相类似的……

像这样的陈述很容易困扰那些望文生义的批评者。当然，他们是对的，大脑与计算机有着很多方面的不同。例如，大脑的内在工作方式就和我们用技术搭建起来的计算机有着很大区别。但这并不能削弱我关于它们功能相似的论述。就功能而言，大脑正是扮演了计算机的角色——处理数据、识别样式、短期和长期数据储存、协调操作等等。

当我们提及计算机时，我关于计算机的言论令人可喜地或令人恐惧地变得——看你怎么看——过时了。我在 55 页中提到"一个脑壳最多也只能塞进几百个晶体管"，但晶体管现在已经被整合进了集成电路。一个头颅里能够装下的晶体管等价物的数量在今天要数以十亿计。我也在 58 页提到计算机下国际象棋的水平足以媲美一个业余选手。现今，除了一些非常职业的选手，廉价家用计算机上的国际象棋程序已经能胜过所有人了。而世界上最好的程序正在与象棋大师进行一系列的挑战，例如，《旁观者》（Spectator）杂志的国际象棋通讯员雷蒙德·基恩在该刊 1988 年 10 月 7 日出版的杂志上写道：

　　一位知名选手被计算机击败现在似乎还能造成轰动，但可能不会持续太久了。迄今为止，挑战人类大脑的最危险的金属怪物被古怪地命名为"沉思"，毫无疑问这是在向道格拉斯·亚当斯（Douglas Adams）致敬。"沉思"最近一次出风头的是在8月份于波士顿举行的美国公开赛上，它搅得现场人心惶惶。我手头还没有"沉思"的综合评分，该评分应该是对其在瑞士制公开竞赛的成绩的严格测试。但我注意到了它对战伊戈尔·伊万诺夫并取得了非常引人注目的胜利——伊万诺夫曾经击败过卡尔波夫！注意，这也许就是国际象棋的未来。

　　接下来是我们对该局的逐步重演。下面的文字是基恩对"沉思"第22步的反应：

　　精彩的一步……它的想法是让皇后占据中心……这个想法直接导致了这一场非常快速的胜利……这个惊人的结局……现在黑方皇后的侧翼已经因该皇后的侵入而被彻底摧毁了。

　　伊万诺夫对此回复如下：

　　一次令人绝望的尝试，计算机满不在乎地忽略了……最终蒙羞。"沉思"忽略了皇后的再次提子，转而突然将死……黑棋告负。

　　除了"沉思"是世界顶尖棋手这一事实，我觉得更令人惊讶的是评论员不得不使用的那些描述人类意识的语言。"沉思满不在乎地忽略了"伊万诺夫的"绝望的尝试"。"沉思"被描述为具有侵略性。基恩评论伊万诺夫的策略时用到了"希望"这个词，但他的语言却昭示着他应该也愿意将"希望"一词用于"沉思"的身上。就个人来说，也许我更希望一个计算机程序能够获得世界冠军。人类需要学会谦虚。

第 59 页：离我们 200 光年之遥的仙女座里有一个文明世界。

　　《仙女座的 A》与它的续集《仙女座大爆发》在描述那个外星文明的位置时出现了偏差，究竟是在那异常遥远的仙女座星系呢，还是像我所说的这样，就是在仙女星座其中一个较近的恒星旁？在第一本小说里，那个行星距我们 200 光年远，当然还在我们银河系内。而在续集中，同样的那个外星文明却被放在了仙女座星系，足足有200 万光年远。读者们可以根据你们自己的兴趣来选择相信是 200 光年还是 200 万光年，这对我将要描述的故事不会有丝毫影响。

　　弗雷德·霍伊尔是这两本小说的合著者之一，也是一名卓越的宇航员以及我最爱的科幻小说《黑云》的作者。他在小说中显露的超凡的科学背景与他最近几本和魏克拉玛辛诃合著的书中的废话形成了强烈的对比。他们对达尔文主义的曲解（将其当作一个纯概率的理论）以及他们对达尔文本人恶毒的攻击对证明他们那个吸引人的（尽管不怎么可信）关于星际生命起源的推测毫无帮助。出版商们应该改变这个误解，即一个学者对某一领域的精通意味着他也是另外一个领域的权威。而在这个误解还没有消除之前，知名学者们应该抵御对其滥用的诱惑。

第 61 页：……战略以及适用于生计的各种诀窍。

对于现在的生物学家来说，用这种战略性的说法来描述一个动物、植物或者一个基因已经很普遍了。试想"把雄性动物视为下大赌注、冒大风险的赌徒，而把雌性动物视为稳扎稳打的投资者"，它们都有意识地提高它们胜出的概率。这类为了方便而选用的比喻通常是无害的，除非落入了那些没有能力理解其中含义的人，或是某些能力过高而只会曲解其含义的人手上，例如，我就找不到任何方法去理解一篇发表在《哲学》杂志上对《自私的基因》的批评文章。这篇文章由玛丽·米奇利撰写，第一句话就基本代表了全文主旨："基因不可能是自私或不自私的，就像原子不可能嫉妒，大象不可能抽象或饼干不可能有着什么目的。"我在该杂志下一期发表的《捍卫自私的基因》一文是对这篇高度过激的、有恶意的文章的全面回应。看上去一些人似乎多学了一些哲学工具，克制不住想要来展示他们在学术上的存在，尽管这毫无意义。梅达沃对"哲学小说"的评论提醒了我，"哲学小说"能够吸引到"一大群人，常常这些人都是受过良好教育的并且有着学术品位。但这些人却也受了超出他们辩证分析能力的教育"。

第 66 页：意识的产生也许是由于大脑对世界事物的模拟已达到如此完美无缺的程度，以致把它自己的模型也包括在内。

我在 1988 年吉福德演讲（Gifford Lecture）《微观的世界》中就讨论了大脑模拟世界这个想法。我依旧不清楚这对我们解决意识本身这个大问题有没有什么帮助，但我承认我很高兴看到它引起了卡尔·波珀爵士的注意，并在达尔文演讲（Darwin Lecture）中提及。哲学家丹尼尔·丹尼特提供了另一个关于意识的理论，推动计算机模拟这个隐喻更进了一步。为了理解他的理论，我们需要先了解两个计算机领域的概念：虚拟机，以及串行和并行处理器的区别。我接下来会先解释清楚这两个概念。

计算机是一台真实的机器，机箱里装着各式硬件。但是在任何一个特定时间，运行程序使得它看上去像是另外一台机器，一台虚拟机器。长期以来对于每一台计算机来说都是这样的，但现代"人机交互"计算机则将虚拟机这个概念生动地带入了每个家庭。在写这段话时，大家公认的交互型计算机市场上的领头羊是苹果的麦金塔。它的成功之处在于，其配备的软件套装使得原本操作困难且不符合人类直觉的机器看起来像是另外一种机器：一台专门为了适应人类大脑和手而设计的虚拟机器。被称为麦金塔用户交互界面的这个虚拟机也可以被看作一台机器。它有着可以按下的按钮，有着像高保真控制台那样可以调节的滑动条。但它是一台虚拟机，那些按钮和滑动条并不是由金属或塑料制成的，它们仅仅是一些屏幕上的图片，你也只是用一根虚拟的手指在屏幕上按下或滑动它们。作为一个人，你感觉能控制它，这是因为你已经习惯用手指来移动物品。我是一个资深的程序员，在 25 年里用过很多不同的电子计算机，我可以证明使用麦金塔（或其模仿者）与使用之前的计算机有着截然不同的感受。操作该虚拟机，你会感觉到一种无须费力、很自然的感觉，就如同它是你身体延伸出的一部分。该虚拟机使你能够仅仅依靠你的直觉，而无须查使用说明书进行操作。

我现在转向另外一个需要从计算机科学中引入的背景知识，也就是串行和并行处理器的概念。今天的电子计算机大部分都采用串行处理器。它们都有一个计算中心，所有的数据在被处理时都得通过这唯一的电子瓶颈。因为速度非常快，所以它们能够制造出一个能同时处理多个任务的假象。一个串行计算机就像一个国际象棋大师"同时"与二十个棋手对弈，但实际它只是在他们之间不断地轮换。和国际象棋大师不同的是，计算机在不同任务间切换得是如此的迅速与安静，以至于每一个使用者都产生了一个幻想，享受着计算机对自己的单独服务。然而，从本质上来说，计算机只是按顺序对每一个用户进行服务而已。

最近，随着对更高处理速度的要求，工程师们制造了真正的并行处理机器。我最近很荣幸去参观的爱丁堡超级计算机就是其中一员。它包含一个有着数百个"单板机"的并行阵列，每一个单板机都相当于一台现在的台式机。超级计算机的运行方式首先是获取提交的问题，将该问题分解成若干更小且能独立解决的任务，然后再将这些任务分配给单板机组。那些单板机则获得这些小问题，解决然后提交答案并申请一个新的任务。与此同时，其他的单板机组也汇报着它们各自的结果，这样一来，整个超级计算机就能以高于普通串行计算机几个数量级的速度找到最终答案。

我说过一台普通的串行计算机只需要将它的"注意力"在几个任务之间切换得足够快就能够制造出一个就像是并行处理器的假象。我们可以说在串行的硬件之上，存在一台虚拟的并行处理器。丹尼特认为人类大脑所做的恰恰相反。大脑的硬件部分本质是并行的，就像那台爱丁堡超级计算机。而大脑所运行的程序从设计上就是要产生一个串行处理的假象：一台基于并行架构的串行处理虚拟机。丹尼特认为，关于思考的主观影响中最显眼的就是"一件一件的来"，"意识流"，也就是流水般的自我意识。他相信对于多数动物来说，它们并没有这类串行的体验，都是直接使用原本的并行处理的模式。人类的大脑无疑也会直接使用其并行架构去处理很多保持复杂生存机器运转的常规任务。但是，在此基础上，人类大脑同样也进化出一台用来模拟串行处理器假象的程序虚拟机。头脑及其流水般的意识就是一台虚拟机，也就是一个用户友好地与大脑交流的方式，如同麦金塔人机交互界面是一个用户友好地与灰箱子里的计算机实体交互的途径。

当其他物种似乎对它们天然的并行机器满意的时候，为什么人类需要一台串行虚拟机这个问题还没有明显的答案。也许对于人类需要去做的一些更复杂任务有一些更基本的顺序在其中，或者丹尼特错误地将我们特殊化了。他进一步相信串行程序的发展已经成为一大文化现象。同样，这对我来说也不是那么显而易见。但我需要加一句的是，在我动笔之时，丹尼特的论文还尚未发表，我的评论只是基于他在伦敦1988年雅各布森演讲（Jacobsen Lecture）中阐述的信息。我建议读者们在他的论文发表后直接与丹尼特探讨，而非仅仅基于我这不完整的、主观的，可能甚至是润色过的评论。

哲学家尼古拉斯·汉弗莱也曾提出过一套诱人的假说来说明模拟能力的进化是如何导致意识产生的。在他的《内部的眼睛》（The Inner Eye）一书中，汉弗莱举出了一个很有说服力的例子来说明像我们或黑猩猩这样的高等社会性动物都必须变成专业的心理学家。大脑必须处理和模拟世界的很多方面，但是世界的大多数方面与大脑自身相比是如此简单。一个社会性动物生活在一个包含有其他动物的世界，这个世界里有潜在的伴侣、对手、伙伴与敌人。为了能在这样一个世界里存活并取得成功，你必须

变得能很好地预测其他个体下一步要做些什么。与在一个社会性的世界里预测下一步
要发生些什么相比，要知道一个没有生命的世界下一步要发生什么简直是小菜一碟。
那些大学里的心理学家，运用着科学的方法，尚且不能很好地预测人类的行为，社会
伙伴们却往往能通过面部肌肉的微小动作及其他一些微妙的线索，令人惊讶地擅长于
读心以及猜测行为。汉弗莱相信这种"自然的心理学"技巧在社会性动物中得到了很
好的进化，几乎相当于一个额外的眼睛或者另外一个负责分析的器官。这个"内部的
眼睛"就是进化过的社会心理学器官，就像外部眼睛是一个视觉器官一样。

到此为止，我觉得汉弗莱的理由还是令人信服的。他接下来主张内部的眼睛是靠
自我审视来工作的。每一个动物都审视它自己的感受和情感，借此去理解其他动物的
感觉和情感。这个心理学器官依靠自我审视来工作。我不是很确定我是否同意这个观
点能够帮助我们理解意识，但汉弗莱确实是一个睿智的作者，他的书很有说服力。

第 67 页：一个操纵利他行为的基因……

人们有时会为"导致"利他行为或其他一些表面看来很复杂的行为的基因感到
不安。他们（错误地）认为在某种意义上行为的复杂度是编码在基因里的。其他基因
都是编码蛋白质，怎么会有一个单独的基因来导致利他行为呢？但实际上所谓的基因
"导致"了什么只是意味着如果这个基因发生一个变化，那么那东西会跟着产生一个
变化。单个遗传性的变化，也就是细胞里遗传分子的某些细节的变化，就会导致原本
就很复杂的胚胎发育过程产生变化，因而导致行为的变化。

例如，一个"导致"鸟类兄弟般利他主义的基因突变，一定不是单独地肩负起了
一个全新的复杂行为模式的责任。相反，该突变会调节一些已经存在的，而且肯定很
复杂的行为模式。这里最有可能的先驱者是家长行为。鸟类通常都会有复杂的神经装
置来满足它们喂养和照看它们自己后代的需要。这实际上也是来自它们的祖先，然后
经过了很多世代的缓慢的、一步一步的进化。（顺带说一句，对于操纵兄弟关爱的基
因心存疑惑者总是前后矛盾的，他们为什么不对同样复杂的关于操纵家长关爱的基因
产生怀疑呢？）这个之前就存在的行为模式——本例中的家长关爱——是受一个简单
的经验法则调控的，例如"喂养巢里一切张着小嘴喳喳叫的东西"。那么负责"喂养
弟弟妹妹"的基因则可以通过加速该经验法则的发育成熟时间来实现。一只携带有兄
弟关爱基因突变的幼鸟仅仅是比正常鸟类提前激活其"家长"经验法则。它会把父母
巢里的张口喳喳叫的东西——实际是它的弟弟妹妹——当作它自己巢里张口喳喳叫的
它自己的孩子。远比不上发明一个崭新的复杂行为，"兄弟行为"可以通过在此前已
经存在的行为的发育时间上进行一点小小的变化产生。和通常一样，谬误往往发生于
我们对遗传的渐进性的遗忘。事实上适应性进化是通过小的、一步一步的对已经存在
的结构或行为的改变产生的。

第 67 页：卫生品系的蜜蜂

如果这本书的初版就有脚注，那么肯定会有一个脚注来解释那些关于蜜蜂的结论
并不是那么完美，就像罗森布勒自己小心翼翼得出的一样。按照该理论，在许多品系
中不应该出现卫生品系特有的行为，但是实际上却出现了一个。按罗森布勒自己的话

来说："我们不可能忽略这个结果，无论我们多么想这样做，但我们这个基因假设是基于其他数据的。"一个可能的解释是那个异常的品系发生了一个突变，尽管这并不是那么可信。

第 70 页：我们可以把这种行为概括地称为联络。

我现在发觉我对这样处理动物联络的方式有些不满意了。约翰·克雷布斯和我在两篇文章里都主张大多数动物的信号都既不是有益的，也不是欺骗性的，更准确地说应该是有操作性。信号是一个动物利用另一个动物的肌肉力量的方式。夜莺的歌声并不包含信息，甚至连一点虚假的信息也没有。它是很有说服力的，催眠并且吸引人的演讲。在《延伸的表型》一书中我写了这类主张符合逻辑的结论，我也在本书第 13 章里简要介绍了部分内容。克雷布斯和我认为信号是通过我们所谓的读心术和操纵性相互作用而进化来的。关于整个动物信号的另外一个令人震惊的尝试来自阿莫兹·扎哈维。在第 9 章的一个尾注中，我以比本书第一版相比更加认同的语气讨论了扎哈维的看法。

第 5 章　进犯行为：稳定性和自私的机器

第 79 页：进化稳定策略

我现在更喜欢用下面这种简洁的方法解释 ESS 的关键概念。ESS 就是与它的副本能很好相处的一种策略。理由如下：一个成功的策略是在整个种群中占大多数的策略。因此，它就倾向于遇到很多与它一样的副本。除非它能够很好地处理与自己副本的关系，否则它就很难胜出。这个定义没有梅纳德·史密斯的数学定义精确，而且因为这个定义事实上并不完整，所以它也没法取代他的定义。但它的优势在于从直觉上抓住了 ESS 的基本概念。

比起开始撰写本章之时，以 ESS 的方式来思考已经在生物学家之间变得更加普遍。梅纳德·史密斯本人在《进化与博弈论》（*Evolution and the Theory of Games*）一书中总结了截至 1982 年这一概念的发展。此领域的另一个主要贡献者杰弗里·帕克也写了一则稍微新一点的评论。罗伯特·阿克塞尔罗德的《合作的进化》运用了 ESS 理论，但是我不会在这里讨论它，因为我的两个新章节之一，《好人终有好报》，主要就是为了解释阿克塞尔罗德的观点而写的。在本书第一版之后，我自己也有关于这个主题的文章发表，名为"好的策略还是进化稳定策略？"（'Good Strategy or Evolutionarily Stable Strategy?'），还有一篇是接下来会被提及的关于掘土蜂的合作论文。

第 85 页……还击策略，在进化上是稳定的。

很不幸的是，这个陈述是错误的。在梅纳德·史密斯和普赖斯的原始文献中就有一个错误，而我在本章中重复了一遍。我甚至使这个错误更加恶化，因为我做出了一个很愚蠢的声明，宣称试探性还击策略"几乎"是一个 ESS（如果一个策略"几乎"是 ESS，那么它实际就不是，进而会被淘汰）。试探性还击策略之所以看上去和一个 ESS 如此相似，是因为在一群还击策略者中，没有任何其他策略做得更好。但是在一群还击策略者中，鸽子做得一样好，因为其行为和还击策略者的行为无法分辨。因此鸽子才能够插入该种群内。问题就出现在接下来发生的事上。盖尔（J. S. Gale）和伊夫斯（Revd L. J. Eaves）使用计算机模拟了一个动物种群多代的进化。他们发现模拟中真正的 ESS 其实是一个老鹰与恃强凌弱者的稳定组合。这并不是早期关于 ESS 的文献经过此类动态处理而发现的唯一错误。另一个很好的例子是我自己的一个错误，我会在第 9 章的注解中加以讨论。

第 86 页：遗憾的是，对于在自然界中各种活动所造成的损失以及带来的利益，目前我们知之甚少，不能够给出实际数字。

我们现在已经有了一些很好的关于自然界中利益及损失的野外测量结果，也已经被特定的 ESS 模型采用。北美的金色掘土蜂的数据就是其中最好的几个之一。掘土蜂并不是我们所熟悉的秋季蜜糖罐上画的群居黄蜂，后者只是为蜂群工作的雌性工蜂。每一只雌性的掘土蜂都是自行其是的。它整个生命都是为了为它的幼虫提供食物以及庇护而存在的。通常来说，一只雌蜂一开始会在树干中打出一个较长的圆孔，其底部则是一个挖空的洞穴。接下来她会出发去捕获猎物（对金色掘土蜂来说猎物就是蚂蚱或长角螽斯）。当它找到猎物时，它会先蜇伤猎物而使其麻醉，再将其拖回自己挖掘的洞穴内。在积累了四到五只蚂蚱之后，它会把卵产在最上面，然后将孔洞封死。卵进而孵化成幼虫，以那些蚂蚱为食。顺带说一句，把猎物麻醉而非杀死是为了防止其腐烂，使其在幼虫食用时仍然是活着的，因此也是新鲜的。正是因为类似的姬蜂也有这种可怕的习性才促使达尔文写道："我不能说服自己相信一个仁慈且万能的上帝会有意创造姬蜂这样明显故意以活的毛毛虫喂食幼虫的生物……"他也许也可以用法国厨师煮活龙虾以保持其风味作为一个例子。让我们回到那只雌性掘土蜂的故事，它是很独立的，除了在同一区域，还有很多其他的雌蜂也在独自地干着同样的事情，不过其中一些会直接占用其他蜂挖好的洞穴，而不是辛辛苦苦地再挖一个。

简·布罗克曼博士是在黄蜂领域的珍妮·古道尔（Jane Goodall）。她来自美国，和我一同在牛津工作，她带来了汗牛充栋般的数据，记录了两个完整种群生活中的几乎每一个事件，而这两个种群中的每一只雌蜂都有着单独的标记。这份记录是如此的完善，以至于能够很清晰地画出每一只黄蜂个体的时间预算。时间是一个经济学商品：在生活的某一方面花费了较多时间，能花在另一方面的时间就少了。格拉芬把我们叫到一起并教会了我们如何正确地思考时间损耗及繁殖利益。我们在新罕布什尔的种群的雌蜂间发现了一个真实的混合型 ESS 的证据，尽管我们在另一个密歇根种群里一无所获。大体来说，新罕布什尔的黄蜂们要么挖掘自己的巢穴，要么侵占其他黄蜂所挖的巢穴。根据我们的解释，因为有些巢穴被挖掘者遗弃因此是可用的，所以黄蜂能从侵占中受益。尽管侵占一个巢穴不需要付出太多努力，但侵占者很难知道该巢穴究竟被遗弃与否。那么接下来几天它都会面临双重占有的风险，也许到头来它回来时发现洞已经被封死，它所有的努力就都付之东流了——因为另外那个占有者已经产卵并且获得了所有的好处。如果在一个种群中侵入的数量过多，可用的洞穴就会变得稀少，双重占有的概率也会增高，这样就值得挖洞了。相反，如果许多的黄蜂都在挖洞，大量的洞穴使得侵占变得有利可图。在一个挖掘和侵占差不多有利的种群中会有一个临界侵占比例。如果实际比例低于该临界比例，自然选择倾向于入侵，因为可用的限制洞穴数量十分充足。如果实际比例高于临界比例，可用的洞穴就会产生短缺，自然选择也就会倾向于挖洞。因此，在种群中就维持着一个平衡。细致、定量的证据显示这是一个真实的混合型 ESS，每一个黄蜂个体都有挖洞或侵占的可能性，而不是混合了挖洞或侵占专家的一个群体。

第 91 页：……再精彩不过地展示了这种行为上的不对称性。

　　有一个来自戴维斯（N. B. Davies）的比廷贝亨关于"留驻者总是胜利"的实验更一目了然的例子。戴维斯研究的是帕眼蝶。廷贝亨的工作成果都是在 ESS 理论发现之前开始做出的，而我在本书第一版对 ESS 的解释都有些马后炮。戴维斯是在 ESS 理论的启发下开始构思他的蝴蝶研究的。他发现在牛津附近的怀特姆森林中，雄性蝴蝶个体都会保卫太阳的光斑。雌性都受到光斑的吸引，因此光斑就成了一个有价值的资源，值得为之而战。雄性的数量大于光斑的数量，剩余的雄性就在茂密的树冠处等待着它们的机会。通过捕捉雄性，然后再将它们一个一个地释放在一个光斑上，戴维斯发现无论先释放的是哪一只个体，它都会视自己为光斑的主人，而第二个抵达该光斑的则会被视作"侵入者"。毫无例外，所有的侵入者都会迅速地承认失败，让主人拥有对光斑的独自掌控权。在最后一个决定性试验中，戴维斯成功地"愚弄"了两只蝴蝶，让它们都认为自己才是主人而另一只是侵入者。只有在这种情况下，一场重大且长期的战斗才得以爆发。顺便说一下，为了简化问题，在上面所有例子中我都只提到了单独一对蝴蝶，但实际上，这当然是由很多对蝴蝶组成的具有统计学意义的样本。

第 93 页：似非而是的 ESS

　　詹姆斯·道森（James Dawson）先生在给《泰晤士报》（1977 年 12 月 7 日）的信中记录了另一个可能看上去是似非而是的 ESS 例证："几年时间里，我注意到当一只海鸥将一根旗杆作为制高点时，总是会激起另一只海鸥试图降落其上的欲望，而这和两只鸟的体形大小毫无关系。"

　　关于似非而是的策略最令人满意的例子来自斯金纳箱里的家猪。该策略和 ESS 同样稳定，但是我们最好称之为 DSS（Developmentally Stable Strategy，发育上的稳定策略），因为这个策略是在动物自己的生存时间内出现的，而非进化意义上的时间。斯金纳箱里的动物会学会自己喂养自己，通过按下一个杠杆，食物就会被自动地运送到食槽之内。试验心理学家很习惯将鸽子或小鼠放入小型的斯金纳箱中，很快小动物们就能够学会通过按下那些精巧的小杠杆来获得食物作为回报。猪也能学会做同样的事，当然是在一个放大版的斯金纳箱中，按压的也是一个非常不精巧的猪鼻杠杆（我在很多年前看过一个相关的研究录像，我清晰地记得当时快要笑死了）。鲍德温（B. A. Baldwin）和米斯（G. B. Meese）利用斯金纳猪圈训练了几头猪，但故事稍微有些不同。他们将猪鼻杠杆放在猪圈的一端，食物分发器放在另外一端。因此，里面的猪就需要先按动杠杆，然后赶紧跑到猪圈的另外一端获取食物，然后跑回杠杆，重复之前的动作。这听上去还不赖，但鲍德温和米斯把猪成对地放入该装置。这样其中一只猪就有机会压榨另外一只了。"奴隶猪"就往返着按压杠杆，"主人猪"则坐在食槽旁边享受着刚分发的食物。每一对猪都形成了此类稳定的"主人 / 奴隶"的关系，一个工作和奔跑，另一个坐享大部分食物。

现在来揭晓为什么似非而是策略中"主人"和"奴隶"的标签全都是颠倒的。每当一对猪达到稳定状态时，最终扮演"主人"或"剥削者"的都是从其他方面看很顺从的那只。而所谓的"奴隶猪"，也就是做了所有工作的那只，是通常强势的那只。任何了解这些猪的人都会做出与之相反的预测，即那只强势猪会当主人，主要负责吃，而另外那只顺从猪应该是少吃多做的奴隶。

这种似非而是是怎么产生的呢？当你按照稳定策略的方式开始思考时，一切都迎刃而解。我们需要做的全部事情只是将时间由进化学尺度降到发育学尺度，也就是两个个体关系发展的时间尺度。"如果强势，就去坐享其成；如果顺从，就去杠杆工作"这种策略听上去好像可行，但不会是稳定的。那只顺从猪也许会按下杠杆，快速地跑回来，却发现那只强势猪的爪子就搭在食槽里，怎么也挪不开。这样那只顺从猪就会很快地放弃按压杠杆，因为得不到一丁点儿回报。但现在想想相反的策略："如果强势，就去杠杆工作；如果顺从，就去坐享其成。"这种策略将是稳定的，尽管这有着似非而是的结果，那只顺从的猪吃到了大部分的食物。对于强势猪来说，唯一需要达到的要求是当他从猪圈另一端跑回来时食槽内还能剩下一点食物。当它抵达时，它能够毫不费力地把那只顺从猪从食槽旁赶走。只要还有一点食物残渣来回报它，强势猪拉动杠杆的行为就会坚持下去，从而无意中填饱了那只顺从猪。这样那只顺从猪懒惰地斜躺在食槽旁边这一行为便也得到了回报。所以从整体"策略"来看，"如果强势去做奴隶，弱势去做主人"，双方都能够得到回报，该策略就成了一个稳定的策略。

第 93 页：……某种类型的优势序位。

特德·伯克（Ted Burk）在还是我的研究生的时候找到了进一步的证据证明蟋蟀里存在这类假的优势序位。他还发现一只雄性蟋蟀如果最近刚击败了另一个雄性时，它更有可能对一个雌性示爱。这应该被命名为"马尔博罗公爵效应"，因为马尔博罗公爵夫人的日记中有一篇如此记载着："大人今天从战场上回来，等不及脱掉马靴就和我缠绵了两次。"《新科学家》杂志的下述报道也许能够提供另外一个名字，该报道描述了雄性激素睾酮水平的变化："大赛前 24 小时网球选手的睾酮水平翻倍。赛后，胜利者的睾酮水平维持不变，失败者的则会降低。"

第 95 页：……ESS 概念的发明是自达尔文以来进化理论上最重要的发展之一。

这句话有点过了。我也许有些过激，因为当代生物文献对 ESS 概念有种普遍的忽视，特别是在美国。例如，这个概念根本就没有在 E. O. 威尔逊的巨著《社会生物学》中出现。这种忽视没有持续太长，所以我也能够更加公正地来看待这个问题，而非像个传教士一般。你没有必要非得用 ESS 语言，只要你想得足够清晰即可。但是 ESS 语言对你清晰的思考确是一大助力，特别是面对那些详细遗传信息并不明确的案例——而这在实践中占多数。有时候大家会说 ESS 模型假设繁殖都是无性的。这句话有点容易导致误解，因为无性很容易被假设为有性生殖的反面。ESS 模型的真相则是它根本不想让自己去关注遗传系统的细节。与之相反，它们用一种模糊的语调假设相似生相似。对于很多研究来说，这样假设足够了。事实上，这种模糊甚至可能是有益的，因为它能使大脑集中在关键之处，而非那些细枝末节，例如那些在个别案例中根本不可能弄清楚的遗传优势。ESS 思考方式作为一个反向思维模板最有用：它能帮助我们避免那些本来可能会使我们误入歧途的理论错误。

第 98 页：渐进的进化过程与其说是一个稳步向上爬的进程，倒不如说是一系列从一个稳定台阶走上另一个稳定台阶的不连续的步伐。

这个段落很好地总结了现在众所周知的间断平衡理论的一种表达方式。我很内疚地承认，就像当时英国的很多生物学家一样，当我在写我的推测时我完全忽略了该理论，尽管这个理论在 3 年之前就发表了。那之后，我变得有些急躁，在《盲眼钟表匠》一书中就能看出，我显得有些过分吹嘘间断平衡理论。如果这伤了某些人的心，我表示歉意。如果了解到至少从 1976 年起，我的心就已经摆正了这一事实，也许能够让这些人感到一丝欣慰。

第 6 章　基因种族

第 104 页：……我一直难以理解，为什么一些个体生态学家如此粗心，竟忽略了……

汉密尔顿 1964 年的文章没有被继续忽视。生态学家们对其从一开始的忽视到后来的承认这段历史使得其成为一个有趣的定量研究材料，一个研究将"觅母"放入觅母库的案例。在我第 11 章的注释里会追踪这个觅母的发展。

第 104 页：……我假定我们讲的是整个基因库中一些稀有的基因。

我们假设要讨论的基因在整个种群中是很稀少的，这能方便我们去解释相关性的测量问题，但做这样的假设却有些取巧，然而，实际上汉密尔顿最重要的成绩之一就是证明了无论该基因是稀少还是常见，他的理论都成立。这也是他的理论中大家都很难理解的一个方面。

我们很多人在处理相关性的测量问题时都会产生如下的困惑。一个物种的任意两个成员，无所谓它们是否属于同一个家族，通常 90% 以上的基因都是相同的。那么，当我们提及兄弟之间的亲缘关系指数是 $\frac{1}{2}$ 或第一代堂兄妹之间的亲缘关系指数是 $\frac{1}{8}$ 之时，我们的意思是什么呢？正确答案是在任何情况下，在那 90%（或其他更准确的数值）的基因以外，兄弟之间还有 $\frac{1}{2}$ 的基因是相同的。当然，一个种群的所有个体间也会有一种基础相关性，尽管这种相关程度会比较小。利他主义基因更容易在那些相关性比基础相关性更高的个体中找到，无论这个基础相关性有多大。

在第一版中，我通过选取稀有基因这一取巧的做法回避了这个问题。尽管这样做现在看来还没有问题，但始终是不够好的。汉密尔顿自己写到那些基因"在后代中是相同的"，但正如艾伦·格拉芬展示的那样，这句话本身就很令人费解。其他一些作者甚至根本就没有意识到这是一个问题。他们都只是简单地提到相同基因的绝对百分比，而这是一个确定的正向误差。诸如此类的轻率言论导致了一些严重的误解。例如，在对 1978 年出版的《社会生物学》一书进行激烈抨击的过程中，一位著名的人类学家试图论证如果认真看待亲属选择，那么我们可以预见所有人类都应该互帮互助了，因为所有的人 99% 的基因都是一样的。我在《关于亲属选择的 12 个误解》（'Twelve Misunderstandings of Kin Selection'，这个问题在其中排第 5）中简要地回应了这个错误。另外 11 个误解也值得一看。

在《从几何角度来看相关性》（'Geometric View of Relatedness'）一文中，艾伦·格拉芬给出了可能是解决相关性测量问题的最终办法。但我不会在这里对其加以阐述。在另外一篇《自然选择、亲属选择和类群选择》里，格拉芬澄清了一个普遍而又重要的问题，即对汉密尔顿"广义适应性"概念的广泛误用。他还告诉了我们关于计算遗传相关性的代价与收益的正确及错误的方法。

第 108 页：……犰狳……如果有人能到南美去一趟，观察一下它们的生活，我认为是值得的。

关于犰狳我还没有听到过任何前沿进展，但对另外一组"克隆"动物——蚜虫的研究却传来佳音。长期以来，我们都知道蚜虫（也就是青梅子）既可以无性繁殖，也可以有性繁殖。如果你在某个植株上发现了一堆蚜虫，那么很有可能它们都是同一个母本的复制品。而旁边的植株上可能就是另一个母本的复制品了。理论上这种情况很适合亲属选择的利他基因的进化，但直到 1977 年，人们一直都没有发现蚜虫的利他主义实例。但就在那一年，青木滋之在日本的一个蚜虫种属内发现了一种不育的"士兵"，但那时我已经来不及将其加入书的第一版了。青木在此之后又在数个不同种属里都发现了相同的现象，并且他也有足够证据证明不同的蚜虫种群至少有四个种群独立进化出了同样的现象。

下面就简要介绍一下青木的发现。蚜虫"士兵"属于一个完全不同的阶级，就像蚂蚁这类传统社会性昆虫里的阶级一样。它们是无法发育成熟的幼虫，因而是不育的。无论是外观还是行为，这些士兵都和它们那些非士兵的同伴不同，尽管它们有着完全相同的基因。士兵通常会比非士兵大：它们有一对超大的前肢，这使得它们看上去就像是蝎子；它们头顶还有一个朝前生长的尖角。它们运用这些武器与可能的捕食者战斗并杀死对方。在整个战斗中，它们很可能会死亡，但就算不死，我们仍然应该正确地认识到它们的遗传利他性，因为它们不可能生育。

回到自私的基因，这里有些什么启示呢？青木并没有清楚地指出是什么决定了哪些个体成为不育的士兵，哪些能够正常繁殖。但我们可以很肯定地说这是由于外部环境而不是基因上的不同。这很显然，因为任何一个植株上的不育士兵和正常蚜虫都携带有完全相同的基因。然而，肯定有一个负责根据环境变化在两种发育路线上切换的基因。为什么自然选择会倾向于这些基因，甚至不管它们中有一些会留在那些不育的士兵体内而不可能向下传递？因为正是由于那些士兵，同样的基因才能够在可以繁殖的非士兵体内加以保存。这个原因和其他社会性昆虫一样（参见第 10 章），除了在其他社会性昆虫诸如蚂蚁或白蚁中，不育的"利他者"体内的基因只有统计学上的概率去帮助那些可以繁殖者体内相同的基因。蚜虫的利他者基因之所以享有这种确定性，而不是统计学的可能性，是因为蚜虫士兵和它们为之而战的可以繁殖的姐妹是克隆副本的关系。从某种意义上来说，青木的蚜虫为阐释汉密尔顿理论提供了一个最简洁的活体样本。

那么，蚜虫有资格进入真正的社会性昆虫俱乐部吗？传统上讲，那只是蚂蚁、蜜蜂、黄蜂和白蚁们的阵地，保守的昆虫学家会对其进行百般阻拦，理由例如它们没有一个长寿的老女王。进一步说，作为一个真实的克隆体，蚜虫们并不比你们体内的细胞显得更加的"社会化"。我们可以认为仅有一个的动物在以那株植物为食，只是碰巧它的身体分成了多个蚜虫。就像人体内的白细胞，其中一些蚜虫扮演起了特殊的防御角色。如果继续争辩，"真社会性"昆虫尽管不是同一生物体的一部分，仍然能够展开合作；而青木的蚜虫间的合作仅仅是因为它们都属于同一个"生物体"。我觉得这种文字游戏太无聊了。对我来说，只要你能够了解蚂蚁间、蚜虫间以及人体细胞间发生了什么，你可以随意决定它们是社会性与否。就我自己的喜好，我有充分的理由把青木的蚜虫称作社会性生物体，而非一个生物体的组成部分。因为一个蚜虫个体就能表现出很多单个生物体的关键特征，而一群蚜虫克隆的组合却没有这些特征。这个观点在《延伸的表型》中得到了拓展，相关章节是《重新发现那个生命体》，同样，现在这本书的新章节《基因的延伸》中有相关内容。

第 109 页：亲属选择肯定不是类群选择的一个特殊表现形式……

类群选择和亲属选择之间的混淆从来就没有消失过，反而可能愈演愈烈。我加倍地想要强调这一点，但有个小小的例外。由于不严谨的措辞，我在本书第一版 102 页开头留下了一个非常小的谬误。我在初版中写道（这是我这一版少有的几处文字上的改动之一）："我们只是认为第二代的堂兄弟可以接受的利他行为相当于子女或兄弟的 $\frac{1}{16}$。"正如 S. 奥尔特曼（S. Altmann）指出的那样，这显然是错误的。这个错误并不是我想要争辩的那个关键。如果一个利他主义动物有一个蛋糕想要分给它的亲戚们，没有任何理由相信它需要给每个亲戚一块蛋糕，也不可能保证蛋糕的大小是由关系的亲疏而决定的。事实上，这听上去可能有些荒谬，但该种群的所有成员，更别提其他种群，都至少是它的远亲。因此，它们每一个都应该来讨要一块仔细称过的蛋糕！与之相反，如果附近就有一个近亲，就没有必要去给远亲哪怕一点儿蛋糕。在其他一些复杂因素诸如回报递减法则的作用下，整个蛋糕都应该给予关系最近的那个亲戚。显然我想要说的是"我们只是预计第二代堂兄弟接收到利他行为的概率相当于子女或兄弟的 $\frac{1}{16}$"（109 页），这也是现在书中所采用的话。

第 109 页：他有意识地把子女排除在外：他们竟不算亲属！

我表达了我的意愿，希望 E. O. 威尔逊能在未来的作品中改变他对亲属选择的定义，也包括把子女算作是"亲属"。我很高兴地在这里汇报——我并不是要说这是我的功劳——但在他的《论人的天性》里，那句有问题的短语，"除了子女以外"，终于被省略了。他补充道："尽管亲属的定义包含了子女，但当我们使用亲属选择一词时，至少需要其他亲属也受到相关影响，例如哥哥，姐姐，或是父母。"这很不幸地成为现在生物学家通常用法的真实写照，也反映出很多生物学家缺少去理解亲属选择究竟是什么的勇气。他们还是错误地认为亲属关系是深奥且多余的，超越了通常意义上的"个体选择"。但并不是这样的，亲属关系严格遵从新达尔文主义的基本假设，就如同黑夜过后就一定是白天。

第111页：……这样复杂的运算……

亲属选择理论需要动物拥有超现实的计算能力这一说法是错误的。这一谬误在一代又一代的学生中不断地重演，没有一次减弱。犯错的还不仅仅是年轻的学生。如果不是被标榜为对"社会生物学"的"毁灭一击"，由著名社会人类学家马歇尔·塞林斯（Marshall Sahlins）所著的《对生物学的利用和滥用》（*The Use and Abuse of Biology*）一书还能继续默默无闻地体面存在着。下面引用的是讨论亲属关系是否在人类中同样有效的一段话，这段话好到让人不可能相信它是对的：

> 强调一点，由于缺少语言学上关于如何计算关系系数 r 的支持，这个认识论问题成了亲属选择理论的一个重大缺陷。世界上只有极少的语言有分数这个概念，例如印欧语系以及存在于近东和远东的一些古代文明。但对于所谓的原始人类来说，他们根本没有这个概念。猎手和采集者们通常不需要超过一、二、三的计数系统。我都避免去提及更大的问题，动物们该怎么去搞清楚 r（自己，第一代堂兄弟）$= \frac{1}{8}$。

这已经不是我第一次引用这个高度揭示性的段落了，我大概也就再引一下自己那无情的回复吧，下面的段落来自《关于亲属选择的 12 个误解》：

> 对塞林斯来说真可惜，他居然屈服于诱惑而"避免去提及"动物是如何"搞清楚"r 的。他想要嘲弄的这个非常荒谬的观点应该敲响他头脑里的警钟。一只蜗牛的壳是一个优雅的对数螺线，但蜗牛在哪里保管它的对数表呢？因为它眼睛里的晶体缺少对计算折射系数 m 的"语言学支持"，它又是怎么看对数表呢？绿色植物又是怎么"搞清楚"叶绿素的化学式的呢？

事实上，除了行为学以外，在你能想到的几乎所有生物学的方面，诸如解剖学、生理学，如果按塞林斯的方法你都会走入同样的死胡同。任何动物或植物躯体的发育都需要复杂的数学来精确描述，但这并不意味着动植物自身必须成为一个聪明的数学家。非常高的树木常常会在其树干底部像翅膀一样伸出巨大的板根。对任何一种树而言，树越高，板根就越庞大。大家广泛接受一个事实，即这些板根的形状和大小都接近于能够保持树木直立的最有效方案，然而一个工程师需要非常高深的数学知识才能够证明这一点。尽管树也缺乏相应的数学知识来做出计算，塞林斯或其他什么人也绝对不会来质疑板根背后的理论。那么为什么就要特别地对亲属选择行为提出这个问题呢？这显然不可能是因为这是行为学，而非解剖学。因为塞林斯对很多其他行为学的例子（我是指亲属选择行为以外）都会欣然接受，而不是提出他那个"认识论上的"反对意见。作为一个例子，你可以想象，在某种意义上说，我每接一次球，都需要做出那种经过复杂计算的解释（111 页）。人们会情不自禁地想：对于这些很满意自然选择理论的社会学家来说，仅仅由于他们学科历史上一些毫不相干的理由，就会不顾一切地想要专门去找到一些——哪怕一丁点儿——亲属选择理论的问题？

第 114 页：……我们必须考虑一下，动物在实际生活中是怎样估计谁是它们的近亲的……我们知道谁是我们的亲属，这是因为别人会告诉我们……

从本书动笔以来，整个亲属选择领域得到了长足的发展。包括我们自己在内，动物似乎都有一些巧妙的辨识亲属的能力，这往往依靠嗅觉。最近一本名为"动物中的亲属识别"（*Kin Recognition in Animals*）的书总结了到现在为止我们所知道的知识。由帕梅拉·韦尔斯（Pamela Wells）撰写的关于人类的章节指出上面那句话（……我们知道谁是我们的亲属，这是因为别人会告诉我们）需要进行补充：我们至少有强有力的证据证明我们能够运用多种非语言暗号，例如我们亲属的汗味。

对我来说，她开篇的引用就概括了一切：

> all good kumrads you can tell
> by their altruistic smell
>
> e. e. cummings

除了利他主义，因为一些其他原因亲属们也需要能够认出对方。他们也许也需要在族外婚和族内婚之间找到一个平衡，就如你们将在下一个注释看到的一样。

第 114 页：……近亲繁殖能产生隐性基因的有害影响有关。（出于某种原因，很多人类学家不喜欢这个解释。）

一个致死基因会杀死它的携带者。就像其他隐性基因一样，一个隐性致死基因也不会产生任何作用，除非当两个碰到了一起。隐性致死基因之所以能够在基因库里存在，是因为大多数个体都只会携带一个拷贝，所以从不会受其影响。任何一个致死基因都是罕见的，因为一旦遇到了另一个致死基因就会导致携带者死亡。但我们的基因组内仍然布满了致死基因，因为它们还可以有很多不同种类。关于人类基因库里究竟潜伏着多少这样的基因还不是很清楚。一些著作认为平均每人体内有两个。如果一个随机的男性和一个随机的女性结合，绝大多数情况下他的致死基因不会和她的致死基因重合，这样一来他们的小孩就没事了。但是如果一对兄妹结合，或者一对父女，情况就大大不妙了。无论我携带的隐性致死基因在整个基因库里是多么罕见，也无论我姐姐的隐性致死基因在整个基因库里是多么罕见，我们俩有着同样隐性致死基因的可能性高得吓人。做做算术，当我和我姐姐结合之后，其结果是对于每一个我携带的隐性致死基因，我们每八个后代中就会有一个生下来就是死的或者早夭。顺便提一下，就基因层面来说，早夭比死胎更加具有致死性：因为死胎并不会过多地浪费父母宝贵的时间和能量。但是，无论你从哪个角度看，近亲结婚都不是一般地有害，它可能是灾难性的。主动乱伦回避的选择压力和任何自然界中产生的选择压力都一样强。

有些人反对达尔文主义对于乱伦回避的解释，但他们可能都没有意识到他们是在反对多么强大的一个达尔文主义案例。他们的辩解有时候是弱得近乎绝望的诡辩。例如，他们通常会说："如果达尔文主义选择真的让我们从直觉上就反感近亲繁殖的话，我们就不需要去禁止人们这样做了。这样的禁忌之所以存在，就是因为人们还是有近亲繁殖的欲望。因此，反对近亲繁殖的规则就并没有'生物学上的'意义，而它纯粹是'社会性'的。"这个反对说辞和下面这个很像："汽车并不需要一个锁去控制引擎开关，因为门上已经有锁了。既然这样引擎锁肯定就不是用来防盗的，它们一定有着纯粹的宗教性的重要性！"人类学家们也很喜欢强调不同的文化有着不同的禁忌，因此就会有不同的关于亲属关系的定义。他们似乎认为这同样也削弱了达尔文主义者想要解释乱伦回避的强烈愿望。但人们或许可以同样认为性欲也不符合达尔文主义的适应性原则，因为不同的文化倾向于不同的性交体位。对我来说，人类中的乱伦回避和其他动物中的一样，都非常可能是很强的达尔文主义选择的结果。

糟糕的事并不仅仅局限于与遗传上和你关系太近的人交配，太远距离的族外婚也同样不好，因为不同支之间会有遗传不亲和性。最佳的中间距离很难准确地预测。你应该和你的第一代堂兄妹结合吗？与第二代或第三代堂兄妹结合呢？帕特里克·贝特森（Patrick Bateson）尝试询问日本鹌鹑倾向于一个怎样的距离。在一个名为阿姆斯特丹装置的实验设备中，研究者让鹌鹑们在迷你橱窗后的一排异性中挑选一个。它们大都挑选了第一代堂兄妹，而非亲兄妹或其他不相干的鹌鹑。进一步的实验显示，年幼的鹌鹑会记住同一窝里同伴的特征，在之后的生活中，会倾向于找具有类似特征的作为性伴侣，但它们不会找过于相似的。

鹌鹑看上去能够避免近亲繁殖，因为它们本身就对一起长大的兄妹们提不起兴趣。其他动物则是依靠遵守社会法则，一个社会性的驱逐法则。例如，青年雄狮会被它的父母从狮群里驱逐，因为它的雌性亲属对它还是很有诱惑力的。仅仅当它占有了另外一个狮群时，它才会交配。在黑猩猩和大猩猩的社会中，则是年轻的雌性去其他群体中寻找配偶。这两个驱逐法则以及鹌鹑的系统都能够在我们自己很多不同的文化中找到踪影。

第 119 页：由于它们不会受到同一物种其他成员的寄生行为之害……

对于大多数鸟类来说，这也许是对的，但是找到一些会寄生在自己种群的鸟类并不应该使我们太惊讶。其实我们在越来越多的物种里发现了这个现象，特别是现在，新的分子技术能够帮助我们确定谁和谁有关。实际上，自私的基因理论预测这种现象的发生频率要远远高于我们现在所知道的。

第 121 页：狮群中的亲属选择

帕克和普西（A. Pusey）挑战了伯特伦关于亲属选择是狮群合作的主要推动力这一观点。他们声称在很多狮群中，两头雄狮都是没有关系的。帕克和普西宣称至少互惠的利他主义可以和亲属选择一样作为狮群合作的一个解释。也许两边都是对的。我在第 12 章主要强调了只有当一开始就有足够临界数量的互惠者，互惠性才能够开始进化。这确保了一个潜在的伙伴有足够的机会可以成为一个互惠者。亲属关系可能是达成这一点最直观的途径。亲戚们自然就容易彼此相像，所以就算是在大的种群尺度上没法满足的临界频率，在家庭范围内仍然有可能得到满足。有可能狮群的合作开始于伯特伦提出的亲属效应，而这个开始就为互惠性的发展提供了必需的条件。这个关于狮群的争议只能够靠事实来解决，而事实从来就只能告诉我们关于一个个例的信息，而不是一个普遍的理论依据。

第 121 页：如果 C 是我的同卵孪生兄弟……

现在已经广为人知的是，一个同卵孪生兄弟理论上对你的重要性和你自己一样，只要确定真的是同卵所生。但大家却还不甚了解，对于一个一夫一妻的母亲，她对你也有着一样的重要性，如果你很肯定你的母亲会且仅会继续为你的父亲产下下一代，那么在遗传学价值上来看，你的母亲和你的同卵孪生兄弟，以及你自己，是一样的重要。把你自己想成是一个生殖后代的机器，那么你的母亲就是一个（亲）兄妹生殖机器，而亲兄妹和你自己的代对你来说有着同样的遗传学价值。当然，这样想缺少了所有现实的考量。例如，你母亲比你年老，尽管这究竟使她比你更适合还是更不适合生育取决于很多情况——我们没法给出一个一般性法则。

这个主张需要假设你能够确保你母亲继续产下你父亲的孩子，而不是其他男人的。这种确信的程度取决于该物种的配偶系统。如果你是一个习惯杂交的物种中的一员，你显然不能确信你母亲的后代就一定是你的亲兄妹。就算是理想化的一夫一妻制，也会出现一个明显的不可逃避的问题致使你的母亲没有你自己合适——父亲可能死亡。无论愿望再美好，如果你的父亲死了，你的母亲也就不可能继续生产他的孩子了，不是吗？

好吧，根据一些事实她可以。这类现象能够出现的事实对亲属选择理论有着很大的意义。作为哺乳动物，我们已习惯了在交配后经过一段固定且短暂的时间后才生育的概念。一个人类男子可以在死后成为父亲，但不可能是在死后超过 9 个月的时间（除非有精子库的低温冷藏技术帮忙）。但有许多种昆虫，它们的雌性能够在其体内终生储存精子，一年一年地放出一些来使卵受精。这通常会在它配偶死去很多年以后一直发生。如果你是这些物种中的一员，你可能就能很确定你的母亲会继续成为一个好的"遗传赌注"。一只雌性蚂蚁只会在它的生命早期进行一次婚飞。该雌性在交配之后就会失去它的翅膀，也就永远不会再交配了。尽管得承认，在很多蚂蚁种类里，雌性会在婚飞期间与很多雄性交配，但如果你碰巧是那些雌性始终奉行一夫一妻制的物种中的一员，你完全可以把你的母亲当作至少和你自己一样好的遗传赌注。作为一只幼年蚂蚁与作为一头幼年哺乳动物相比，最好的一点就是你不用在乎你的父亲究竟还是不是活着（事实上，他肯定已经死了）。你可以十分确信你父亲的精子还继续存活着，并且你的母亲还能继续为你生出亲兄妹来。

接下来，如果我们真的对兄妹关怀和诸如昆虫士兵现象的进化起源感兴趣的话，我们需要特别关注那些雌性能终生储存精子的物种。就像第 10 章讨论的一样，在蚂蚁、蜜蜂和黄蜂的例子中都有一个特别的基因特质——单倍二倍性。这也许预先就使它们更容易变得高度社会化。在这里我想要主张的是单倍二倍性并不是唯一的先决因素。终生储存精子这一习惯可能至少是一样重要的。在理想情况下，这让母亲变得和同卵孪生双胞胎有着同样的遗传学价值，也同样值得"利他主义式"的帮助。

第 122 页：……社会人类学家或许能够发表一些有趣的议论吧。

　　这句话现在使我尴尬难堪。我后来才知道，原来社会生物学家对"舅舅效应"不仅有话要说，他们中的很多人多年来不干别的只研究这个！我所"预测"的现象对很多文化都是一个经验事实，而人类学家们几十年前就完全知晓了。进一步来说，当我建议这个特定假说时，即"在不贞行为司空见惯的社会里，舅舅应该比'父亲'表现出更多的利他行为，因为它有更大的理由信赖同这个孩子的亲缘关系"（122 页），我非常抱歉地忽略了一个事实，理查德·亚历山大早就提出过相同的建议。（在本书第一版的印刷后期，我加入了一个脚注说明了这一点）。该假说已经被亚历山大本人以及许多其他人根据人类学文献，使用定量的手法测试过了，也得到了肯定的结果。

第 7 章　计划生育

第 127 页：温-爱德华兹……又是这个类群选择论的主要鼓吹者。

　　比起其他的学术异端，温-爱德华兹的境遇要好多了。尽管犯了一个明显的错误，大家仍然认为他对启发人们认真思考选择原理做出了贡献（尽管我觉得这样做有些过头了）。他自己在 1978 年豁达地撤回了自己的主张，当时他写道：

　　　　现在，理论生物学家达成共识——想要做出一个可信模型让慢吞吞的类群选择打败迅猛的自私基因是不现实的，那些迅猛的自私基因能够带给每一个体好处。因此我接受他们的意见。

　　尽管第二个想法看上去如此豁达，但很不幸他有了第三个想法：在他新书里又反悔了。

　　由于那些众所周知的原因，类群选择理论在现在比我第一版书出版时更不受到生物学家的青睐。请你不要介意地想想相反的场景：新生代已经出现，特别是在北美，他们到处散播"类群选择"一词，就如同在为新娘撒上五彩花瓣。这个词被随意地用到一些其他事物上，而这些事物原本（对我们剩下的人来说现在也是）就是另外一些东西，例如亲属选择。我知道对这种语言上的暴发户感到困扰是没有意义的。但是，关于类群选择的所有问题早在 10 年前就被约翰·梅纳德·史密斯完美解决了，所以现在发现我们两代人之间，两个国家之间，就因为这一常用语而分隔开来让人很气恼。更加不幸的是，那些姗姗来迟的哲学家使得这个本来就很混乱的术语变得更加混乱。我推荐艾伦·格拉芬的《自然选择、亲属选择和类群选择》，这是一个将新类群选择相关问题梳理仔细、思路清晰的著作，我也希望这最终能解决混乱的问题。

第 8 章　代际之战

第 143 页：1972 年，特里弗斯……巧妙地解决了这个难题……

　　特里弗斯在 20 世纪 70 年代发表的一系列论文是我在写本书第一版时得到的最重要的启发之一。他的观点也在第 8 章里占据了重要地位。他总算也出版了自己的书，

《社会的进化》。我推荐这本书，并不只是因为其内容，这本书的风格也很好，在保证思路清晰、学术正确的同时，又有着一点玩世不恭的态度，还掺杂些许自传式的独白。我情不自禁地先要引用这样一句，该句是那么独特。特里弗斯在肯尼亚观察到两只处于敌对关系的雄性狒狒时，他用这样的文字来表达他的激动之情："还有一个原因使我这么激动，这是一次无意中对亚瑟做出的观察。亚瑟是一个男子汉气概十足的一流年轻雄性……"特里弗斯关于亲代–子代冲突的新章节使整个领域焕然一新。实际上，除了一些实际例子，他1974年的文章还真不用加什么。该理论经受住了时间的考验。更加详细的数学和遗传学模型已经证实了，特里弗斯那大部分只是语言的论证完全符合现在人们接受的达尔文主义理论。

第156页：按他的说法，亲代总归占上风。

在他1980年的著作《达尔文主义及人类事务》（*Darwinism and Human Affairs*，第39页）中，亚历山大勉强承认他的主张是错误的，他声称在亲代–子代冲突中亲代获胜是完全符合基本达尔文主义假设的。他的毕业论文描述亲代在世代争斗中相对于它们的子代有着不对称的优势。但是现在在我看来，这一点也许可以通过另外一个不同的论点来支撑，该论点是我从埃里克·恰尔诺夫那里得到的。

恰尔诺夫当时正在写一些关于社会性昆虫以及不育阶层的起源方面的东西，但他的论据的作用其实更广泛，所以我要将其运用到一般的情况上来。试想一个一夫一妻制种群里的一只即将成年的幼年雌性，并不一定要是昆虫。它现在会面临一个两难境地，究竟应该离开然后试着生育自己的后代呢，还是留在父母的巢穴里帮忙照看更年幼的弟弟妹妹？基于该物种的繁殖习惯，它能很确定自己母亲会长期继续生育它的亲弟弟和亲妹妹。根据汉密尔顿的逻辑，这些弟弟妹妹对它的遗传学价值和它自己的后代是一样的。既然考虑到了遗传学关系，那这只年轻的雌性就应该不再纠结于这两种选择；它不关心究竟是走还是留。但是它的父母，则会很关心究竟它做出怎样的决定。从它年长的母亲的角度来看，这个选择决定了它是有更多儿女还是孙辈。新的儿女的价值从遗传学上来说比孙辈要高一倍。如果我们把子代究竟是走还是留下帮助父母看作一个亲代与子代的冲突的话，在这场冲突里亲代显然很容易最终获胜，因为只有它视其为一个冲突。

这就像两个运动员之间的一场较量，其中一个运动员如果赢了就能够获得1 000英镑的奖励，而他的对手无论输赢都能得到1 000英镑。我们可以预测到前一个选手会更加努力，如果两人本来就实力相当的话，那他很可能会赢。其实恰尔诺夫的观点比这个比喻还要强得多，因为无论他们的收益如何，全力以赴地进行一次比赛对很多人来说并不是一个很高的代价。那样一个理想化的奥林匹克对于达尔文游戏来说实在太奢侈了，在达尔文游戏里，在一个方面做出的努力就意味着在另一个方面会有所欠缺。就像是你在一场比赛中投入过多精力的话，你就很难赢得下一场比赛了，因为那时你已精疲力竭。

随着物种变化，条件也会有所不同，因此我们很难每次都预测出达尔文游戏的结果。但是如果我们只考虑最亲的基因相关性，并且假设一个一夫一妻的配偶制度（这样女儿才能够确信它的弟弟妹妹们是亲弟弟妹妹），我们可以推测出年长的母亲会成

功地让它刚成年的女儿留下来帮忙。母亲会得到一切，而女儿自己不会有任何动力去
反对母亲，因为对它而言，手上的选择并没有什么区别。

再一次强调，这是一个"其他条件一样"类型的主张。尽管其他条件经常都不会
完全相同，恰尔诺夫的推论对于亚历山大或其他任何一个支持亲代操纵学说的人还是
会有帮助。在任何情况下，亚历山大的实际论断都是会被采纳的——亲代要大一些、
强壮一些等等。

第9章 两性战争

第162页：……那么彼此毫无血缘关系的配偶的利害冲突会激烈到何种程度呢？

像往常一样，开篇这句话隐含了"其他条件一样"这一前提。配偶显然很可能
从合作中获得巨大收益，这会在本章一遍又一遍地出现。而且，配偶很可能是在进行
一场非零和博弈，双方都能在合作中受益，而并非其中一个的获益就是另一个的损失
（我会在第12章解释这个观点）。这也是本书中一个我过分着墨于生活中怀疑、自私
一面的地方。在当时这看上去是有必要的，因为那时关于动物求偶的主流看法远远地
倒向了另外一面。人们近乎普遍地抱持着一种毋庸置疑的假设，即配偶会毫不吝啬地
互相合作，从未考虑过互相利用的可能性。在这种历史背景下，我这种看起来很阴暗
的开篇语就可以理解了，但现在我会采取更加温和的语调。相似地，在本章最后我做
出的关于人类性别角色的评论现在在我看来其语言也有些幼稚了。有两本书更深入地
探讨了人类性别的进化，分别是马丁·戴利（Martin Daly）和马戈·威尔逊（Margo
Wilson）的《性、进化与行为》（*Sex, Evolution, and Behavior*）以及唐纳德·西蒙斯
（Donald Symons）的《人类性趣的进化》（*The Evolution of Human Sexuality*）。

**第164页：……但雄性个体可以繁殖幼儿的数量实质上是无限的，这就为雌性个体带来了
利用这种条件的机会。**

现在来看，强调精子和卵子的大小区别就是性别的基础似乎有些误导作用。就算
一个精子小而廉价，但要制造百万计的精子并成功地在所有的竞争条件下将它们注入
雌性体内并不是一件轻松的事。我现在倾向于用如下方法来解释雄性和雌性之间的基
本不对称性。

假设我们有两个性别，它们并不包含雄性或雌性的特征。我们用一种中性的方式
将它们命名为A和B。唯一需要注明的是任何一次配对都必须发生在A和B之间才行。
现在，任何一只，无论A还是B，都面临这一个抉择：用于与对手战斗的时间和精力
就没办法用来照顾后代了，反过来也一样。它们俩中任何一个都需要在这两个矛盾的
选择中找到一个平衡。我接下来要讲到的观点就是，A们可能会与B们找到两个不同
的平衡点，一旦达到，它们就很可能有了一个逐渐变大的区别。

假设两种性别的动物，也就是A们和B们，从一开始就有了不同。一个通过在
后代上投资而获得成功，另一个则是在战斗（我用"战斗"一词来指代所有同性间
的竞争）中付出努力而得到成功。一开始两性之间的区别还十分微小，因此我的观点
就是存在一种固有的趋势使这种区别变大。好比A一开始由战斗带来的繁殖优势就比

亲子行为带来的优势大，而 B 恰恰相反，亲子行为在它们这儿能带来比战斗稍微高一点的繁殖优势。举个例子来说，这就意味着尽管 A 当然也能从照顾后代中获益，但 A 中一个成功的照看者和一个不成功的照看者之间的区别，会小于 A 中一个成功的战士和不成功的战士之间的区别。在 B 群体中，则是完全相反的。因此，对于一定量的付出来说，A 会通过努力战斗来提高自己的优势，而 B 更可能把注意力从战斗转向照看后代。

因此在接下来的世代中，A 们就会比它们的父母们战斗得更多一些，而 B 会比它们父母们战斗得少些而多花一些时间照看后代。战斗能力最强的和最弱的 A 之间的区别将变得更大，而照看能力最强的和最弱的 A 之间的区别将变得更小。这样一来，通过在战斗方面付出努力，A 可以得到更多收益，而照看后代的收益变得更小了。随着世代更替，相反的事情也发生在 B 的群体中。这里的关键点是两性间一个微小的初始差别能够自我强化：选择可以发源于一个初始的、微小的不同，然后将其慢慢地变大，再变大，直到 A 变成了现在我们所说的雄性，B 则是我们所说的雌性。那个初始区别小到可以随机产生。当然，两性的初始条件也不大可能是一模一样的。

你可能会注意到，这个论点和那个关于原始配子早期分化出精子和卵子的理论很相似。该理论由帕克、贝克和史密斯首先提出，164 页也有相关讨论。刚才所讲的论点更加普通一些。分化出精子和卵子只是基本性别分化的一个方面。与把精子与卵子分化作为根本，然后将所有雄性与雌性的特征都归因其上相比，我们现在有了一个能以相同方式去解释精子与卵子分化以及其他方面分化的理论了。我们只需要假设有两个需要互相配对的性别，我们不需要知道关于那两个性别更多的信息。由这个最小化的假设开始，无论一开始两性是多么相同，我们都积极地期待它们会分化成两个专攻于相反且互补的生殖技能的性别。精子和卵子的分化只是这个更加一般的分化的一个征兆，而不是其原因。

第 173 页：让我们采用史密斯用以分析进犯性对抗赛的方法，把它运用于性的问题上。

我们的意图是要在一个性别内找到一个进化稳定的混合策略，并与另外一个性别的进化稳定的混合策略相匹配。梅纳德·史密斯自己又进一步地发展了这个观点，而艾伦·格拉芬和理查德·西布利（Richard Sibly）也独立地做了差不多的事。格拉芬和西布利的论文在理论上要更高深一点，而梅纳德·史密斯的更方便使用文字解释。简要地说，他开始考虑两个策略，坚守（Guard）和离弃（Desert），供两性任意选择。正如我"羞怯／放荡和忠诚／薄情"的模型一样，有趣的问题在于，雄性的哪种策略组合与雌性的哪种策略组合在一起是稳定的？答案取决于我们对该物种特定经济状况的假设。有趣的是，无论如何改变经济状况假设，我们都得不到一个整体连续的定量变化的稳定解。该模型倾向于落入四个稳定解之一。这四个解都依据符合条件的物种来命名。它们是鸭型（雄性离弃，雌性坚守）、棘鱼型（雌性离弃，雄性坚守）、果蝇型（双方离弃）以及长臂猿型（双方坚守）。

还有些更有趣的东西。还记得第 5 章里 ESS 模型可以在两种结果之间任选其一，且两者同样稳定吗？好吧，这对于梅纳德·史密斯模型来说也是正确的。其中最有趣的一点是，对比其他策略对，那个满足这种结果的策略对在同一个经济情况下保持着共同稳定。举例来说，在一组情况下，鸭型和棘鱼型都是稳定的。究竟两个中哪一个最终胜出取决于运气，或者说得更准确一点，取决于进化历史上的偶发事件——初始条件。在另外一组情况下，果蝇型和长臂猿型则是稳定的。同样，在任何一个物种中，都是由历史偶然性来决定究竟哪一型最终胜出。但是没有任何情况能使长臂猿型和鸭型共同稳定，也没有哪种情况能使鸭型和果蝇型共同稳定。对亲和与不亲和的 ESS 进行这种"稳定对"（表示两种策略的组合）的分析能为我们重建进化历史提供一些有意思的结论。例如，它使我们相信在进化历史中，配偶系统中某些特定转换是可能的，其他的则不可能。梅纳德·史密斯通过简要枚举动物界的配偶方式来探索这些历史上的关系，其结论是这样一个令人难忘的反问："为什么不是雄性哺乳动物负责哺乳呢？"

第 176 页：但实际上，像那种情况一样，不存在任何摇摆现象，这是能够加以证明的。整个体系能够归到一种稳定状态上。

我很抱歉这个论点是错误的。然而，这个错误很有意思，所以我在原文保留了这个错误，现在花一点时间来讲解一下。这和盖尔和伊夫斯指出的在梅纳德·史密斯和普赖斯的原始文献中的问题如出一辙。我这个错误则是由在奥地利工作的两位数学生物学家指出来的。他们的名字是 P. 舒斯特（P. Schuster）和 K. 西格蒙德（K. Sigmund）。

我已经正确地计算出了雄性中忠诚和薄情的比例，以及雌性中放荡和羞怯的比例。这些比例能满足两种类型的雄性都同样成功，两类雌性亦然。这实际上就是一个平衡态，但是我没有去检查这是否是一个稳定平衡。这个平衡态有可能更像是一个危险的刀锋，而不是一个安稳的峡谷。要检查其稳定性，我们就要看当平衡态被人为轻微扰动后会发生什么（推动一个立于刀锋上的球，你就再也找不到它了；推动一下峡谷中的球，它还会自己回来）。在我那个有着特定数值的例子中，雄性的平衡比例为 $\frac{5}{8}$ 忠诚和 $\frac{3}{8}$ 薄情。现在，如果群体中薄情者的比例随升高到一个比平衡态稍高的数值会发生什么呢？为了使这个平衡态满足稳定及自我修正的标准，薄情者必须马上开始有稍差一些的表现。很不幸，正如舒斯特和西格蒙德指出的那样，这并不是实际情况。恰恰相反，薄情者开始变得更好了！它们在群体中的比例远非自我稳定，而是自我加强的。它们的比例会继续增高，但不是无限的，而是到某个点为止。如果你在计算机上动态模拟该模型，就像我现在所做的那样，你会得到一个无限重复的循环。具有讽刺意味的是，这和我在 176 页上假想的那个循环一模一样，但当时我觉得我只是用它来作为一个解说工具，就像鹰和鸽子一样。通过与鹰和鸽子类比，我非常错误地认为那个循环只是一个假说，也错误地认为该系统会真的达到一个稳定平衡。

舒斯特和西格蒙最后的不满言论说明了一切：

简要来说，我们能得出两个结论：

（a）两性之间的争斗与捕食之间有着很多共同点；以及

（b）情侣之间的行为就像月亮一样有着盈亏变化，并且像天气一样难以预测。

当然，人们在此之前并不需要用微分方程才能计算出这点。

第 179 页：……这种父方的献身精神……在鱼类中却很常见。这是为什么呢？

　　塔姆辛·卡莱尔本科时所做的这个关于鱼的假设现在由马克·里德利进行了比较测试，他彻底审视了整个动物界的亲代照看行为。就像卡莱尔的假说一样，他的论文也是一个伟大的创举，而且同样也是起始于本科时写给我的一篇短文。不幸的是，他没能找出有利论据支持该假说。

第 182 页：……某种不稳定的、失去控制的过程……

　　费希尔只是非常简要地描述过他关于性选择的失控理论，现在该理论已经由 R. 兰德（R. Lande）和其他人数学化了。这已经成为另外一个学科，但如果有足够的空间，该理论还是可以用非数学术语来解释的。但这需要整整一章来解释，所以我的《盲眼钟表匠》（第 8 章）就专门叙述了这个问题，因此我在这儿就不用赘述了。

　　相反，我会在这里阐述一个我从未在任何书中充分强调的关于性选择的问题。自然是怎样维持进化所需要的变种的？达尔文选择只有当存在足够基因变种的情况下才可能发生。比方说，你能够成功地繁育一种拥有更长耳朵的兔子。野外种群中的大多数兔子都会有一对中等大小的耳朵（这是根据兔子的标准描述的；当然以我们的标准兔子的耳朵都是非常长的）。一部分兔子会有着比平均值稍短的耳朵，一部分则更长一些。通过选取那些拥有最长耳朵的兔子进行杂交，你就能成功地增加它们后代的平均耳朵长度。但如果你继续在这些长耳兔中选择最长耳朵的进行杂交，终有一天你会发现需要的变种已经不复存在了。它们都拥有了"最长"的耳朵，进化会渐渐陷入停滞。在一般的进化中这种情况并不是一个问题，因为大多数环境都不会在同一方向上施加如此稳定而且毫不动摇的压力。对动物身体任何一部分来说，最好的长度通常都不意味着"无论平均值是什么，都要比平均值更长一些"。最好的长度一般都是一个固定值，比如 3 英寸。但是性选择却真的有这种追逐永远达不到的最优值的难题。雌性的偏好可能真的是去追求更长的雄性耳朵，无论现在该种群的耳朵已经多长了，这样变种可就真的不够用了。但性选择看上去似乎真的有效，因为我们确实能够发现那些荒诞夸张的雄性装饰物。我们似乎面临一个矛盾，我们可以将这个矛盾称为变种消失悖论。

　　兰德认为要解决这个矛盾得靠突变。他认为始终都会有足够的突变可以让选择继续进行。人们之前之所以对这种说法存疑，是因为对于一次一个基因来说，任意一个基因位点突变的概率都小到不足以解决变种消失悖论。兰德提醒我们，"尾巴"或是任何一个被性选择的东西都是受到不限定数量的众多不同基因的影响，最终结果都是由这些小的影响叠加而成的。更进一步说，随着进化的前进，这些相关联的不同基因的组合也会发生变化：新的基因会被加入这个影响尾巴"长度变种"的集合，旧的则会被淘汰。变异可以影响这个大型的动态变化基因集中的任何一个基因，于是变种消失悖论就自己消失了。

　　汉密尔顿对这个矛盾的解释有些不同。他用他如今回答大部分问题的方式来回答："寄生虫理论"。回想一下兔子耳朵。兔子耳朵的最佳长度大概取决于很多声学因素，没有任何理由相信这些因素会随着世代更替毫不停息地向着同一个方向变化。兔子耳朵的最佳长度可能不是一个绝对的数值，但是选择仍然不可能让其向某一特定方向发展，甚至迷失于现有基因库能够轻易产生的变种范围之外。因此，根本没有变种消失悖论。

但现在来看看由寄生虫带来的剧烈波动的环境。在一个充满寄生虫的世界里，会有一个倾向于对其产生抵抗力的强大选择压力。自然选择会青睐那些最不易受到碰巧就在身旁的寄生虫伤害的兔子个体。关键点是，可能并不止那一种寄生虫出现。瘟疫来了又去，现在可能是黏液瘤病，下一年就有可能是兔子中的黑死病，再下一年是兔子的艾滋等等。然后，也许是一个10年的循环，又轮到了黏液瘤病，接着继续。或者是黏液瘤病毒自身进化出了能够破解由兔子经过逆向适应而得到的抵抗能力。汉密尔顿试想了这种逆向适应和逆向-逆向适应的无休止的循环，该循环倔强地对"最佳"兔子的定义进行不断更新。

所有这些要点在于，在疾病抵抗的适应和对现实环境的适应之间有一些很重要的区别。尽管对兔子的腿长可能有一个确定的"最佳值"，但若从疾病抵抗的角度来说，是不存在一只明确的"最好的"兔子的。随着当下最危险疾病的改变，当下"最好的"兔子也会随之发生变化。寄生虫是唯一这样做的选择压力吗？比如说，捕食者与猎物又怎么样呢？汉密尔顿承认那和寄生虫很像，但它们并不像很多寄生虫一样进化得这么快，而且寄生虫比起捕食者与猎物更容易进化出具体到基因对基因的逆向适应。

汉密尔顿把寄生虫带来的循环挑战改造成为了一个大一统理论的基础，即他关于究竟为什么性选择会存在的理论。但这里我们只关心他用寄生虫来解决性选择中的变种消失悖论。他相信雄性间可以遗传的疾病抵抗才是雌性选择它们的最重要因素，因为疾病是如此恐怖，如果雌性能够有办法在潜在的配偶中找出患病个体，那么它们就会有巨大的优势。一个表现得像一个很好的诊断医生的雌性，只会选择最健康的雄性作为配偶，因而更可能让它的孩子获得健康的基因。现在，因为对"最佳兔子"的定义在不断变化，当雌性观察雄性时，就必须得有些重要特征让它们做出选择。总是会存在一些"好的"雄性和一些"差的"雄性。他们在几次选择之后不可能还都是"好的"，因为到时候寄生虫已经发生了变化，因而关于"好"兔子的定义也发生了变化。能抵御某一株黏液瘤病毒的基因并不能很好地抵御由变异带来的下一株黏液瘤病毒。瘟疫会这样不断地循环、进化，毫不停歇。寄生虫从不停止，所以雌性们也不能停下它们不懈寻找健康配偶的脚步。

当雄性被像医生一样的雌性仔细检查时，它们会如何反应呢？那些假装健康的基因会取得优势吗？可能一开始是的，但选择会导致雌性加强它们的诊断技巧，从健康个体中排除那些冒牌货。到最后，汉密尔顿相信雌性的诊断技巧会变得足够敏锐，以至于雄性不得不开始为它们的诚实做广告（如果它们真的做广告的话）。如果任何一个性广告在雄性中变得过于夸张的话，这一定是由于其本身就是一个健康的真实指标。雄性会进化得让雌性更容易看出它们是健康的——如果它们真的是的话。真正健康的雄性会很高兴宣扬该事实。不健康的个体当然不愿意，但它们又能做什么呢？如果它们不尝试去展示健康证书，雌性们肯定会对其得出最坏的诊断结论。顺带说一句，这里提到医生并不意味着雌性会对治愈雄性感兴趣，它们只对诊断感兴趣，并且这也不是一个利他主义的兴趣。我也假设我不需要为诸如"诚实"和"得出结论"这样的比喻道歉。

　　回到广告这一点上，这就有点像雄性被雌性逼着进化出了一个永远插在它们嘴里、能够让雌性清晰读数的医用温度计。这些"温度计"会是怎样的呢？好吧，想想雄性极乐鸟那不可思议的长尾巴。汉密尔顿的解释总体上来说更实在一些。鸟类的一个常见症状是腹泻。如果你有一根长尾巴，腹泻就很有可能弄脏它。如果你想要掩盖你被腹泻困扰这一事实的话，最好的办法就是避免拥有长尾巴。同理，当你想要广告之你不存在腹泻这一事实的时候，最好的办法就是长出一个非常长的尾巴。那样的话，你尾巴很干净这一事实就变得更加引人注目。如果你根本就没什么尾巴，雌性们看不出它究竟干净与否，就只能得出最坏的结论。汉密尔顿可能不愿意自己来做出这个特定的关于鸟类寄生虫尾巴的解释，但这是他喜欢的解释方式之一。

　　我将雌性比作诊断医生，而雄性通过到处安放"温度计"来简化前者的工作。想一下医生用的其他一些诊断工具，例如血压计和听诊器，这样我产生了两三个对人类性选择的猜测。尽管我承认我发现它们的可靠性比不上趣味性，但我仍然会简要地讲一下。第一，一个关于为什么人类失去了阴茎骨的理论。人类阴茎勃起后会变得十分坚硬，以至于人们常常玩笑般地质疑里面竟然没有骨头。而事实上不少哺乳动物的阴茎里确实有着硬质的骨头，即阴茎骨，来辅助勃起。另外，这在我们的灵长类近亲中也很常见，就连我们最近的堂兄黑猩猩都有一块。尽管那是非常小的一块，而且它似乎也正朝着消失的主向进化着。似乎有这样一个趋势，即在灵长类中阴茎骨倾向于消失。我们人类，以及几种猴子，都已经完全失去了阴茎骨。所以，我们实际上失去了一个能让我们祖先很容易保持阴茎坚硬的骨头。相反，我们完全依靠一个水泵系统。尽管不大应该，但这感觉上的确是一个费力的、拐弯抹角的办法。而且，不幸的是，勃起可能失败，这直接影响了一个在野外生存的雄性的遗传成功率。最简单的一个补救方法是什么？当然非阴茎骨莫属了。因此，为什么我们不能进化出一个呢？曾经秉持"基因限制"论的生物学家不能再以"噢，需要的变种根本无法出现"这样的理由逃避问题。我们的祖先一直都有那样一块骨头，直到最近我们自己丢掉了它！为什么？

　　勃起在人类中完全是依靠血压。很不幸我们没有理由去相信勃起的硬度就像是医生的血压计，供雌性判断雄性的健康。但我们不只是吊在血压计这一棵树上。无论任何原因，只要勃起障碍成为某种疾病的先兆，无论是身体上还是精神上，这都可以成为使理论成立的一个版本。雌性所需要的只是一个可信赖的诊断工具。医生们不会在常规体检中做勃起测试——他们更喜欢让你伸出你的舌头。但已知勃起障碍是糖尿病及某些神经性疾病的先兆，更常见的原因是一系列心理因素——沮丧、紧张、压力大、过度疲劳、缺乏自信心等。（在自然界中，你可以试想低等级的雄性会有这种困扰。一些猴子用直立的阴茎作为一种威胁信号。）这并不是毫无道理，自然选择不断改善雌性的诊断技巧，雌性可以找出各种体现在语调上或埋藏在阴茎里的关于雄性健康的线索，以及他们处理压力的能力。但是一块骨头就能毁掉这一切！任何一个人都可以在阴茎里长出一块骨头，不需要他特别地强壮或健康。因此是雌性带来的选择压力迫使雄性失去了他们的阴茎骨，因为这样一来，就只有真正健康或强壮的雄性才能够做到真正坚硬的勃起，雌性也就能不受阻碍地做出诊断。

有一点可能会引发争论。那些施以选择压力的雌性又如何去知道她们感受到的硬度是来自骨头还是血压呢？我们从一开始就认为人类勃起可以造成有根骨头在里面的感觉，但我很怀疑雌性是否真的那么容易上当受骗。她们一样经受着选择，对她们而言，该选择不是失去某根骨头，而是增长判断力。而且别忘了，雌性能够知道那根阴茎没勃起时的样子，这个对比是如此鲜明。骨头不能收缩（尽管得承认它们可以伸缩）。可能正是阴茎这两种截然不同的状态保证了其血压式勃起广告的真实性。

现在轮到"听诊器"了。想想另外一个卧室里的梦魇：打鼾。这在现在可能只是一个小麻烦，但是在历史长河中，这可能就决定了生死。在一个寂静的夜晚，鼾声会变得非常响。它可能会把捕食者从很远的地方引到打鼾者和他的群体旁边。那么，为什么现在有那么多人打鼾呢？试想一群我们的祖先正在一个更新世的洞穴里睡觉，雄性都各自以一个不同声调打鼾，雌性则在一旁坐着，她们什么都不做，只是听着（我认为雄性更容易打鼾）。这些雄性有没有为这些雌性提供他们故意准备的、经过夸张的听诊器信息呢？鼾声精确的音质和音色是否能够成为诊断你呼吸系统健康的工具呢？我不是想说只有病了的人才会打鼾，相反，打鼾就像收音机的载频一样，无论何时都会响。这是一个为提高诊断精度调校过的工具，能反映出鼻子和咽喉的状况。雌性很明显会倾向于空荡的支气管所发出的清晰的小号般的声调，而不是充满病菌的喷嚏声。但我得承认我无法试想雌性会很适应这样的鼾声。当然，人们的直觉是那么不可靠。可能这至少能成为一个医生失眠时的研究项目吧。来思考思考吧，她可能也很想试试其他的理论哦。

请不要很严肃地对待这两个猜测。只有遵从了汉密尔顿关于雌性是如何试图挑选健康雄性的原理，它们才有可能是对的。可能最有意思的事情就是它们把汉密尔顿的寄生虫理论与阿莫兹·扎哈维的不利条件理论连上了线。如果你仔细地思考了我那阴茎假说的逻辑，就会明白雄性们因为失去了阴茎骨而变得有缺陷，而且这个缺陷还不是偶然发生的。而水压的广告之所以有效，完全是因为勃起有时会失败。达尔文主义的读者肯定注意到了"不利条件"意味着什么，并且他们可能会产生很大的怀疑。我请求他们在读完后面那个注解之前不要做出判断，那个注解将透过一个全新的视角来看待不利条件原理本身。

183 页：……扎哈维的……截然相反的"不利条件原理"。

在第一版里我写道："我不相信这个理论，尽管我对它的怀疑并不像我初听到它时那么肯定了。"我很庆幸我添加了那句"尽管"，因为扎哈维的理论在现在看起来比我写下那段话时更合理了。几位受人敬仰的理论学家最近开始严肃对待该理论了。更让我担心的是，这包括了我的同行艾伦·格拉芬，他在之前被描述为"令人厌烦的永远觉得自己是对的"。他将扎哈维语言上的想法转化为数学模型并宣称模型是成立的。他并不像一些人那样对扎哈维进行着难解的滑稽模仿，而是直接将扎哈维的概念转化为了数学公式。我需要讨论一下格拉芬的模型最初的 ESS 版本，尽管他现在正致力于一个在某种意义上能超过那个 ESS 模型的全遗传学版本。但这并不意味着那个 ESS 模型就真的错了，而是说它是一个很好的近似模型。事实上，所有的 ESS 模型，包括本书中介绍的，都是指同一意义上的近似。

　　不利条件原理可能关系到某个个体试图判定另一个个体的某项品质这样的所有情况，但我们这里只讨论雄性对雌性放送的广告。这是为了让讨论更加清晰，因为只有这些时候那些性别代词才真的有用。格拉芬指出不利条件原理包含至少四种方式，它们是合格型不利条件（任何一个无视不利条件而存活下来的雄性一定有某方面的优势，所以雌性选择它们），展示型不利条件（雄性做出一些无谓的举动来展示它那本来隐藏着的能力），限制型不利条件（只有高质量的雄性才发育出的不利条件），最后一个格拉芬最喜欢的表达方式，他将其命名为策略选择型不利条件（雄性具有关于自身品质的私人信息，而不告诉雌性，然后用这个信息来决定是否产生一个不利条件以及这个不利条件多大比较合适）。格拉芬关于策略选择型不利条件的阐述对 ESS 分析有用。这里并没有对雄性所采取的广告手段有什么预先假设，即无所谓广告是代价昂贵的还是不利的。相反，他们能够自由地进化出任何一种广告手段，无论诚实与否，昂贵与否。但是格拉芬证明，就算有这样一个自由的开始，一个不利条件系统很可能趋于进化上的稳定。

　　格拉芬的初始假设包含了以下四点：

　　1. 雄性的品质是有区别的。品质并不是什么模糊或势利的概念，不像你在大学或社团中遇到的那种毫无思考能力的自满情绪（我曾经收到过一封读者来信，信中说道："我并不希望你认为这是一封傲慢的信件，但我是贝利奥尔学院的一员。"）。对格拉芬而言，品质意味着雄性会分为好的和差的，对雌性而言，与好的结为配偶而避免差的能使它们得到遗传学上的优势。好的品质意味着诸如肌肉力量、奔跑速度、找到猎物的能力、搭建一个好的巢穴的能力。我们并没有将一个雄性最终的繁殖成功率包含入内，因为这受到雌性是否选择它的影响。在这里就引入雄性最终的繁殖成功率实际上是在回避整个问题，这是一个不确定是否能从模型里胜出的东西。

　　2. 雌性不能直接感知雄性的品质，只能依赖于雄性的广告。到现在为止，我们还没有做出任何关于广告是否诚实的假设。诚实是另外一个不确定是否能从模型里胜出的东西，这也是我们建立这个模型的目的。例如，一个雄性可以长出一个经过填充的肩膀，来捏造一个魁梧和强壮的假象。正是这个模型将要告诉我们这种虚假信号是否能在进化上稳定，或是自然选择会推行一套正直、诚实和可靠的广告标准。

　　3. 并不像雌性那样只能通过观察推断，雄性从某种意义上来说"知道"自身品质，然后它们会采用一种"广告"策略，一个根据它们品质定制的广告方案。像往常一样，"知道"并不意味着认知上的知道，而是假设雄性有能够根据其自身品质而开关的基因（而且获得这个信息的专属权并不是一个无理假设，雄性的基因往往深藏于它内部的生化环境中，远比雌性用来对它们品质产生响应的基因藏得要深）。不同的雄性会采纳不同的方案。例如，某个雄性可能会采纳"展示一个大小与我的真实品质成正比的尾巴"这样的方案，另外一个则可能采取相反的方案。自然选择可以从一群由基因控制选取方案的雄性里挑选，从而就有了一个调整方案的机会。广告的程度不一定要与真实品质成正比，事实上雄性可以选择完全相反的方案。我们需要的只是雄性应该被预设为肯定会选取某些方案来"反映"它们的真实品质，而且所选取的必须符合广告的要素——尾巴的长短，或者角的大小。这就是最终将趋于进化上的稳定的方案，也是我们想要利用这个模型找出的东西。

4. 雌性也有着相同的自由去进化它们自己的方案。对它们而言，方案应该是基于雄性广告的强度来挑选雄性（请记住它们，或更准确地说它们的基因，并没有雄性那样能观察雄性品质的特权）。例如，某个雌性可能会采纳如下方案："完全相信雄性。"而另一个可能采纳"完全忽略雄性的广告"这样的策略，或者说另一个方案："假设广告与实际恰恰相反。"

因此，我们的概念就是雄性的不同方案都是把品质与广告强度关联起来，雌性的方案则是把配偶选择和广告强度关联起来。对双方来说，方案都是持续变化并且由基因控制的。到现在为止，我们讨论了雄性可以选择任何将它们品质与广告关联起来的方案，雌性也可以选择任何将它们的择偶标准和雄性广告关联起来的方案。在所有这些可能的雄性与雌性方案中，我们试图寻找一对进化稳定的方案。这有点像我们通过"忠诚/薄情与放荡/羞怯"模型来寻找一个遗传稳定的雄性方案和一个遗传稳定的雌性方案。这里的稳定意味着共同的稳定，即只有其中一个方案与另一方案共存时才是稳定的。如果我们能够找到那样一对遗传稳定的方案，我们就可以研究它们，看看在遵守那样法则的雄性和雌性社会里，生活究竟是怎么样的，以及，会是一个扎哈维的不利条件世界吗？

格拉芬给自己的任务就是找到那样一对共同稳定的方案。如果我接手这个任务，我可能多半会拼命地在实验室运行计算机模拟程序。我会在计算机里放入一批采用不同方案把品质和广告挂钩的雄性样本，我也会在其中放入一批采用不同方案把择偶标准和雄性广告挂钩的雌性样本。然后我会让雄性们和雌性们在计算机里面游荡，碰到彼此，当雌性选择条件满足时结为配偶，将它们的雄性和雌性方案传给它们的儿子和女儿。当然，单个个体会依据它们遗传到"品质"而存活或者死亡。随着世代交替，每一个雄性方案和每一个雌性方案的命运变化就会表现为它们在整个群体中比例的变化。有空我就会去计算机里边看看有没有什么稳定的方案正在诞生。

这个方式从原理上说得通，但实践上却存在很大的问题。幸运的是，数学家们能够通过设立几个方程式然后求解得到相同的结果。这就是格拉芬所做的。我就不去重复他的数学原理了，也不去列出他那些进一步的更加精细的假设。相反，我会直接揭晓答案。他确实找到了一对进化稳定的方案。

所以，现在的最大问题是：格拉芬的 ESS 模型所构建的这种世界，是扎哈维会认同的不利及诚实的社会吗？答案是肯定的。格拉芬发现确实有个进化稳定的世界同时满足扎哈维世界的几个条件：

1. 尽管可以随意选择广告策略，雄性会选择正确反映它们真实品质的方案，无论这个方案是否会暴露它们很低的品质。换句话说，在 ESS 模型中雄性是诚实的。

2. 尽管可以随意选择应对雄性广告的策略，雌性最终会选择"相信雄性"。在 ESS 模型中，雌性对雄性有着理所应当的"信任"。

3. 广告是有代价的。也就是说，如果我们可以忽略品质和吸引力的影响，一个不做广告的雄性更容易成功（通过节省能量或者变得对捕食者不那么显眼）。广告是代价高昂的，正是由于它们有代价，所以雄性才选取了这样一个广告系统。之所以选择一个广告系统，是因为它实际上能够降低发布广告者的成功概率——在所有其他情况一样的前提下。

4. 广告的代价于越差的雄性而言越高昂。同样程度的广告带给一个孱弱雄性的风险远高于其带给一个强壮雄性的风险。低品质的雄性相对高品质的雄性来说承受着由昂贵广告带来的更大风险。

这些条件，特别是第 3 条，是纯粹的扎哈维式的。格拉芬展示了它们在合理情况下是进化稳定的，这看起来很有说服力。但那些影响了本书第一版的关于扎哈维的批评理由也同样有说服力，它们总结说扎哈维的观点不可能在进化中实现。我们对格拉芬的结论还不能高兴得太早，至少得等我们找出那些早前的批评究竟哪里——如果真有的话——错了。是什么假设使他们得到了一个不同的结论？部分答案似乎是他们没有让他们假想的动物有机会从诸多不同策略中做出选择。这通常意味着他们对扎哈维语言观点的阐述只是格拉芬列出来的前三种阐述——合格型不利条件、展示型不利条件、限制型不利条件——中的一种。他们都没有考虑过任何第四个版本，即策略选择型不利条件。其结果是要么他们根本无法实现不利条件原理，要么就只能在特殊的、数学抽象的情况下实现，这样对他们来说又没有了扎哈维式的矛盾感。进一步来说，不利条件原理的策略选择型阐述的关键特点在于，在 ESS 中，高品质的个体和低品质的个体都采取相同的策略："诚实的广告。"此前建模的研究者都假设高品质雄性和低品质雄性使用不同的策略，因此发展出不同的广告方案。相反，格拉芬在 ESS 模型中假设，同样都在打广告的高品质和低品质的雄性变得不同是因为它们都使用同样的策略——它们在广告中呈现出差别是因为它们都诚实地根据信号规则来反映它们的品质。

我们始终承认信号事实上可能就是一个不利条件。我们也始终理解尽管事实上是不利条件，但极端的不利条件仍然可能得到进化，特别是作为性选择的结果。扎哈维理论中也有我们都反对的观点，就是他认为选择之所以倾向于一个信号，完全是因为它对发出信号者是一个不利因素。这也是艾伦·格拉芬现在所维护的一点。

如果格拉芬是对的——我认为他是——这对整个动物信号研究都相当重要。这甚至可能导致我们对行为的进化形势的看法来一个大转弯，也可能导致我们对本书中讨论的很多观点的看法发生大的变化。性广告只是广告的一个类型。如果扎哈维-格拉芬理论正确的话，将会完全颠覆生物学家对同性对手间的、亲代与子代间、不同物种的敌人间的关系的看法。我发现这个前景很令人担忧，这意味着我们再也不能以常识为由而排除那些几乎疯狂到极点的理论了。如果我们观察到某个动物正在做一些很傻的事，比如遇到狮子后开始用头倒立而不是远远跑开，它有可能只是在对雌性炫耀。它甚至有可能是在对狮子炫耀："我是一个拥有如此高品质的动物，试图抓住我只会浪费你自己的时间。"（见 197 页）

但是，无论我认为一件事多么疯狂，自然选择总会带来一些其他的看法。当危机导致的广告效应上的增长超过危机带来的生命威胁时，一个动物甚至有可能在一群流着口水的捕食者面前表演后空翻。正是由于该姿势拥有危险性，它才更有值得炫耀的价值。当然，自然选择不可能倾向于无限的危险。当那种展示变成纯粹的有勇无谋的时候，它就会受到惩罚。一个危险或代价高昂的表演在我们看来也许很疯狂，但这真的与我们毫无关系，自然选择是唯一的审判官。

第 10 章　你为我搔痒，我就骑在你的头上

第 200 页：……实际上似乎只有在社会性昆虫中才可以看到这种现象。

　　我们曾经这么认为，可能是忘了裸鼹鼠。裸鼹鼠是一种无毛的、近乎失明的小型啮齿动物。它们生活在肯尼亚、索马里以及埃塞俄比亚干燥区域的大型地下巢穴中。它们似乎是哺乳动物世界的"真社会性昆虫"。珍妮弗·贾维斯（Jennifer Jarvis）是开普敦大学研究裸鼹鼠人工繁殖种群的先驱，肯尼亚的罗伯特·布雷特（Robert Brett）则进一步把研究延伸到了野外观察。美国的理查德·亚历山大和保罗·舍曼（Paul Sherman）也做出了更多关于人工繁殖种群的研究。这四个学者已经承诺会联合出版一本书，我就是热切等待此书的读者中的一员。当然，这种评论是建立在阅读了仅有的几篇发表的论文以及聆听了保罗·舍曼和罗伯特·布雷特的研究讲座的基础之上。我也很荣幸地应时任哺乳动物馆馆长的布里安·伯特伦的邀请，参观过伦敦动物园裸鼹鼠种群。

　　裸鼹鼠生活在纵横交错的地下洞穴中。一个种群通常有 70 到 80 只个体，但有时也能有上百只。一个种群所占据的洞穴网络总长度相当于 2 到 3 英里（约为 3.2 到 4.8 千米），而且一个种群一年内会挖出 3 到 4 吨的土。打洞是一个公共行为。前线工人在最前边用牙齿挖掘，将土壤交给后面的活体传送带，那是一条拥挤、喧闹的由半打粉红色小动物组成的传送带。一段时间后，前线工人会被它后面那个工人取代。

　　种群里只有一只雌性生育，这种情况会持续数年时间。贾维斯采纳了社会性昆虫的术语，将它命名为女王，在我看来的确应该这样做。这个女王只和两三个雄性结合。所有其他的个体无论什么性别都是不育的，就如同昆虫里的职虫。并且，就像很多种社会性昆虫一样，如果女王被研究人员取走，一些原本不育的雌性开始变得拥有生育条件，并为女王的位置展开战斗。

　　那些不育的个体被称作"职虫"，当然这也是足够公平的。职虫包含了两个性别，就如同白蚁那样（但和蚂蚁、蜜蜂和黄蜂不同，在它们中职虫都是雌性的）。裸鼹鼠工人实际需要做的事取决于它们的体形。贾维斯把最小的那些称为"普通职虫"，它们负责挖掘、运送泥土、养育幼崽以及让女王安心于生育。相对于同样大小的啮齿动物，鼹鼠女王有着更多数量的幼崽，就像社会性昆虫女王一样。体形最大的不育者似乎除了吃喝睡就不干别的，中等体形的不育者则奉行中庸之道：裸鼹鼠们更像蜜蜂，有着连续的阶层，而不像很多种蚂蚁那样等级分明。

　　贾维斯最开始把那种体形最大的不育者称为游手好闲者。但它们真的什么都不做吗？有实验室和野外观测的证据显示它们是士兵，在有危机的时候保卫种群，蛇正是裸鼹鼠主要捕食者。它们扮演的角色也可能是像"蜜罐蚁"一样的"食物罐"（见198 页）。裸鼹鼠是自食粪者，这只是用礼貌的方式描述它们吃彼此的粪便（当然不只吃这个，否则就会违背宇宙的规律）。可能那些大体形的个体的价值就在于当食物丰富时在身体内储存粪便，这样一来当食物匮乏时它们就相当于是紧急粮仓——一种粪便给养部门。

　　对我来说，裸鼹鼠最神奇的一点在于，尽管它们在很多方面都和社会性昆虫相似，但它们并没有像蚂蚁或白蚁里那样的带翅膀的年轻生殖者。它们当然也有生殖个

体，但一开始这些生殖者并不会飞起来，把基因传播到一片新的土地上。根据现有信息，裸鼹鼠的种群扩张只会发生在原巢穴的旁边，继续扩展该地下洞穴系统。看起来似乎它们并没有像带翅膀的生殖者那样远距离传播个体。我的达尔文主义直觉对此很惊讶，这确实很让人怀疑。我的第六感告诉我某一天我们可能会发现一个由于某种原因到目前为止被忽略了的传播个体。去指望传播个体长着实体化的翅膀显然是不现实的！但它们可能会在很多方面为地上的生活而非地下生活做着准备。例如它们可能是长毛的而非裸。裸鼹鼠并不像普通哺乳动物那样调节自己的体温，它们有点像"冷血的"爬行动物。可能它们通过社会化来调节温度——另一个与白蚁和蜜蜂的相似点。或者它们是利用任何一个好地窖都具备的恒定温度？与地底工人不同，我假想中的传播个体很可能会是通常意义上"恒温的"个体。试想，一些到现在为止还被划分为一个完全不同种类的已知多毛啮齿动物，有没有可能最终成为裸鼹鼠中尚不为人所知的哪一个阶层呢？

而且，这样的事情确实发生过，例如蝗虫。蝗虫是蚱蜢的变体，它们一般过着蚱蜢那种独居、神秘、隐居的生活。但在特定条件下，它们会发生彻底的变化——这往往也很恐怖。它们会失去自身的伪装而变得有着清晰的条纹。你几乎可以把这想象成一种警告。一旦发生改变，它们就会继续变下去，它们的行为也同样会改变。它们会放弃之前的独居生活而集结在一起，带来一种恐怖的征兆。从那传奇般的《圣经》里的蝗灾，到现代文明的今天，没有任何动物是如此可怕，以至于被当作了人类繁荣的摧毁者。那虫群数以百万计，这一收获者群体能够同时收割 10 英里（约 19 千米）宽的田地，它们有时候日行数百英里，每天能吞下 2000 吨的谷物，留下的只有饥荒和废墟。现在我们可以谈谈裸鼹鼠里可能存在的类似物了。一个独居个体与它的群居化身之间的区别就像是两个蚂蚁阶层之间的区别那么大。进一步来说，正如我们对裸鼹鼠中"失落的阶层"的假设，直到 1921 年，蚱蜢化身博士和它们的蝗虫怪人还被划分为两个不同种类的生物。

哎，但是时至今日这些哺乳动物专家看上去并不特别像会犯那样的大错。我还需要说的是在地表偶尔也能发现正常的、未变化的裸鼹鼠，可能它们旅行的距离超过了我们一般的想象。但在我们完全放弃"变形的生殖者"这一怀疑之前，蝗虫的例子也提供了另外一个可能。可能裸鼹鼠确实会产生变化的生殖者，但是要在特定条件之下——而这样的条件在最近数十年都没有发生。在非洲和中东，蝗灾仍然是很有威胁性的，正如《圣经》记录的那样。但是在北美，事情就不一样了。那儿的几种蚱蜢也能够转化为群居蝗虫。但是，可能是因为条件没达到，在 20 世纪北美都没有蝗灾发生（尽管另一种完全不同的虫灾，蝉造成的虫灾依旧在肆虐。令人困惑的是，美国人在口语中将蝉称作"蝗虫"）。然而，就算今天在美国发生一次真正的蝗灾也没有什么特别值得惊讶的：火山并没有熄灭，它只是休眠了而已。但如果不是我们还有世界其他地方的历史性的文字记录了这类信息的话，这就会令人恐惧和惊讶了。因为就众人所知，这些都只是一般的、独居的、无害的蚱蜢。裸鼹鼠会不会就像是美国蚱蜢一样，有能力产生出一个独立的传播阶层，但是使其产生的条件因为某种原因在这个世纪再也没出现过？19 世纪的东非可能遭受着像鼠旅一样在地表迁徙的多毛鼹鼠群的灾害，但这没有为我们留下任何记录，或者可能它已经被记录在当地部落的传说与史诗之中了？

第 202 页：……膜翅目雌虫同它的同胞姐妹的亲缘关系比它同自己子女的更密切。

这听上去有些矛盾，汉密尔顿为膜翅目这一特例提出的"$\frac{3}{4}$亲缘关系"这一难忘且精彩的假说，但这却使他那更加普遍与基础的理论陷入难堪。膜翅目$\frac{3}{4}$亲缘关系刚好简单到对于任何人来说都很容易理解，但又恰好难到每个人都很高兴自己理解了这个概念，并急切地想向其他人传播。这是一个好的"觅母"。如果你不是通过阅读了解汉密尔顿，而是通过酒馆里的对话，那么你很有可能除了单倍二倍性以外什么也听不到。现在每一本生物学教科书，无论其对亲属选择的讲解是多么简要，都会使用一段来讲"$\frac{3}{4}$亲缘关系"。被誉为关于大型哺乳动物的社会行为研究的世界级专家之一的同事曾经向我承认，多年以来，他以为汉密尔顿的亲属选择就是这个$\frac{3}{4}$亲缘关系假说而已！这样导致的结果是，如果一些新的事实让我们对$\frac{3}{4}$亲缘关系假说的重要性产生怀疑，人们很容易认为这个证据就能推翻整个亲属选择理论。这就像是一个伟大的作曲家在谱写一部前所未有的长篇交响乐，但是在其中一个旋律的中间出现了一个破音，然后马上被一群街边小贩发现并给出一片嘘声。整部交响乐就被这一段旋律代表了。如果人们开始讨厌这段旋律，他们就认为自己讨厌整部交响乐了。

以琳达·加姆林（Linda Gamlin）最近发表在《新科学家》杂志上的一篇关于裸鼹鼠的文章为例，这篇文章从其他方面看都很有意义，但是文章的高水准为其中暗讽裸鼹鼠和白蚁以某种方式违背了汉密尔顿的假说的段落所破坏了，而这仅仅是因为它们不是单倍二倍体！很难让人相信该作者真的读过汉密尔顿的两篇经典论文，因为单倍二倍体的论述只在其 50 页中占了 4 页。她一定是通过第二手资料来了解的——我希望那不是《自私的基因》。

另外一个明显的例子和我第 6 章的注解中讨论的蚜虫士兵有关。正如在那里解释的那样，因为蚜虫形成同卵双胞胎的群体，所以很容易联想到它们之间会有利他主义的自我牺牲。汉密尔顿在 1964 年发现了这一点，但是在解释那奇怪的事实时遇到了些麻烦。以当时的了解来看，无性繁殖的动物没有任何利他主义行为的特别倾向。当发现蚜虫士兵时，这本该是一个与汉密尔顿理论完全和谐的声音。但是宣布此发现的第一批文章把它当作对汉密尔顿理论的一种挑战，蚜虫不是单倍多倍体！这是多么讽刺啊。

当我们把注意力转向白蚁时，讽刺的事情还会继续发生。白蚁也常常被视为汉密尔顿理论的瑕疵。汉密尔顿于 1972 年提出了一个非常睿智的理论来解释为什么它们变得具有社会性，这可以被看作单倍多倍体假说的一个聪明的类比。这个"循环近亲繁殖理论"（cyclic inbreeding theory）一般被归功于 S. 巴茨（S. Bartz），但他是在汉密尔顿第一次发表相关论文 7 年之后才发明的这个理论。按照他的一贯个性，汉密尔顿已经忘记了是他自己第一个想出的巴茨理论，而我得把他自己的文章砸在他脸上才能使他相信这一点！毋庸讳言，这个理论本身是那么有趣，以至于我都有点后悔没能在第一版中讨论它。我现在来纠正这个失误。

我说这个理论是单倍多倍体假说的一个聪明的类比。这句话的意思是：站在社会性进化的角度来看，单倍多倍体动物的关键特征在于，从遗传角度上来说一个个体与它的亲兄妹比其与它的后代更亲一些。这就决定了它能留在父母的巢穴内并照顾弟弟妹妹，而不是离开巢穴生育自己的后代。汉密尔顿想出了一个理论来解释为什么对白蚁来说亲兄妹间的血缘关系可能也比亲代与子代之间的关系更近。近亲繁殖为这个问题提供了线索。当动物与亲兄妹结合后，它们所产出的后代变得更加具有遗传学上的一致性。任何一个实验小白鼠品系中的小白鼠都有着与同卵双胞胎一样的相似性。这是因为它们都是经过漫长的兄妹交配过程繁育出来的。它们的基因组变得高度纯合（专业术语）：它们每一个基因座上的两个基因几乎都是完全一样的，而且和其他所有该品系的个体在相同基因座上的基因都是一样的。我们很少在自然中见到长期的近亲繁殖式交配，但其中有一个重要的例外——白蚁！

　　一个典型的白蚁巢穴中会有一对王室夫妻：国王和女王。它们只与对方交配直到它们其中一个死去。到那时他或者她的位子就会被它们后代中的一员取代，并继续与剩下的父母之一进行近亲繁殖。如果王室夫妻双双死亡，它们就会被一对近亲兄妹夫妻取代，然后不断这样继续下去。一个成熟的群体很可能失去过很多国王与女王，因此几年以后后代很可能是极度近亲繁殖的结果，就像试验小白鼠那样。一个白蚁巢穴的平均纯合度和平均亲缘系数都会随着时间流逝而越积越高，王室生殖者也不断地被它们的后代或兄妹取代。但这仅仅是汉密尔顿论证的第一步，接下来才是精彩的部分。

　　任何一个社会性昆虫种群的最终产物都是一个新的带翅膀的生殖者，它会飞出父母的巢穴，交配并构建一个新的种群。当这些新的年轻国王和女王交配时，很大概率它们不会是近亲繁殖。事实上，似乎存在一个负责此事的特殊同步协定，一个区域里不同的白蚁巢穴都在同一天产生带翅膀的生殖者，似乎是为了鼓励远系繁殖。因此，考虑一下由 A 种群的年轻国王与 B 种群的年轻女王交配后的遗传学结果。双方都是高度近亲繁殖的产物，双方都相当于近亲繁殖的实验室小白鼠，但是，因为它们是经过了不同的、独立的近亲繁殖过程，它们在遗传学上是不一样的，就像是属于不同品系的近亲繁殖的小白鼠。当它们互相交配后，它们的后代会变得高度杂合，但也非常一致。杂合意味着大量基因座上的两个基因都是彼此不同的。一致性杂合就意味着几乎每一个后代都是以相同的方式杂合的。从遗传上来说，它们与它们的兄妹几乎是一样的，但同时它们仍旧是高度杂合的。

　　现在让我们跳过一段时间。新的种群在最初的王室夫妻的带领下茁壮成长，巢穴里充满了完全一样的杂合的年轻白蚁。想想当王室夫妻中的一个或两个死去时会发生什么。第一次近亲繁殖产出的世代将会比之前的世代更加具有多样性。无论我们考虑的是兄妹交配、父女交配还是母子交配，对所有情况来说原理是一样的，但考虑兄妹交配是最简单的。如果兄妹都是相同的杂合子，它们的后代将会有着高度的基因组合多样性。这符合最基本的孟德尔遗传学原理，这一基本原理对所有动植物都是一样的，而非仅仅对白蚁有效。当你将一致的杂合个体互相杂交或者将它们与亲代纯合体品系杂交，从遗传学上来看，就天下大乱了。其原因在任何一本基础遗传学教科书中都能找到，我就不多说什么了。从我们现在的角度来看，最重要的结果是在白蚁种群发展的这个阶段，某个个体在遗传学上与它的亲兄妹比与它的子女更亲。就像我在单倍二倍体的膜翅目中看到的一样，这正是进化出利他主义的不育职虫阶层的一个可能的先决条件。

　　但就算没有任何原因去期待个体们与它们的兄妹比与它们的后代更亲，也有很好的理由去期待它与两者一样亲。让这个观点成立所需的唯一一条件就是要有一定程度上的一夫一妻制。在这一点上，以汉密尔顿的角度看来，最令人惊讶的是没有在更多的物种中出现照顾它们弟弟妹妹的不育工人。正如我们逐渐认识到的那样，更加广泛存在的是一种不育工人现象的稀释版本，被称为"在巢内帮忙"。在很多种鸟类和哺乳动物中，年轻个体会在离开种群组建自己的家庭之前，留在父母身边待上一两个季节，同时帮忙照看它们的弟弟妹妹。同样的基因也存在于弟弟妹妹的体内。假设受益者都是亲（而不是半亲）兄弟姐妹，从遗传上来说，给亲兄妹的每一盎司食物带来的收益和给后代相同的食物带来的收益是一样的。但这样的前提是其他条件都相同。如果我们想要解释为什么在巢内帮忙只发生于某些物种中，我们就需要审视那些不同点了。

　　例如，试想一种在中空树木中筑巢的鸟类。因为供应很有限，这些树十分宝贵。如果你是一只父母仍然健在的年轻小鸟，父母很可能占有着一棵这样的中空树木（至少最近它们曾经占有过一棵，要不然你就不会存在了）。因此你很可能生活在一个逐渐繁荣的中空树木中。在这个孵化场诞生的新生婴儿都是你的亲弟弟妹妹，从遗传上来说它们对你而言和你的子女一样亲。如果你独自离开，那么找到另一棵中空树木的概率很低。就算你找到了，你生育的后代们在遗传上来说也不会比你的弟弟妹妹们更亲。同样一份努力，投入到你父母巢穴的价值就会超过投入到建立一个你自己的巢穴。这些情况可能就更青睐兄妹关爱——"在巢内帮忙"。

　　除了所有这些，某些个体，或是每一个个体都会在某些时候，必须离开并寻找新的中空树木，或是其在该物种中的等价物。要使用第 7 章中"孵化以及照顾"的术语，其中一些必须负责孵化，否则就没有幼崽以供照顾了！这里要说的并不是"要不然该物种就会灭绝"，而是在一个由纯粹的照顾基因占主导地位的种群，孵化基因就会开始有优势。在社会性昆虫中，生育者的角色由女王和雄性来扮演，它们就是那些离开巢穴进入世界来寻找新的"中空树木"的青年。这也是它们为什么会有翅膀的原因，尽管在蚂蚁中工蚁并没有翅膀。这些生育阶层一生都有其特殊使命。那些在巢内帮忙的鸟类和哺乳动物则采用另外一种方式。每一个个体在生命中的某个阶段（大多是在第一个或前两个成年季）都会成为"工人"，这时它们会帮忙照看弟弟妹妹，而在其生命的其他阶段它都立志成为一名"生殖者"。

　　那上一个注解所描述的裸鼹鼠又怎么样呢？尽管它们的关注要点中并不包含实质的中空树木，但是它们的存在将这个关注要点或"中空树木理论"带向了极致。它们故事的关键就在于热带草原下食物供应的零散分布。它们的主食是地下的块茎。这些块茎可能会非常巨大也埋藏得非常深。这种植物的单个块茎的重量可能会超过 1 000 只裸鼹鼠的体重。一旦发现，就可以持续为该裸鼹鼠群提供数月甚至数年的食物。但问题就出在找寻这些块茎的过程中，因为它们随机散布在整个大草原地下。对于裸鼹鼠来说，找寻一个食物来源十分困难，但一旦找到什么都值了。罗伯特·布雷特曾经计算过，如果一只裸鼹鼠想自己去寻找那样一个块茎，它需要挖掘的距离可能会磨光它的牙。一个拥有数英里繁忙巡逻着的洞穴的大型社会性种群则是一个非常有效率的块茎矿场。每一个个体都因作为矿工团队的一员而获益。

一个由数十名工作者合作管理的大型洞穴系统就是一个类似于我们假想的"中空树木"一样的关注要点，一点也不逊色！如果你生活在这样一个繁荣的公共迷宫中，并且你的母亲仍然不断地在其中生育你的弟弟妹妹，那么事实上你想要离开并创建一个家庭的欲望就会很低。就算一些新生幼崽只是半个亲兄妹，"关注要点"理论仍然足够使年轻个体留在家中。

第 204 页：他们发现雌雄比例令人信服地接近于 3：1 的比例……

理查德·亚历山大和保罗·舍曼曾写过一篇文章批评特里弗斯和黑尔的方法与结论。他们同意在社会性昆虫中偏向雌性的性别比例很常见，但是却不同意该比例是3：1。他们倾向于另外一个针对偏向雌性的性别比例的解释。就像特里弗斯和黑尔的解释，这个解释也是由汉密尔顿首先提出的。我发现亚历山大和舍曼的理由相当令人信服，但又不得不承认我内心觉得一个像特里弗斯和黑尔那么漂亮的工作不可能全是错的。

艾伦·格拉芬给我指出了另一个关于本书第一版对膜翅目性别比例讨论的令人担忧的问题。我在《延伸的表型》（75—76 页）一书中解释了他的观点。下面是一个简单的摘要：

> 在任何一个可以想到的群体性别比例中，那些潜在的职虫始终在照看兄妹还是照看子女中保持中立。因此我们可以假设群体性别比例是偏向雌性的，甚至假设它符合特里弗斯和黑尔预言的 3：1 的比例，因为职虫与它的姐妹相对于与它的兄弟或任一性别的后代要更亲，那么看起来在这样一个雌性偏向的性别比例中，它应该"更愿意"照顾兄妹而不是子女：当它选择兄妹的时候，难道它没有得到最有价值的妹妹吗（外加一小撮无用的弟弟）？但是这个观点忽略了在这样一个雄性稀少的群体中雄性繁殖能力的巨大价值。职虫们可能和它的兄弟们并不那么亲，但如果雄性在整个群体中很稀少，每一个这样的兄弟都有相对更高的可能性成为未来世代的祖先。

第 213 页：如果一个种群所处的 ESS 地位最终还是驱使它走上灭绝的道路，那么抱歉得很，它舍此别无他途。

卓越的哲学家，已故的 J. L. 麦凯（J. L. Mackie）曾经关注过一个有趣的事实，即我的"骗子"与"傻瓜"种群可以同时达到平衡。"别无他途"可能是因为一个种群达到了一个导致其灭绝的 ESS。麦凯提出了另一种观点，某些类型的 ESS 比起另外的类型可能更容易导致灭绝。在这个特别的例子中，骗子和傻瓜双双达到进化上的平衡：一个种群可能会在骗子的平衡点稳定或者也可能在傻瓜的平衡点稳定。麦凯的观点是在骗子平衡点稳定的种群更容易走向灭绝。因此，就有可能存在一种更高层面的，"ESS 之间的"，对相互利他主义有利的选择。这可以发展成一个有利于一种类群选择理论的主张。与大部分类群选择理论不同，这个主张可能真的能行。我在《捍卫自私的基因》一文中说明了这个主张。

第 11 章　觅母：新的复制因子

第 221 页：我会将赌注押在这样一条基本原则上，即一切生命都通过复制实体的差别性生存而进化的定律。

　　我关于宇宙中所有生命都会按照达尔文主义进化的赌局现在在我的文章《普遍的达尔文主义》（'Universal Darwinism'）及《盲眼钟表匠》的最后一章中得到了更完善的论证。我指出所有曾经出现过的达尔文主义替代物从原理上来说就不可能解释有组织的复杂生命。这是一个普遍性的论断，并不需要基于任何我们知道的生命的细节。正因如此，它常被一些平庸到认为操作一根热的试管（或冰冷的泥靴）就是做出科学发现的唯一方法的科学家批判。一个批评者抱怨说我的主张是"哲学性"的，就好像这是一种谴责。无论哲学性与否，事实是无论他还是其他人都没有在我的文章里找出任何问题，并且像我所做的这样的"原理上的"主张，并非和现实世界没有丝毫关系。这些主张可以比那些基于特定研究的主张更加有影响力。如果这些主张是正确的，那其中的理由就告诉了我们关于宇宙任何地方的生命的一些重点信息，而实验室里的或野外的研究都只能告诉我们在这里发现的那类生命的信息。

第 221 页：meme（觅母）

　　"觅母"这个词语似乎成了一个很好的觅母，它现在有着广泛的应用，并且已经在 1988 年入选未来版本《牛津英语词典》考虑加入的词汇列表。这使我在反复说我在人类文化方面的野心渺小到几乎不存在时更加不安。我真实的志向完全在另外一个方向上，我也承认这些志向有点大。我想要主张对于有着微小错误的自我复制实体，一旦它们诞生在宇宙任何一个角落，它们就有了几乎无限的能力。这是因为它们倾向于成为达尔文选择的基础，只要有足够的世代，达尔文选择能够逐渐地建造出非常复杂的系统。我相信在适当的条件下，自我复制因子们会自发地聚集在一起，建立能够带着它们运动以及能促进它们进一步复制的系统或者是机器。《自私的基因》前 10 章主要关注复制因子中的一种，即基因。我在这一章中讨论觅母是为了使复制因子更加一般化，也为了指出基因并不是这个重要类别中唯一的一员。我并不清楚人类文化环境是否真的拥有能使达尔文主义运转的要素，但通常这都是我的次要关注内容。如果读者选取这本书时觉得 DNA 分子并不只是满足达尔文主义进化理论的唯一实体，那么第 11 章就可能会获得成功。我的目的是把基因切得更小，而非重构一个关于人类文化的宏大理论。

第 222 页：……觅母应该被看成一种有生命力的结构，这不仅仅是比喻的说法，而是有学术含义的。

　　DNA 是硬件中自我复制的部件。每一个部件都会有一个特定的结构，该结构有别于其他竞争者。如果大脑中的觅母是基因的一个类比，它们必须是一个自我复制的脑部结构，一个能在不同大脑中重建自身的真实神经连接的形式。我总是觉得很难大声地说出这一点，因为我们对大脑的了解远逊于基因，因此我们必然对那样的大脑结构究竟是什么样感到很模糊。所以当我最近收到一份由德国康斯坦茨大学的胡安·德利厄斯（Juan Delius）所写的文章时，我感到十分地放松。与我不同，德利厄斯并不需要感到自卑，因为他是一名著名的脑科学家而我完全和脑科学不沾边。因此，我很高兴他能够勇敢地发表一个可能是觅母的神经硬件的详细图片来证明这一点。他所做的很多有趣的事情之一，就是以远比我更刨根问底的态度去探索觅母和寄生虫的类比，更准确地说，寄生虫在这里是指以有害的寄生虫为一个极端，以有益的"共生体"为另一个极端的整体。因为我自己对寄生虫基因对宿主行为的"延伸的表型"效应的兴趣（请看本书第 13 章以及《延伸的表型》的第 12 章），我很热衷于这个想法。顺便说一句，德利厄斯强调了觅母和它们的效果（"表型"）的清晰区别。他也反复强调了共适应的觅母组合体的重要性，其中觅母是根据它们的共同适应性而被选择的。

第 224 页：《友谊天长地久》（*Auld Lang Syne*）

"Auld Lang Syne"不知不觉地成为我所选择的例子中一个非常好的样板。这是因为传唱中几乎普遍都出现一个错误，一个变异。特别是现在，乐曲里的叠句总是被唱为"For the sake of auld lang syne"（为了友谊地久天长），其实伯恩斯（Burns）实际填的是"For auld lang syne"（为友谊地久天长）。一个觅母化的达尔文主义者立刻就想知道那插入的短语，"the sake of"（了）究竟有什么"生存价值"。请记住我们并不是在找寻能唱改版歌词的人们更好存活的方式，我们是在找寻能使这个变化本身在觅母库里能够更好存活的方式。每一个人都在孩提时代学会了这首歌，但他们并不是通过阅读伯恩斯的填词，而是通过在新年夜听到这首歌而学会的。在某个时间点以前，可能所有人都唱着正确的版本。"For the sake of"肯定是以罕见变异的方式出现的。我们的问题是，为什么这个一开始罕见的变异传播得如此隐蔽，以至于它最终成了觅母库里的标准？

我觉得答案不难找到。"s"的嘶嘶声非常突出。教堂唱诗班的训练就是要发"s"时越轻越好，要不然整个教堂都是嘶嘶的回音。在一座大教堂里，你往往能在听众席的最后面听到站在圣坛上的神父的轻声私语，尽管这只是零星的"s"声。"sake"中的另外一个辅音"k"也是一样具有穿透力。试想有 19 个人都在正确地唱着"For auld lang syne"时，在房间某个角落，有一个人错误地唱着"For the sake of auld lang syne"。一个第一次聆听此歌的小孩很想加入合唱，但是他不清楚歌词。尽管几乎所有人都唱着"For auld lang syne"，但是"s"的嘶嘶声以及"k"的爆破声强势地占据了小孩的耳朵，当叠句再次响起时，小孩也开始唱起了"For the sake of auld lang syne"。这个变异的觅母就这样占据了另一个媒介。如果当时还有其他的孩子在场，或者是不熟悉歌词的成年人，他们很有可能在下一次叠句来临之时，也改为那个变异的版本。这并不是因为他们"偏好"那个变异的版本，他们真的是不知道歌词并且真诚渴望能够学会它。就算那些知道准确歌词的人愤愤地用他们的最高音量吼出"For auld lang syne"（就像我做的那样），但这个正确的歌词并没有十分突出的辅音，而就算别人不自信地低声吟唱变异的版本，他们的声音也能够很轻易地飘进大家的耳朵里。

一个与之相似的例子是《Rule Britannia》（统治吧，不列颠尼亚！）。该合唱正确的第二行歌词应该是"Britannia, rule the waves"（不列颠尼亚，统治这片汹涌的海洋）。尽管不是那么普遍，但它经常会被唱成"Britannia rules the waves"（不列颠尼亚统治着这片汹涌的海洋）。这里，这个觅母中冥顽不化的"s"的嘶嘶声同时被另外一种因素强化着。诗人詹姆斯·汤普森（James Thompson）用意应该是祈使式的（Britannia, go out and rule the waves! 意为不列颠尼亚，走出去统治这片汹涌的海洋吧！），或者是虚拟式的（let Britannia rule the waves，意为让不列颠尼亚来统治这片汹涌的海洋），但这句话非常容易就被当作陈述句（Britannia, as a matter of fact, does rule the waves，意为不列颠尼亚，事实上统治着这片汹涌的海洋）了。这个变异的觅母因此就比其取代的原始版本多了两个不同的生存价值：听上去更突出和理解起来更容易。

这个假说必须经过实验才能算是最终测验。我们应该可以故意地以一个非常低的频率将嘶嘶的觅母插入觅母库中，然后观察它凭借自身的生存价值散布开来。要不我们几个开始唱"God saves our gracious Queen"？

第 224 页：如果说觅母这个概念是一个科学概念，那么它的传播将取决于它在一群科学家中受到多大的欢迎。它的生存价值可以根据它在连续几年的科技刊物中出现的次数来估算。

如果这句话被理解为"吸引性"是决定是否接受一个科学观点的唯一标准的话，我就会开始厌恶这句话了，毕竟有些科学关键事实上是正确的，其他的则是错误的！它们的正确性和错误性都是能得到验证的，它们的逻辑可以用来仔细分析，它们真的不像是流行音乐、宗教或者是朋克发型。尽管有社会科学以及科学逻辑，一些差劲的科学观点依然被广泛传播，至少是在一定时期内广泛传播。有一些好的观点会在最终占领科学界之前蛰伏许多年。

我们可以在本书介绍的主要观点中找到一个这样先经过蛰伏然后快速发展的典型例子，即汉密尔顿的亲属选择理论。我觉得这是可以让我们试试通过清点期刊引用来测量觅母传播的想法的一个恰当的例子。在第一版中我指出（102 页）："他在 1964 年发表的两篇有关社会个体生态学的论文，位列迄今为止最重要的文献之列。我一直难以理解，为什么一些个体生态学家如此粗心，竟忽略了这两篇论文（两本 1970 年版的有关个体生态学的主要教科书甚至没有把汉密尔顿的名字列入索引）。幸而近年来有迹象表明，人们对他的观点又重新感兴趣。"我在 1976 年写的这段话，让我们来追踪其后几十年里这个觅母的复兴吧。《科学引文索引》是一个非常奇特的出版物，在其中你能任选一个发表过的文献，然后通过一览表查询在特定一年里引用此文的文献数量。这是为了方便追踪某一特定主题的文献。大学任命委员会开始习惯于把其当作比较求职者科学方面成就的一个粗略和简便（过于粗略也过于简便）的方法。通过清点从 1964 年以来汉密尔顿文章每年的被引用次数，我们就大概能追寻到他的观点在生物学家意识里的发展（图一）。最初的蛰伏期是非常明显的，接下来在 20 世纪 70 年代，学界对亲属选择理论的兴趣有了一个显著的上升。如果真要确定一个上升的起始点的话，应该是在 1973 年和 1974 年之间。这次上升在 1981 年达到顶峰，之后每年的被引用次数开始在一个范围内无规律地波动。

一个觅母化的说法渐渐地成型，该说法认为对亲属选择理论的兴趣上升是因为 1975 年和 1976 年出版的一些专著导致的，而这幅图的拐点在 1974 年似乎使这个说法

引用次数（次）

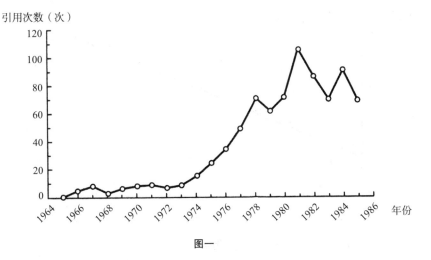

图一

成为一个谎言。恰恰相反，这个证据可以用来支持另一个非常不同的假说，即我们总是会关注那些"正在流行"的、"它的时代已经来临了"的观点。从这个方面来看，这些70年代中期的书可能只是潮流的征兆而非是其根本原因。

很有可能我们面临的实际情况是一个在很早就开始的长期的、低起点的并呈指数级加速增长的潮流。验证这个简单的指数级假说的一个办法是使用对数刻度画出被引用次数的累计图。任何一个增长过程，如果增长速率与原先规模成正比的话，就被称为指数级增长。流行病的传播就是一个典型的指数级增长过程：每一个人呼出的病毒都会传染给其他几个人，这些人中每一个又会传染给同样多的人，因此被感染者的数量就会以一个越来越快的速率增长。指数曲线的特点就是当以对数刻度作图时，它会成为一条直线。尽管不需要以累计的方式去画出对数图像，但这样做比较常规也比较方便。如果汉密尔顿的觅母的传播真像是一个正在传播的流行病的话，累计对数图中的点都应该排列成一条直线。是这样的吗？

图二中画出的那条直线就是统计意义上最拟合所有点的直线。1966年和1967年间的那个容易看见的显著上升应该可以被忽略，因为这是这类对数图像容易积累出的一种不可靠的小数效应。因此尽管还需要忽略一些小的浮动，图中的线条还是一根很好的近似直线。如果接受了我的指数级诠释，我们所面对的就是一个单独的缓慢发展的影响力爆发。这个爆发从1967年开始到1980年结束。每一本书和论文都应被同时当作这个长期趋势的征兆及原因。

顺便说一句，尽管人们几乎不可避免地会去这么想，但真的不要认为这样的增长曲线没什么大不了的。当然，就算是被引用次数每年以一个固定数值增加，任何一个累积曲线都还是会上升的。但是在对数刻度下，它们的增速会慢慢放缓，最终消失不见。图三最上面的实心曲线就代表着如果每年的被引用次数一定的话，我们将会得到的理论曲线（被引用次数取汉密尔顿的平均值，即每年37次）。这个逐渐平缓的曲线可以直接与图二中看到的直线相比较，后者代表了一个指数级的增长。所以这是在增

引用次数累计值（次）

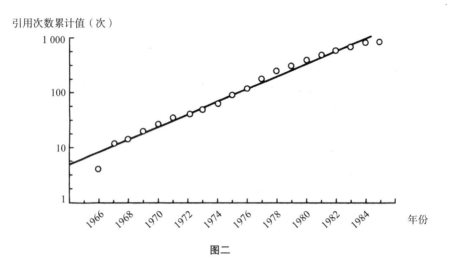

图二

引用次数累计值（次）

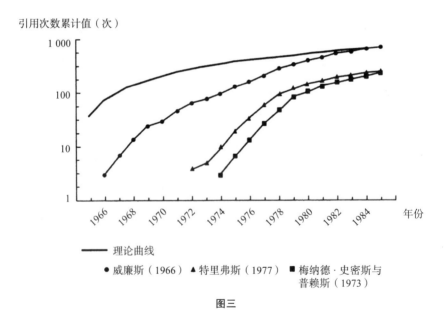

图三

长的基础上还有更多的增长，而非只有一个稳定的被引用速率。

　　其次，也许这并不是不可避免的，但有些人依然会忍不住想，难道科学论文的发表速率本身不是以指数级增长的吗？这样一来引用其他文献的机会也就随之以指数级增长了。又或许科学界本身的规模就在以指数级变大。为了证明汉密尔顿觅母真的有其特殊的地方，最简单的方法就是去画一些其他文献的同类图像。图三同样也展示了另外三个作品的对数累计被引用率（这三个也对本书第一版产生过巨大影响）。这包括威廉斯1996年出版的《适应性与自然选择》、特里弗斯1971年发表的关于相互利他主义的论文以及梅纳德·史密斯和普赖斯在1973年发表的介绍ESS想法的论文。这三个作品形成的曲线在整个时间段里都明显不是指数级增长的。然而，对这些作品而言，每年被引用次数也远非一致的，在某些时间段内它们依然可能是指数级增长的。例如，那根威廉斯的曲线在对数刻度下从1970年开始就接近于一条直线了，这意味着它也进入了影响力爆发的阶段。

我低估了特定几本书对汉密尔顿觅母传播的影响。不过，对这个小小的觅母研究还有一个很明显的暗示性附注。就像"Auld Lang Syne"和"Rule Britannia"的例子一样，我们这也有一个明显的变异错误。汉密尔顿1964年发表的两篇论文的正确标题应该是"The genetical evolution of social behaviour"（《社会行为的遗传进化》）。在20世纪70年代中后期，包括《社会生物学》和《自私的基因》在内的一系列出版物都错误地将其引用成"The genetical theory of social behaviour"（《社会行为的遗传理论》）。乔恩·西格（Jon Seger）和保罗·哈维（Paul Harvey）找寻了这个变异觅母的最早的出现点，他们认为这可能是一个清晰的标记，就像是同位素标记一样，可以用来追踪科学影响。他们追溯到了E. O. 威尔逊在1975年发表的有影响力的著作《社会生物学》，他们甚至为这个可能的起源找到了一些间接的证据。

正如我非常敬仰威尔逊的力作——我希望人们更多地去阅读原作而不要去读关于它的评论——关于他的书影响了我的书这一错误看法也使我义愤填膺。是的，因为我的书也包含了那个变异的引用——那个"同位素标记"——它看起来就像是在警醒我们至少有一个觅母从威尔逊传播到了我这里。这并不是特别令人惊讶，因为《社会生物学》抵达英国时我正在完结《自私的基因》，正是那个我可能正在完善我的参考书目的时间段。威尔逊庞大的参考书目就像是一个天赐之物，省去了我很多在图书馆中的时间。但当我偶然发现了我在1970年牛津讲座中发给学生的一个陈旧的蜡纸印刷的参考书目时，我的懊悔变成了狂欢。真的，上面写着"The genetical theory of social behaviour"，比威尔逊的出版物整整早了5年。威尔逊几乎不可能看过我1970年写的参考书目。这是毋庸置疑的：威尔逊和我独立地引入了相同的变异觅母！

为什么会发生这样的巧合呢？还是那样，就像对"Auld Lang Syne"进行分析一样，并不难发现一个合理的解释。R. A. 费希尔最著名的著作是 *The Genetical Theory of Natural Selection*（《自然选择的遗传理论》），这样一个简单的名字使其在遗传生物学家的世界里扎下了根。对我们来说，很难在听到前两个单词后不自觉地去加上第三个。我怀疑威尔逊和我都是这样错的。这对所有人来说都是一个愉快的结论，因为没有人会介意承认受到过费希尔的影响。

第227页：觅母存在于人的大脑中，大脑就是计算机。

我们能够很明显地预测，人工制造的电子计算机也终将成为自我复制类型的信息——觅母——的一个宿主。越来越多的计算机被连起来形成了一个错综复杂的信息分享网络。它们中很多是真正地通过电子邮件交互连接在一起，其他的则通过它们的主人互相传递磁盘来分享信息。这是一个完美的能让自我复制程序繁荣并扩散的环境。当我在写本书第一版时，我很幼稚地认为一个不良的计算机觅母只会是发源于复制正确程序时自发性地产生的一个错误，也认为这是不大可能的。哎，那是多么天真的时代。由恶意程序员故意释放的"病毒"和"蠕虫"现在已经成了全世界计算机使用者熟悉的危害。过去几年里，据我所知我自己的硬盘就被两种不同的流行病毒感染过，我就不指出这两个病毒名称了，免得给它们醒醒幼稚的制造者们哪怕一丝醒醒幼稚的满足感。我说"醒醒"是因为我觉得他们的行为对我而言在道德上几乎和那些故意污染饮用水并为了偷笑病人而传播传染病的微生物实验室技术员没有区别。我说"幼稚"，是因为这些人心理上幼稚。设计出一种计算机病毒并没有什么聪明之处，任何一个半桶水程序员都能做到这一点，而这样的半桶水程序员在现实世界中随处可见，我自己就是其中一员。我甚至不屑于解释计算机病毒是怎么工作的，那太浅显了。

我不怎么清楚该如何战胜它们。一些非常专业的程序员很不幸不得不浪费他们的宝贵时间去写出检查病毒、杀灭病毒的程序（顺便说一句，医学疫苗接种的类似物已经很接近了，甚至已经到了注射"减活品系"病毒的程度），其危险在于引发军备竞赛，病毒防护能力道高一尺，新型病毒程序就会魔高一丈。到现在为止，大多数反病毒程序都是由利他主义者编写，也不收取任何费用。但是我预感到一个新型职业正在兴起——分化出和其他任何职业一样的一个赚钱的行当——"软件医生"。他们会背上一个装满诊断和治疗软盘的黑包随时待命。我使用了"医生"这个名字，但真正的医生是来解决自然的问题，而不是解决由人恶意制造出来的问题的。我所谓的软件医生，从另一方面来讲更像是律师，是来解决本不该存在的人造问题的。到现在为止，病毒制造者们如果真有任何可以察觉的动机，那一定是他们感觉到了一种模糊的无政府主义。我向他们呼吁：你们真想为一个赚钱行当铺平道路吗？如果不是，停下对这些幼稚觅母的玩弄，把你们还凑合的编程才能用到一些正道上吧。

第 228 页：盲目信仰的人什么事都干得出来。

我收到了预想中的大量信仰受害者的来信，抗议我对其提出的批评。信仰是一个如此成功的根据自己的偏好施为的洗脑者，特别是对于孩子来说，很难打破对它的信念。但究竟什么是信仰？它是大脑中让人们在毫无支持性证据的情况下相信某事物的一个状态，无论该事物究竟是什么。如果有很好的支持性证据，信仰就有些多余了，因为证据将会使我们无论如何都会相信它。正是这一点，使得那经常重复的"进化论本身是一种信仰"变得如此可笑。人们之所以相信进化论，并不是因为他们无端地想要相信，而是因为那些大家都能接触到的大量的证据。

我说了"无论（信仰相信的）事物究竟是什么"，都意味着人们对完全疯狂、武断的事物有着信仰，就像是道格拉斯·亚当斯那引人入胜的《德克·金特利的全能侦探社》（*Dirk Gently's Holistic Detective Agency*）中的那个电子僧侣。他是专门为实践你的信念而造的，并且很在行。有一天我们碰到了他，他坚定不移地认为世界上所有的东西都是粉红色的，而不顾所有的证据。我并不认为一个个体所信仰的事物一定是疯狂的，它们有可能是也有可能不是。关键在于没有办法去确定它们究竟是不是疯狂的，也没有办法去喜欢一个信仰胜过另外一个，因为证据被明显地隔离开了。其实真正的信仰不需要证据这一事实就已经是它最大的美德了，这就是为什么我引用了多疑的托马斯的故事，这是十二使徒中唯一值得钦佩的一员。

　　信仰不能移山（尽管很多代的孩子都被严肃地告知了相反的事实并且相信了它们），但是信仰却能导致人们做出那样危险的愚行，因此在我看来信仰可以被看作一种精神疾病。它能让人们如此地坚信一个事物，甚至可能极端到不需要任何进一步的论证就能为其展开杀戮或者牺牲。基思·亨森（Keith Henson）创造了"觅母者"一词来指那些"被觅母占领以至于他们自己的存活都变得不重要了的受害者……你可以从来自贝尔法斯特或贝鲁特的晚间新闻中看到很多这样的人"，信仰的威力足以使人们对所有的怜悯、宽恕及人类美好的感受免疫。如果他们真的相信殉道者死后会升入天堂，信仰甚至能使他们对恐惧免疫。多么好的一个武器啊！宗教信仰需要在武器技术年鉴中占据一席之地，与长弓、战马、坦克和氢弹站在同一条线上。

第 232 页：在这个世界上，只有我们，我们人类，能够反抗自私的复制因子的暴政。

　　我结论里透出的乐观主义语调引起了那些觉得这和本书其他部分不一致的批评者的怀疑。某些例子中，批评者是一些教条主义社会生物学家，小心翼翼地保护着遗传影响的重要性。在另一些例子中，批评者来自一个近乎荒谬的相反的极端，那些左翼高级神父小心翼翼地保卫着最心爱的神学偶像。罗斯、卡明和莱文廷的《不在我们的基因里》里有一个专有的怪物叫作"还原论"，而所有最好的还原论者都被认为是"决定论者"，特别是"基因决定论者"。

　　　　大脑对于还原论者来说是一个确定的生物体，其性质就产生了我们观察到的行为以及从这些行为中领会到的思想状态或者意图……这样的观点是，或应该是，完全与威尔逊和道金斯的社会生物学原理相符。然而，要采纳这个观点就会将这些原理引入一个两难地境。首先是争辩对于自由的人，人们觉得毫无吸引力（怨恨、教条化等）的行为是先天存在的。然后开始纠结于对犯罪行为的自由主义道德考量，因为这些行为像其他行为一样是生物上决定好的。为了避免这个问题，威尔逊和道金斯许下了一个自由的愿望，只要我们非常希望，我们就能够摆脱基因对我们的控制……这实质是回归到了难堪的笛卡尔哲学，一个二重性问题。

　　我认为罗斯和她的同事是在谴责我们在吃蛋糕的时候同时占有着它。要么我们必须是"基因决定论者"，要么我们就相信"自由意志"，我们不能两全其美。但是，在这里我相信我是为了威尔逊教授也是为了我自己而发声，只有在罗斯和她的同事眼中我们才是"基因决定论者"。他们没有理解的（很显然，尽管这很难确定）是我们完全有可能在相信基因对人类行为施加着统计意义上的影响的同时，也相信这样的影响是能够被改变的，比如被其他影响覆盖或逆转。基因肯定对任何一个经由自然选择而进化出的行为模式都有统计意义上的影响。罗斯和她的同事们大概都同意人类性欲是由自然选择进化而来的吧，就像很多其他经过自然选择进化的东西一样。因此他们就必须得相信存在着影响性欲的基因——就像影响其他所有东西的基因一样。然而他们显然也能够在社交上需要的情况下抑制他们的性欲吧。这和二重性有什么关系？当然没有。这个根本不存在的二重性对我提倡反叛的"反抗那些自私的基因的暴政"没有丝毫影响。我们，这里指的是我们的大脑，已经和我们的基因分开并足够独立去反抗它们了。就像已经提过的一样，我们每一次使用避孕套的时候就走出了反抗的一小步了。没有任何理由不相信我们能够进行更大的反抗。

参考书目

1. ALEXANDER, R. D. (1961) Aggressiveness, territoriality, and sexual behavior in field crickets. *Behaviour* **17,** 130–223.

2. ALEXANDER, R. D. (1974) The evolution of social behavior. *Annual Review of Ecology and Systematics* **5,** 325–83.

3. ALEXANDER, R. D. (1980) *Darwinism and Human Affairs.* London: Pitman.

4. ALEXANDER, R. D. (1987) *The Biology of Moral Systems.* New York: Aldine de Gruyter.

5. ALEXANDER, R. D. and SHERMAN, P. W. (1977) Local mate competition and parental investment in social insects. *Science* **96,** 494–500.

6. ALLEE, W. C. (1938) *The Social Life of Animals.* London: Heinemann.

7. ALTMANN, S. A. (1979) Altruistic behaviour: the fallacy of kin deployment. *Animal Behaviour* **27,** 958–9.

8. ALVAREZ, F., DE REYNA, A., and SEGURA, H. (1976) Experimental brood-parasitism of the magpie *(Pica pica). Animal Behaviour* **24,** 907–16.

9. ANON. (1989) Hormones and brain structure explain behaviour. *New Scientist* **121** (1649), 35.

10. AOKI, S. (1987) Evolution of sterile soldiers in aphids. In *Animal Societies: Theories and facts* (eds. Y. ITO, J. L. BROWN, and J. KIKKAWA). Tokyo: Japan Scientific Societies Press. pp. 53–65.

11. ARDREY, R. (1970) *The Social Contract.* London: Collins.

12. AXELROD, R. (1984) *The Evolution of Cooperation.* New York: Basic Books.

13. AXELROD, R. and HAMILTON, W. D. (1981) The evolution of cooperation. *Science* **211,** 1390–6.

14. BALDWIN, B. A. and MEESE, G. B. (1979) Social behaviour in pigs studied by means of operant conditioning. *Animal Behaviour* **27,** 947–57.

15. BARTZ, S. H. (1979) Evolution of eusociality in termites. *Proceedings of the National Academy of Sciences, USA* **76** (11), 5764–8.

16. BASTOCK, M. (1967) *Courtship: A Zoological Study.* London: Heinemann.

17. BATESON, P. (1983) Optimal outbreeding. In *Mate Choice* (ed. P. BATESON). Cambridge: Cambridge University Press. pp. 257–77.

18. BELL, G. (1982) *The Masterpiece of Nature*. London: Croom Helm.

19. BERTRAM, B. C. R. (1976) Kin selection in lions and in evolution. In *Growing Points in Ethology* (eds. P. P. G. BATESON and R. A. HINDE). Cambridge: Cambridge University Press. pp. 281–301.

20. BONNER, J. T. (1980) *The Evolution of Culture in Animals*. Princeton: Princeton University Press.

21. BOYD, R. and LORBERBAUM, J. P. (1987) No pure strategy is evolutionarily stable in the repeated Prisoner's Dilemma game. *Nature* **327**, 58–9.

22. BRETT, R. A. (1986) The ecology and behaviour of the naked mole rat (*Heterocephalus glaber*). Ph.D. thesis, University of London.

23. BROADBENT, D. E. (1961) *Behaviour*. London: Eyre and Spottiswoode.

24. BROCKMANN, H. J. and DAWKINS, R. (1979) Joint nesting in a digger wasp as an evolutionarily stable preadaptation to social life. *Behaviour* **71**, 203–45.

25. BROCKMANN, H. J., GRAFEN, A., and DAWKINS, R. (1979) Evolutionarily stable nesting strategy in a digger wasp. *Journal of Theoretical Biology* **77**, 473–96.

26. BROOKE, M. DE L. and DAVIES, N. B. (1988) Egg mimicry by cuckoos *Cuculus canorus* in relation to discrimination by hosts. *Nature* **335**, 630–2.

27. BURGESS, J. W. (1976) Social spiders. *Scientific American* **234** (3), 101–6.

28. BURK, T. E. (1980) An analysis of social behaviour in crickets. D.Phil. thesis, University of Oxford.

29. CAIRNS-SMITH, A. G. (1971) *The Life Puzzle*. Edinburgh: Oliver and Boyd.

30. CAIRNS-SMITH, A. G. (1982) *Genetic Takeover*. Cambridge: Cambridge University Press.

31. CAIRNS-SMITH, A. G. (1985) *Seven Clues to the Origin of Life*. Cambridge: Cambridge University Press.

32. CAVALLI-SFORZA, L. L. (1971) Similarities and dissimilarities of sociocultural and biological evolution. In *Mathematics in the Archaeological and Historical Sciences* (eds. F. R. HODSON, D. G. KENDALL, and P. TAUTU). Edinburgh: Edinburgh University Press. pp. 535–41.

33. CAVALLI-SFORZA, L. L. and FELDMAN, M. W. (1981) *Cultural Transmission and Evolution: A Quantitative Approach*. Princeton: Princeton University Press.

34. CHARNOV, E. L. (1978) Evolution of eusocial behavior: offspring choice or parental parasitism? *Journal of Theoretical Biology* **75,** 451–65.

35. CHARNOV, E. L. and KREBS, J. R. (1975) The evolution of alarm calls: altruism or manipulation? *American Naturalist* **109,** 107–12.

36. CHERFAS, J. and GRIBBIN, J. (1985) *The Redundant Male.* London: Bodley Head.

37. CLOAK, F. T. (1975) Is a cultural ethology possible? *Human Ecology* **3,** 161–82.

38. CROW, J. F. (1979) Genes that violate Mendel's rules. *Scientific American* **240** (2), 104–13.

39. CULLEN, J. M. (1972) Some principles of animal communication. In *Non-verbal Communication* (ed. R. A. HINDE). Cambridge: Cambridge University Press. pp. 101–22.

40. DALY, M. and WILSON, M. (1982) *Sex, Evolution and Behavior,* 2nd edition. Boston: Willard Grant.

41. DARWIN, C. R. (1859) *The Origin of Species.* London: John Murray.

42. DAVIES, N. B. (1978) Territorial defence in the speckled wood butterfly (*Pararge aegeria*): the resident always wins. *Animal Behaviour* **26,** 138–47.

43. DAWKINS, M. S. (1986) *Unravelling Animal Behaviour.* Harlow: Longman.

44. DAWKINS, R. (1979) In defence of selfish genes. *Philosophy* **56,** 556–73.

45. DAWKINS, R. (1979) Twelve misunderstandings of kin selection. *Zeitschrift für Tierpsychologie* **51,** 184–200.

46. DAWKINS, R. (1980) Good strategy or evolutionarily stable strategy? In *Sociobiology: Beyond Nature/Nurture* (eds. G. W. BARLOW and J. SILVERBERG). Boulder, Colorado: Westview Press. pp. 331–67.

47. DAWKINS, R. (1982) *The Extended Phenotype.* Oxford: W. H. Freeman.

48. DAWKINS, R. (1982) Replicators and vehicles. In *Current Problems in Sociobiology* (eds. KING'S COLLEGE SOCIOBIOLOGY GROUP). Cambridge: Cambridge University Press. pp. 45–64.

49. DAWKINS, R. (1983) Universal Darwinism. In *Evolution from Molecules to Men* (ed. D. S. BENDALL). Cambridge: Cambridge University Press. pp. 403–25.

50. DAWKINS, R. (1986) *The Blind Watchmaker.* Harlow: Longman.

51. DAWKINS, R. (1986) Sociobiology: the new storm in a teacup. In *Science and Beyond* (eds. S. ROSE and L. APPIGNANESI). Oxford: Basil Blackwell. pp. 61–78.

52. DAWKINS, R. (1989) The evolution of evolvability. In *Artificial Life* (ed. C. LANGTON). Santa Fe: Addison-Wesley. pp. 201–20.

53. DAWKINS, R. (1993) Worlds in microcosm. In *Humanity, Environment and God* (ed. N. SPURWAY). Oxford: Basil Blackwell.

54. DAWKINS, R. and CARLISLE, T. R. (1976) Parental investment, mate desertion and a fallacy. *Nature* **262,** 131–2.

55. DAWKINS, R. and KREBS, J. R. (1978) Animal signals: information or manipulation? In *Behavioural Ecology: An Evolutionary Approach* (eds. J. R. KREBS and N. B. DAVIES). Oxford: Blackwell Scientific Publications. pp. 282–309.

56. DAWKINS, R. and KREBS, J. R. (1979) Arms races between and within species. *Proceedings of the Royal Society of London B* **205,** 489–511.

57. DE VRIES, P. J. (1988) The larval ant-organs of *Thisbe irenea* (Lepidoptera: Riodinidae) and their effects upon attending ants. *Zoological Journal of the Linnean Society* **94,** 379–93.

58. DELIUS, J. D. (1991) The nature of culture. In *The Tinbergen Legacy* (eds. M. S. DAWKINS, T. R. HALLIDAY, and R. DAWKINS). London: Chapman and Hall.

59. DENNETT, D. C. (1989) The evolution of consciousness. In *Reality Club* **3** (ed. J. BROCKMAN). New York: Lynx Publications.

60. DEWSBURY, D. A. (1982) Ejaculate cost and male choice. *American Naturalist* **119,** 601–10.

61. DIXSON, A. F. (1987) Baculum length and copulatory behavior in primates. *American Journal of Primatology* **13,** 51–60.

62. DOBZHANSKY, T. (1962) *Mankind Evolving.* New Haven: Yale University Press.

63. DOOLITTLE, W. F. and SAPIENZA, C. (1980) Selfish genes, the phenotype paradigm and genome evolution. *Nature* **284,** 601–3.

64. EHRLICH, P. R., EHRLICH, A. H., and HOLDREN, J. P. (1973) *Human Ecology.* San Francisco: Freeman.

65. EIBL-EIBESFELDT, I. (1971) *Love and Hate.* London: Methuen.

66. EIGEN, M., GARDINER, W., SCHUSTER, P., and WINKLER-OSWATITSCH, R. (1981) The origin of genetic information. *Scientific American* **244** (4), 88–118.

67. ELDREDGE, N. and GOULD, S. J. (1972) Punctuated equilibrium: an alternative to phyletic gradualism. In *Models in Paleobiology* (ed. J. M. SCHOPF). San Francisco: Freeman Cooper. pp. 82–115.

68. FISCHER, E. A. (1980) The relationship between mating system and simultaneous hermaphroditism in the coral reef fish, *Hypoplectrus nigricans* (Serranidae). *Animal Behaviour* **28**, 620–33.

69. FISHER, R. A. (1930) *The Genetical Theory of Natural Selection*. Oxford: Clarendon Press.

70. FLETCHER, D. J. C. and MICHENER, C. D. (1987) *Kin Recognition in Humans*. New York: Wiley.

71. FOX, R. (1980) *The Red Lamp of Incest*. London: Hutchinson.

72. GALE, J. S. and EAVES, L. J. (1975) Logic of animal conflict. *Nature* **254**, 463–4.

73. GAMLIN, L. (1987) Rodents join the commune. *New Scientist* **115** (1571), 40–7.

74. GARDNER, B. T. and GARDNER, R. A. (1971) Two-way communication with an infant chimpanzee. In *Behavior of Non-human Primates* **4** (eds. A. M. SCHRIER and F. STOLLNITZ). New York: Academic Press. pp. 117–84.

75. GHISELIN, M. T. (1974) *The Economy of Nature and the Evolution of Sex*. Berkeley: University of California Press.

76. GOULD, S. J. (1980) *The Panda's Thumb*. New York: W. W. Norton.

77. GOULD, S. J. (1983) *Hen's Teeth and Horse's Toes*. New York: W. W. Norton.

78. GRAFEN, A. (1984) Natural selection, kin selection and group selection. In *Behavioural Ecology: An Evolutionary Approach* (eds. J. R. KREBS and N. B. DAVIES). Oxford: Blackwell Scientific Publications. pp. 62–84.

79. GRAFEN, A. (1985) A geometric view of relatedness. In *Oxford Surveys in Evolutionary Biology* (eds. R. DAWKINS and M. RIDLEY), **2**, pp. 28–89. Oxford: Oxford University Press.

80. GRAFEN, A. (1990) Sexual selection unhandicapped by the Fisher process. *Journal of Theoretical Biology*, **144**, 473–516.

81. GRAFEN, A. and SIBLY, R. M. (1978) A model of mate desertion. *Animal Behaviour* **26**, 645–52.

82. HALDANE, J. B. S. (1955) Population genetics. *New Biology* **18**, 34–51.

83. HAMILTON, W. D. (1964) The genetical evolution of social behaviour (I and II). *Journal of Theoretical Biology* **7**, 1–16; 17–52.

84. HAMILTON, W. D. (1966) The moulding of senescence by natural selection. *Journal of Theoretical Biology* **12**, 12–45.

85. HAMILTON, W. D. (1967) Extraordinary sex ratios. *Science* **156,** 477–88.

86. HAMILTON, W. D. (1971) Geometry for the selfish herd. *Journal of Theoretical Biology* **31,** 295–311.

87. HAMILTON, W. D. (1972) Altruism and related phenomena, mainly in social insects. *Annual Review of Ecology and Systematics* **3,** 193–232.

88. HAMILTON, W. D. (1975) Gamblers since life began: barnacles, aphids, elms. *Quarterly Review of Biology* **50,** 175–80.

89. HAMILTON, W. D. (1980) Sex versus non-sex versus parasite. *Oikos* **35,** 282–90.

90. HAMILTON, W. D. and ZUK, M. (1982) Heritable true fitness and bright birds: a role for parasites? *Science* **218,** 384–7.

91. HAMPE, M. and MORGAN, S. R. (1987) Two consequences of Richard Dawkins' view of genes and organisms. *Studies in the History and Philosophy of Science* **19,** 119–38.

92. HANSELL, M. H. (1984) *Animal Architecture and Building Behaviour.* Harlow: Longman.

93. HARDIN, G. (1978) Nice guys finish last. In *Sociobiology and Human Nature* (eds. M. S. GREGORY, A. SILVERS, and D. SUTCH). San Francisco: Jossey Bass. pp. 183–94.

94. HENSON, H. K. (1985) Memes, L_5 and the religion of the space colonies. L_5 *News,* September 1985, pp. 5–8.

95. HINDE, R. A. (1974) *Biological Bases of Human Social Behaviour.* New York: McGraw-Hill.

96. HOYLE, F. and ELLIOT, J. (1962) *A for Andromeda.* London: Souvenir Press.

97. HULL, D. L. (1980) Individuality and selection. *Annual Review of Ecology and Systematics* **11,** 311–32.

98. HULL, D. L. (1981) Units of evolution: a metaphysical essay. In *The Philosophy of Evolution* (eds. U. L. JENSEN and R. HARRÉ). Brighton: Harvester. pp. 23–44.

99. HUMPHREY, N. (1986) *The Inner Eye.* London: Faber and Faber.

100. JARVIS, J. U. M. (1981) Eusociality in a mammal: cooperative breeding in naked mole-rat colonies. *Science* **212,** 571–3.

101. JENKINS, P. F. (1978) Cultural transmission of song patterns and dialect development in a free-living bird population. *Animal Behaviour* **26,** 50–78.

102. KALMUS, H. (1969) Animal behaviour and theories of games and of language. *Animal Behaviour* **17,** 607–17.

103. KREBS, J. R. (1977) The significance of song repertoires—the Beau Geste hypothesis. *Animal Behaviour* **25**, 475–8.

104. KREBS, J. R. and DAWKINS, R. (1984) Animal signals: mind-reading and manipulation. In *Behavioural Ecology: An Evolutionary Approach* (eds. J. R. KREBS and N. B. DAVIES), 2nd edition. Oxford: Blackwell Scientific Publications. pp. 380–402.

105. KRUUK, H. (1972) *The Spotted Hyena: A Study of Predation and Social Behavior.* Chicago: Chicago University Press.

106. LACK, D. (1954) *The Natural Regulation of Animal Numbers.* Oxford: Clarendon Press.

107. LACK, D. (1966) *Population Studies of Birds.* Oxford: Clarendon Press.

108. LE BOEUF, B. J. (1974) Male–male competition and reproductive success in elephant seals. *American Zoologist* **14**, 163–76.

109. LEWIN, B. (1974) *Gene Expression,* volume 2. London: Wiley.

110. LEWONTIN, R. C. (1983) The organism as the subject and object of evolution. *Scientia* **118**, 65–82.

111. LIDICKER, W. Z. (1965) Comparative study of density regulation in confined populations of four species of rodents. *Researches on Population Ecology* **7** (27), 57–72.

112. LOMBARDO, M. P. (1985) Mutual restraint in tree swallows: a test of the Tit for Tat model of reciprocity. *Science* **227**, 1363–5.

113. LORENZ, K. Z. (1966) *Evolution and Modification of Behavior.* London: Methuen.

114. LORENZ, K. Z. (1966) *On Aggression.* London: Methuen.

115. LURIA, S. E. (1973) *Life—The Unfinished Experiment.* London: Souvenir Press.

116. MACARTHUR, R. H. (1965) Ecological consequences of natural selection. In *Theoretical and Mathematical Biology* (eds. T. H. WATERMAN and H. J. MOROWITZ). New York: Blaisdell. pp. 388–97.

117. MACKIE, J. L. (1978) The law of the jungle: moral alternatives and principles of evolution. *Philosophy* **53**, 455–64. Reprinted in *Persons and Values* (eds. J. Mackie and P. Mackie, 1985). Oxford: Oxford University Press. pp. 120–31.

118. MARGULIS, L. (1981) *Symbiosis in Cell Evolution.* San Francisco: W. H. Freeman.

119. MARLER, P. R. (1959) Developments in the study of animal communication. In *Darwin's Biological Work* (ed. P. R. BELL). Cambridge: Cambridge University Press. pp. 150–206.

120. MAYNARD SMITH, J. (1972) Game theory and the evolution of fighting. In J. MAYNARD SMITH, *On Evolution*. Edinburgh: Edinburgh University Press. pp. 8–28.

121. MAYNARD SMITH, J. (1974) The theory of games and the evolution of animal conflict. *Journal of Theoretical Biology* **47**, 209–21.

122. MAYNARD SMITH, J. (1976) Group selection. *Quarterly Review of Biology* **51**, 277–83.

123. MAYNARD SMITH, J. (1976) Evolution and the theory of games. *American Scientist* **64**, 41–5.

124. MAYNARD SMITH, J. (1976) Sexual selection and the handicap principle. *Journal of Theoretical Biology* **57**, 239–42.

125. MAYNARD SMITH, J. (1977) Parental investment: a prospective analysis. *Animal Behaviour* **25**, 1–9.

126. MAYNARD SMITH, J. (1978) *The Evolution of Sex*. Cambridge: Cambridge University Press.

127. MAYNARD SMITH, J. (1982) *Evolution and the Theory of Games*. Cambridge: Cambridge University Press.

128. MAYNARD SMITH, J. (1988) *Games, Sex and Evolution*. New York: Harvester Wheatsheaf.

129. MAYNARD SMITH, J. (1989) *Evolutionary Genetics*. Oxford: Oxford University Press.

130. MAYNARD SMITH, J. and PARKER, G. A. (1976) The logic of asymmetric contests. *Animal Behaviour* **24**, 159–75.

131. MAYNARD SMITH, J. and PRICE, G. R. (1973) The logic of animal conflicts. *Nature* **246**, 15–18.

132. McFARLAND, D. J. (1971) *Feedback Mechanisms in Animal Behaviour*. London: Academic Press.

133. MEAD, M. (1950) *Male and Female*. London: Gollancz.

134. MEDAWAR, P. B. (1952) *An Unsolved Problem in Biology*. London: H. K. Lewis.

135. MEDAWAR, P. B. (1957) *The Uniqueness of the Individual*. London: Methuen.

136. MEDAWAR, P. B. (1961) Review of P. Teilhard de Chardin, *The Phenomenon of Man*. Reprinted in P. B. MEDAWAR (1982) *Pluto's Republic*. Oxford: Oxford University Press.

137. MICHOD, R. E. and LEVIN, B. R. (1988) *The Evolution of Sex*. Sunderland, Massachusetts: Sinauer.

138. MIDGLEY, M. (1979) Gene-juggling. *Philosophy* **54,** 439–58.

139. MONOD, J. L. (1974) On the molecular theory of evolution. In *Problems of Scientific Revolution* (ed. R. HARRÉ). Oxford: Clarendon Press. pp. 11–24.

140. MONTAGU, A. (1976) *The Nature of Human Aggression.* New York: Oxford University Press.

141. MORAVEC, H. (1988) *Mind Children.* Cambridge, Massachusetts: Harvard University Press.

142. MORRIS, D. (1957) 'Typical Intensity' and its relation to the problem of ritualization. *Behaviour* **11,** 1–21.

143. *Nuffield Biology Teachers Guide IV* (1966) London: Longmans. p. 96.

144. ORGEL, L. E. (1973) *The Origins of Life.* London: Chapman and Hall.

145. ORGEL, L. E. and CRICK, F. H. C. (1980) Selfish DNA: the ultimate parasite. *Nature* **284,** 604–7.

146. PACKER, C. and PUSEY, A. E. (1982) Cooperation and competition within coalitions of male lions: kin-selection or game theory? *Nature* **296,** 740–2.

147. PARKER, G. A. (1984) Evolutionarily stable strategies. In *Behavioural Ecology: An Evolutionary Approach* (eds. J. R. KREBS and N. B. DAVIES), 2nd edition. Oxford: Blackwell Scientific Publications. pp. 62–84.

148. PARKER, G. A., BAKER, R. R., and SMITH, V. G. F. (1972) The origin and evolution of gametic dimorphism and the male–female phenomenon. *Journal of Theoretical Biology* **36,** 529–53.

149. PAYNE, R. S. and McVAY, S. (1971) Songs of humpback whales. *Science* **173,** 583–97.

150. POPPER, K. (1974) The rationality of scientific revolutions. In *Problems of Scientific Revolution* (ed. R. HARRÉ). Oxford: Clarendon Press. pp. 72–101.

151. POPPER, K. (1978) Natural selection and the emergence of mind. *Dialectica* **32,** 339–55.

152. RIDLEY, M. (1978) Paternal care. *Animal Behaviour* **26,** 904–32.

153. RIDLEY, M. (1985) *The Problems of Evolution.* Oxford: Oxford University Press.

154. ROSE, S., KAMIN, L. J., and LEWONTIN, R. C. (1984) *Not In Our Genes.* London: Penguin.

155. ROTHENBUHLER, W. C. (1964) Behavior genetics of nest cleaning in honey bees. IV. Responses of F_1 and backcross generations to disease-killed brood. *American Zoologist* **4,** 111–23.

156. RYDER, R. (1975) *Victims of Science*. London: Davis-Poynter.

157. SAGAN, L. (1967) On the origin of mitosing cells. *Journal of Theoretical Biology* **14**, 225–74.

158. SAHLINS, M. (1977) *The Use and Abuse of Biology*. Ann Arbor: University of Michigan Press.

159. SCHUSTER, P. and SIGMUND, K. (1981) Coyness, philandering and stable strategies. *Animal Behaviour* **29**, 186–92.

160. SEGER, J. and HAMILTON, W. D. (1988) Parasites and sex. In *The Evolution of Sex* (eds. R. E. MICHOD and B. R. LEVIN). Sunderland, Massachusetts: Sinauer. pp. 176–93.

161. SEGER, J. and HARVEY, P. (1980) The evolution of the genetical theory of social behaviour. *New Scientist* **87** (1208), 50–1.

162. SHEPPARD, P. M. (1958) *Natural Selection and Heredity*. London: Hutchinson.

163. SIMPSON, G. G. (1966) The biological nature of man. *Science* **152**, 472–8.

164. SINGER, P. (1976) *Animal Liberation*. London: Jonathan Cape.

165. SMYTHE, N. (1970) On the existence of 'pursuit invitation' signals in mammals. *American Naturalist* **104**, 491–4.

166. STERELNY, K. and KITCHER, P. (1988) The return of the gene. *Journal of Philosophy* **85**, 339–61.

167. SYMONS, D. (1979) *The Evolution of Human Sexuality*. New York: Oxford University Press.

168. TINBERGEN, N. (1953) *Social Behaviour in Animals*. London: Methuen.

169. TREISMAN, M. and DAWKINS, R. (1976) The cost of meiosis—is there any? *Journal of Theoretical Biology* **63**, 479–84.

170. TRIVERS, R. L. (1971) The evolution of reciprocal altruism. *Quarterly Review of Biology* **46**, 35–57.

171. TRIVERS, R. L. (1972) Parental investment and sexual selection. In *Sexual Selection and the Descent of Man* (ed. B. CAMPBELL). Chicago: Aldine. pp. 136–79.

172. TRIVERS, R. L. (1974) Parent–offspring conflict. *American Zoologist* **14**, 249–64.

173. TRIVERS, R. L. (1985) *Social Evolution*. Menlo Park: Benjamin/Cummings.

174. TRIVERS, R. L. and HARE, H. (1976) Haplodiploidy and the evolution of the social insects. *Science* **191**, 249–63.

175. TURNBULL, C. (1972) *The Mountain People*. London: Jonathan Cape.

176. WASHBURN, S. L. (1978) Human behavior and the behavior of other animals. *American Psychologist* **33**, 405–18.

177. WELLS, P. A. (1987) Kin recognition in humans. In *Kin Recognition in Animals* (eds. D. J. C. FLETCHER and C. D. MICHENER). New York: Wiley. pp. 395–415.

178. WICKLER, W. (1968) *Mimicry*. London: World University Library.

179. WILKINSON, G. S. (1984) Reciprocal food-sharing in the vampire bat. *Nature* **308**, 181–4.

180. WILLIAMS, G. C. (1957) Pleiotropy, natural selection, and the evolution of senescence. *Evolution* **11**, 398–411.

181. WILLIAMS, G. C. (1966) *Adaptation and Natural Selection*. Princeton: Princeton University Press.

182. WILLIAMS, G. C. (1975) *Sex and Evolution*. Princeton: Princeton University Press.

183. WILLIAMS, G. C. (1985) A defense of reductionism in evolutionary biology. In *Oxford Surveys in Evolutionary Biology* (eds. R. DAWKINS and M. RIDLEY), **2**, pp. 1–27. Oxford: Oxford University Press.

184. WILSON, E. O. (1971) *The Insect Societies*. Cambridge, Massachusetts: Harvard University Press.

185. WILSON, E. O. (1975) *Sociobiology: The New Synthesis*. Cambridge, Massachusetts: Harvard University Press.

186. WILSON, E. O. (1978) *On Human Nature*. Cambridge, Massachusetts: Harvard University Press.

187. WRIGHT, S. (1980) Genic and organismic selection. *Evolution* **34**, 825–43.

188. WYNNE-EDWARDS, V. C. (1962) *Animal Dispersion in Relation to Social Behaviour*. Edinburgh: Oliver and Boyd.

189. WYNNE-EDWARDS, V. C. (1978) Intrinsic population control: an introduction. In *Population Control by Social Behaviour* (eds. F. J. EBLING and D. M. STODDART). London: Institute of Biology. pp. 1–22.

190. WYNNE-EDWARDS, V. C. (1986) *Evolution through Group Selection*. Oxford: Blackwell Scientific Publications.

191. YOM-TOV, Y. (1980) Intraspecific nest parasitism in birds. *Biological Reviews* **55**, 93–108.

192. YOUNG, J. Z. (1975) *The Life of Mammals*, 2nd edition. Oxford: Clarendon Press.

193. ZAHAVI, A. (1975) Mate selection—a selection for a handicap. *Journal of Theoretical Biology* **53**, 205–14.

194. ZAHAVI, A. (1977) Reliability in communication systems and the evolution of altruism. In *Evolutionary Ecology* (eds. B. STONEHOUSE and C. M. PERRINS). London: Macmillan. pp. 253–9.

195. ZAHAVI, A. (1978) Decorative patterns and the evolution of art. *New Scientist* **80** (1125), 182–4.

196. ZAHAVI, A. (1987) The theory of signal selection and some of its implications. In *International Symposium on Biological Evolution, Bari, 9–14 April 1985* (ed. V. P. DELFINO). Bari: Adriatici Editrici. pp. 305–27.

197. ZAHAVI, A. Personal communication, quoted by permission.

第 14、15 章参考书目

Baerends, G. P. (1941). Fortpflanzungsverhalten und Orientierung der Grabwespe *Ammophila campestris* Jur. *Tijdschrift voor Entomologie* **84**, 68–275.

Barlow, H. B. (1961). The coding of sensory messages. In *Current Problems in Animal Behaviour* (eds W. H. Thorpe & O. L. Zangwill), pp. 331–60. Cambridge: Cambridge University Press.

Bishop, D. T. & Cannings, C. (1978). A generalized war of attrition. *Journal of Theoretical Biology* **70**, 85–124.

Boden, M. (1977). *Artificial Intelligence and Natural Man*. Brighton: Harvester Press.

Brockmann, H. J. & Dawkins, R. (1979). Joint nesting in a digger wasp as an evolutionarily stable preadaptation to social life. *Behaviour* **71**, 203–45.

Brockmann, H. J., Grafen, A. & Dawkins, R. (1979). Evolutionarily stable nesting strategy in a digger wasp. *Journal of Theoretical Biology* **77**, 473–96.

Cain, A. J. (1964). The perfection of animals. In *Viewpoints in Biology*, 3 (eds J. D. Carthy & C. L. Duddington), pp. 36–63. London: Butterworths.

Cain, A. J. (1979). Introduction to general discussion. In *The Evolution of Adaptation by Natural Selection* (eds J. Maynard Smith & R. Holliday). *Proceedings of the Royal Society of London*, B **205**, 599–604.

Clutton-Brock, T. H. & Harvey, P. H. (1979). Comparison and adaptation. *Proceedings of the Royal Society of London*, B **205**, 547–65.

Curio, E. (1973). Towards a methodology of teleonomy. *Experientia* **29**, 1045–58.

Daly, M. (1979). Why don't male mammals lactate? *Journal of Theoretical Biology* **78**, 325–45.

Darwin, C. R. (1859). *The Origin of Species*. 1st edn, reprinted 1968. Harmondsworth, Middx: Penguin.

Dawkins, R. (1969). Bees are easily distracted. *Science* **165**, 751.

Dawkins, R. (1976a). *The Selfish Gene*. Oxford: Oxford University Press.

Dawkins, R. (1976b). Hierarchical organisation: a candidate principle for ethology. In *Growing Points in Ethology* (eds P. P. G. Bateson & R. A. Hinde), pp. 7–54. Cambridge: Cambridge University Press.

Dawkins, R. (1979). Twelve misunderstandings of kin selection. *Zeitschrift für Tierpsychologie* **51**, 184–200.

Dawkins, R. (1980). Good strategy or evolutionarily stable strategy? In *Sociobiology: Beyond Nature/Nurture?* (eds G. W. Barlow & J. Silverberg), pp. 331–67. Boulder: Westview Press.

Dawkins, R. (1981). In defence of selfish genes. *Philosophy*, October.

Dawkins, R. & Brockmann, H. J. (1980). Do digger wasps commit the Concorde fallacy? *Animal Behaviour* **28**, 892–6.

Dawkins, R. & Carlisle, T. R. (1976). Parental investment, mate desertion and a fallacy. *Nature* **262**, 131–3.

Evans, C. (1979). *The Mighty Micro*. London: Gollancz.

Falconer, D. S. (1960). *Introduction to Quantitative Genetics*. London: Longman.

Fisher, R. A. (1930a). *The Genetical Theory of Natural Selection*. Oxford: Clarendon Press.

Fisher, R. A. (1930b). The distribution of gene ratios for rare mutations. *Proceedings of the Royal Society of Edinburgh* **50**, 204–19.

Fisher, R. A. & Ford, E. B. (1950). The Sewall Wright effect. *Heredity* **4**, 47–9.

Fraenkel, G. S. & Gunn, D. L. (1940). *The Orientation of Animals*. Oxford: Oxford University Press.

Frisch, K. von (1967). *A Biologist Remembers*. Oxford: Pergamon Press.

Goodwin, B. C. (1979). Spoken remark in *Theoria to Theory* **13**, 87–107.

Gould, J. L. (1976). The dance language controversy. *Quarterly Review of Biology* **51**, 211–44.

Gould, S. J. (1978). *Ever Since Darwin*. London: Burnett.

Gould, S. J. & Calloway, C. B. (1980). Clams and brachiopods—ships that pass in the night. *Paleobiology* **6**, 383–96.

Gould, S. J. & Lewontin, R. C. (1979). The spandrels of San Marco and the Panglossian paradigm: a critique of the adaptationist programme. *Pro-*

ceedings of the Royal Society of London, B **205**, 581–98.

Gregory, R. L. (1961). The brain as an engineering problem. In *Current Problems in Animal Behaviour* (eds W. H. Thorpe & O. L. Zangwill), pp. 307–30. Cambridge: Cambridge University Press.

Hailman, J. P. (1977). *Optical Signals*. Bloomington: Indiana University Press.

Haldane, J. B. S. (1932a). *The Causes of Evolution*. London: Longman's Green.

Hamilton, W. D. (1964). The genetical evolution of social behavior. I and II. *Journal of Theoretical Biology* **7**, 1–52.

Hamilton, W. D. (1967). Extraordinary sex ratios. *Science* **156**, 477–88.

Hamilton, W. D. (1972). Altruism and related phenomena, mainly in social insects. *Annual Review of Ecology and Systematics* **3**, 193–232.

Hardy, A. C. (1954). Escape from specialization. In *Evolution as a Process* (eds J. S. Huxley, A. C. Hardy & E. B. Ford), pp. 122–40. London: Allen & Unwin.

Hofstadter, D. R. (1979). *Gödel, Escher, Bach: An Eternal Golden Braid*. Brighton: Harvester Press.

Hoyle, F. (1964). *Man in the Universe*. New York: Columbia University Press, 24–26.

Huxley, J. S. (1932). *Problems of Relative Growth*. London: McVeagh.

Jacob, F. (1977). Evolution and tinkering. *Science* **196**, 1161–6.

Kempthorne, O. (1978). Logical, epistemological and statistical aspects of nature–nurture data interpretation. *Biometrics* **34**, 1–23.

Lack, D. (1966). *Population Studies of Birds*. Oxford: Oxford University Press.

Lande, R. (1976). Natural selection and random genetic drift. *Evolution* **30**, 314–34.

Levy, D. (1978). Computers are now chess masters. *New Scientist* **79**, 256–8.

Lewontin, R. C. (1967). Spoken remark in *Mathematical Challenges to the Neo-Darwinian Interpretation of Evolution* (eds P. S. Moorhead & M. Kaplan). *Wistar Institute Symposium Monograph* **5**, 79.

Lewontin, R. C. (1977). Caricature of Darwinism. *Nature* **266**, 283–4.

Lewontin, R. C. (1978). Adaptation. *Scientific American* **239** (3), 156–69.

Lewontin, R. C. (1979a). Fitness, survival and optimality. In *Analysis of Ecological Systems* (eds D. J. Horn, G. R. Stairs & R. D. Mitchell), pp. 3–21. Columbus: Ohio State University Press.

Lewontin, R. C. (1979b). Sociobiology as an adaptationist program. *Behavioral Science* **24**, 5–14.

Lindauer, M. (1971). The functional significance of the honeybee waggle dance. *American Naturalist* **105**, 89–96.

Lloyd, J. E. (1979). Mating behavior and natural selection. *Florida Entomologist* **62** (1), 17–23.

McCleery, R. H. (1978). Optimal behaviour sequences and decision making. In *Behavioural Ecology* (eds J. R. Krebs & N. B. Davies), pp. 377–410. Oxford: Blackwell Scientific.

McFarland, D. J. & Houston, A. I. (1981). *Quantitative Ethology*. London: Pitman.

Maynard Smith, J. (1974). The theory of games and the evolution of animal conflicts. *Journal of Theoretical Biology* **47**, 209–21.

Maynard Smith, J. (1976). What determines the rate of evolution? *American Naturalist* **110**, 331–8.

Maynard Smith, J. (1977). Parental investment: a prospective analysis. *Animal Behaviour* **25**, 1–9.

Maynard Smith, J. (1978a). *The Evolution of Sex*. Cambridge: Cambridge University Press.

Maynard Smith, J. (1978b). Optimization theory in evolution. *Annual Review of Ecology and Systematics* **9**, 31–56.

Maynard Smith, J. & Parker, G. A. (1976). The logic of asymmetric contests. *Animal Behaviour* **24**, 159–75.

Maynard Smith, J. & Ridpath, M. G. (1972). Wife sharing in the Tasmanian native hen, *Tribonyx mortierii*: a case of kin selection? *American Naturalist* **106**, 447–52.

Medawar, P. B. (1952). *An Unsolved Problem in Biology*. London: H. K. Lewis.

'Nabi, I.' (1981). Ethics of genes. *Nature* **290**, 183.

Oster, G. F. & Wilson, E. O. (1978). *Caste and Ecology in the Social Insects*. Princeton: Princeton University Press.

Pittendrigh, C. S. (1958). Adaptation, natural selection, and behavior. In *Behavior and Evolution* (eds A. Roe & G. G. Simpson), pp. 390–416. New Haven: Yale University Press.

Ridley, M. (1980). Konrad Lorenz and Humpty Dumpty: some ethology for Donald Symons. *Behavioral and Brain Sciences* **3**, 196.

Ridley, M. & Dawkins, R. (1981). The natural selection of altruism. In *Altruism and Helping Behavior* (eds J. P. Rushton & R. M. Sorentino), pp. 19–39. Hillsdale, N.J.: Erlbaum.

Rose, S. (1978). Pre-Copernican sociobiology? *New Scientist* **80**, 45–6.

Rothenbuhler, W. C. (1964). Behavior genetics of nest cleaning in honey bees. IV. Responses of F1 and backcross generations to disease-killed brood. *American Zoologist* **4**, 111–23.

Schuster, P. & Sigmund, K. (1981). Coyness, philandering and stable strategies. *Animal Behaviour* **29**, 186–92.

Spalding, D. A. (1873). Instinct. With original observations on young animals. *Macmillan's Magazine* **27**, 282–93.

Symons, D. (1979). *The Evolution of Human Sexuality*. New York: Oxford University Press.

Taylor, A. J. P. (1963). *The First World War*. London: Hamish Hamilton.

Tinbergen, N. (1963). On aims and methods of ethology. *Zeitschrift für Tierpsychologie* **20**, 410–33.

Tinbergen, N. (1965). Behaviour and natural selection. In *Ideas in Modern Biology* (ed. J. A. Moore), pp. 519–42. New York: Natural History Press.

Tinbergen, N., Broekhuysen, G. J., Feekes, F., Houghton, J. C. W., Kruuk, H. & Szulc, E. (1962). Egg shell removal by the black-headed gull, *Larus ridibundus*, L.; a behaviour component of camouflage. *Behaviour* **19**, 74–117.

Trevor-Roper, H. R. (1972). *The Last Days of Hitler*. London: Pan.

Trivers, R. L. (1974). Parent-offspring conflict. *American Zoologist* **14**, 249–64.

Turing, A. (1950). Computing machinery and intelligence. *Mind* **59**, 433–60.

Turner, J. R. G. (1977). Butterfly mimicry: the genetical evolution of an adaptation. In *Evolutionary Biology*, Vol. 10 (eds M. K. Hecht *et al.*), pp. 163–206. New York: Plenum Press.

Vermeij, G. J. (1973). Adaptation, versatility and evolution. *Systematic Zoology* **22**, 466–77.

Weinrich, J. D. (1976). Human reproductive strategy: the importance of income unpredictability, and the evolution of non-reproduction. PhD dissertation, Harvard University, Cambridge, Mass.

Weizenbaum, J. (1976). *Computer Power and Human Reason*. San Francisco: W. H. Freeman.

Wenner, A. M. (1971). *The Bee Language Controversy: An Experience in Science*. Boulder: Educational Programs Improvement Corporation.

Williams, G. C. (1957). Pleiotropy, natural selection, and the evolution of senescence. *Evolution* **11**, 398–411.

Williams, G. C. (1966). *Adaptation and Natural Selection.* Princeton, N.J.: Princeton University Press.

Williams, G. C. (1979). The question of adaptive sex ratio in outcrossed vertebrates. *Proceedings of the Royal Society of London,* B **205**, 567–80.

Wilson, E. O. (1975). *Sociobiology: the New Synthesis.* Cambridge, Mass.: Harvard University Press.

Wilson, E. O. (1978). *On Human Nature.* Cambridge, Mass.: Harvard University Press.

Winograd, T. (1972). *Understanding Natural Language.* Edinburgh: Edinburgh University Press.

Wright, S. (1932). The roles of mutation, inbreeding, crossbreeding and selection in evolution. *Proceedings of the 6th International Congress of Genetics* **I**, 356–68.

Wright, S. (1951). Fisher and Ford on the Sewall Wright effect. *American Science Monthly* **39**, 452–8.

Wright, S. (1980). Genic and organismic selection. *Evolution* **34**, 825–43.

Young, R. M. (1971). Darwin's metaphor: does nature select? *The Monist* **55**, 442–503.

第 14、15 章术语表

《延伸的表型》主要是为了生物学家而写作的，他们并不需要一张术语表。但是在此我们要为这两章中出现的一些科学术语提供一个简要的解释，以便更多的读者理解书中讨论的内容。

适应（adaptation）

这个术语已经发展得多少有些远离了它在一般语言应用中的含义，即"修改"的近义。"蟋蟀的翅已经适应了（从其飞行的主要功能修改成为）歌唱的功能。"这句话含蓄地表达了蟋蟀的翅被专门设计用于歌唱，同时这样的句子也让"一种适应性"这个说法变得大概有了这样一层含义：某种生物的一种对其自身有某种"好处"的特性。何为好？为何好？为谁好？这些都是比较难回答的问题，而在《延伸的表型》中有着更为详尽的讨论。适应的例子有翅和眼。需要注意的重要一点是，适应只能从自然选择中产生。

适应性景观（adaptive landscape）

这是休厄尔·莱特（Sewall Wright 1932）发明出来的很有用处的比喻，以多维度可视化的手段将不同表型的生殖适应性比作一片景观，其中的山峰即代表了更高的适应性。一个种群的进化能够在这片景观中绘制出一条路径，它通过自然选择的作用，趋向于那些山峰（适应）。这一表述方式的一些变体也为进化生物学家和群体遗传学家所使用。

等位基因（alleles，是 allelomorphs 的缩写）

每一个基因都只能占据染色体上的一个特定区域，即它的基因座。在每一个给定的基因座上，种群之中都可能存在那个基因的某种替代形式，这些替代形式的基因就被称为那个基因的等位基因。《延伸的表型》强调了一点，即从某种角度来看，等位基因之间是彼此竞争的关系，因为在进化的时间尺度上，成功的等位基因相对同一基因座上的其他基因而言，将在种群中的所有染色体上获得数量上的优势。

异速生长（allometry）

指身体某一部分的尺寸与身体整体的尺寸之间的一种不成比例的关系。这一比较可以是在不同个体间进行的，也可以是在同一个体不同生命阶段之间进行的。例如，体形大的蚂蚁趋向于有着相对特别大的脑袋（在人类中则是体型小的人），其脑的生长速率不同于身体整体的生长速率。从数学上来讲，身体某一部分的尺寸与身体整体尺寸的增速相比，有着指数级别的提高。

鲍德温 / 沃丁顿效应（Baldwin/Waddington Effect）

最初由斯波尔丁（Spalding）于 1873 年提出。这是一个主要为假说性质的进化过程（也称基因同化），通过这一过程，自然选择能够创造出一种假象，好像是遗传得到了某种后天获得的特性。获得对环境刺激做出响应的某种特性，这样的遗传趋势如果被选择作用青睐，那么就会导致进化出更强的针对同一环境刺激的敏感性，并最终从对这种环境刺激的需求中解脱出来。在《对于完美化的制约》一章中，我提出我们或许能够繁育出一种自发产乳的雄性哺乳动物，方法是对连续的一代代雄性施用雌性激素，并从中选择对于雌性激素有着越来越强敏感性的雄性个体。其中激素或是其他环境因素所扮演的角色，就是让潜伏的基因变化呈现出一种开放活跃的状态。

中心法则（central dogma）

在分子生物学中，中心法则是指以核酸为模板的蛋白质合成，但两者的关系不可能对调。更普遍地讲，中心法则是指基因对于生物躯体的形式施加了影响，但是躯体的形式永远不可能被转换回基因编码——后天获得的特性不可能遗传。

染色体（chromosome）

细胞中由基因组成的链，其中除了 DNA 之外，通常还有由蛋白质构成的复杂支撑结构。染色体只在细胞周期中的特定一些时刻才能在光学显微镜下观察到，但是它们的数量和线性度能够仅从遗传的事实中通过统计学的推理推断出来。染色体通常存在于躯体的所有细胞之中，不过在一个细胞中只有一小部分染色体处于活跃状态。在每个二倍体细胞中通常有两个性染色体以及一些常染色体（人类有 44 个常染色体）。

顺反子（cistron）

基因的一种定义形式。在分子遗传学中，顺反子有着精确的定义，依赖于一种专门的实验测试的结果。宽松地讲，它被用于指称负责编码蛋白质中一条氨基酸链的一段染色体。

进化稳定策略（evolutionarily stable strategy, ESS）

注意这里出现的是 evolutionarily 这样一个副词，而不是 evolutionary 这个形容词。此处使用形容词形式是一个常见的语法错误。这个概念所指的策略在一个由此策略支配的种群中运行得很好。这个定义捕捉到了这个概念直观的本质，但多少有些不够精确。要了解数学形式的定义，请参见梅纳德·史密斯的论述（Maynard Smith 1974）。

延伸的表型（extended phenotype）

一个基因对这个世界产生的所有效应。一如既往，要理解此处基因的"效应"，就要与其等位基因相比较来看。传统意义上的表型是这个概念的一种特殊形式，其中的效应被视为限定在基因所在的动物个体身上的效应。实践中，比较方便的处理方式是把"延伸的表型"限定在一定的情况之下，即表型的效应能够以正面或负面的方式影响基因的存续机会时。

基因漂变（genetic drift）

在生物一代又一代繁育的过程中，由概率而非选择导致的基因频度的变化。

基因型（genotype）

一种生物在一个或一组特定的基因座上的基因构成。有时也会宽松地使用这个概念来代表一种表型所对应的整个基因构成。

类群选择（group selection）

一种假说性质的自然选择过程，针对多个生物群体。常常被引用以解释利他主义的进化。有时也会被人与亲属选择混淆在一起。

遗传率（heritability）

一个经常被误解的术语。它是一个统计学数值，指明了在一个种群中由基因变化引起的表型特征的可变性所占的比例，与由环境或其他因素导致的可变性比例是相对的概念。

杂合体（heterozygous）

在一个染色体基因座上有不同等位基因的情况。这个概念通常被用于一个生物个体身上，此时指称一个给定基因座上的两个不同等位基因。更宽泛地说，它可能指称等位基因对个体内或种群内所有基因座平均之后的统计学上的整体异质性。

纯合体（homozygous）

在一个染色体基因座上有一致等位基因的情况。这个概念通常被用于一个生物个体身上，此时意味着这个生物个体在一个基因座上有两个相同的等位基因。更宽泛地说，它可能指称等位基因对个体内或种群内所有基因座平均之后的统计学上的整体同质性。

广义适合度（inclusive fitness）

这个概念是比尔·汉密尔顿（Bill Hamilton 1964）从数学上提出来的，是亲属选择理论的一部分。在这个理论中，一个个体的适应性是以与其共享同样基因的近亲的适应性来估算的。

亲属选择（kin selection）

一种对于基因的选择作用，选择的标准是那些导致个体对近亲有所助益的基因，其原因在于亲属之间有很高的可能性共享了这些基因。严格来说，"亲属"包括直系子代，但不幸的是，不可否认许多生物学家使用了"亲属选择"这个说法来明确指称除了子代之外的亲属。有时也有人把亲属选择与类群选择混为一谈，但两者在逻辑上不是一回事。不过，有些物种恰好以分隔开的亲属群体形式活动，那么这两者就顺带着合二为一，成为同一样东西——"亲属类群选择"。

基因座（locus）

染色体上被一个基因（或是一组可替换的等位基因）占据的位置。例如，可能会有一个决定眼睛颜色的基因座，其上可替换的等位基因编码着绿色、棕色和红色的眼睛。这个概念通常应用于描述顺反子的层次，也可指更小或更大的染色体片段。

孟德尔遗传（Mendelian inheritance）

非混合式的遗传，借助成对的分离的遗传因子（现在被称为基因）来实现，其每一对中的两个遗传因子分别来自亲代的两个个体。其在理论上的替代概念主要是"混合式遗传"。在孟德尔遗传中，基因作用在生物躯体上的效应或许会是混合的，但是基因自身不会混合，并且会完整地传递给子孙后代。

单源的（monophyletic）

一群生物如果全都是一个共同祖先的后代，且这个共同祖先也应该被划入这个群体中，那么它们就被称为单源的。例如，鸟类可能是一个单源的群体，因为所有鸟类最晚期的共同祖先很可能也被划分为鸟类。不过，爬行动物可能就是多源的，因为所有爬行动物最晚期的共同祖先可能不会被划分为爬行动物。

米勒拟态（Müllerian mimicry）

两种作为猎物的生物物种之间的一种拟态形式，两者有着同一种捕猎者，且都有着令捕猎者反感的味道，而两者之间相互模拟着对方的警示信号，比如蝴蝶的警示色彩。这两个物种并不需要是彼此有亲缘关系的。两个物种中的个体都会从拟态中受益，因为一个捕猎者一旦品尝过其中一种猎物的难吃味道，以后就会对两个物种都避而远之。随着时间推移，更多的物种也可能来模拟同样的警示信号，无论它们是否有亲缘关系，最终就会共同形成一个"拟态环"。

突变（mutation）

基因材料中一个遗传而来的改变。在达尔文进化论中，突变被认为是随机的。这并不意味着它们不是依照一定的原理而产生的，只是说突变不存在一种导向更强的适应性的明确趋势。更强的适应性只能通过选择作用才能产生，但是它需要突变作为变化的根本性来源，才能从这些变化中做出选择。

新达尔文主义（neo-Darwinism）

　　一个在 20 世纪中叶被创造出来的术语（实际上是再创造，因为这个词已经在 19 世纪 80 年代被用于指称完全与今天概念不同的一批进化论者）。这个概念的目的是要强调（在我看来是夸大了）达尔文主义的现代综合论与孟德尔的遗传学说之间的区别。这种区别于 20 世纪 20 年代和 20 世纪 30 年代产生自达尔文自己的进化论观点之中。我认为强调"新"的必要性正在减弱，而达尔文自己的说法，即"大自然的经济性"现在看来是非常现代的。

幼态延续（neoteny）

　　相对于性成熟的发育过程而言，躯体的发育速度在进化过程中逐渐减缓的现象。其结果就是，执行生殖行为的生物个体相当于其古代祖先的幼年时期。有假说认为进化历史中的一些关键阶段，比如脊椎动物的起源，就是来自幼态延续。

中性突变（neutral mutation）

　　一个与其等位基因相比既没有选择优势也没有选择劣势的突变。理论上来讲，一个中性突变可能在几代之后被"固定下来"（也就是说，在种群中的这个基因座上占据数量优势），这也是一种进化改变的形式。对于随机性的突变固定在进化中的重要性，学界存在着合理的质疑声音，但是对于突变固定在直接产生适应性方面的重要意义则不应该存在争议——一丝一毫都不应该有。

表型（phenotype）

　　一种生物显露出来的某种特性，是其基因与其发育成长时所处环境合力作用的产物。一个基因可能被说成是在某方面具有表型的表达，比如说眼睛颜色方面。在《延伸的表型》这本书中，表型这个概念被延伸了，涵盖基因差异所导致的一切功能性的重要后果，包括基因所在的躯体之外的事物。

多效性（pleiotropy）

　　一个基因座上的改变带来明显没有联系的不同表型改变的现象。例如，某一个突变可能同时影响眼睛颜色、脚趾长度和产乳量。多效性可能是一种规律，而非特例。由于我们知道发育过程的复杂性，所以多效性是一种完全可以预计到的结果。

多源的（polyphyletic）

　　参见"单源的"。

复制因子（replicator）

　　宇宙中任何可以复制自身的实体。

存续价值（survival value）

　　自然选择青睐于某一特性的程度。

魏斯曼学说（Weismannism）

这个学说认为永恒不灭的种系与容纳这些种系的自然演替的肉体之间存在严格的分隔。特别是，种系能够影响躯体的形态，但是反之则不行。参见中心法则。

野生型基因（wild-type gene）

或称野生型等位基因，是某个基因座上在一个种群中最为常见的等位基因。

评论集萃

为了公益

彼得·梅达沃
发表于《旁观者》(*The Spectator*),
1977 年 1 月 15 日

每当在动物中发现表面上的利他主义或其他非自私的行为时,业余生物学家们,也包括越来越多的社会学家很容易被诱导,说这些行为是"为了物种的利益"才进化出来的。

以一个众所周知的谜题为例。数以千计的旅鼠以冲出悬崖掉落海里这种自杀方式来控制种群数量,很明显,它们比我们对控制种群数量的必要性有更多的认识。显然就算是那些最容易轻信的自然主义者也必须问问自己,这样的利他主义是如何成为该物种行为清单上的一项的。还得考虑到一个事实,在这个伟大的人口刑罚中,有益于这样做的遗传物质会和它们的携带者一起灰飞烟灭。然而,将这看作一个谜题,并不意味着否认遗传上自私的行为有时候可能会"表现"(就像临床医生所说)为无私或利他的行动。有利于祖母般溺爱的遗传因素和与之相反的冷漠无情相比,前者可能更容易在进化中盛行,因为慈祥的祖母们在自私地促进着存在于孙辈体内的她们自己的部分基因的存活与兴旺。

理查德·道金斯是正在崛起的一代最聪明的生物学家中的一员,他委婉且专业地揭穿了一些社会生物学关于利他主义进化的假象,但这并

不意味着本书以披露为主，恰恰相反，这本书把以自然选择的遗传理论
为代表的社会生物学的中心问题很有技巧地重组了一遍。另外，本书行
文相当流畅，更不乏风趣与博识。与本书中出现的所有熠熠生辉的优秀
生物学家一样，动物的"普遍可爱性"吸引着道金斯研究动物学。

　　尽管《自私的基因》的特性并不包括争论，但当道金斯在揭示某
些书的虚伪之时，它就成为不可或缺的一环，这些书包括了洛伦茨的
《论进犯行为》、阿德里的《社会契约》以及艾贝尔-艾伯费尔德（Eibl-
Eibesfeldt）的《爱与恨》（Love and Hate）。"这些书的问题是它们的作
者大错特错了……因为他们误解了进化的工作原理。他们做出了一个错
误的假设，即进化中重要的是要对整个物种（或整个群体）有利，而不
是对每个个体（或基因）有利。"

　　学童们的格言本上一打诸如"一只母鸡是一只蛋制造另一只蛋的方
式"之类的警句，确实是有道理的。理查德·道金斯这样写道：

　　　　本书的论点是，我们以及其他一切动物都是各自的基因所创造
　　的机器……我将要论证，成功基因的一个突出特性就是其无情的自
　　私性。这种基因的自私性通常会导致个体行为的自私性。然而我们
　　也会看到，基因为了更有效地达到其自私的目的，在某些特殊情况
　　下，也会滋长一种有限的利他主义。上句中，"特殊"和"有限"
　　是两个重要的词。尽管我们可能觉得这种情况难以置信，但对整个
　　物种来说，普遍的爱和普遍的利益在进化论上简直是毫无意义的
　　概念。

　　我们可能会哀叹这些真相，道金斯说道，但这并不能减少它们哪怕
一丁点儿的真实性。然而，我们对遗传过程中的自私性了解得越清楚时，
我们就越有资格去教导慷慨、合作以及其他所有为公益奉献的美德。道
金斯也更加清楚地阐述了文化上或"外源性"进化对人类的特殊重要性。

在第 11 章也是最重要的一章里，道金斯对自己提出了一个挑战，去构建一个对所有进化系统都能够成立的基本原理——这甚至可能是由硅原子取代了碳原子的生物体，或者是像人类一样，很多进化都是由非遗传方式而实现的生物体。该原理就是，进化是通过复制实体的净繁殖优势而实现的。对于一般的生物体，在一般的情况下，该实体就是 DNA 分子中被称为"基因"的片段。对道金斯来说，文化传播的基本单位就是被他称作"觅母"的东西。在第 11 章中，他阐述了觅母的达尔文主义理论究竟是什么。

我想为道金斯这本令人兴奋的好书添加一个脚注：奥地利生理学家埃瓦尔德·赫林（Ewald Hering）在 1870 年首先提出，拥有记忆功能是所有生物的基本特征。他将他的基本单位称作"觅聂米"（mneme）——精心选择的一个忠于其语源的词汇。很自然，理查德·西蒙对这个主题的阐述（1921 年）完全是非达尔文主义的，所以除了成为一个历史插曲，现在它什么也不是。赫林的一个观点被与他对立的一个自然哲学家霍尔丹挪揄道：该观点就是，必有一个化合物拥有那些属性，我们现在知道它就是脱氧核糖核酸，即 DNA 所拥有的。

©《旁观者》，1977

自然的博弈

> 汉密尔顿发表于《科学》，1977 年 5 月 13 日（节选）

所有人都应该来阅读这本书，此书也的确适合所有人群。它使用绝妙的技巧描述了进化论的新面孔。最近有很多书籍，致力于以一种轻松、无碍的形式向公众传授新的生物学知识，但有时候那些知识却是错误的。

在我看来，与那些书相比，本书更加严谨也更加成功。它成功地完成了那个看似不可能完成的任务，即使用简单、非技术性的英语来表达一些更深奥的、更数学的关于近期进化思潮的主题。以这些主题带来的宽广视角纵览这本书，它甚至能使很多自认为已经清楚的研究型生物学家感到惊讶和振奋。至少，他们会对这个评论者感到惊讶。再重复一次，这本书对任何人都是很容易阅读的，哪怕他没有任何科学背景。

就算不是故意去假冒内行，但当某人阅读一本领域与自己研究兴趣相似的畅销书时，他几乎都会情不自禁地去找碴：这个例子用得不好，那个观点太模糊了，这个概念是错的，很多年前就被弃用了。但本书令我无话可说。这并不是说这里面没有问题——这对于一个从某种意义上来说是现炒现卖的作品是不大现实的——而是指其中的生物学内容从整体上来看是朝向正确的方向的，其可能存在问题的论点也是非教条主义的。该作者对自己观点的谦逊表达缓和了很多批评，读者们总能在这里或那里找到这样一个让他们很开心的提议：如果他们不习惯给出的模型，他们应该能找出另一个更好的模型。能在畅销书中做出如此严肃的邀请生动地反映了该话题的新颖性。不可思议的是，那些还未得以验证的简单观点可能可以迅速地解决一些进化论里的古老谜题，而这样的可能性真的存在。

那么，进化论的新面孔究竟是什么呢？从某种程度上来说，这就像是对莎士比亚的一个新的阐述：尽在书中，却又视而不见。然而，我需要补充的是，出现问题的那些新观点在达尔文的进化论书卷中并没有它们在自然界中隐藏的那么深，我们更像是有个 20 年的时间差而不是 100 年。例如，道金斯从那些我们了解得比较清楚的变化多端的螺旋状分子起笔，但达尔文甚至不了解染色体或是染色体在生物繁殖过程中演出的奇异舞蹈。但就算是 20 年，这时间也已经长得足够令人惊讶了。

第 1 章概括地描写了这本书想要解释的现象，并展示了它们在哲学上以及实际上对人类生命的重要性。一些有趣的或惊恐的动物事例抓住了我们的注意力。第 2 章回到了原始汤中，聚焦第一群复制因子。我们看着它们增殖并变得日益精巧。它们开始为物质竞争，彼此之间战斗，甚至裂解或者吃掉对方。它们将自己以及它们的收获及武器都藏在一个防御围栏中。使用这些围栏并不只是使它们免受竞争者和捕食者的困扰，也是保护它们免受它们即将侵入的恶劣环境的影响，这样它们继续移动、定居，变成奇怪的形态，被泼洒在沙滩上、土地中，以及沙漠和无尽的风雪里。在这些长久以来生命不能存在的边界之中，原始汤被一遍遍地泼洒了数百万次，形成了一个异常奇特的模型多样性。终于，它们被泼洒成了蚂蚁和大象，山魈与人类。第 2 章总结道：考虑到这些古老复制者结合而成的一些终极后代，"保存它们正是我们存在的终极理由……今天，我们称它们为基因，而我们就是它们的生存机器。"

很有说服力并令人激动，读者可能会这样想，但是这真的非常新颖吗？好吧，到现在为止可能还不是，但是进化过程并没有停滞于我们的身体。更重要的仍然是那些能使生物在这拥挤的世界中存活下来的技能，这个世界有着超乎想象的微妙，微妙到远超生物学家们在陈旧的、过时的、为了物种利益而适应的模型中所能展望到的。大致来说，这本书剩余部分的主题正是这种微妙性。举一个简单例子，鸟类的歌声。这看上去似乎是一个非常没有效率的安排：一个天真的唯物主义者在研究鸫属中的一个种，探询它们是如何活过严酷的冬天、食物匮乏时期等问题时，他会觉得发现它们中的雄性会发出艳丽的歌声就如同降神会中真的降下灵魂那样不现实。（更进一步的思考会使他觉得，这个物种竟然存在雄性这一个事实同样是不现实的，而这实际上是这本书另一个主要话题：就像鸟类的歌声一样，过去我们对性的功能的论证太简单了。）然而在任何一个鸟类种群中，一整队的复制者都在提醒自己去为这样的表演做好准备。道金斯在某处引述了一个更加不同寻常的歌声，座头鲸的歌声能传遍整个海洋。但对这个歌声，我们的所知远比我们对鸫属歌声的了解要少，它们是干什么的，是向谁发出的？目前掌握的证据表明，它可能是对鲸类联合反抗人类的一首赞美诗——如果它真是，可能也对鲸有好处吧。当然，正是这些复制者队伍中的另外一队现在举办起了交响音乐会，这些声音当然有时也会穿越大洋——从空间上的身体位置来看的话。而这些身体本身又是由一些更加复杂的团队根据计划组装并运行的。如果道金斯是对的，魔法师用镜子做的事和自然所做的相比简直不值一提，除了冻结着的原始汤，自然根本没有任何有希望的初始原料。这本书将协助塑造一个新的面孔，这正是在这本书以及其他一些近期出版的书籍（例如威尔逊的《社会生物学》）中想要表达的生物学面孔。它闪耀着一种希望，这些生命中很遥远的细节可能很快就会被更完善地组合在一起，进而成为一个更加普遍的形式，这个形式会包含最简单的细胞壁，最简单的多细胞机体以及乌鸦的歌声。如果不是细节上的组合，这就将是一个基本要素的结合（有信仰的人和非马克思主义者可以将这句话颠倒过来，如果这样做更适合他们的话）。

然而，有一种印象需要避免，即认为这本书是门外汉或穷人的《社会生物学》。首先，它有很多原创概念，其次，通过着重强调威尔逊没有提及的社会行为的博弈论方面，它从某种意义上来说平衡了威尔逊的巨著。"博弈论"并不是一个非常准确的词，特别是在低层次的社会进化情况下，因为基因本身并不据理行动。然而，我们已经很清楚，在所有层面上博弈论与社会进化的概念结构都有着重要的相似性。这种互相间取长补短意味着这个领域非常新颖并且仍在发展中：例如，直到最近我才知道博弈论已经将一个概念命名为"纳什均衡"，这个概念大概可以对应于"进化稳定策略。"道金斯正确地处理了进化上的平衡性，这也同时成为他很多关于社会生物学新观点的重要基础。在任何社会环境下，社会行为中博弈型要素以及社会适应性都来自个体策略的成功，而一个个体策略的成功是建立在它能击败与该个体相互作用者所采取的策略的基础上。无论周遭情况如何，都要在一个给定的环境中攫取最大利益，这种对适应性的追寻会带来一些非常令人惊讶的结果。例如，与大部分动物的情况相反，如果必定有一方去做这件事的话，鱼类往往是由雄性去守卫卵和孩子。谁能想到这样一个重要问题可能取决于一个非常小的细节，即哪一个性别首先在水里释放它的配子。然而道金斯和他的同事利用特里弗斯的概念，解释了为什么那样一个时间上的细节，甚至可能就是几秒钟，就对整个现象是如此关键。再举一个例子，我们难道不会认为，因为有着雄性的照顾，在一夫一妻制下的鸟类中的雌性，会比多配偶制下的雌性产下更大的蛋吗？但事实恰恰相反。道金斯在他那有点危言耸听的关于"两性战争"的章节里，再一次运用了稳定性的概念解释了利用（在这个例子中是雄性所为），并一下就使得这个怪异的关系变得自然起来。他这个观点，就和他很多其他观点一样，还没有得到证实，因此还可能有其他的更加重要的原因。但是他给出的这个观点，从他全新的角度来看是非常明显的，所以这个观点值得我们注意。

在博弈论的教科书中你找不到任何的博弈，就如同你在现代几何中很难看到圆圈和三角一样，粗略一看都是些代数：博弈论从一开始就是一门技术型学科。因此，暂且不谈内在的细节，能够像这本书一样，在包含了如此多的博弈论情形之时不用到公式，这本身就是一个文学上的奇迹。那些博弈论的情形甚至包括了其外在感受与质量，更不用说内在细节了。费希尔在介绍他那本关于遗传的伟大著作时写道："我没有任何一个努力是为了使这本书更加易读。"在那本书中，瓢泼大雨般的公式以及深奥且非常简洁的句子很快就把人们打蒙了，使他们陷入了沉默。阅读完《自私的基因》，我现在觉得费希尔可以做得更好，尽管必须得承认，那样他就得去写另外一类的书了。看上去似乎那些经典群体遗传学的构成要件都能在一篇散文中变得比之前更加有趣。（其实，霍尔丹在这方面做得比费希尔是要好一些，但他的书也没那么深奥。）但真正引人注目的是这个新的、更加社会学的研究生命要素的方法能绕过多少令人生厌的数学，这些数学主要是由在莱特、费希尔和霍尔丹带领下的群体遗传学主流群体带来的。当我发现道金斯分享同我一样的对费希尔的评论时，我感到非常惊讶，他把费希尔誉为"20世纪最伟大的生物学家"（我认为这是一个非常罕见的评论），但我同样也惊讶于发现他几乎没怎么反复讲费希尔的书。

最后，在第11章中，道金斯开始了关于文化进化这一非常迷人的主题。他创造了"觅母"一词（meme，"mimeme"的缩写）作为文化上"基因"的等价物。就像很难去界定这个词的范围一样——这显然会比"基因"更难，尽管那已经够糟了——我推测这个词很快会成为生物学家的常用词，并且希望它也会被哲学家、语言学家以及其他专家运用。它可能会像"基因"一样融入日常对话之中。

Excerpted with permission from W. D. Hamilton，*SCIENCE* 196:757-59（1977）© 1977 AAAS

基因和觅母

> 约翰·梅纳德·史密斯写于《伦敦图书评论》，1982年2月4—18日。（节选自对《延伸的表型》的评论）

《自私的基因》不平凡的一点在于，尽管是按畅销书的类型来写的，却仍然为生物学做出了原创性贡献。进一步说，它本身的贡献是另类的。不像戴维·拉克的经典著作《罗宾的生活》（*The Life of the Robin*）——同样是一个通俗形式的原创性贡献——《自私的基因》并没有提出任何新的事实。它也没有包含任何新的数学模型，实际上它根本就没有数学。它提供的是一个新的世界观。

尽管大家已经广泛阅读并欣赏了这本书，但它还是引起了深深的敌意。我相信，很多这样的敌意都是因为误解而来，或者更准确地说是因为多个误解才导致的。其中，最根本的就是没能理解这本书是要说什么。这是一本关于进化过程的书，它不关乎道德，或者政治，或者人类科学。如果你并不关心进化是怎么来的，并且不能理解为什么有的人会如此严肃地去关心一些和人类无关的事，那就不要读它：它只会导致你不必要的愤怒。

然而，假设你对进化很感兴趣，理解道金斯这样做的原因的最好办法就是去了解20世纪60年代到70年代进化生物学家们进行辩论的要点。这包含了两个相关主题："类群选择"和"亲属选择"。"类群选择"的辩论开端于温-爱德华兹，他认为行为适应是通过"类群选择"进化而来，也就是说，通过一些群体的生存和其他群体的灭绝……

在几乎相同时间，汉密尔顿提出了另外一个关于自然选择是如何实现的问题。他指出，如果基因导致了它的携带者牺牲自己的生命去拯救其他几个亲属的生命，比起没有做这样的牺牲，会有更多的该基因的拷贝制品会存在下去……为了定量地模拟这个过程，汉密尔顿引入了"广义适合度"这个概念……这不仅仅包含了一个个体自己的后代，而且还包含了另外的接受该个体帮助的亲属的后代，这会根据关系的远近亲疏而相应变化……

道金斯在承认我们欠汉密尔顿债的同时，也认为他错误地做出了保留拟合度这一概念的最后尝试，他觉得汉密尔顿应该更加聪明地去采用一个纯粹基因的眼光看待进化。他催促我们去注意"复制因子"与"载体"之间的根本区别。复制因子是指其精确结构在每次繁殖的时候得到复制的实体，载体则是暂时性的，并且不能被复制，但是载体的性质可以被复制因子影响。我们所熟悉的主要复制因子就是核酸分子，通常是 DNA 分子，它们是基因和染色体的组成部分。常见的载体则是狗、果蝇及人的身体。因此，假使我们观察到一个结构，例如眼睛，它是为了适应观察而出现的，我们就可能很有理由去问眼睛究竟是为了谁的好处而进化出来的。道金斯认为，唯一合理的答案是它是为了复制因子的更好发展而进化出来的。尽管像我一样，他非常偏向于以个体优势而非群体优势来作为一个解释，但他更应该偏向于以复制因子的优势至上。

© 约翰·梅纳德·史密斯，1982

　　本书第 1 章至第 11 章采用卢允中、张岱云两位先生的译文。因无法与权利人取得联系，敬请权利人与编辑联系（maxiaoling@citicpub.com），我们将按规定标准支付翻译费。特此致谢！

见识丛书

科学 历史 思想

……后续新品，敬请关注……